山东警察学院文库

山东警察学院出版基金资助

# 图像处理理论解析与应用

陈 岗 著

電子工業出版社

Publishing House of Electronics Industry

北京 · BEIJING

## 内 容 简 介

本书详细介绍数字图像处理的基本理论和实用方法。全书共 10 章，主要内容包括数字图像处理基础、图像的空间域增强、图像的频率域增强、图像的复原、彩色图像、图像的形态学处理、图像的分割、图像的编码与压缩、小波变换、图像识别等。本书遵循理论与实践并重的指导思想，在夯实图像处理理论的基础上，加强实践环节的针对性和应用性。

本书可供相关专业大学本科生和研究生学习使用，也可作为从事数字图像处理研究和开发工作的技术人员的参考书。



**图书在版编目（CIP）数据**

图像处理理论解析与应用 / 陈岗著. —北京：电子工业出版社，2021.11
ISBN 978-7-121-42260-7

Ⅰ. ①图… Ⅱ. ①陈… Ⅲ. ①数字图像处理－研究 Ⅳ. ①TN911.73

中国版本图书馆 CIP 数据核字（2021）第 215527 号

责任编辑：竺南直
印　　刷：北京七彩京通数码快印有限公司
装　　订：北京七彩京通数码快印有限公司
出版发行：电子工业出版社
　　　　　北京市海淀区万寿路 173 信箱　邮编 100036
开　　本：720×1 000　1/16　印张：19.25　字数：399 千字
版　　次：2021 年 11 月第 1 版
印　　次：2023 年 3 月第 2 次印刷
定　　价：65.00 元

凡所购买电子工业出版社图书有缺损问题，请向购买书店调换。若书店售缺，请与本社发行部联系，联系及邮购电话：（010）88254888，88258888。

质量投诉请发邮件至 zlts@phei.com.cn，盗版侵权举报请发邮件至 dbqq@phei.com.cn。
本书咨询联系方式：davidzhu@phei.com.cn。

# 《山东警察学院文库》
# 编辑委员会

# 编 辑 说 明

山东警察学院长期秉承“研究与教学并重”的原则，坚持走“科教兴校”“科教强警”之路。在此理念指导下，为进一步激励学术创新，促进理论繁荣，加速成果转化，发现和培育优秀科研团队和拔尖人才，推动科研能力和理论水平不断提升，早日实现学院党委提出的“创建一流公安院校”的奋斗目标，2020 年 11 月学院设立了学术专著出版基金，并决定出版《山东警察学院文库》（简称《文库》）。此举不仅加大了科研资助力度，还承揽了专著的出版任务，彻底解除了教师出书难的后顾之忧，在全院引起强烈反响。广大教师的科研积极性被充分调动起来，他们潜心研究，协调创新，成果斐然，极大地活跃了我院的理论研究和学术创新氛围。

为保证出版的专著能够切实反映我院的学术水平，充分体现其创新性、专业性和价值性，我们特地邀请了国内相关学科的知名专家学者对书稿进行审定，然后经学院学术委员会审议通过后，才能入选《文库》，并最终付诸出版。

入选《文库》的作品要求能够反映我院的实际研究水平，不仅要符合专著的基本要求，即在某个领域对某一问题的专门性研究，而且还应具备专业性、规范性和价值性等特征。我们特别期待作者能够提供具有原创性、时代性和创新性的优秀作品，也非常高兴看到一些资深学者、教授在科研战线甘做绿叶，发挥传帮带作用。当然，我们也更加期盼有更多的青年才俊尽快脱颖而出，在学院教学科研方面撑起一片蓝天。

以习近平新时代中国特色社会主义思想为指导，坚持总体国家安全观，始终服务公安教育教学，服务公安中心工作，赋予公安高等教育以底蕴和灵魂，是公安学术研究的任务和使命；创新服务模式，创造良好的学术研究和学术创新氛围，站上公安理论研究的“制高点”，进一步丰富、创新我国的公安理论研究成果，完善国家安全体制机制，加强国家安全能力建设，有效维护国家安全，是我们出版《文库》的初衷和不懈追求，也是各位作者的期盼，我们当竭力为之。

《文库》的出版是一项长期工程，我们的计划是成熟一本出版一本，竭力为有志于在公安教育和学术领域默默耕耘的我院教师提供一个展示理论研究成果的最佳平台。期待有更多更好的作品能够入选《文库》，为《文库》增色添彩，为繁荣公安理论添枝散叶！

《山东警察学院文库》编辑委员会

2021 年 10 月

# 前　言

图像是人类观察世界、认识世界、获取外界信息的重要手段。当我们用相机、摄像机获取图像时，由于种种原因，得到的图像可能存在各种各样的缺陷，如模糊、光线不足或过强、失真、有噪声等。通过数字图像处理技术就可以对这种图像进行增强、复原、去噪处理，使图像变得清晰，恢复它原有的面貌。此外，数字图像处理技术还可以对图像进行编码、压缩、分割和形态学处理，以便于图像保存、传输和对图像进行有效的分析。数字图像处理涉及光学、数学、计算机科学、电子学、信息论和控制论与物理学等学科。近年来数字图像处理技术得到了迅速发展，已经在工农业、军事、公安、医疗卫生等领域得到广泛应用，并展现出广阔的应用前景。

数字图像处理已成为高等院校电子信息工程、通信工程、信号与信息处理、计算机科学与技术、软件工程、生物医学工程、遥感、测绘、地理信息系统、自动化、医学、地质、矿业、气象、农业、交通、公安、军事等学科的一门重要的专业课。数字图像处理技术的理论性较强，学生在学习时往往感到困难很大。而以往的专业书籍理论部分撰写不够完整、细致，若没有教师的讲解很难理解。本书是作者多年来从事数字图像处理教学与科研工作的经验总结，注重理论与实践并重，在夯实图像处理理论的基础上，加强实践环节的针对性和应用性。本书具有以下特点：理论体系完整规范，理论解析深入浅出，浅显易懂，适合读者自学提高；示例讲解透彻清晰，实操性、应用性强，易于举一反三，学以致用；图文并茂，语言生动。为了更加生动地诠释理论体系，本书配备大量示例图片，以提升读者兴趣，加深对相关理论的理解。希望读者通过本书的学习，能够快速掌握数字图像处理的概念、理论和方法，为今后的学习和工作打下坚实的基础。

本书在撰写过程中，参考了国内外出版的大量相关图书和论文。电子工业出版社的领导和相关编辑对本书的出版给予了大力支持和帮助。同时，本书的出版也得益于山东警察学院学术专著出版基金以及学术委员会各位专家的支持和帮助，在此一并表示衷心的感谢！

由于作者水平有限，书中难免存在不足和不妥之处，恳请同行专家和读者批评指正。

陈岗

2021 年 10 月

# 目　　录

# 第1章　数字图像处理基础

## 1.1　图像的取样和量化

一幅黑白平面图像用平面坐标$(x,y)$的函数$f(x,y)$表示。$f(x,y)$是空间$(x,y)$点处图像的灰度或亮度。坐标$(x,y)$与函数$f(x,y)$都是连续的。这种连续的图像叫作模拟图像。要用计算机对图像进行增强、复原、存储与传输等处理，这就必须将连续的坐标$(x,y)$与函数$f(x,y)$都转化为计算机能够处理的离散的数字信号，即将连续图像转化为数字图像。坐标$(x,y)$的数字化叫作取样，函数$f(x,y)$的数字化叫作量化。坐标轴$x$、$y$如图 1-1 所示。坐标$(x,y)$的数字化就是在坐标轴$x$与$y$上选取等间距$\Delta x=\Delta y$的点作为坐标轴$x$与$y$的刻度$0,1,2,\cdots$，并限定空间点的坐标取整数值：

$$x=0,1,2,\cdots,M-1,\qquad y=0,1,2,\cdots,N-1$$

具有上述坐标值的点在空间形成了宽度为$\Delta x=\Delta y$的正方形点阵。以这些点为中心可以构造边长为$\Delta x=\Delta y$的正方形小方格。这些小方格叫作像素或像元。一幅图像被分割成$M\times N$个像素（小方格）。每个像素用其中心点的坐标$(x,y)=(m\Delta x,n\Delta y)\equiv(m,n)$表示。一幅图像的$M\times N$个像素可以表示为$M\times N$矩阵。坐标为$(x,y)=(m,n)$的像素正是第$m$行第$n$列元素。

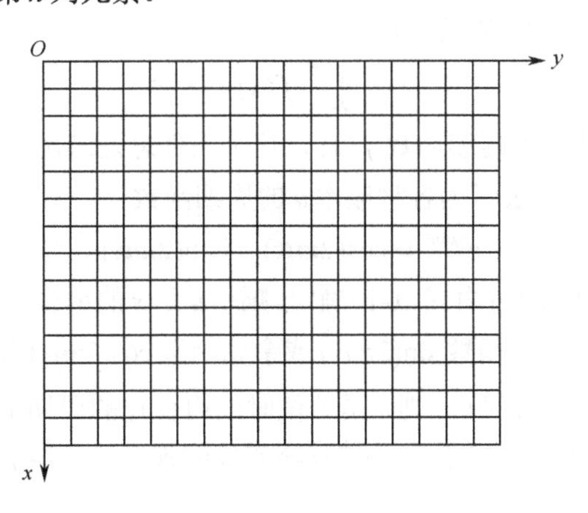


图 1-1　坐标轴$x$、$y$

现在坐标$(x,y)$已经数字化了，一幅图像被分割成$M\times N$个像素，但每个像素

（小方格）中的灰度 $f$ 仍然取连续值。灰度 $f$ 的数字化就是将每个像素方格内连续的灰度值用一个整数灰度值代替。这个整数值应该最接近方格内灰度的平均值。当 $\Delta x=\Delta y$ 很小时，$(x,y)=(m,n)$ 像素的灰度值可以用最接近中心点 $(x,y)=(m,n)$ 连续灰度值 $f(x,y)=f(m,n)$ 的整数值表示。当将灰度 $f$ 量化时，图像的灰度划分为 $L=2^k$ 个等级，其中 $k=1,2,\cdots$。于是，灰度 $f$ 取值为 $f=0,1,2,\cdots,L-1$。$f=0$ 表示最暗，$f=L-1$ 表示最亮。当 $k=1$ 时，灰度只有0（暗）与1（亮）两个值。这时可将图像中所有灰度值小于某一中间值的都归于 $f=0$，其余的都归于 $f=1$。这就是二值图像。$k$ 值愈大，灰度的级别 $L=2^k$ 愈多，图像的质量愈好。$k=8$ 时，图像的质量已足够好了。通常取 $k=8$，这时 $L=2^8=256$，灰度 $f$ 取值 $f=0,1,2,\cdots,255$。最后再讨论取样间隔 $\Delta x=\Delta y$ 的大小问题。$\Delta x=\Delta y$ 愈小，一幅图像的像素愈多，图像的质量愈好。但是当图像的像素太多时，计算机处理的数据量太大，这也是不利的。$\Delta x=\Delta y$ 取什么值合适呢？这是由“取样定理”来确定的。在介绍“取样定理”之前，先介绍连续函数的傅里叶变换。

## 1.2 连续函数的傅里叶变换

一维连续函数 $f(x)$ 的傅里叶变换公式为

$$F(u)=\int_{-\infty}^{+\infty} f(x)\mathrm{e}^{-\mathrm{j}2\pi ux}\mathrm{d}x \tag{1-1}$$

它的逆变换公式为

$$f(x)=\int_{-\infty}^{+\infty} F(u)\mathrm{e}^{\mathrm{j}2\pi ux}\mathrm{d}u \tag{1-2}$$

傅里叶变换式（1-1）存在的条件是

$$\int_{-\infty}^{+\infty}|f(x)|\mathrm{d}x<\infty \tag{1-3}$$

对于取有限值的一维连续函数 $f(x)$，这个条件总是满足的。式（1-2）表明，一维连续函数 $f(x)$ 可以表示为各种频率 $u$ 的周期函数

$$\mathrm{e}^{\mathrm{j}2\pi ux}=\cos(2\pi ux)+\mathrm{j}\sin(2\pi ux) \tag{1-4}$$

的线性组合，组合系数 $F(u)$ 由式（1-1）确定。频率 $u$ 是 $x$ 的单位间隔内周期函数 $\mathrm{e}^{\mathrm{j}2\pi ux}$ 变化的周期数，也是正弦函数 $\sin(2\pi ux)$ 或余弦函数 $\cos(2\pi ux)$ 在 $x$ 的单位间隔内变化的周期数。如果 $x$ 是时间 $t$，则 $u$ 是单位时间内变化的周期函数。这正是我们所熟悉的频率。$F(u)$ 描述 $f(x)$ 所含各种频率成分的强度，叫作 $f(x)$ 的傅里叶频谱。$F(u)$ 一般为复数

$$F(u)=R(u)+\mathrm{j}I(u) \tag{1-5}$$

$F(u)$ 的绝对值

$$|F(u)| = \sqrt{F^*(u)F(u)} = \sqrt{R^2(u) + I^2(u)} \tag{1-6}$$

叫作幅度频谱。真正表示 $f(x)$ 所含各种频率成分强度的是幅度频谱 $|F(u)|$。可以证明 $f(x)$ 的傅里叶频谱 $F(u)$ 有以下两个性质。

（1）如果 $f(x)$ 的频谱为 $F(u)$，则 $f(x-a)$ 的频谱为 $F'(u) = \mathrm{e}^{-\mathrm{j}2\pi ua}F(u)$，其中 $a$ 为实常数。

（2）如果 $f(x)$ 是实函数，则 $F^*(u) = F(-u)$，$|F(u)| = |F(-u)|$，即 $|F(u)|$ 关于 $u=0$ 是左右对称的，这也叫作镜像对称。在 $u$ 坐标轴的原点垂直放置一个双面镜，$|F(u)|$ 与 $|F(-u)|$ 互为镜中像。

［示例 1-1］　计算 $f_1(x) = \mathrm{e}^{-ax^2}$ 与 $f_2(x) = \mathrm{e}^{-a(x-b)^2}$ 的傅里叶频谱 $F_1(u)$ 与 $F_2(u)$，其中 $a$ 与 $b$ 是实常数。

$$F_1(u) = \int_{-\infty}^{+\infty} \mathrm{e}^{-ax^2}\mathrm{e}^{-\mathrm{j}2\pi ux}\mathrm{d}x = \int_{-\infty}^{+\infty} \mathrm{e}^{-ax^2-\mathrm{j}2\pi ux}\mathrm{d}x = \int_{-\infty}^{+\infty} \mathrm{e}^{-a(x^2+\mathrm{j}2\pi ux/a)}\mathrm{d}x$$

将 $x^2 + \mathrm{j}2\pi ux/a = (x + \mathrm{j}\pi u/a)^2 + \pi^2u^2/a^2$ 代入上式，得

$$F_1(u) = \mathrm{e}^{-\pi^2u^2/a}\int_{-\infty}^{+\infty} \mathrm{e}^{-a(x+\mathrm{j}\pi u/a)^2}\mathrm{d}x = \mathrm{e}^{-\pi^2u^2/a}\int_{-\infty}^{+\infty} \mathrm{e}^{-at^2}\mathrm{d}t$$

其中

$$\int_{-\infty}^{+\infty} \mathrm{e}^{-at^2}\mathrm{d}t = 2\int_{0}^{+\infty} \mathrm{e}^{-at^2}\mathrm{d}t = \sqrt{\frac{\pi}{a}}$$

$$F_1(u) = \sqrt{\frac{\pi}{a}}\mathrm{e}^{-\pi^2u^2/a}$$

再计算 $F_2(u)$。令 $t = x - b, x = t + b, \mathrm{d}x = \mathrm{d}t$，则

$$F_2(u) = \int_{-\infty}^{+\infty} \mathrm{e}^{-a(x-b)^2}\mathrm{e}^{-\mathrm{j}2\pi ux}\mathrm{d}x = \int_{-\infty}^{+\infty} \mathrm{e}^{-at^2}\mathrm{e}^{-\mathrm{j}2\pi u(t+b)}\mathrm{d}t$$

$$= \mathrm{e}^{-\mathrm{j}2\pi ub}\int_{-\infty}^{+\infty} \mathrm{e}^{-at^2}\mathrm{e}^{-\mathrm{j}2\pi ut}\mathrm{d}t = \mathrm{e}^{-\mathrm{j}2\pi ub}F_1(u)$$

$$F_2(u) = \sqrt{\frac{\pi}{a}}\mathrm{e}^{-\mathrm{j}2\pi ub}\mathrm{e}^{-\pi^2u^2/a}$$

显然有

$$F_1(u) = F_1(-u)，\quad |F_2(u)| = |F_2(-u)| = F_1(u) = F_1(-u)$$

［示例 1-2］　计算 $f_1(x) = \cos(2\pi u_0x)$ 与 $f_2(x) = \sin(2\pi u_0x)$ 的傅里叶频谱 $F_1(u)$ 与 $F_2(u)$，其中 $u_0$ 是实常数。

$$F_1(u) = \int_{-\infty}^{+\infty} \cos(2\pi u_0x)\mathrm{e}^{-\mathrm{j}2\pi ux}\mathrm{d}x = \frac{1}{2}\int_{-\infty}^{+\infty}\left[\mathrm{e}^{\mathrm{j}2\pi u_0x} + \mathrm{e}^{-\mathrm{j}2\pi u_0x}\right]\mathrm{e}^{-\mathrm{j}2\pi ux}\mathrm{d}x$$

$$= \frac{1}{2}\left[\int_{-\infty}^{+\infty} \mathrm{e}^{-\mathrm{j}2\pi(u-u_0)x}\mathrm{d}x + \int_{-\infty}^{+\infty} \mathrm{e}^{-\mathrm{j}2\pi(u+u_0)x}\mathrm{d}x\right]$$

令 $2\pi x = t, \mathrm{d}x = \mathrm{d}t/2\pi$。上式变为

$$F_1(u) = \frac{1}{2}\left[\frac{1}{2\pi}\int_{-\infty}^{+\infty} \mathrm{e}^{-\mathrm{j}(u-u_0)t}\mathrm{d}t + \frac{1}{2\pi}\int_{-\infty}^{+\infty} \mathrm{e}^{-\mathrm{j}(u+u_0)t}\mathrm{d}t\right]$$
$$= \frac{1}{2}[\delta(u-u_0) + \delta(u+u_0)]$$

其中

$$\delta(u-u_0) = \frac{1}{2\pi}\int_{-\infty}^{+\infty} \mathrm{e}^{\pm\mathrm{j}(u-u_0)t}\mathrm{d}t\text{，}\quad \delta(u+u_0) = \frac{1}{2\pi}\int_{-\infty}^{+\infty} \mathrm{e}^{\pm\mathrm{j}(u+u_0)t}\mathrm{d}t \tag{1-7}$$

类似地，得 $f_2(x) = \sin(2\pi u_0 x)$ 的傅里叶频谱为

$$F_2(u) = \frac{-\mathrm{j}}{2}[\delta(u-u_0) - \delta(u+u_0)]$$

显然有

$$F_1(u) = F_1(-u)\text{，}\quad |F_2(u)| = |F_2(-u)| = F_1(u) = F_1(-u)$$

函数 $\delta(u \mp u_0)$ 叫作 $\delta$ 函数。它有以下性质：

$$\delta(u-u_0) = \begin{cases} \infty, & u = u_0 \\ 0, & u \neq u_0 \end{cases}\text{；}\quad \delta(u+u_0) = \begin{cases} \infty, & u = -u_0 \\ 0, & u \neq -u_0 \end{cases} \tag{1-8}$$

$$\int_{-\infty}^{+\infty} \delta(u-u_0)\mathrm{d}u = 1\text{；}\quad \int_{-\infty}^{+\infty} \delta(u+u_0)\mathrm{d}u = 1 \tag{1-9}$$

$$\int_{-\infty}^{+\infty} f(u)\delta(u-u_0)\mathrm{d}u = f(u_0)\text{；}\quad \int_{-\infty}^{+\infty} f(u)\delta(u+u_0)\mathrm{d}u = f(-u_0) \tag{1-10}$$

由 $\cos(2\pi u_0 x)$ 的傅里叶频谱 $F(u) = \frac{1}{2}[\delta(u-u_0) + \delta(u+u_0)]$ 看出，它含有频率 $u_0$ 与频率 $-u_0$ 两个成分。为什么只含一个频率 $u_0$ 的 $\cos(2\pi u_0 x)$ 函数，它的傅里叶频谱却显示有频率 $u_0$ 与频率 $-u_0$ 两个成分？这是因为在函数 $f(x)$ 的傅里叶变换公式（1-2）中，$f(x)$ 被表示为各种频率 $u$ 的周期函数

$$\mathrm{e}^{\mathrm{j}2\pi ux} = \cos(2\pi ux) + \mathrm{j}\sin(2\pi ux)$$

的线性组合，组合系数为 $F(u)$。显然只有包含频率 $u_0$ 与 $-u_0$ 两个成分的组合系数 $F(u) = \frac{1}{2}[\delta(u-u_0) + \delta(u+u_0)]$ 代入式（1-1）中，才能给出函数 $\cos(2\pi u_0 x)$：

$$\frac{1}{2}\int_{-\infty}^{+\infty} [\delta(u-u_0) + \delta(u+u_0)]\mathrm{e}^{\mathrm{j}2\pi ux}\mathrm{d}u$$
$$= \frac{1}{2}\left[\int_{-\infty}^{+\infty} \delta(u-u_0)\mathrm{e}^{\mathrm{j}2\pi ux}\mathrm{d}u + \int_{-\infty}^{+\infty} \delta(u+u_0)\mathrm{e}^{\mathrm{j}2\pi ux}\mathrm{d}u\right]$$
$$= \frac{1}{2}[\mathrm{e}^{\mathrm{j}2\pi u_0 x} + \mathrm{e}^{-\mathrm{j}2\pi u_0 x}] = \cos(2\pi u_0 x)$$

因此，在函数 $\cos 2\pi u_0 x$ 的傅里叶频谱中，频率 $u_0$ 与频率 $-u_0$ 是同时存在的。对于任意实函数 $f(x)$，在它的傅里叶频谱中，频率 $u_0$ 与频率 $-u_0$ 也是同时存在的，

并且它们的幅度是相等的：$|F(u)|=|F(-u)|$。这一性质在前面已经介绍了。在讨论实函数 $f(x)$ 的傅里叶频谱时，通常只需要考虑其中正频部分，不必考虑其中负频部分，因为它不是独立的，是依赖正频而存在的。在给出频谱的宽度时，给出的是频率 $u$ 由 0 到 $u$ 的最大正值 $B$ 之间的宽度 $B$，而不是频率 $u$ 由 $-B$ 到 $B$ 的宽度 $2B$。

表 1-1 给出了一些简单函数的傅里叶频谱。

**表 1-1　一些简单函数的傅里叶频谱**

| $f(x)$ | $F(u)$ | 对称性 |
|---|---|---|
| $\cos(2\pi u_0 x)$ | $\frac{1}{2}[\delta(u-u_0)+\delta(u+u_0)]$ | $F(u)=F(-u)$ |
| $\sin(2\pi u_0 x)$ | $\frac{-\mathrm{j}}{2}[\delta(u-u_0)-\delta(u+u_0)]$ | $\|F(u)\|=\|F(-u)\|$ |
| $\mathrm{e}^{-ax^2}$ | $\sqrt{\frac{\pi}{a}}\mathrm{e}^{-\pi^2u^2/a}$ | $F(u)=F(-u)$ |
| $\mathrm{e}^{-a(x-b)^2}$ | $\sqrt{\frac{\pi}{a}}\mathrm{e}^{-\mathrm{j}2\pi ub}\mathrm{e}^{-\pi^2u^2/a}$ | $\|F(u)\|=\|F(-u)\|$ |
| $f(x)=\begin{cases}1,\|x\|<a\\0,\|x\|>a\end{cases}$ | $\frac{\sin(2\pi au)}{\pi u}$ | $F(u)=F(-u)$ |
| $f(x)=\begin{cases}1,0<x<2a\\0,x<0,x>2a\end{cases}$ | $\mathrm{e}^{-\mathrm{j}2\pi ua}\frac{\sin(2\pi au)}{\pi u}$ | $\|F(u)\|=\|F(-u)\|$ |
| $\delta(x)$ | $1$ | $F(u)=F(-u)$ |
| $\delta(x-a)$ | $\mathrm{e}^{-\mathrm{j}2\pi ua}$ | $\|F(u)\|=\|F(-u)\|$ |
| $1$ | $\delta(u)$ | $F(u)=F(-u)$ |
| $\mathrm{e}^{\mathrm{j}2\pi u_0 x}$ | $\delta(u-u_0)$ | |
| $\mathrm{e}^{-\mathrm{j}2\pi u_0 x}$ | $\delta(u+u_0)$ | |

二维连续函数 $f(x,y)$ 的傅里叶变换公式为

$$F(u,v)=\int_{-\infty}^{+\infty}\int_{-\infty}^{+\infty}f(x,y)\mathrm{e}^{-\mathrm{j}2\pi(ux+vy)}\mathrm{d}x\mathrm{d}y \tag{1-11}$$

它的逆变换公式为

$$f(x,y)=\int_{-\infty}^{+\infty}\int_{-\infty}^{+\infty}F(u,v)\mathrm{e}^{\mathrm{j}2\pi(ux+vy)}\mathrm{d}u\mathrm{d}v \tag{1-12}$$

式（1-12）表明，$f(x,y)$ 可以表示为周期复函数 $\mathrm{e}^{\mathrm{j}2\pi(ux+vy)}=\mathrm{e}^{\mathrm{j}2\pi ux}\mathrm{e}^{\mathrm{j}2\pi vy}$ 的线性组合，组合系数 $F(u,v)$ 由式（1-11）确定。$u$ 是 $x$ 方向上单位间隔内周期函数

$$\mathrm{e}^{\mathrm{j}2\pi ux}=\cos(2\pi ux)+\mathrm{j}\sin(2\pi ux)$$

变化的周期数，也是 $\cos(2\pi ux)$ 或 $\sin(2\pi ux)$ 变化的周期数。$u$ 叫作 $x$ 方向的频率。$v$ 是 $y$ 方向上单位间隔内周期函数

$$\mathrm{e}^{\mathrm{j}2\pi vy}=\cos(2\pi vy)+\mathrm{j}\sin(2\pi vy)$$

变化的周期数，也是 $\cos(2\pi vy)$ 或 $\sin(2\pi vy)$ 变化的周期数。$v$ 叫作 $y$ 方向的频率。

$F(u,v)$ 是 $f(x,y)$ 的傅里叶频谱，一般是复函数

$$F(u,v) = R(u,v) + \mathrm{j}I(u,v)$$

它的绝对值

$$|F(u,v)| = \sqrt{F^*(u,v)F(u,v)} = \sqrt{R^2(u,v) + I^2(u,v)}$$

叫作幅度频谱，描述 $f(x,y)$ 所含各种频率成分的强度。$F(u,v)$ 有如下性质。

（1）如果 $f(x,y)$ 的频谱是 $F(u,v)$，则 $f(x-a,y-b)$ 的频谱是 $\mathrm{e}^{-\mathrm{j}2\pi(ua+vb)}F(u,v)$。

（2）如果 $f(x,y)$ 是实函数，则它的频谱 $F(u,v)$ 满足如下条件：

$$F^*(u,v) = F(-u,-v)\text{，}\quad |F(u,v)| = |F(-u,-v)|$$

当 $F(u,v)$ 也是实函数时，$F(u,v) = F(-u,-v)$。

## 1.3 取样定理

首先考虑最简单的一维连续函数

$$f(x) = \sin(2\pi u_0 x)$$

由傅里叶变换公式（1-1）可以求出它的频谱

$$\begin{aligned} F(u) &= \int_{-\infty}^{+\infty} \sin(2\pi u_0 x)\mathrm{e}^{-\mathrm{j}2\pi ux}\mathrm{d}x \\ &= \frac{-\mathrm{j}}{2}[\delta(u-u_0) - \delta(u+u_0)] \end{aligned}$$

此式表示，正弦函数 $\sin(2\pi u_0 x)$ 含有频率为 $u_0$、振幅为 $-\mathrm{j}/2$ 的复函数 $\mathrm{e}^{\mathrm{j}2\pi u_0 x}$ 与频率为 $-u_0$、振幅为 $\mathrm{j}/2$ 的复函数 $\mathrm{e}^{-\mathrm{j}2\pi u_0 x}$ 两个成分。将上式代入式（1-2）就看得很清楚：

$$\begin{aligned} f(x) &= \int_{-\infty}^{+\infty} F(u)\mathrm{e}^{\mathrm{j}2\pi ux}\mathrm{d}u = \frac{-\mathrm{j}}{2}\int_{-\infty}^{+\infty}[\delta(u-u_0) - \delta(u+u_0)]\mathrm{e}^{\mathrm{j}2\pi ux}\mathrm{d}u \\ &= \frac{-\mathrm{j}}{2}[\mathrm{e}^{\mathrm{j}2\pi u_0 x} - \mathrm{e}^{-\mathrm{j}2\pi u_0 x}] = \sin(2\pi u_0 x) \end{aligned}$$

现在以取样间隔 $\Delta x$ 或取样频率 $u_\mathrm{s} = 1/\Delta x$（$u_\mathrm{s}$ 表示在 $x$ 的单位间隔内取样点的数目）对正弦函数 $\sin(2\pi u_0 x)$ 取样。于是这个连续函数变成了离散数列

$$f(m) \equiv f(m\Delta x) = \sin(2\pi u_0 m\Delta x) \tag{1-13}$$

$$m = 0, \pm1, \pm2, \cdots$$

现在的问题是，频率为 $u_0$ 的正弦函数 $\sin(2\pi u_0 x)$ 用取样频率 $u_\mathrm{s} = 1/\Delta x$ 取样得到的离散数列（1-13），是否只属于频率为 $u_0$ 的正弦函数 $\sin(2\pi u_0 x)$？或者说是否只有频率为 $u_0$ 的正弦函数 $\sin(2\pi u_0 x)$ 能够通过如式（1-13）所示的离散点？回答是否定的。可以证明，有无限多个频率的正弦函数能够通过这些离散点。已知正弦函数

$\sin\alpha$ 是 $\alpha$ 的周期函数，周期为 $2\pi$：

$$\sin\alpha = \sin(\alpha + 2\pi n), \quad n = 0, \pm1, \pm2, \cdots \tag{1-14}$$

考虑频率为 $u_0 + ku_s = u_0 + \dfrac{k}{\Delta x}$ 的正弦函数 $\sin[2\pi(u_0 + ku_s)x]$，其中 $k = 0, \pm1, \pm2, \cdots$。同样也以取样间隔 $\Delta x$ 或取样频率 $u_s = 1/\Delta x$ 对正弦函数 $\sin[2\pi(u_0 + ku_s)x]$ 取样，得

$$\sin[2\pi(u_0 + ku_s)m\Delta x] = \sin\left[2\pi\left(u_0 + \frac{k}{\Delta x}\right)m\Delta x\right] = \sin[2\pi u_0 m\Delta x + 2\pi km] \tag{1-15}$$

其中 $km = 0, \pm1, \pm2, \cdots = n$。由式（1-14），得

$$\sin[2\pi(u_0 + ku_s)m\Delta x] = \sin(2\pi u_0 m\Delta x) \tag{1-16}$$

$$k = 0, \pm1, \pm2, \cdots$$

式（1-16）表示频率为 $u_0$ 的正弦函数 $\sin(2\pi u_0 x)$ 与频率为 $u_0 + ku_s$ 的正弦函数 $\sin[2\pi(u_0 + ku_s)x]$，分别按取样频率 $u_s = 1/\Delta x$ 取样，得到的离散数列 $\sin(2\pi u_0 m\Delta x)$ 与 $\sin[2\pi(u_0 + ku_s)m\Delta x]$ 是一样的。这就证明了，频率为 $u_0$ 的正弦函数 $\sin(2\pi u_0 x)$ 按取样频率 $u_s = 1/\Delta x$ 取样得到的离散数列，不仅属于频率为 $u_0$ 的正弦函数 $\sin(2\pi u_0 x)$，而且也属于频率为 $u_0 + ku_s$ 的正弦函数 $\sin[2\pi(u_0 + ku_s)x]$。由于 $k = 0, \pm1, \pm2, \cdots$，故离散数列（1-13）属于无限多个频率的正弦函数，即有无限多个频率的正弦函数通过这些离散点。例如，频率 $u_0 = 1/\text{cm}$ 的正弦函数 $\sin(2\pi u_0 x)$ 按取样频率 $u_s = 6/\text{cm}$ 取样得到的离散点，如图 1-2 中的圆点所示，而频率 $u = u_0 + u_s = 7/\text{cm}$ 的正弦函数 $\sin(2\pi ux)$ 也正好通过这些离散点。

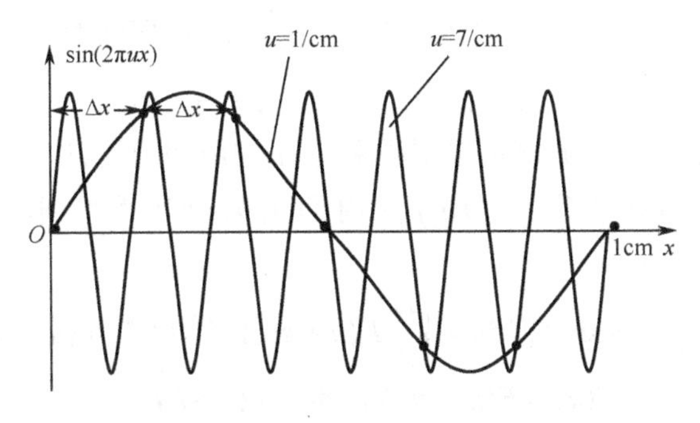


图 1-2　$\sin(2\pi ux)$ 取样点

（黑点为取样点，两个正弦函数都通过取样点。$u = 1/\text{cm}$ 与 $u = 7/\text{cm}$ 两个正弦函数 $\sin(2\pi ux)$ 按取样频率 $u_s = 6/\text{cm}$ 或取样间隔 $\Delta x = (1/6)\text{cm}$ 取样，得到相同的 6 个取样值。）

对于余弦函数 $\cos(2\pi u_0 x)$，结果也是一样的。这个函数按取样频率 $u_s = 1/\Delta x$ 取样得到的离散数列

$$f(m) \equiv f(m\Delta x) = \cos(2\pi u_0 m\Delta x) = \cos[2\pi(u_0 + ku_s)m\Delta x] \qquad (1\text{-}17)$$

$$m = 0, \pm 1, \pm 2, \cdots; \quad k, = 0, \pm 1, \pm 2, \cdots$$

不仅属于频率为$u_0$的余弦函数$\cos(2\pi u_0 x)$，而且也属于频率为$u_0 + ku_s$的余弦函数$\cos[2\pi(u_0 + ku_s)x]$。

显然，频率为$u_0$的复函数

$$e^{j2\pi u_0 x} = \cos(2\pi u_0 x) + j\sin(2\pi u_0 x)$$

按取样频率$u_s = 1/\Delta x$取样得到的离散数列

$$\begin{aligned} e^{j2\pi u_0 m\Delta x} &= \cos(2\pi u_0 m\Delta x) + j\sin(2\pi u_0 m\Delta x) \\ &= \cos[2\pi(u_0 + ku_s)m\Delta x] + j\sin[2\pi(u_0 + ku_s)m\Delta x] \\ &= e^{j2\pi(u_0 + ku_s)m\Delta x} \end{aligned} \qquad (1\text{-}18)$$

$$m = 0, \pm 1, \pm 2, \cdots; \quad k = 0, \pm 1, \pm 2, \cdots$$

不仅属于频率为$u_0$的复函数$e^{j2\pi u_0 x}$，而且也属于频率为$u_0 + ku_s$的复函数$e^{j2\pi(u_0 + ku_s)x}$。

对于任意函数$f(x)$，由傅里叶逆变换可知，它可以表示成各种频率$u$的复函数$e^{j2\pi ux}$的线性组合

$$f(x) = \int_{-\infty}^{+\infty} F(u) e^{j2\pi ux} du \qquad (1\text{-}19)$$

组合系数为$F(u)$。$f(x)$按取样频率$u_s = 1/\Delta x$取样得到的离散数列为

$$f(m) = \int_{-\infty}^{+\infty} F(u) e^{j2\pi um\Delta x} du \qquad (1\text{-}20)$$

$$m = 0, \pm 1, \pm 2, \cdots$$

将式（1-18）（其中$u_0$改为$u$）代入上式，得

$$f(m) = \int_{-\infty}^{+\infty} F(u) e^{j2\pi um\Delta x} du = \int_{-\infty}^{+\infty} F(u) e^{j2\pi(u + ku_s)m\Delta x} du \qquad (1\text{-}21)$$

$$m = 0, \pm 1, \pm 2, \cdots; \quad k = 0, \pm 1, \pm 2, \cdots$$

式（1-21）表示，$f(m)$既可以用频率为$u$的周期函数$e^{j2\pi um\Delta x}$展开，展开系数为$F(u)$；又可以用频率为$(u + ku_s)$的周期函数$e^{j2\pi(u + ku_s)m\Delta x}$展开，展开系数为$F(u + ku_s) = F(u)$，即

$$f(m) = \int_{-\infty}^{+\infty} F(u) e^{j2\pi um\Delta x} du = \int_{-\infty}^{+\infty} F(u + ku_s) e^{j2\pi(u + ku_s)m\Delta x} d(u + ku_s) \qquad (1\text{-}22)$$

$$F(u) = F(u + ku_s), \quad du = d(u + ku_s) \qquad (1\text{-}23)$$

$$m = 0, \pm 1, \pm 2, \cdots; \quad k = 0, \pm 1, \pm 2, \cdots$$

式（1-22）中的离散数列$F(u)e^{j2\pi um\Delta x}$（$m = 0, \pm 1, \pm 2, \cdots$）是连续函数$F(u)e^{j2\pi ux}$按取样频率$u_s = 1/\Delta x$取样得到的，离散数列$F(u + ku_s)e^{j2\pi(u + ku_s)m\Delta x}$（$m = 0, \pm 1, \pm 2, \cdots$）是连续函数$F(u + ku_s)e^{j2\pi(u + ku_s)x}$按同一取样频率$u_s = 1/\Delta x$取样得到的。这两个离散数列实际上是同一个离散数列。因此，这个离散数列不仅对应频率$u$，也对应频率

$u+ku_s$（$k=\pm1,\pm2,\cdots$），并且频率 $u$ 的幅度 $F(u)$ 与频率 $u+ku_s$ 的幅度 $F(u+ku_s)$ 相等，即 $F(u)=F(u+ku_s)$。

现在可以得到如下结论：如果一维连续函数 $f(x)$ 的频谱为 $F(u)$，则 $f(x)$ 按取样频率 $u_s=1/\Delta x$ 取样得到的离散数列 $f(m)\equiv f(m\Delta x)$ 的频谱中，既有原来的频谱 $F(u)$，还有新的频谱 $F(u+ku_s)$（$k=\pm1,\pm2,\cdots$），并且 $F(u)=F(u+ku_s)$。可见，$F(u)$ 是 $u$ 的周期函数，周期为 $u_s$，一维连续函数 $f(x)$ 取样后的频谱扩大了。这个扩大的频谱是将原来的频谱 $F(u)$ 沿频率 $u$ 轴的正负方向依次平移 $u_s,2u_s,\cdots$ 得到的。原来的频谱 $F(u)$ 是真实的，扩大的频谱 $F(u+ku_s)(k=\pm1,\pm2,\cdots)$ 是不真实的，是由于取样而附加的假频。

假设实函数 $f(x)$ 的频谱 $F(u)$ 也是实函数，$F(u)$ 相对频率轴原点 $u=0$ 是左右对称的，并且 $F(u)$ 存在一个最大频率 $B$，即当 $|u|>B$ 时，$F(u)=0$。这种频谱的全宽度为 $2B$。图 1-3（a）给出一个这样的 $F(u)$ 的曲线，它代表 $f(x)$ 的真实频谱。若选择取样频率 $u_s>2B$，则如图 1-3（b）所示，在频率 $u$ 轴正负两端出现的假频谱同真频谱相互不重叠。若选择取样频率 $u_s<2B$，则如图 1-3（c）所示，将出现真假频谱相互重叠的现象。

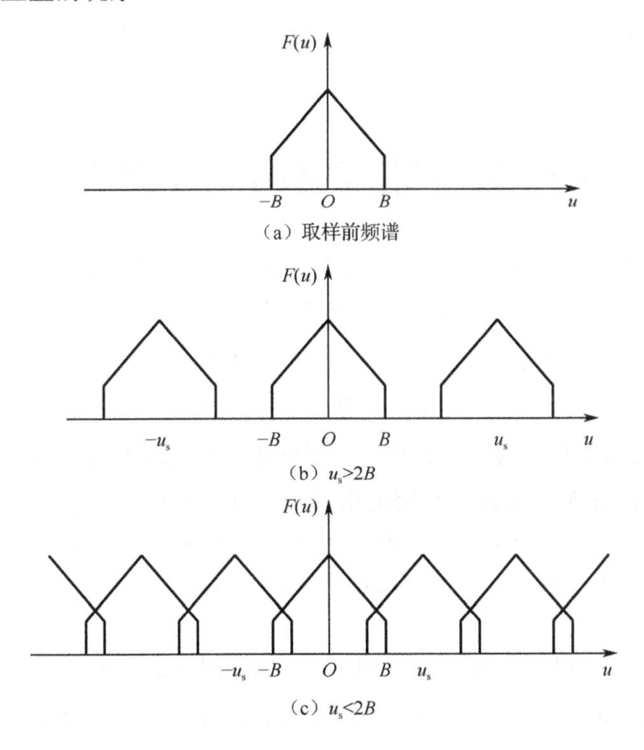


图 1-3　取样前后频谱

在对这种取样信号的频谱进行处理之前，先让它通过低通滤波器，使$|u|<B$的信号通过，$|u|>B$的信号被阻止。于是通过这种低通滤波器的信号就是具有真实频谱的信号了。图 1-3（c）给出$f(x)$按取样频率$u_s<2B$取样后的频谱，由于$F(u)$平移的距离$u_s$小于$F(u)$的全宽度$2B$，假频谱移不出真频谱$F(u)$范围，在$F(u)$的正负两端存在真频谱与假频谱相互重叠的现象。这时无法用低通滤波器滤掉所有假频谱而保留完整的真频谱。当用上述低通滤波器，使$|u|<B$的信号通过，$|u|>B$的信号被阻止时，留在真频谱区与真频谱重叠的假频谱被保留下来。这样的频谱不是$f(x)$的真实频谱。将这种被歪曲的信号送去处理，显然是不对的。为了避免这种情况的发生，取样频率$u_s$必须大于$F(u)$的全宽度$2B$，这就是取样定理表示的内容。

取样定理：连续函数$f(x)$按取样间隔$\Delta x$或取样频率$u_s=1/\Delta x$取样，产生周期为$u_s$的周期性重复频谱。为了避免因不同周期的频谱发生重叠而导致信号$f(x)$的失真，取样频率$u_s$必须大于$2B$，或取样间隔$\Delta x$必须小于$1/(2B)$，这里的$B$是取样前$f(x)$的频谱$F(u)$中最大频率，即当$|u|>B$时，$F(u)=0$。对于二维连续函数$f(x,y)$，$x$方向的取样频率$u_s$必须大于$2B_x$，或取样间隔$\Delta x$必须小于$1/(2B_x)$；$y$方向的取样频率$v_s$必须大于$2B_y$，或取样间隔$\Delta y$必须小于$1/(2B_y)$，$B_x$与$B_y$分别是取样前$f(x,y)$的频谱$F(u,v)$中 $u$ 与 $v$ 的最大值，即当$|u|>B_x$或$|v|>B_y$时，$F(u,v)=0$。

## 1.4 数字图像的数学表示方法

一幅连续图像$f(x,y)$经过取样和量化后变成一幅数字图像。我们仍用$f(x,y)$来表示它，只是$x,y$与$f(x,y)$取如下整数值：

$$x=0,1,2,\cdots,m,\cdots M-1;\quad y=0,1,2,\cdots,n,\cdots N-1$$

$$f(x,y)=0,1,2,\cdots,L-1$$

其中$L=2^k$是图像灰度的级数，$k$是某一正整数。通常取$k=8$，$L=256$。设一幅数字图像含有$M$行$N$列像素，我们就用$M\times N$阶矩阵来表示它

$$\boldsymbol{F}=\begin{bmatrix} f(0,0) & f(0,1) & \cdots & f(0,N-1) \\ f(1,0) & f(1,1) & \cdots & f(1,N-1) \\ \vdots & \vdots & \vdots & \vdots \\ f(M-1,0) & f(M-1,1) & \cdots & f(M-1,N-1) \end{bmatrix} \tag{1-24}$$

计算机存储一幅$M\times N$个像素、灰度级为$L=2^k$的数字图像需要的比特数为

$$b=M\times N\times k \tag{1-25}$$

位于坐标$(x,y)$的像素$P$有 2 个垂直相邻像素$A$、$B$和 2 个水平相邻像素

$C$、$D$，它们的坐标是

$$A=(x-1,y),B=(x+1,y),C=(x,y-1),D=(x,y+1)$$

这 4 个相邻像素叫作 $P$ 的 4 邻域，记为 $N_4(P)$。像素 $P$ 的 4 个对角像素

$$E=(x-1,y-1),F=(x-1,y+1),G=(x+1,y-1),H=(x+1,y+1)$$

记为 $N_D(P)$。这 4 个对角像素再加上 4 个相邻像素叫作 $P$ 的 8 邻域，记为 $N_8(P)$。表 1-2 给出了位于 $(x,y)$ 点的像素的 8 邻域，其中包括 4 邻域 $(x,y-1)$, $(x-1,y)$, $(x+1,y)$, $(x,y+1)$。

表 1-2　(x,y)点的像素的 8 邻域

| | | |
|---|---|---|
| $(x-1,y-1)$ | $(x-1,y)$ | $(x-1,y+1)$ |
| $(x,y-1)$ | $(x,y)$ | $(x,y+1)$ |
| $(x+1,y-1)$ | $(x+1,y)$ | $(x+1,y+1)$ |

## 1.5　数字图像的类型

数字图像的类型有以下 4 种。

（1）二值图像

二值图像的 $M\times N$ 表示矩阵中，元素（像素）的取值（灰度值）只有 0 与 1。0 表示黑色，1 表示白色。

（2）灰度图像

灰度图像的 $M\times N$ 表示矩阵中，元素（像素）的取值（灰度值）范围一般为 $(0,255)$。0 表示最暗，255 表示最亮。

（3）RGB 真彩色图像

RGB 彩色图像的每一个像素的颜色都是由红（R）、绿（G）、蓝（B）三原色组合而成的。每一个像素都包含 R、G、B 3 个分量。RGB 彩色图像用 3 个分别代表红绿蓝三原色的 $M\times N$ 矩阵表示。这是一个 $M\times N\times 3$ 的三维数组。

（4）索引图像

索引图像也是彩色图像，但它并非真彩色图像。索引图像中每个像素的颜色是由该像素的灰度值决定的。通常，灰度值的范围是 $[0,255]$，其中每一个灰度值对应一种颜色，这样就有 256 种颜色。建立一个 $256\times 3$ 的矩阵，它的 1～256 行分别对应灰度值 0～255，每一行的 3 个元素分别为 R、G、B 三原色分量。这个矩阵叫作 MAP 矩阵。假定图像的某一像素的灰度值为 60，则该像素的颜色就由 MAP 矩阵的第 60 行的 R、G、B 三原色分量的组合决定。将像素的灰度值作为索引指向

MAP 矩阵的某一行，从而确定像素的颜色。这就是索引图像名称的来源。

索引图像用一个表示灰度的 $M \times N$ 矩阵和一个表示颜色的 MAP 矩阵描述。这分别是一个 $M \times N$ 的二维数组和一个 $256 \times 3$ 的二维数组。

## 1.6 数字图像的获得

数字图像可以通过数码相机、数码摄像机和扫描仪获得。数码相机与数码摄像机通过镜头对物景拍摄，得到物景的模拟图像，然后对连续的模拟图像进行数字化处理。数码相机与数码摄像机得到的数字图像是一样的。只是在拍摄一个运动物体时，前者给出的是一幅运动物体在某一时刻的静止图像，而后者却是不断给出运动物体在不同时刻的静止图像。在播放这些不同时刻的静止图像时，由于相邻两幅静止图像的时间间隔太短，人眼分辨不出，便误以为物体是在进行连续的运动。扫描仪则是对已有的模拟图像进行数字化处理。上述 3 个设备使用以下部件对模拟图像进行数字化处理：

（1）采样孔。它可以单独观测图像的特定像素。

（2）图像扫描机构。它使采样孔按照预定的方式在图像上移动，依次观测每一个像素。

（3）光传感器。它通过采样孔测量每一个像素的亮度，并将光亮度转换为电压或电流，电压或电流同光亮度成正比。传感器的类型有电荷耦合器件（CCD）、电荷注入器（CID）和光电二极管阵列，目前主要采用 CCD 阵列。

（4）量化器。它将传感器输出的电压或电流连续值转换为整数值（A/D 转换器）。

（5）输出存储器。它将量化器产生的数据存储起来，以便送到计算机中进行处理。

## 1.7 数字图像处理工具——MATLAB 简介

目前数字图像处理工具有以下 3 种。

（1）Visual C++

这是 Microsoft 公司开发的一种用于图像处理的具有高度综合性的可视化集成工具，具有运行速度快、可移植能力强等优点。

（2）图像应用软件

这是可以直接供用户使用的商品化软件。用户只要了解软件的操作方法，就可以完成图像处理的任务。如 Adobe 公司开发的 Photoshop 软件已成为图像处理的一流工具。高级版本的 Photoshop 软件可以很方便地对扫描仪、数码相机等图像输入设备采集的数字图像进行各种处理。其他还有 CorelDraw 软件和 ACDSee 软件等。

（3）MATLAB

MATLAB 这个名字是由 MATrix 和 LABoratory 两个词的前三个字母组合而成的。它是由 MathWorks 公司开发用于数值计算的工具，具有强大的矩阵运算和操作功能。由于数字图像是由矩阵描述的，因此 MATLAB 对数字图像处理十分有用，是数字图像处理的强有力工具。特别是 MATLAB 给出的图像处理工具箱，对图像处理非常方便。

在以上 3 个图像处理工具中，MATLAB 应用最广泛，下面对它进行简要介绍。

### 1. MATLAB 命令窗口

计算机在安装并启动 MATLAB 软件后，会给出一个命令窗口。当窗口中的左上方出现（>>）符号后，可以输入命令，按下回车键，命令被执行。如果一条命令输入后，以（;）结束，按下回车键，则命令被执行，但不显示执行结果。如果一条命令输入后，直接按下回车键，则在命令窗口中显示执行结果。输入（clc）命令，可以清除命令窗口中的内容。

### 2. MATLAB 的几个常用符号

```
ans   给出最近运算结果              %    对命令功能说明
NaN   非数(Not a Number)            pi   圆周率
i,j   虚数单位                      Inf  无穷大
```

### 3. 字符串

字符串是一维字符数组，为一个行向量。MATLAB 用单引导（''）创建一个字符串。字符串中的每一个元素，包括空格，均对应 ASCII 码。

［示例 1-3］ 创建一个字符串。

```
A='How are you!';                    % 创建一个字符串 A
[m,n]=size(A);                       % 计算字符串 A 的大小
B=double(A)                          % 给出字符串 A 的 ASCII 码
```

程序运行后，输出结果为：

```
A =
How are you!
m =
      1
```

```
n =
    12
B =
  Columns 1 through 10
    72   111   119    32    97   114   101    32   121   111
  Columns 11 through 12
   117    33
```

### 4. 矩阵（数组）的建立

矩阵是通过方括号（[ ]）来建立的，用逗号（,）或空格来分开一行中的不同元素，用分号（;）来分开不同的行。

［示例 1-4］ 建立几个不同的矩阵。

```
A=[1,2,3,4,5];                          % 建立一个一行矩阵 A
B=[1 2 3 4 5];                          % 建立一个一行矩阵 B
C=[1;2;3;4;5];                          % 建立一个一列矩阵 C
D=[1,2,3,4;5,6,7,8;9,10,11,12];         % 建立一个 3 行 4 列矩阵 D
```

程序运行后，输出结果为：

```
A =
     1     2     3     4     5
B =
     1     2     3     4     5
C =
     1
     2
     3
     4
     5
D =
     1     2     3     4
     5     6     7     8
     9    10    11    12
```

通过函数 zeros()、ones()与 eye()可以建立 3 个特殊的矩阵。zeros(m,n)是元素均为 0 的 m 行 n 列矩阵；ones(m,n) 是元素均为 1 的 m 行 n 列矩阵；eye(n) 是对角元素均为 1 的 n 维矩阵。例如：

```
zeros(2,3)
ans =
     0     0     0
```

```
        0      0      0

ones(3,2)
ans =
        1      1
        1      1
        1      1

eye(3)
ans =
        1      0      0
        0      1      0
        0      0      1
```

通过冒号可以建立有规则的一维数组：$A = N1:step:N2$。其中 N1 是第一个元素，step 是阶梯大小，N2 是最后一个元素。step 可取正值或负值。step>0 表示从 N1 元素开始依次递增一个 step。step<0 表示从 N1 元素开始依次递减一个 step 的绝对值。如果没有指定 step，则系统认定为 1。例如：

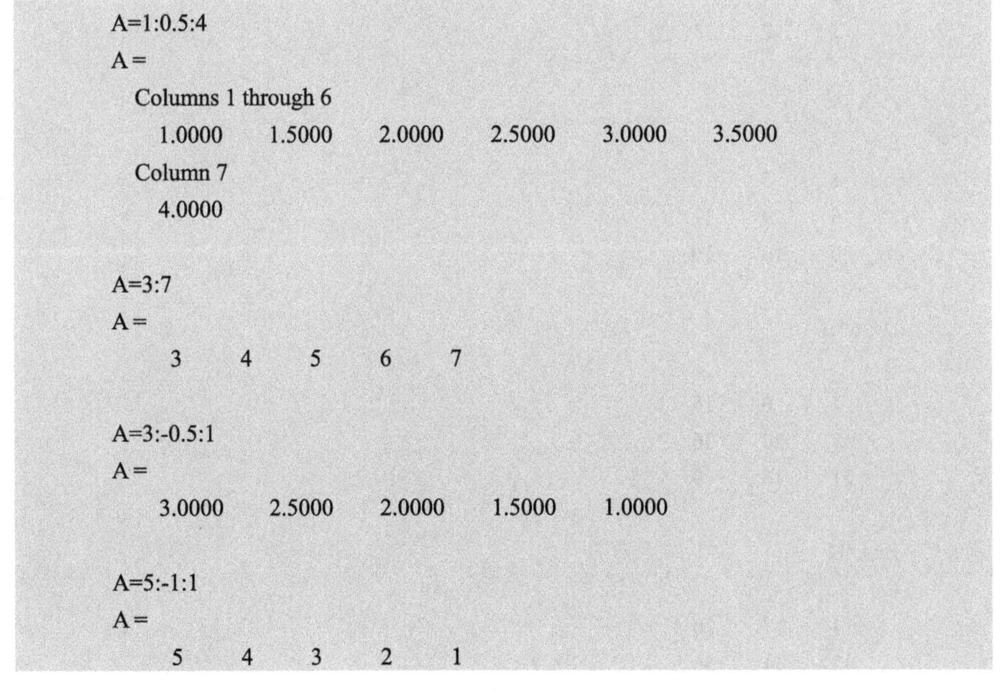

```
A=1:0.5:4
A =
  Columns 1 through 6
    1.0000    1.5000    2.0000    2.5000    3.0000    3.5000
  Column 7
    4.0000

A=3:7
A =
     3     4     5     6     7

A=3:-0.5:1
A =
    3.0000    2.5000    2.0000    1.5000    1.0000

A=5:-1:1
A =
     5     4     3     2     1
```

### 5．算术运算符

+　加　　　　./　右除　　　　.^　求幂

| | | | | | |
|---|---|---|---|---|---|
| – | 减 | / | 矩阵右除 | ^ | 矩阵求幂 |
| .* | 乘 | .\ | 左除 | .’ | 转置 |
| * | 矩阵乘 | \ | 矩阵左除 | ’ | 矩阵转置 |

两个矩阵的加、减、乘、右除与左除是按两个矩阵对应元素进行的。因此，这两个矩阵的维数必须相同。如果一个矩阵同标量作上述运算，则是矩阵的每一个元素同标量运算。

［示例 1-5］ 矩阵算术运算。

```
A=[1,2,3;4,5,6;7,8,9]
A =
      1     2     3
      4     5     6
      7     8     9

B=[1,3,5;2,4,6;3,2,1]
B =
      1     3     5
      2     4     6
      3     2     1

C=A+B
C =
      2     5     8
      6     9    12
     10    10    10

D=A.*B
D =
      1     6    15
      8    20    36
     21    16     9

E=A*B
E =
     14    17    20
     32    44    56
     50    71    92

F=A./B
```

```
F =
      1.0000     0.6667     0.6000
      2.0000     1.2500     1.0000
      2.3333     4.0000     9.0000

G=A/B
G =
            0     0.5000          0
      1.0000     0.0000     1.0000
      1.0000     0.3750     1.7500
```

### 6. for 语句

for 语句是一种循环语句，它的循环次数是已知的。for 语句的一般表示式为

```
for 循环控制变量=表达式 1:表达式 2:表达式 3
语句
end
```

通常，表达式 1 是循环变量的初值，表达式 2 是循环变量的增量，表达式 3 是循环变量的终值。循环变量的增量可以是正数，也可以是负数。如果没有指定循环变量的增量，则系统自动确定为 1。for 语句可以嵌套使用。

［示例 1-6］ 用 for 语句构造一个元素值同它的位置（行列数）有关的矩阵。

```
A=zeros(4,4);                              % 产生一个 4×4 的全 0 矩阵
for m=1:4
for n=1:4
A(m,n)=m/(m+n-1);
end
end
A
A =
      1.0000     0.5000     0.3333     0.2500
      1.0000     0.6667     0.5000     0.4000
      1.0000     0.7500     0.6000     0.5000
      1.0000     0.8000     0.6667     0.5714
```

在以上程序中，第一层 for 语句循环变量的初值为 1，循环变量的增量未给定，系统认定为 1，循环变量的终值为 4。第二层 for 语句循环变量的初值、增量和终值同第一层相同。每一层 for 语句都是以 for 开始、以 end 结束。

for 语句的循环变量也可以是数组表达式。它的表示式为

```
for  循环变量 = 数组表达式
语句
end
```

［示例 1-7］ 计算数组 1, 2, …, 100 所有元素的和。

```
A=[1:100];
sum=0;
k=0;
for n=A
n;
k=k+1;
sum=sum+n;
end
sum
sum =
          5050
```

### 7. while 语句

while 语句也是一种循环语句，它的循环次数是未知的，在满足一定条件下，循环进行。当条件不满足时，循环终止。while 语句的表示式为

```
while  关系表达式
语句
end
```

当给定的关系表达式满足时，重复执行语句，当关系表达式不满足时，循环终止。

［示例 1-8］ 用 while 语句计算数组 1, 2, …, 100 所有元素的和。

```
i=1;
sum=0;
while(i<=100)
sum=sum+i;
i=i+1;
end
sum
sum =
          5050
i
i =
   101
```

### 8. if 语句

if 语句是一种选择语句。在 if 语句中，要给出一定的条件。选择的作用就是判断该条件是不是满足，从而决定程序的走向。if 语句的一种表示式为：

```
if　条件表达式
语句 1
else
语句 2
end
```

当条件表达式满足时，执行语句 1；不满足时，执行语句 2。if 语句的另一种表示式为：

```
if　表达式 1
语句 1
elseif　表达式 2
语句 2
    ……
elseif　表达式 n
语句 n
else
语句 n+1
end
```

［示例 1-9］ 用 if 语句构造一个 5 维矩阵。

```
K=5;
for m=1:K
for n=1:K
if m==n
a(m,n)=1;
elseif abs(m-n)==1
a(m,n)=2;
elseif abs(m-n)==2
a(m,n)=3;
else
a(m,n)=0;
end
end
end
a
```

```
a =
     1     2     3     0     0
     2     1     2     3     0
     3     2     1     2     3
     0     3     2     1     2
     0     0     3     2     1
```

### 9. switch 语句

switch 语句也是一种选择语句。它的一般表示式为：

```
switch  表达式
  case  表达式 1
语句 1
case  表达式 2
语句 2
      ……
case  表达式 n
语句 n
otherwise
语句 n + 1
end
```

［示例 1-10］ switch 语句应用示例。

```
edit SEASON

function SEASON(month)                    % 判断几月属于什么季节
switch month
case{3,4,5}
season='spring'
case{6,7,8}
season='summer'
case{9,10,11}
season='autumn'
case{12,1,2}
season='winter'
otherwise
season='wrong'
end

SEASON(5)
season =
```

```
spring

SEASON(23)
season =
wrong
```

### 10．图像文件的读取

图像文件的读取采用函数 imread()实现，它的表达方式主要有以下两种。

（1）A=imread('filename.fmt') 或 A=imread ('filename','fmt')

这种表达方式用于读取 filename 指定的灰度图像与真彩色图像文件，其中 filename 为文件名，fmt 为文件扩展名或文件格式。读取的文件必须在当前路径下，否则要在文件名前写明文件所在路径，如 A=imread('D:\filename.fmt')。

（2）[X,map ] = imread('filename.fmt')或 imread('filename','fmt')

这种表达方式用于读取索引图像文件，其中 X 用于存储相应颜色映射表的映射序号值，map 用于存储索引图像的颜色映射表。

### 11．图像文件的显示

图像文件主要通过函数 imshow()来显示。该函数自动设置图像显示窗口。函数 imshow()的表达方式有以下几种。

（1）imshow(I)

显示灰度图像 I。

（2）imshow('filename.fmt')或 imshow filename

显示文件 filename 指定的图像。被显示的图像必须在当前路径下，否则要给出图像所在的路径，如 A=imread('D:\filename.fmt')。

（3）imshow(I,[low,high])

将图像 I 作为灰度图像来显示，[low,high]给出灰度级的范围。图像中所有灰度值低于 low 的像素都显示为黑色，灰度值高于 high 的像素都显示为白色。

（4）imshow(BW)

显示二值图像 BW。

（5）imshow(X,map)

显示索引图像。

（6）imshow(RGB)

显示真彩色图像 RGB。

### 12．图像文件的保存

图像文件的保存采用函数 imwrite()实现。它的表述方式为

```
imwrite('I,filename', 'fmt')
```

该函数将图像数据 I 保存到由 filename 指定的文件中，fmt 必须是 MATLAB 支持的文件格式，保存的文件位于当前目录下。如果不想保存在当前目录下，必须指明其完整保存路径。如果 I 为灰度图像，则 I 是一个 $M \times N$ 的二维数组。如果 I 为彩色图像，则 I 是一个 $M \times N \times 3$ 的三维数组。

### 13. 图像类型的转换

在图像的处理过程中，有时需要对图像的类型进行转换。下面介绍几种图像类型转换的方法。

（1）RGB 彩色图像转换为灰度图像

```
B=rgb2gray(I)
```

上式将 RGB 彩色图像 I 转换为灰度图像 B。

（2）RGB 彩色图像转换为索引图像

```
[X,map]=rgb2ind(I,tol)
```

上式利用均匀量化的方法，将 RGB 彩色图像 I 转换为索引图像[X,map]。式中 tol 的取值范围是[0,1]。

```
[X,map]=rgb2ind(I,N)
```

上式利用最小方差量化的方法，将 RGB 彩色图像 I 转换为索引图像[X,map]。式中 N 是颜色的数目。

```
B=rgb2ind(I,map)
```

上式通过与 RGB 中最相近的颜色进行匹配生成颜色映射表 map，将 RGB 彩色图像 I 转换为索引图像 B。

（3）RGB 彩色图像转换为二值图像

```
B=im2bw(I,level)
```

上式通过设置阈值参数 level，将 RGB 彩色图像 I 转换为二值图像 B。式中参数 level 的取值范围是[0,1]。

（4）灰度图像转换为索引图像

```
[X,map]=gray2ind(I,n)
```

上式将灰度图像 I 转换为索引图像[X,map]。式中 n 是灰度级数。

（5）灰度图像转换为二值图像

```
B=im2bw(I,level)
```

上式将灰度图像 I 转换为二值图像。式中参数 level 的取值范围是[0,1]。

（6）索引图像转换为灰度图像

```
B=ind2gray(X,map)
```

上式将索引图像[X,map]转换为灰度图像 B。

（7）索引图像转换为二值图像

```
B=im2bw(X,map,level)
```

上式通过设置阈值参数 level，将索引图像[X,map]转换为二值图像 B。式中参数 level 的取值范围是[0,1]。

（8）索引图像转换为 RGB 彩色图像

```
B=ind2rgb(X,map)
```

上式将索引图像[X,map]转换为 RGB 彩色图像 B。

**[示例 1-11]** 图像的读取、显示、保存与类型转换。

```
I=imread('1-4a.jpg');                    % 读取 RGB 彩色图像
B=rgb2gray(I);                           % 将 RGB 彩色图像 I 转换为灰度图像 B
[X,map]=rgb2ind(I,0.1);                  % 将 RGB 彩色图像 I 转换为索引图像[X,map]
C=im2bw(I,0.5);                          % 将 RGB 彩色图像 I 转换为二值图像 C
imwrite(B,'1-4b','jpg');                 % 保存灰度图像 B
subplot(1,2,1),imshow(I);                % 显示 RGB 彩色图像 I
subplot(1,2,2),imshow(B);                % 显示灰度图像 B
figure,
subplot(1,2,1),imshow(X,map);            % 显示索引图像[X,map]
subplot(1,2,2),imshow(C);                % 显示二值图像 C
```

程序运行后，显示的 RGB 彩色图像、灰度图像、索引图像和二值图像如图 1-4 所示。灰度图像以 1-4b 的文件名保存在 MATLAB 路径下。

（a）RGB 彩色图像

（b）灰度图像

图 1-4　RGB 彩色图像和由它转换的灰度图像、索引图像和二值图像

（c）索引图像

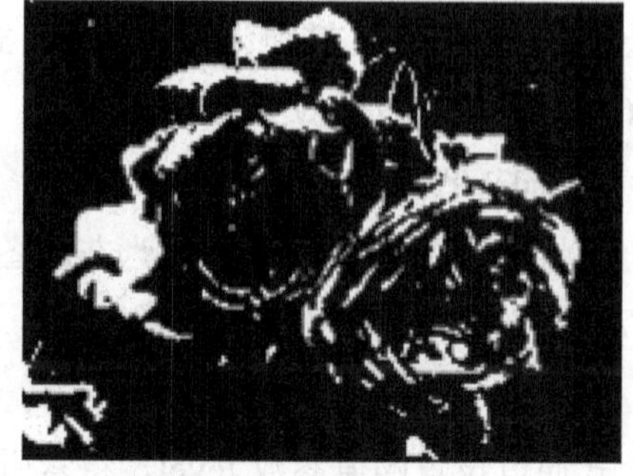

（d）二值图像

图 1-4　RGB 彩色图像和由它转换的灰度图像、索引图像和二值图像（续）

**14．图像数据的类型及相互转换**

图像数据的类型有多种，主要有以下两种。

（1）双精度类型（double）

双精度类型的数据取值范围是[0,1]。在 MATLAB 对图像进行操作和函数运算时，均采用双精度类型数据。但由于这种类型的数据在存储时占用的空间太大，所以在数据存储时，不采用这种类型的数据。

（2）无符号整数型（uint8）

无符号整数型数据在 0～255 之间取整数值。在 MATLAB 对图像进行操作和函数运算时，不采用无符号整数型数据。但由于这种数据在存储时占用的空间很小，所以在数据存储时，要采用这种类型的数据。

在对图像进行操作和函数运算之前，应该将图像的数据类型由无符号整数型转换为双精度类型。而在图像存储时，应该将图像的数据类型由双精度类型转换为无符号整数型。两种类型数据的转换方法如下。

灰度图像由无符号整数型转换为双精度类型：

B = double(A)  或  B = im2double(A)

灰度图像由双精度类型转换为无符号整数型：

A = uint8(B)  或  A = im2uint8(A)

索引图像与真彩色图像由无符号整数型转换为双精度类型：

B = double(A/255)

索引图像与真彩色图像由双精度类型转换为无符号整数型：

A = uint8(round(A × 255))

# 第 2 章　图像的空间域增强

图像的增强是对图像的一种处理，目的是使图像在视觉上感到更好些。图像的增强可以在空间域进行，也可以在频率域进行。本章讨论图像在空间域的增强。图像在空间域的增强是对图像像素的直接操作处理的过程。这个过程可以表示为

$$g(x,y)=T[f(x,y)] \tag{2-1}$$

其中 $f(x,y)$ 是输入图像，$g(x,y)$ 是处理后的输出图像，$T$ 是对图像的某种操作（运算）。$T$ 有两种作用方式，一种是依次作用在每个像素点 $(x,y)$ 上，这种作用方式叫作点操作；另一种是依次作用在以 $(x,y)$ 的 $P$ 点为中心的小方格（如 $P$ 点及其 8 邻域）或长方格内的所有像素上。上述含有一定数目像素的小方格叫作模板或滤波器。这种作用方式叫作模板操作或空间域滤波。点操作是图像空间域增强中最简单的处理方法，它包括灰度变换、直方图均衡化和直方图规定化等方法。

## 2.1　灰度变换

点操作的输出 $g(x,y)$ 仅取决于 $f(x,y)$ 在 $(x,y)$ 点的值。式（2-1）中的 $T$ 操作称为 $(x,y)$ 点灰度变换的函数运算，它具有如下形式

$$t=T(s) \tag{2-2}$$

其中，$s$ 与 $t$ 分别是 $f(x,y)$ 与 $g(x,y)$ 在 $(x,y)$ 点的灰度值。例如，设 $T(s)$ 是图 2-1（a）所示的曲线。这种灰度的变换会产生比原始图像更高的对比度。因为原始图像中亮度小于中间值 $m$ 的图像在变换后变暗；亮度大于中间值 $m$ 的图像在变换后变亮。图 2-1（b）是极端情况，原始图像中亮度小于中间值 $m$ 的图像在变换后全都变成 $t=0$（最暗）；亮度大于中间值 $m$ 的图像在变换后全都变成 $t=L-1$（最亮），这种变换 $T(s)$ 叫作阈值函数，由这种变换得到的图像为二值图像。

下面介绍一些常用的基本灰度变换。

### 1．灰度逆变换

对原始图像的灰度进行相逆变换，即将原灰度 $s$ 变为新灰度 $t=L-1-s$。原来最亮的 $s=L-1$ 变成了最暗的 $t=0$；原来最暗的 $s=0$ 变成了最亮的 $t=L-1$。这种方法适用于增强在图像暗区内的白色或灰色的细节，特别是在黑色区面积占主要地位时，

灰度逆变换后在白色区显示的黑色细节比较清楚。

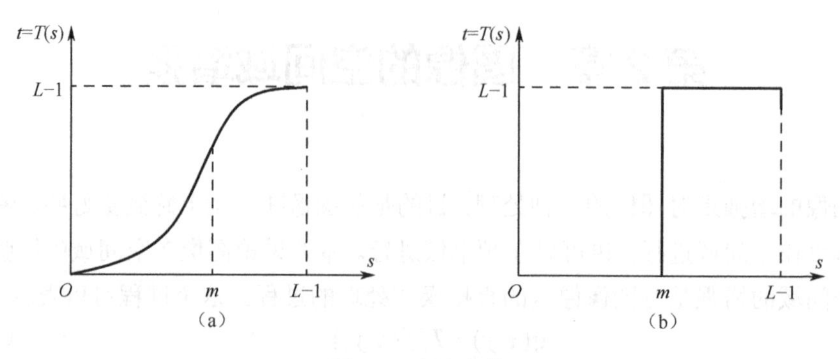


图 2-1　灰度变换

［示例 2-1］　用 MATLAB 程序进行图像的灰度逆变换。

```
I=imread('tiane1.jpg');
B=255-I;
subplot(1,2,1),imshow(I);
subplot(1,2,2),imshow(B)
```

程序运行后，输出图像如图 2-2 所示。

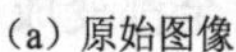

（a）原始图像　　（b）灰度逆变换后的图像

图 2-2　图像的灰度逆变换

## 2. 分段线性变换

在一幅图像中有感兴趣的灰度区和不感兴趣的灰度区。希望将感兴趣的灰度区拉伸，使之更宽更亮，对比度加大；而将不感兴趣的灰度区压缩，使之变窄变暗，对比度减小。利用图 2-3（a）所示具有三段不同斜率直线的变换函数 $T(s)$，可以将灰度值在 0～$s'$ 与 $s''$～$L$−1 两区压缩，对比度减小（直线斜率<1），而将灰度值在 $s'$～$s''$ 区拉伸，对比度加大（直线斜率>1）。利用图 2-3（b）所示的变换函数 $T(s)$正好相反，它使灰度值在 0～$s'$ 与 $s''$～$L$−1 两区的对比度变大（直线斜率>1），而将灰度值在 $s'$～$s''$ 区的对比度减小（直线斜率<1）。

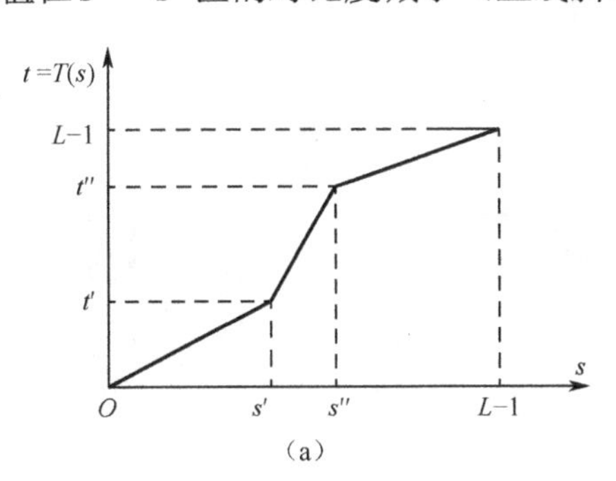

（a）

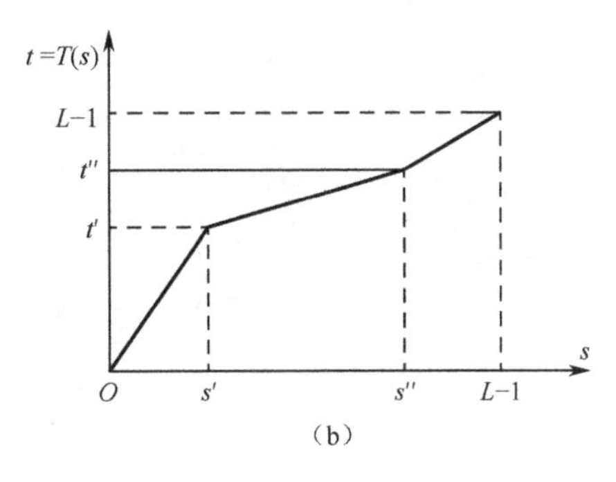

（b）

图 2-3　分段线性变换

［示例 2-2］ 在图 2-3（a）所示的线性变换中，令 $s'=40$，$s''=160$；$t'=20$，$t''=230$，即原图像的 0～40 的灰度区被压缩至 0～20，40～160 的灰度区被拉伸至 20～230，160～255 的灰度区被压缩至 230～255。用 MATLAB 程序实现上述变换。

```
I=imread('2-4a.jpg');
C=double(I);                                % 将图像 I 的数据类型变换成双精度型
[M,N]=size(C);                              % 计算图像 C 的大小
for i=1:M                                   % 进行灰度线性变换
for j=1:N
if   C(i,j)<=40
C(i,j)=20/40 *C(i,j);
elseif   C(i,j)<=160
C(i,j)=(230-20)/(160-40)*(C(i,j)-40)+20;
else
C(i,j)=(255-230)/(255-160)*(C(i,j)-160)+230;
end
end
end
D=uint8(C);                                 % 将图像 C 的数据类型换回成无符号整数型
subplot(1,2,1),imshow(I);                   % 显示原图像 I
subplot(1,2,2),imshow(D)                    % 显示变换后的图像
```

程序运行后，输出的结果如图 2-4 所示。

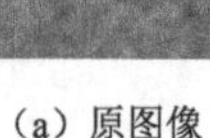

（a）原图像

（b）分段线性变换后的图像

图 2-4　图像的分段线性变换

### 3．灰度切割

有时希望将图像中某一特定的灰度区统一提高到一定的亮度而将其他灰度区统一降低到某一暗度，使之成为二值图像。这时可以利用图 2-5（a）所示变换函数，使 $s$ 在 $s'\sim s''$ 之间的灰度值全都提高到 $C$，而使其他灰度值全都降低到 $D$，成为二值图像。如果我们只提高某一灰度区的灰度，不改变其他灰度，则可以利用图 2-5（b）所示变换函数，其中灰度 $s=0\sim s'$ 与 $s=s''\sim L-1$ 的两条曲线的斜率为 1。

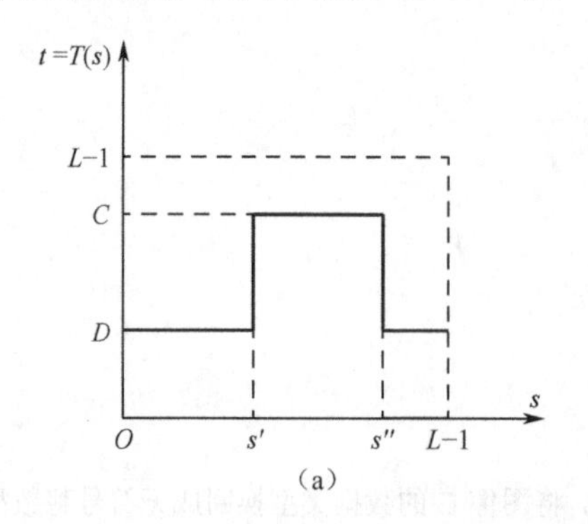


（a）

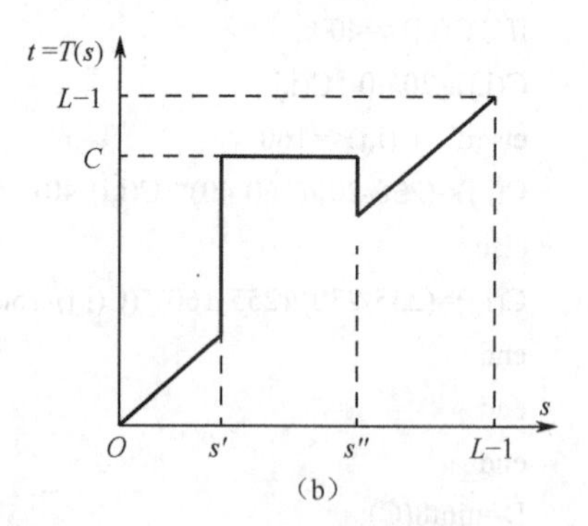


（b）

图 2-5　灰度切割曲线

［示例 2-3］ 在图 2-5（b）所示的切割变换中，令 $s'=100$，$s''=150$，$t=100$，$t''=180$，利用 MATLAB 程序，实现图像的切割变换。

```
I=imread('2-6a.jpg');
B=double(I);
[M,N]=size(B);
for i=1:M
for j=1:N
if B(i,j)<=100
B(i,j)=B(i,j);
elseif B(i,j)<=150
B(i,j)=180;
else
B(i,j)=B(i,j);
end
end
end
C=uint8(B);
subplot(1,2,1),imshow(I);
subplot(1,2,2),imshow(C)
```

程序运行后，输出结果如图 2-6 所示。

（a）原图像

（b）灰度切割后的图像

图 2-6　图像的灰度切割

4．对数变换

对数变换的公式为

$$t = c\log(1+s) \tag{2-3}$$

式中，$c$ 为一个常数，通常取 $c$=41。这种变换使输入图像中低灰度窄带变成宽带，使高灰度宽带变成窄带，即扩展了低亮度带宽，压缩了高亮度带宽。对数变换适用于过暗图像。

[示例 2-4] 用 MATLAB 程序实现图像的对数变换。

```
I=imread('2-7a.jpg');                  % 读入图像 I
subplot(1,2,1) , imshow(I) ;           % 显示图像 I
J=double(I);                           % 将图像数据类型变换为双精度型
B=41*(log(J+1));                       % 进行图像的对数变换
C=uint8(B);                            % 将图像数据类型变回无符号整数型
subplot(1,2,2),imshow(C)               % 显示对数变换后的图像
```

程序运行后，输出结果如图 2-7 所示。

(a) 原图像

(b) 对数变换后的图像

图 2-7　图像的对数变换

### 5. 幂次变换

幂次变换的公式为

$$t = cs^{\gamma} \tag{2-4}$$

式中，$c$ 为正的常数。图 2-8（a）给出 $\gamma < 1$ 幂次变换函数 $t = cs^{\gamma}$ 的曲线。这个变换将低灰度窄带拉伸为宽带，如将图中灰度 $s = 0 \sim s'$ 的窄带变宽带，对比度变大；同时又将高灰度宽带压缩为窄带，如将图中灰度 $s = s'' \sim L-1$ 的宽带变为窄带，对比度变小。图 2-8（b）给出 $\gamma > 1$ 幂次变换函数 $t = cs^{\gamma}$ 的曲线。这个变换同 $\gamma < 1$ 幂次变换正好相反，它使低灰度带宽变窄，使高灰度带宽变宽。

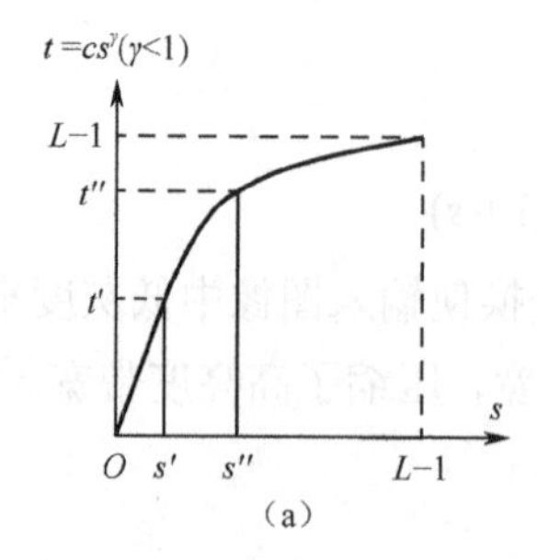


(a)

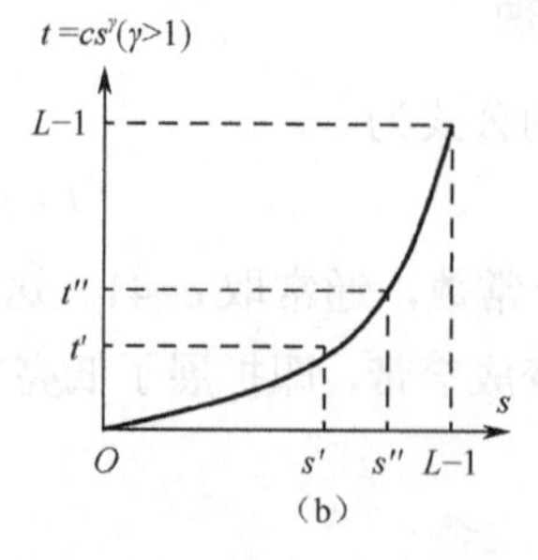


(b)

图 2-8　幂次变换曲线

# 2.2　直方图均衡化

在一幅总像素个数为$n = M \times N$、灰度级为$L$的图像中，灰度的取值$s_k = 0,1,2,\cdots,L-1$。设灰度值为$s_k$的像素的个数为$n_k$，灰度取值$s_k$的概率为

$$P(s_k) = \frac{n_k}{n} \quad \left(\sum_{k=0}^{L-1} P(s_k) = 1\right) \tag{2-5}$$

由上式画出的灰度概率分布图叫作灰度直方图，如图 2-9 所示。如果一幅图像的直方图灰度概率分布很不均匀，例如只分布在低灰度狭小区域内，则图像很暗；或只分布在高灰度狭小区域内，则图像很亮。这两种情况的对比度都很差，图像的质量都不好。针对这种直方图分布很窄的情况，我们可以寻找一个合适的变换函数$T(s)$，将直方图的分布范围扩大，以便将一幅质量差的图像转化为质量好的图像。这就是直方图均衡化的方法。

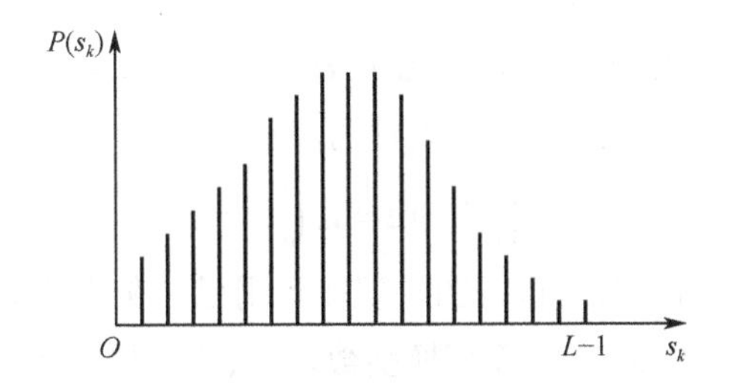


图 2-9　灰度直方图

先考虑连续图像。将原图像灰度$s$的取值范围$[0, L-1]$归一化为$[0,1]$。灰度 0 表示最暗，灰度 1 表示最亮。设有一个灰度变换函数$T(s)$，将原灰度$s$变换成新灰度$t$：

$$t = T(s) \tag{2-6}$$

要求这个变换满足以下两个条件：

① $T(s)$是单值函数并且是单调上升的；

② $t$的取值范围同$s$一样，也是$[0,1]$。

$T(s)$的单值性表示存在$T(s)$的逆变换$s = T^{-1}(t)$。$T(s)$的单调上升表示变换不改变原图像中灰度的亮暗之间变化的次序。既然在一幅图像中灰度的取值有一定的概率分布，我们就可以把图像中的灰度值看成是随机变量。由式（2-6）决定的新灰度$t$，作为$s$的函数，自然也是随机变量。由概率论知，如果已知随机变量的概率密度$P_s(s)$ [$P_s(s)$是灰度取值在$s$处单位间隔内的概率。$P_s(s)\mathrm{d}s$是灰度取值在$s \sim s+\mathrm{d}s$内的概率]，则由于随机变量$t$是$s$的已知函数$t = T(s)$，$t$的概率密度$P_t(t)$就可以由$P_s(s)$与$T(s)$求出。原灰度间隔$s \sim s+\mathrm{d}s$对应新的灰度$t$间隔$t \sim t+\mathrm{d}t$，其

中$t$与$s$的关系由式（2-6）决定，d$t$与d$s$的关系由下式决定

$$\mathrm{d}t=\frac{\mathrm{d}T(s)}{\mathrm{d}s}\mathrm{d}s \tag{2-7}$$

显然，原灰度取值在$s$～$s+\mathrm{d}s$内的概率也就是新的灰度取值在$t$～$t+\mathrm{d}t$的概率

$$P_t(t)\mathrm{d}t=P_s(s)\mathrm{d}s \tag{2-8}$$

由上式得

$$P_t(t)=P_s(s)\frac{\mathrm{d}s}{\mathrm{d}t} \tag{2-9}$$

已知$t=T(s)$的逆变换$s=T^{-1}(t)$存在，由逆变换可以求得$\frac{\mathrm{d}s}{\mathrm{d}t}=\frac{\mathrm{d}T^{-1}(t)}{\mathrm{d}t}$。将它代入上式，有

$$P_t(t)=P_s(s)\frac{\mathrm{d}T^{-1}(t)}{\mathrm{d}t} \tag{2-10}$$

式（2-10）表示，已知$P_s(s)$与$T(s)$，可以算出$P_t(t)$。反之，如果已知$P_t(t)$与$P_s(s)$，也应该能够反推出灰度变换函数$T(s)$。假定新灰度$t$的概率密度是均匀的，即$P_t(t)=K$(常数)，由$P_t(t)$的归一化条件可以确定常数$K=1$：

$$1=\int_0^1 P_t(t)\mathrm{d}t=K\int_0^1\mathrm{d}t=K$$

$P_t(t)=1$对应于均匀分布的直方图。现在利用已知灰度均匀概率密度$P_t(t)=1$与原图像的灰度概率密度$P_s(s)$来计算变换函数$t=T(s)$。将$P_t(t)=1$代入式（2-8)，得

$$\mathrm{d}t=P_s(s)\mathrm{d}s \tag{2-11}$$

对上式两边求积分

$$\int_0^t\mathrm{d}t=\int_0^s P_s(s)\mathrm{d}s$$

$$t=\int_0^s P_s(s)\mathrm{d}s \tag{2-12}$$

这就是要求的灰度变换函数$T(s)$：

$$t=T(s)=\int_0^s P_s(s)\mathrm{d}s \tag{2-13}$$

上式表示，当灰度变换函数$T(s)$是原图像灰度概率密度的积分时，通过这个变换就能实现图像灰度均匀的目的。不难看出，由式（2-13）确定的变换函数$T(s)$是满足上述单值、单调上升和取值范围为[0,1]的条件的。

以上讨论的是连续图像，现在把连续图像的上述结果推广到数字图像上来。首先将灰度级为$L$的数字图像的灰度取值$s_j=0,1,\cdots,L-1$归一化为

$$s_j=0,1/(L-1),2/(L-1),\cdots,(L-1)/(L-1)=1$$

再将连续图像灰度均匀化灰度变换公式（2-13）中的积分改为求和，d$s$改为

$\Delta s_j = 1/(L-1)$。这就得到数字图像灰度均匀化灰度变换公式：

$$t_i = T(s_i) = \sum_{j=0}^{i} P_s(s_j)\Delta s_j = \sum_{j=0}^{i} P(s_j) \quad (2\text{-}14)$$

式中，$P(s_j) = P_s(s_j)\Delta s_j = P_s(s_j)/(L-1)$ 是灰度取值 $s_j = j/(L-1)$ $(j = 0,1,\cdots,L-1)$ 的概率，它近似等于 $n_j/n$，$n_j$ 是灰度为 $r_j$ 的像素数目，$n$ 是像素总数。于是式(2-14)变为

$$t_i = T(s_i) = \sum_{j=0}^{i} \frac{n_j}{n} \quad (2\text{-}15)$$

已知原图像灰度值 $s_i$ 有 $L$ 个，它们是 $0,1/(L-1),2/(L-1),\cdots,1$。要求的新灰度值 $t_i$ 也是 $0,1/(L-1),2/(L-1),\cdots,1$。但是由式（2-15）算出的 $t_i$ 不一定正好是上述要求的值。这只能采用最接近的方法，将由式（2-15）算出的 $t_i$ 归于

$$t_i^* = 0,1/(L-1),2/(L-1),\cdots,1 \quad (2\text{-}16)$$

中的某一个。例如由式（2-15）算出的 $t_3 = T(s_3)$ 最接近 $t_4^* = 4/(L-1)$，就将它归于 $t_4^*$。也有可能由式（2-15）算出的几个 $t_i = T(s_i)$ 都最接近某一个 $t_k^*$，就将它们都归于同一个 $t_k^*$。在画新直方图时，要给出每一个 $t_k^*$ 的概率。如果 $t_k^*$ 只来自某一个 $s_i$ 的变换 $t_i = T(s_i)$，则这个 $t_k^*$ 的概率就是 $s_i$ 的概率 $P(s_i)$。如果 $t_k^*$ 来自多个 $s_i$ 的变换 $t_i = T(s_i)$，则这个 $t_k^*$ 的概率就是这些 $s_i$ 的概率之和 $\sum_i P(s_i)$。在得到每个 $t_k^*$ 的概率后，就可以画新直方图了。需要强调的是，得到的新直方图并不是真正灰度均匀分布的直方图，而是比原直方图要均匀很多的直方图。这是因为并没有真正推导出数字图像直方图均衡化的方法，只是借用了连续图像直方图均衡化的方法。不能证明利用式（2-15）给出的灰度分布是均匀分布。但是实践证明，这个分布确实比原来的分布扩大了很大的范围，使原来比较狭窄尖锐的灰度分布变得更宽更均匀，这是一个有效的方法。

[示例 2-5]　一幅图像的总像素数为 $n = 64 \times 64 = 4096$，灰度级为 $L = 2^4 = 16$，归一化灰度 $s_i$ 与相应的像素数 $n_i$ 分别列于表 2-1 的第 1 列与第 2 列，作出直方图，并用直方图均衡化方法作出新的直方图。

算出与 $s_i$ 相对应的概率 $P(s_i)$ 列于表 2-1 的第 3 列。再算出与 $s_i$ 相对应的 $t_i = \sum_{j=0}^{i} P(s_j)$，列于表 2-1 的第 4 列。例如 $t_0 = \sum_{j=0}^{0} P(s_j) = P(s_0) = 0.12$；$t_1 = \sum_{j=0}^{1} P(s_j) = P(s_0) + P(s_1) = 0.12 + 0.13 = 0.25$，……。然后按最接近的原则，将 $t_i$ 归于 $t_k^*$，列于表的第 5 列。最后，根据 $t_k^*$ 的来源确定它的概率 $P(t_k^*)$，列于表的第 6 列。例如，源自 $s_0$ 的 $t_0 = T(s_0) = 0.12$，归于 $t_2^* = 2/15 = 0.13$，$t_2^*$ 的概率为 $s_0$ 的概率 0.12，即

$P(t_2^*)=0.12$；源自 $s_1$ 的 $t_1=T(s_1)=0.25$ 归于 $t_4^*=4/15=0.27$，$t_4^*$ 的概率为 $s_1$ 的概率0.13，即 $P(t_4^*)=0.13$；源自 $s_8$ 的 $t_8=T(s_8)=0.93$ 归于 $t_{14}^*=14/15=0.93$，源自 $s_9$ 的 $t_9=T(s_9)=0.96$ 也归于 $t_{14}^*=14/15=0.93$，$t_{14}^*$ 的概率为 $s_8$ 与 $s_9$ 的概率之和：$P(t_4^*)=0.04+0.03=0.07$；分别源自 $s_{10}$、$s_{11}$ 与 $s_{12}$ 的 $t_{10}$、$t_{11}$ 与 $t_{12}$ 都归于 $t_{15}^*=1.00$，$t_{15}^*$ 的概率为 $s_{10}$、$s_{11}$ 与 $s_{12}$ 的概率之和：$P(t_{15}^*)=0.02+0.01+0.01=0.04$。应该指出，凡是 $n_i=0$ 的灰度 $s_i$ 都是不列入计算的，否则就违反了变换 $t_i=T(s_i)$ 是单值的条件。例如，$s_{13}$、$s_{14}$ 与 $s_{15}$ 的 $n_i=0$，如果将它们列入计算，则经过 $t_i=T(s_i)$ 变换后，得到 $t_{13}=t_{14}=t_{15}=1.00$，并与 $t_{12}=1.00$ 相同，违反了变换 $t_i=T(s_i)$ 是单值的条件。图 2-10（a）与（b）分别给出原图像的直方图与均衡化后的直方图，两个直方图中的灰度（$s_i$ 与 $s_k^*$）均改用 $s$ 表示。显然，均衡化直方图的灰度分布比原图像的直方图要均匀得多，但不是真正的均匀。

**表 2-1　直方图均衡化计算**

| $s_i=i/15$ | $n_i$ | $P(s_i)$ | $t_i$ | $t_k^*$ | $P(t_k^*)$ |
|---|---|---|---|---|---|
| $s_0=0$ | 493 | 0.12 | $t_0=0.12$ | $t_2^*=2/15=0.13$ | 0.12 |
| $s_1=1/15=0.07$ | 538 | 0.13 | $t_1=0.25$ | $t_4^*=4/15=0.27$ | 0.13 |
| $s_2=2/15=0.13$ | 611 | 0.15 | $t_2=0.40$ | $t_6^*=6/15=0.40$ | 0.15 |
| $s_3=3/15=0.20$ | 575 | 0.14 | $t_3=0.54$ | $t_8^*=8/15=0.53$ | 0.14 |
| $s_4=4/15=0.27$ | 494 | 0.12 | $t_4=0.66$ | $t_{10}^*=10/15=0.67$ | 0.12 |
| $s_5=5/15=0.33$ | 405 | 0.10 | $t_5=0.76$ | $t_{11}^*=11/15=0.73$ | 0.10 |
| $s_6=6/15=0.40$ | 287 | 0.07 | $t_6=0.83$ | $t_{12}^*=12/15=0.80$ | 0.07 |
| $s_7=7/15=0.47$ | 243 | 0.06 | $t_7=0.89$ | $t_{13}^*=13/15=0.87$ | 0.06 |
| $s_8=8/15=0.53$ | 162 | 0.04 | $t_8=0.93$ | $t_{14}^*=14/15=0.93$ | 0.07 |
| $s_9=9/15=0.60$ | 122 | 0.03 | $t_9=0.96$ | $t_{14}^*=14/15=0.93$ | |
| $s_{10}=10/15=0.67$ | 81 | 0.02 | $t_{10}=0.98$ | $t_{15}^*=1$ | 0.04 |
| $s_{11}=11/15=0.73$ | 48 | 0.01 | $t_{11}=0.99$ | $t_{15}^*=1$ | |
| $s_{12}=12/15=0.80$ | 37 | 0.01 | $t_{12}=1.00$ | $t_{15}^*=1$ | |
| $s_{13}=13/15=0.87$ | 0 | 0 | | | |
| $s_{14}=14/15=0.93$ | 0 | 0 | | | |
| $s_{15}=15/15=1.00$ | 0 | 0 | | | |

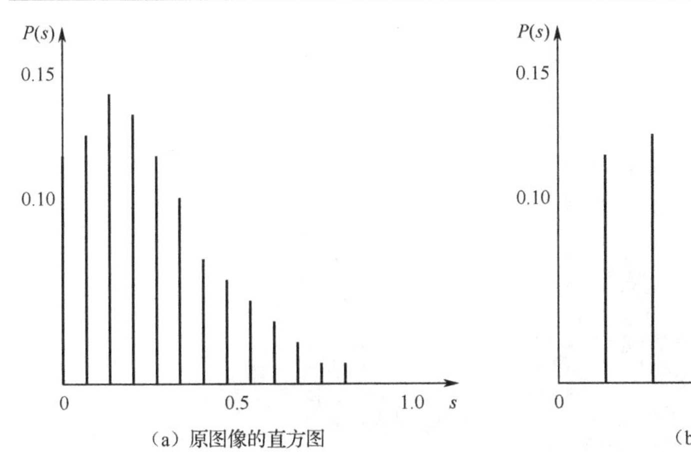

（a）原图像的直方图

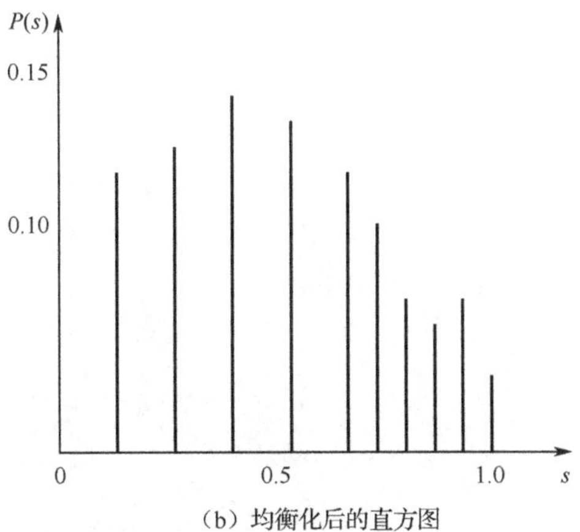

（b）均衡化后的直方图

图 2-10　直方图均衡化

MATLAB 利用函数 imhist()来显示一幅图像的直方图，它的具体表示式有以下几种。

（1）imhist(I,n)：计算和显示灰度图像 I 的直方图。n 为指定的灰度级数。默认值为 256。如果 I 是二值图像，则 n=2。

（2）imhist(X,map)：计算和显示索引图像[X,map]的直方图。

（3）对 RGB 彩色图像：

imhist(I(:, :, 1)：计算和显示彩色图像 I 的 R 分量直方图；

imhist(I(:, :, 2)：计算和显示彩色图像 I 的 G 分量直方图；

imhist(I(:, :,3))：计算和显示彩色图像 I 的 B 分量直方图。

MATLAB 利用 histeq()函数来实现直方图均衡化。它的具体表示式为：

```
J = histeq(I,n)
```

此式将图像 I 的直方图均衡化，n 为指定直方图均衡化后图像的灰度级数，默认值为 64。

［示例 2-6］ 利用直方图均衡化对图像进行增强处理。

```
I=imread('2-11a1.jpg');
I=rgb2gray(I);
J=histeq(I);                          % 将图像 I 的直方图均衡化
subplot(1,2,1),imshow(I);             % 显示原图像 I
subplot(1,2,2),imhist(I);             % 显示原图像 I 的直方图
figure,
subplot(1,2,1),imshow(J);             % 显示直方图均衡化后的图像 J
subplot(1,2,2),imhist(J) ;            % 显示均衡化后图像 J 的直方图
```

程序运行后，给出原图像与增强处理后的图像，以及它们的直方图，如图 2-11 所示。

（a）原图像　（b）原图像的直方图

（c）直方图均衡化后的图像　（d）均衡化后的直方图

图 2-11　图像的均衡化

## 2.3　直方图规定化

有时用直方图均衡化方法处理图像效果并不理想。这时如果通过灰度变换将原图像的直方图变成某种特定形状的直方图，效果会更好些。这种将原图像直方图变成规定形状直方图的方法叫作直方图规定化或直方图匹配。

先讨论连续图像。将原图像灰度用 $s$ 表示，具有规定直方图图像的灰度用 $z$ 表示，$s$ 与 $z$ 均在 [0,1] 区间取连续值。它们可以看成是连续的随机变量。同 $s$ 与 $z$ 相对应的概率密度分别记为 $P_s(s)$ 与 $P_z(z)$ 。$P_s(s)$ 对应原图像的直方图，是已知的。$P_z(z)$ 对应规定形状直方图，也是已知的。我们希望由 $P_s(s)$ 直接变换为 $P_z(z)$ 。但是不知道由 $P_s(s)$ 变到 $P_z(z)$ 的变换函数 $T(s)$ 是什么？所以无法实现 $P_s(s) \to P_z(z)$ 直接变换。知道它们都可以通过直方图均衡化的方法变成灰度均匀分布的直方图，也就是说，$P_s(s)$ 与 $P_z(z)$ 都可以变成灰度均匀的数值为1的概率密度。先进行灰度 $s$

的均衡化变换

$$t = T(s) = \int_0^s P_s(s)\mathrm{d}s \tag{2-17}$$

将 $P_s(s)$ 变为 $P_t(t)=1$。再进行灰度 $z$ 的均衡化变换

$$t' = G(z) = \int_0^z P_z(z)\mathrm{d}z \tag{2-18}$$

将 $P_z(z)$ 变为 $P_{t'}(t')=1$。$P_t(t)$ 与 $P_{t'}(t')$ 都满足归一化的条件

$$\int_0^1 P_t(t)\mathrm{d}t = \int_0^1 P_{t'}(t')\mathrm{d}t' = 1 \tag{2-19}$$

现在，原图像的直方图 $P_s(s)$ 与规定的直方图 $P_z(z)$ 经过均衡化变换都变成了同一个均匀分布的直方图 $P_t(t)=P_{t'}(t')=1$。已知变换 $T$ 与 $G$ 都满足单值的条件，存在逆变换 $T^{-1}$ 与 $G^{-1}$。当原图像直方图 $P_s(s)$ 经 $T$ 变换成为均匀直方图 $P_t(t)=1$ 后，再经过逆变换 $t \to s = T^{-1}(t)$ 就又回到原图像直方图 $P_s(s)$。同样，规定的直方图 $P_z(z)$ 经 $G$ 变换成为均匀直方图 $P_{t'}(t')=1$ 后，再经过逆变换 $t' \to z = G^{-1}(t')$ 就又回到规定的直方图 $P_z(z)$。现在从原图像直方图 $P_s(s)$ 出发，经 $T$ 变换成为均匀分布的直方图 $P_t(t)=1$ 后，令 $t=t'$，使 $P_t(t)=1$ 变成 $P_{t'}(t')=1$，再经 $G$ 的逆变换 $t' \to z = G^{-1}(t')$ 就变成规定直方图了。这好比，打算开车由 $A$ 地到 $B$ 地，不知道 $A \to B$ 的道路，但知道 $A$ 与 $B$ 都有到 $C$ 地的高速公路。令 $A \to C$ 的道路为 $T$，它的逆行道 $C \to A$ 为 $T^{-1}$；$B \to C$ 的道路为 $G$，它的逆行道 $C \to B$ 为 $G^{-1}$。于是由 $A$ 地出发，沿道路 $T$ 到达 $C$ 地，再沿道路 $G^{-1}$ 最后到达目的地 $B$。虽然这样走有可能绕了远路，但最终还是到达了目的地。

现在将连续图像的上述结果应用于数字图像，设数字图像总像素数为 $n$，灰度级为 $L$。归一化的灰度值 $s_i = 0, 1/(L-1), 2/(L-1), \cdots, 1$。灰度取值 $s_i$ 的概率为 $P(s_i) = n_i / n$，其中 $n_i$ 是灰度值为 $s_i$ 的像素数。对灰度 $s_i$ 进行均衡化变换 $s_i \to t_i$：

$$t_i = T(s_i) = \sum_{j=0}^{i} P(s_j)；\quad i = 0, 1, \cdots, L-1 \tag{2-20}$$

对于规定直方图的灰度 $z_i$，在归一化条件下取值 $z_i = 0, 1/(L-1), 1/(L-1), \cdots, 1$。灰度取值 $z_i$ 的概率为 $P'(z_i) = n_i / n$，其中 $n_i$ 是灰度值为 $z_i$ 的像素数目。对灰度 $z_i$ 进行均衡化变换 $z_i \to t'_i$：

$$t'_i = G(z_i) = \sum_{j=0}^{i} P'(z_j)；\quad i = 0, 1, \cdots, L-1 \tag{2-21}$$

现在得到了两组均匀分布的灰度值 $\{t_i\}$ 与 $\{t'_i\}$。将第一组 $\{t_i\}$ 中的每一个 $t_i$ 同第二组 $\{t'_i\}$ 中的所有 $t'_i$ 进行比较，找到最接近的一个 $t'_k$。把这个 $t'_k$ 看成是同 $t_i$ 等同的，即 $t_i \equiv t'_k$。然后分别给出这等同的 $t_i$ 与 $t'_k$ 各自的来源。由 $t_i = T(s_i)$ 知，灰度 $t_i$ 是灰度 $s_i$ 经 $T$ 变换得到的。由 $t'_k = G(z_z)$ 知，灰度 $t'_k$ 是灰度 $z_k$ 经 $G$ 变换得到的。上述两过程

可以表示为

$$s_i \xrightarrow{T} t_i \equiv t_k' \xleftarrow{G} z_k \tag{2-22}$$

从上式可以看出，如果从$s_i$出发经过$T$变换：$s_i \to t_i = T(s_i)$成为$t_i$，找到与$t_i$等同的$t_k'$，使$t_i$变成$t_k'$，再经$G$的逆变换$G^{-1}$：$t_k' \to z_k = G^{-1}(t_k')$最后变成为$z_k$。这个过程可以表示为

$$s_i \xrightarrow{T} t_i \equiv t_k' \xrightarrow{G^{-1}} z_k \tag{2-23}$$

对每一个$s_i$都完成式（2-23）的过程，这就完成了由原图像直方图到规定直方图的变换。在画新的规定直方图时，要知道灰度$z_k$的概率。由于$z_k$是$s_i$经两次变换得来的，$z_k$的概率也就是$s_i$的概率$P'(z_k) = P(s_i)$。如果有多个$s_i$都等同于$t_k'$，这时与$t_k'$相对应的$z_k = G^{-1}(t_k')$的概率就是这多个$s_i$的概率之和$P'(z_k) = \sum_i P(s_i)$。

如果令规定直方图为均匀分布的直方图，则直方图规定化就是直方图均衡化。可见，直方图均衡化是直方图规定化的一个特例。正如直方图均衡化是近似的一样，直方图规定化也是近似的，甚至是一种非常粗糙的近似。尽管如此，它仍是图像增强的一种有效方法。顺便指出，虽然连续图像的直方图规定化理论是精确的，但也是难以实现的。数字图像的直方图规定化虽然在理论上是不准确的，但是容易实现的。

［示例 2-7］ 采用示例 2-5 中总像素数为$n = 4096$、灰度级为$L = 16$的图像。归一化灰度$s_i$与$z_i$的值分别列于表 2-2 的第 1 列与第 4 列。灰度$s_i$的概率$P(s_i)$与$z_i$的概率$P'(z_i)$分别列于表 2-2 的第 2 列与第 5 列，做直方图规定化处理。

对$s_i$进行均衡化变换$s_i \to t_i = T(s_i) = \sum_{j=0}^{i} P(s_j)$。这已在示例 2-5 中计算过。现将计算结果列于表 2-2 的第 3 列。再进行$z_i$的均衡化变换$z_i \to t_i' = G(z_i) = \sum_{j=0}^{i} P'(z_j)$，计算结果列于表的最后一列。下面来找与$t_i$等同的$t_k'$。先考虑来自$s_0 = 0.12$的$t_0 = T(s_0) = 0.12$，它与$t_5' = 0.15$最接近。从表的第 7 行看出，$t_5' = 0.15$是$z_5 = 5/15$经$G$变换得到的。令$t_0 \equiv t_5'$，并进行$G^{-1}$变换就得到$z_5$。既然$z_5$是$s_0$经$T$变换与$G^{-1}$得到的，$z_5$的概率也就是$s_0$的概率$P'(z_5) = P(s_0) = 0.12$。以上过程可以简记为

$$s_0 \to t_0 \equiv t_5' \to z_5, P'(z_5) = 0.12$$

再考虑$s_1 = 1/15$，它经$T$变换成为$t_1 = 0.25$。$t_1 = 0.25$与$t_6' = 0.27$最接近，将它归于$t_6'$。

由表的第 8 行看出，$t_6'$是$z_6 = 6/15$经$G$变换得到的。令$t_1 \equiv t_6'$，并进行$G^{-1}$变换，得到$z_6$。$z_6$的概率就是$s_1$的概率，即$P'(z_6) = P(s_1) = 0.13$。这个过程可以简记为

$$s_1 \to t_1 \equiv t'_6 \to z_6, P'(z_6) = 0.13$$

**表 2-2　直方图规定化计算**

| $s_i = i/15$ | $P(s_i)$ | $t_i = T(s_i) = \sum_{j=0}^{i} P(s_j)$ | $z_i$ | $P'(z_i)$ | $t'_i = G(z_i) = \sum_{j=0}^{i} P'(z_j)$ |
|---|---|---|---|---|---|
| $s_0 = 0$ | 0.12 | $t_0 = 0.12$ | $z_0 = 0$ | 0 | |
| $s_1 = 1/15$ | 0.13 | $s_1 = 0.25$ | $z_1 = 1/15$ | 0 | |
| $s_2 = 2/15$ | 0.15 | $t_2 = 0.40$ | $z_2 = 2/15$ | 0 | |
| $s_3 = 3/15$ | 0.14 | $t_3 = 0.54$ | $z_3 = 3/15$ | 0 | |
| $s_4 = 4/15$ | 0.12 | $t_4 = 0.66$ | $z_4 = 4/15$ | 0.05 | $t'_4 = 0.05$ |
| $s_5 = 5/15$ | 0.10 | $t_5 = 0.76$ | $z_5 = 5/15$ | 0.10 | $t'_5 = 0.15$ |
| $s_6 = 6/15$ | 0.07 | $t_6 = 0.83$ | $z_6 = 6/15$ | 0.12 | $t'_6 = 0.27$ |
| $s_7 = 7/15$ | 0.06 | $t_7 = 0.89$ | $z_7 = 7/15$ | 0.14 | $t'_7 = 0.41$ |
| $s_8 = 8/15$ | 0.04 | $t_8 = 0.93$ | $z_8 = 8/15$ | 0.16 | $t'_8 = 0.57$ |
| $s_9 = 9/15$ | 0.03 | $t_9 = 0.96$ | $z_9 = 9/15$ | 0.13 | $t'_9 = 0.70$ |
| $s_{10} = 10/15$ | 0.02 | $t_{10} = 0.98$ | $z_{10} = 10/15$ | 0.10 | $t'_{10} = 0.80$ |
| $s_{11} = 11/15$ | 0.01 | $t_{11} = 0.99$ | $z_{11} = 11/15$ | 0.08 | $t'_{11} = 0.88$ |
| $s_{12} = 12/15$ | 0.01 | $t_{12} = 1.00$ | $z_{12} = 12/15$ | 0.06 | $t'_{12} = 0.94$ |
| $s_{13} = 13/15$ | 0 | | $z_{13} = 13/15$ | 0.03 | $t'_{13} = 0.97$ |
| $s_{14} = 14/15$ | 0 | | $z_{14} = 14/15$ | 0.02 | $t'_{14} = 0.99$ |
| $s_{15} = 15/15$ | 0 | | $z_{15} = 1$ | 0.01 | $t'_{15} = 1.00$ |

类似地，可以给出所有 $s_i \to z_k$ 的过程。其中 $s_5$ 与 $s_6$ 经 $T$ 变换得到的 $t_5 = 0.76$ 与 $t_6 = 0.83$ 都最接近 $t'_{10} = 0.80$。将它们都归于 $t'_{10}$，并经 $G^{-1}$ 变换成为 $z_{10}$，$z_{10}$ 的概率为 $s_5$ 与 $s_6$ 的概率之和：$P'(z_{10}) = P(s_5) + P(s_6) = 0.10 + 0.07 = 0.17$。另外 $s_9$ 与 $s_{10}$ 经 $T$ 变换得到的 $t_9 = 0.96$ 与 $t_{10} = 0.98$ 都最接近 $t'_{13} = 0.97$。将它们都归于 $t'_{13}$，并经 $G^{-1}$ 变换成为 $z_{13}$。$z_{13}$ 的概率为 $s_9$ 与 $s_{10}$ 的概率之和：$P'(z_{13}) = P(s_9) + P(s_{10}) = 0.03 + 0.02 = 0.05$。

现将所有 $s_i \to z_k$ 的过程综合如下：

$$s_0 \to t_0 \equiv t'_5 \to z_5, P'(z_5) = 0.12$$
$$s_1 \to t_1 \equiv t'_6 \to z_6, P'(z_6) = 0.13$$
$$s_2 \to t_2 \equiv t'_7 \to z_7, P'(z_7) = 0.15$$
$$s_3 \to t_3 \equiv t'_8 \to z_8, P'(z_8) = 0.14$$
$$s_4 \to t_4 \equiv t'_9 \to z_9, P'(z_9) = 0.12$$
$$s_5 \to t_5 \equiv t'_{10} \to z_{10}$$
$$s_6 \to t_6 \equiv t'_{10} \to z_{10}, P'(z_{10}) = 0.17$$

$$s_7 \to t_7 \equiv t'_{11} \to z_{11}, P'(z_{11}) = 0.06$$

$$s_8 \to t_8 \equiv t'_{12} \to z_{12}, P'(z_{12}) = 0.04$$

$$s_9 \to t_9 \equiv t'_{13} \to z_{13}$$

$$s_{10} \to t_{10} \equiv t'_{13} \to z_{13}, P'(z_{13}) = 0.05$$

$$s_{11} \to t_{11} \equiv t'_{14} \to z_{14}, P'(z_{14}) = 0.01$$

$$s_{12} \to t_{12} \equiv t'_{15} \to z_{15}, P'(z_{15}) = 0.01$$

原图像的直方图如图 2-12（a）所示，规定直方图如图 2-12（b）所示，结果直方图如图 2-12（c）所示，其中 3 个直方图的灰度（$s_i$ 与 $z_k$）均改用 $s$ 表示。

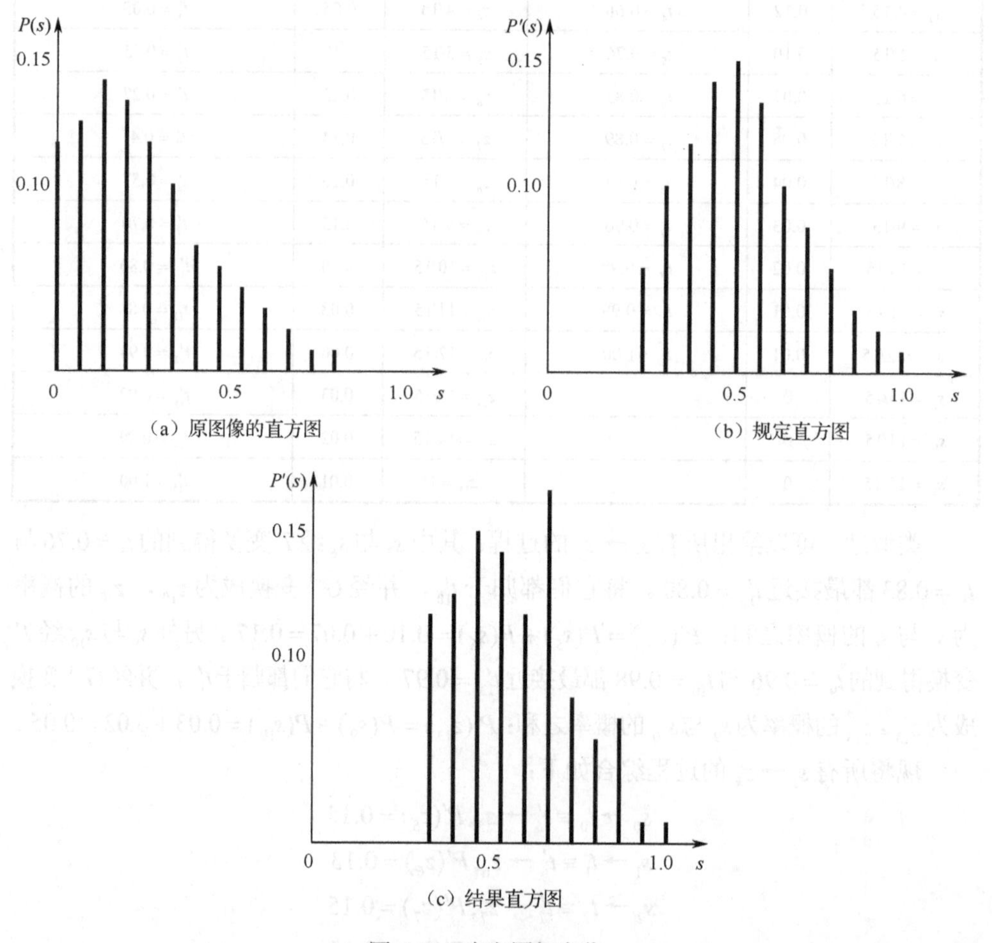


（a）原图像的直方图

（b）规定直方图

（c）结果直方图

图 2-12　直方图规定化

MATLAB 仍然用 histeq()函数来实现直方图的规定化，它的具体表示式为 J=histeq(I,hgram)，按向量 hgram 的要求对图像 I 的直方图进行规定化。

［示例 2-8］　直方图规定化示例。

```
I=rgb2gray(I);
J=histeq(I,hgram);                      % 将原图像的直方图按规定函数要求规定化
subplot(1,2,1),imshow(I);               % 显示原图像
subplot(1,2,2),imhist(I,64);            % 显示原图像的直方图
figure,
subplot(1,2,1),imshow(J);               % 显示直方图规定化后的图像
subplot(1,2,2),imhist(J,64)             % 显示规定化后的图像直方图
```

程序运行后，输出图像如图 2-13 所示。

（a）原图像　（b）原图像的直方图

（c）规定化后的图像　（d）规定化后的图像直方图

图 2-13　图像规定化前后对比

## 2.4　局部增强的统计方法

前述两种直方图增强处理的方法是全局性的，是对整个图像的增强。有时只需

要对图像的部分区域做局部增强。例如，在一幅图像中，左边的物体很清楚，对比度也很大，但右边的物体很暗，对比度也很小。这时我们就只要对图像做局部增强，只增强右边的图像，对左边的图像不做处理。局部增强的统计方法是在对图像进行逐点$(x,y)$操作时，对$(x,y)$点给出一定条件，凡是满足此条件的，就增强这一点像素的灰度；凡是不满足此条件的，就不改变这一点像素的灰度。这个条件不取决于$(x,y)$点像素的灰度，而取决于以$(x,y)$点为中心的一个确定的小的矩形区（记为$S_{xy}$）内所有像素的灰度平均值和对比度。$S_{xy}$内像素的对比度是由$S_{xy}$内像素灰度的标准偏差来度量的。灰度的标准偏差大，对比度就大。我们给定一个确定的灰度值$C$和一个确定的标准偏差$D$。凡是$S_{xy}$中像素的灰度平均值$\leqslant C$，同时像素灰度的标准偏差$\leqslant D$的，就增强$(x,y)$点像素的灰度；凡是$S_{xy}$中像素的灰度平均值与标准偏差不满足上述条件的，就不改变$(x,y)$点像素的灰度。由于上述两个条件具有统计意义，所以这种方法叫作局部增强的统计方法。这种方法的具体步骤如下。

（1）以$(x,y)$点为中心建立一个小矩形区$S_{xy}$，其中包含$(2a+1)(2b+1)$像素$(a,b=1,2,\cdots)$。如取$a=b=1$，$S_{xy}$为$3\times3$的方形区，含有$3\times3=9$像素。

（2）计算$S_{xy}$中像素灰度平均值$A_{S_{xy}}$与标准偏差$B_{S_{xy}}$，计算公式为

$$A_{S_{xy}}=\frac{1}{(2a+1)(2b+1)}\sum_{i=x-a}^{x+a}\sum_{j=y-b}^{y+b}f(i,j) \tag{2-24}$$

$$B_{S_{xy}}=\sqrt{\frac{1}{(2a+1)(2b+1)}\sum_{i=x-a}^{x+a}\sum_{j=y-b}^{y+b}\left[f(i,j)-A_{S_{xy}}\right]^2} \tag{2-25}$$

式中，$f(i,j)$是$(i,j)$点像素的灰度。灰度的标准偏差$B_{S_{xy}}$是$S_{xy}$中像素的灰度与平均灰度之差的平方平均值的平方根值，简称差方均根值。

（3）为确定对$(x,y)$点操作的条件，要计算整个图像的灰度平均值$A$与标准偏差$B$，计算公式为

$$A=\frac{1}{MN}\sum_{i=0}^{M-1}\sum_{j=0}^{N-1}f(i,j) \tag{2-26}$$

$$B=\sqrt{\frac{1}{MN}\sum_{i=0}^{M-1}\sum_{j=0}^{N-1}[f(i,j)-A]^2} \tag{2-27}$$

对$(x,y)$点操作的条件是

$$A_{S_{xy}}\leqslant k_0A,\quad k_1B\leqslant B_{S_{xy}}\leqslant k_2B \tag{2-28}$$

通常取$k_0=0.4,k_1=0.02,k_2=0.4$。前面提到的条件是$A_{S_{xy}}\leqslant C=k_0A$与$B_{S_{xy}}\leqslant D=k_2B$。为什么现在又增加了一个条件$B_{S_{xy}}\geqslant k_1B$呢？这是因为一幅图像的背景往往是灰度均匀的，因而对比度或标准偏差接近于零，并且灰度值也低，肯定符合上述灰度增强条件。然而这样的背景显然是不需要增强的。为了避免这种不必要的增强，就增

加了条件 $B_{S_{xy}} \geqslant k_1 B$ 。

（4）令 $f(x,y)$ 是图像在任意点 $(x,y)$ 像素的灰度值，$g(x,y)$ 是此点像素灰度增强后的值，便有

$$g(x,y)=\begin{cases} Ef(x,y), & A_{S_{xy}} \leqslant k_0 A,\quad k_1 B \leqslant B_{S_{xy}} \leqslant k_2 B \\ f(x,y), & \text{其他} \end{cases} \tag{2-29}$$

其中 $E$ 是大于1的常数，通常取 $E=4$ 。

## 2.5　空间域滤波

空间域滤波是图像增强的模板操作。以 $(x,y)$ 点像素为中心的一个小矩形空间叫作模板或窗口或滤波器，它含有一定数目的像素。令 $a$ 与 $b$ 为 $1,2,\cdots$ 的整数。取定 $a$ 与 $b$ ，在以 $(x,y)$ 点为中心的模板内，含有 $(2a+1)(2b+1)$ 像素。这些像素的位置表示为 $(x+s,y+t)$ ，其中 $s=-a,-(a-1),\cdots,0,\cdots,(a-1),a$ ， $t=-b,-(b-1),\cdots,0,\cdots,(b-1),b$ 。中心像素的位置是 $(x,y)$ 。空间域滤波是在图像中逐次移动模板，对模板内的像素进行某种操作（运算），并将操作（运算）的结果作为 $(x,y)$ 点的输出。对模板的操作有两种方式：线性操作与非线性操作。线性操作是将模板内每一点 $(x+s,y+t)$ 像素的灰度 $f(x+s,y+t)$ 乘以相应的系数 $W(s,t)$ ，然后加起来作为 $(x,y)$ 点的输出 $g(x,y)$ ：

$$g(x,y)=\sum_{s=-a}^{a}\sum_{t=-b}^{b}W(s,t)f(x+s,y+t) \tag{2-30}$$

这种线性操作也叫作线性滤波。常用的模板为 $a=b=1$ 的方形模板。它含有 $3\times3=9$ 像素。这时式（2-30）表示为

$$\begin{aligned} g(x,y)=&\sum_{s=-1}^{1}\sum_{t=-1}^{1}W(s,t)f(x+s,y+t) \\ =&W(-1,-1)f(x-1,y-1)+W(-1,0)f(x-1,y)+W(-1,1)f(x-1,y+1)+ \\ &W(0,-1)f(x,y-1)+W(0,0)f(x,y)+W(0,1)f(x,y+1)+ \\ &W(1,-1)f(x+1,y-1)+W(1,0)f(x+1,y)+W(1,1)f(x+1,y+1) \end{aligned} \tag{2-31}$$

图 2-14（a）与（b）分别给出 $3\times3$ 模板系数 $W(s,t)$ 与灰度 $f(x+s,y+t)$ 。

$$\begin{bmatrix} W(-1,-1) & W(-1,0) & W(-1,1) \\ W(0,-1) & W(0,0) & W(0,1) \\ W(1,-1) & W(1,0) & W(1,1) \end{bmatrix}$$

（a）3×3 模板系数

$$\begin{bmatrix} f(x-1,y-1) & f(x-1,y) & f(x-1,y+1) \\ f(x,y-1) & f(x,y) & f(x,y+1) \\ f(x+1,y-1) & f(x+1,y) & f(x+1,y+1) \end{bmatrix}$$

（b）灰度 $f(x+s, y+t)$

图 2-14　空间域滤波原理

非线性操作是将以$(x,y)$点像素为中心的模板中所有像素的灰度值从小到大排列起来，然后选出其中某一个值，如中值或最高值或最低值，作为$(x,y)$点的输出。空间滤波器处理图像边缘时会出现一个问题。当一个$n \times n$方形模板的中心距离图像边缘为$(n-1)/2$像素时，该模板至少有一个边同图像边相重合。如果模板继续向图像边缘移动，则模板边缘的行或列将移出图像之外。这时由于缺少移出行或列中元素的数据，滤波将无法进行。为了避免发生上述情况，最简单的方法就是不要让模板中心点移动到离图像边小于$(n-1)/2$像素的距离。这样做的结果是处理后的图像比原图像要稍小一点。实际上这是观察不出来的。然而最常用的方法是将模板处于图像外部的地区加 0，让模板的这些系数乘 0。

# 2.6 平滑空间域滤波器

平滑空间域滤波器包括平滑线性滤波器与统计排序（非线性）滤波器。

**1. 平滑线性滤波器**

平滑线性滤波器是用模板内像素灰度的平均值代表模板中心像素的灰度值来实现的。这种均值滤波减少了图像中的“尖锐”变化。由于典型的随机噪声具有灰度尖锐变化的特征，所以均值滤波就能有效地减少噪声。它还能对由灰度量级不足引起的伪轮廓有平滑的作用，可以去除图像中不相干的细节。不过由于图像边缘也具有灰度尖锐变化的特征，所以均值滤波有导致图像边缘模糊的缺点。图 2-15（a）与（b）给出了两个$3 \times 3$平滑线性滤波器。图 2-15（a）显示的是模板输出为模板内像素灰度的等权平均值：

$$g(x,y)=\frac{1}{9}\sum_{s=-1}^{1}\sum_{t=-1}^{1}f(x+s,y+t) \tag{2-32}$$

其中每一个像素取相同的权重。图 2-15（b）显示的是模板输出为模板内像素灰度的加权平均值：

$$\begin{aligned}g(x,y)=\frac{1}{16}[&f(x-1,y-1)+f(x-1,y+1)+f(x+1,y-1)+f(x+1,y+1)+\\&2f(x-1,y)+2f(x,y-1)+2f(x+1,y)+2f(x,y+1)+4f(x,y)]\end{aligned} \tag{2-33}$$

其中不同像素的权重不同，中心像素的权重最大，相对权重取为 4，离中心像素最近的 4 个像素取为 2，最远的 4 个取为 1。这样做是为了减小平滑处理产生的模糊。这种加权平均值滤波的效果比等权均值滤波的效果要好。一幅$M \times N$的图像通过$(2a+1)(2b+1)$模板加权均值滤波，输出公式为

$$g(x,y)=\frac{\sum_{s=-a}^{a}\sum_{t=-b}^{b}W(s,t)f(x+s,y+t)}{\sum_{s=-a}^{a}\sum_{t=-b}^{b}W(s,t)} \tag{2-34}$$

滤波是对 $x=0,1,\cdots,M-1, y=0,1,\cdots,N-1$，按式（2-34）来完成的。

$$\frac{1}{9}\begin{bmatrix}1&1&1\\1&1&1\\1&1&1\end{bmatrix}$$

（a）等权平均值

$$\frac{1}{16}\begin{bmatrix}1&2&1\\2&4&2\\1&2&1\end{bmatrix}$$

（b）加权平均值

图 2-15　3×3 平滑线性滤波器

MATLAB 通过如下程序实现均值滤波：

```
H=fspecial('average',n);
Y=filter2(H,B);
```

其中 H 为指定的均值滤波器，n 为滤波器模板大小，n=5 表示模板大小为 5×5 。如果 n 缺失，则系统认定为 n=3。B 与 Y 分别是滤波前与后的图像。

［示例 2-9］　在一幅灰度图像中，人为加入椒盐噪声，然后用不同大小的均值滤波器对图像滤波，观察消除噪声的效果。

```
I=imread('2-16a.jpg');                            % 读入图像 I
I=rgb2gray(I);
J=imnoise(I,'salt & pepper',0.02);                % 在图像 I 中加入椒盐噪声
K1=filter2(fspecial('average',3),J);              % 用 3×3 模板进行均值滤波
K2=filter2(fspecial('average',5),J);              % 用 5×5 模板进行均值滤波
K3=filter2(fspecial('average',7),J);              % 用 7×7 模板进行均值滤波
K4=filter2(fspecial('average',9),J);              % 用 9×9 模板进行均值滤波
subplot(1,3,1),imshow(uint8(I));
subplot(1,3,2),imshow(uint8(J));
subplot(1,3,3),imshow(uint8(K1));
figure,
subplot(1,3,1),imshow(uint8(K2));
subplot(1,3,2),imshow(uint8(K3));
subplot(1,3,3),imshow(uint8(K4))
```

程序运行后，输出图像如图 2-16 所示。由图看出，滤波器模板愈大，消除噪声的效果愈好，但图像变得愈加模糊。

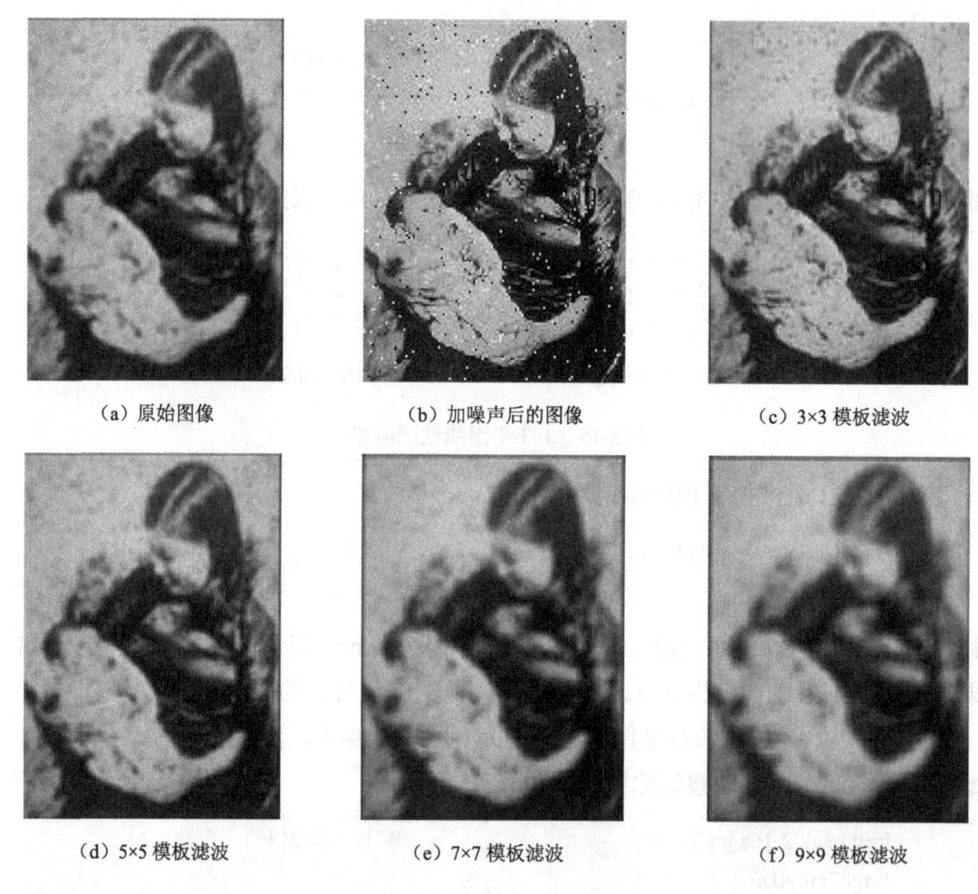

（a）原始图像　（b）加噪声后的图像　（c）3×3 模板滤波

（d）5×5 模板滤波　（e）7×7 模板滤波　（f）9×9 模板滤波

图 2-16　图像的均值滤波

## 2．统计排序滤波器

统计排序滤波器正是 2.5 节介绍的非线性滤波器。它将以 $(x,y)$ 点像素为中心的模板中所有像素的灰度值从小到大排列起来，然后选出其中某一个值，如中值或最低值或最高值，作为 $(x,y)$ 点的输出。最常用的是中值滤波器，它具有很好的去噪声的能力。特别是对脉冲噪声（也叫作椒盐噪声）非常有效。因为这种噪声以黑白点的形式出现在图像中，取中值后，这些黑白点就被消除了。统计排序滤波器是用得最广的滤波器。

MATLAB 对中值滤波与统计排序滤波分别采用函数 medfilt2()与 ordfilt2()实现。下面给出它们的具体表达式。

中值滤波：J=medfilt2(I,[M,N])

其中 I 是准备要滤波的图像，[M,N]是指定滤波器模板的大小。如果[M,N]缺失，则系统认定为[3,3]。J 是滤波后的图像。

统计排序滤波：J=ordfilt2(I,order,domain)

其中 I 是准备要滤波的图像。order 是滤波器输出的顺序号，即指定的模板内像素灰度值由小到大排列的某一个顺序号。domain 是滤波器模板。例如，domain= ones(3)表示滤波器模板是元素均为 1 的 3×3 矩阵，J 是滤波后的图像。

［示例 2-10］ 对例 2-9 中的图像和人为加入的噪声，改用中值滤波，观察消除噪声的效果。

```
I=imread('2-16a.jpg');
I=rgb2gray(I);
J=imnoise(I,'salt & pepper',0.02);
K1=medfilt2(J,[3,3]);                    % 用 3×3 模板进行中值滤波
K2=medfilt2(J,[5,5]);                    % 用 5×5 模板进行中值滤波
K3=medfilt2(J,[7,7]);                    % 用 7×7 模板进行中值滤波
K4=medfilt2(J,[9,9]);                    % 用 9×9 模板进行中值滤波
subplot(1,3,1),imshow(uint8(I));
subplot(1,3,2),imshow(uint8(J));
subplot(1,3,3),imshow(uint8(K1));
figure,
subplot(1,3,1),imshow(uint8(K2));
subplot(1,3,2),imshow(uint8(K3));
subplot(1,3,3),imshow(uint8(K4))
```

程序运行后，输出图像如图 2-17 所示。可以看出，无论滤波器模板尺寸大小如何，中值滤波对消除噪声的效果都很好。特别是，不像均值滤波那样，当模板尺寸变大时图像会变得模糊起来。中值滤波在消除噪声的同时，图像仍然保持清晰，不模糊。可见，中值滤波在消除噪声上，比均值滤波更优越。

（a）原始图像

（b）加噪声后的图像

（c）3×3 模板滤波

图 2-17　图像的中值滤波

（d）5×5 模板滤波

（e）7×7 模板滤波

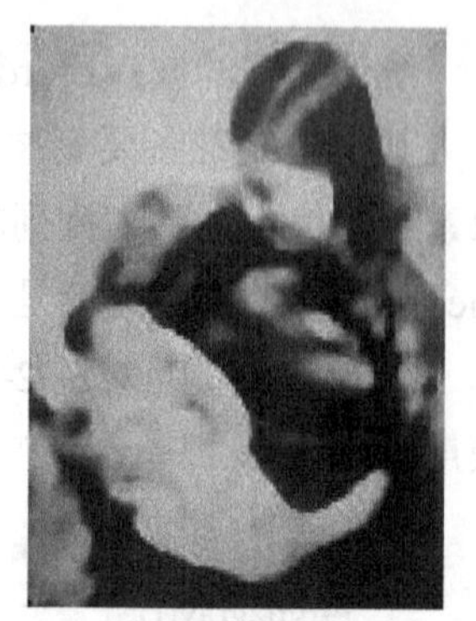
（f）9×9 模板滤波

图 2-17　图像的中值滤波（续）

［示例 2-11］ 对例 2-9 中的图像和人为加入的噪声，改用统计排序滤波，取不同的滤波器输出顺序号，观察消除噪声的效果。

```
I=imread('2-16a.jpg');
I=rgb2gray(I);
J=imnoise(I,'salt & pepper',0.02);
K1=ordfilt2(J,1,ones(5));
K2=ordfilt2(J,25,ones(5));
K3=ordfilt2(J,6,ones(5));
K4=ordfilt2(J,18,ones(5));
subplot(1,3,1),imshow(I);
subplot(1,3,2),imshow(J);
subplot(1,3,3),imshow(K1);
figure,
subplot(1,3,1),imshow(K2);
subplot(1,3,2),imshow(K3);
subplot(1,3,3),imshow(K4)
```

程序运行后，输出图像如图 2-18 所示。可以看出，当滤波器输出顺序号为 1（灰度取最小值）时，图像出现严重的黑斑；滤波器输出顺序号为 25（灰度取最大值）时，图像出现严重的白斑；而当顺序号为 6 与 18 时，消除噪声的效果很好。可见，消除噪声不能取灰度的最小值与最大值。取灰度的最大值与最小值可以用于图像的变亮和变暗，见示例 2-12。

［示例 2-12］ 通过统计排序滤波中输出最大值与最小值使图像变亮和变暗。

```
I=imread('2-16a.jpg');
I=rgb2gray(I);
K1=ordfilt2(I,1,ones(5));
```

```
K2 = ordfilt2(I,25,ones(5));
subplot(1,3,1),imshow(I);
subplot(1,3,2),imshow(K1);
subplot(1,3,3),imshow(K2)
```

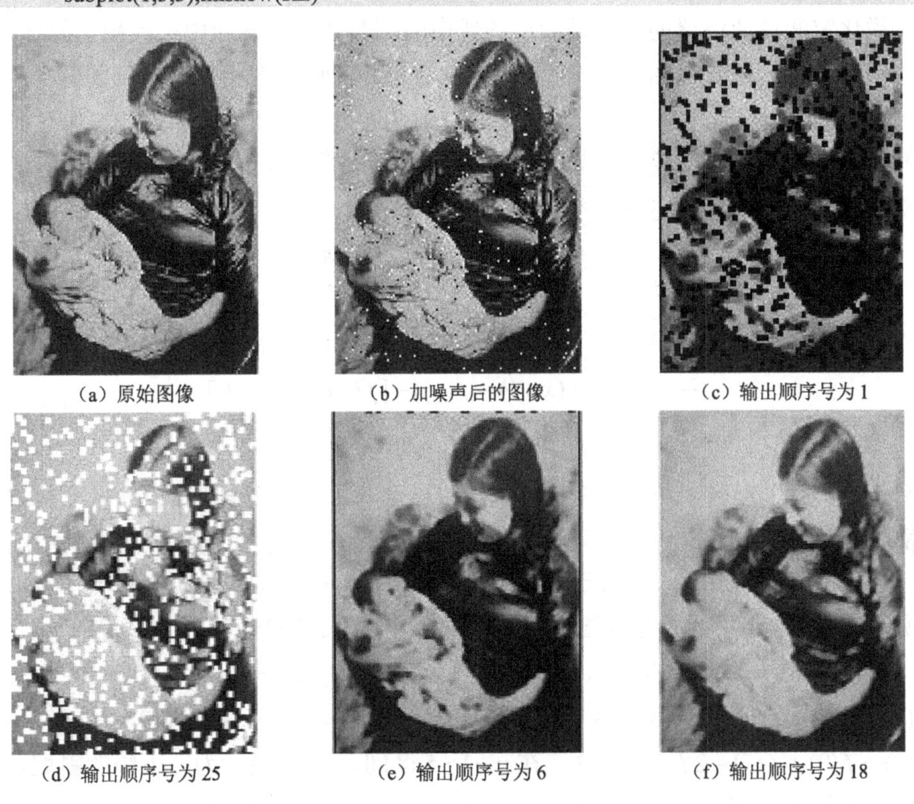
(a) 原始图像　(b) 加噪声后的图像　(c) 输出顺序号为 1
(d) 输出顺序号为 25　(e) 输出顺序号为 6　(f) 输出顺序号为 18

图 2-18　图像的统计排序滤波

程序运行后，输出图像如图 2-19 所示。

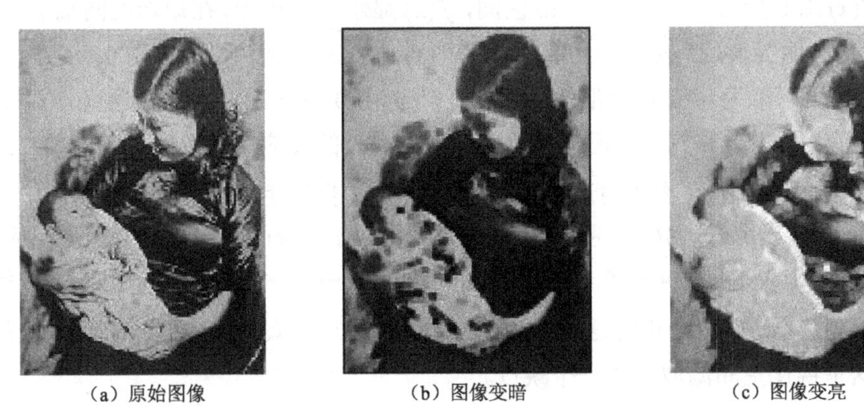
(a) 原始图像　(b) 图像变暗　(c) 图像变亮

图 2-19　统计排序滤波使图像亮度改变

## 2.7 锐化空间域滤波器

锐化空间域滤波器的目的是突出图像中的细节或增强图像中被模糊了的细节。它的作用与均值滤波器相反。均值滤波通过对相邻像素灰度相加来达到图像平滑的目的。相加相当于数学中的积分。锐化滤波则是通过对相邻像素灰度相减来达到锐化的目的。相减相当于数学中的微分。考虑一维离散函数 $f(x)$，对 $x$ 的一阶微分定义为相邻两点函数值之差：

$$\frac{\partial f(x)}{\partial x}=f(x+1)-f(x) \tag{2-35}$$

这是因为 $\partial x=\Delta x=1$。二阶微分的定义是相邻两点 $\partial f/\partial x$ 之差：

$$\begin{aligned}\frac{\partial^2 f(x)}{\partial x^2}&=[f(x+1)-f(x)]-[f(x)-f(x-1)]\\&=f(x+1)+f(x-1)-2f(x)\end{aligned} \tag{2-36}$$

显然，在灰度平坦区（灰度不变区）的一阶微分与二阶微分均为0；在灰度斜坡或阶梯的起点与终点处，一阶微分与二阶微分均不为0；在灰度斜坡或阶梯的中间部分，一阶微分不为0，二阶微分为0。假定 $x$ 与 $f(x)$ 的值如表2-3的第一行与第二行所示，第三行与第四行分别给出由式（2-35）与式（2-36）算出的 $\partial f(x)/\partial x\equiv f'(x)$ 与 $\partial^2 f(x)/\partial x^2\equiv f''(x)$ 的值。以 $x=1$ 为例，$f'(1)=f(2)-f(1)=3-4=-1$，$f''(1)=f(2)+f(0)-2f(1)=3+4-2\times4=-1$。又如 $x=8$，$f'(8)=f(9)-f(8)=-6$，$f''(8)=f(9)+f(7)-2f(8)=-12$。在 $x=1$～5区间，$f(x)$ 显示为一下降的斜坡。在斜坡起点 $x=1$ 处，$f'(x)$ 与 $f''(x)$ 均不为0。在斜坡区间 $x=2$～4，$f'(x)\neq0, f''(x)=0$。在斜坡终点 $x=5$ 处，$f'(x)$ 与 $f''(x)$ 均有反应：$f'(x)$ 由 $-1$ 变为0，$f''(x)$ 由0变为1。在 $x=11$～15区间，$f(x)$ 显示为一矩形，在矩形的两端 $f'(x)$ 与 $f''(x)$ 均有明显反应。在矩形的起始端，$f'(x)$ 由0上升到7再下降为0；$f''(x)$ 由0上升到7再下降为 $-7$。在矩形的终止端，$f'(x)$ 由0下降为 $-7$ 再上升到0；$f''(x)$ 由0下降为 $-7$ 再上升到7。正是上述 $f'(x)$ 与 $f''(x)$ 的反应突出了图像的细节。这是因为在一幅图像中，物体的边缘与轮廓的细节属于灰度斜坡与矩形的情况。在 $x=8$ 处，$f(x)$ 显示为一亮点（噪声）。在这亮点附近，$f'(x)$ 与 $f''(x)$ 均有明显反应。$f'(x)$ 的反应是 $0\to6\to-6\to0$，而 $f''(x)$ 的反应是 $0\to6\to-12\to6$。可见 $f''(x)$ 的反应更强烈。不过，对噪声的这种强烈反应不是我们希望的，它对噪声起到放大的作用。这是锐化空间滤波器的一个缺点。

表 2-3　锐化空间域滤波器实例

| $x$ | 0 | 1 | 2 | 3 | 4 | 5 | 6 | 7 | 8 | 9 | 10 | 11 | 12 | 13 | 14 | 15 | 16 | 17 |
|---|---|---|---|---|---|---|---|---|---|---|---|---|---|---|---|---|---|---|
| $f(x)$ | 4 | 4 | 3 | 2 | 1 | 0 | 0 | 0 | 6 | 0 | 0 | 0 | 7 | 7 | 7 | 0 | 0 | 0 |
| $f'(x)$ | 0 | −1 | −1 | −1 | −1 | 0 | 0 | 6 | −6 | 0 | 0 | 7 | 0 | 0 | −7 | 0 | 0 | |
| $f''(x)$ | | −1 | 0 | 0 | 0 | 1 | 0 | 6 | −12 | 6 | 0 | 7 | −7 | 0 | −7 | 7 | 0 | |

为了突出物体边缘与轮廓的细节，采用一阶微分与二阶微分锐化滤波器，二阶微分的锐化作用更强。先讨论作为二阶微分锐化滤波基础的拉普拉斯算子，对于一个二维连续函数 $f(x,y)$，拉普拉斯算子对 $f(x,y)$ 的运算为

$$\nabla^2 f=\frac{\partial^2 f}{\partial x^2}+\frac{\partial^2 f}{\partial y^2} \tag{2-37}$$

对于离散二维函数 $f(x,y)$，在 $x$ 方向的二阶偏微分定义为

$$\frac{\partial^2 f}{\partial x^2}=f(x+1,y)+f(x-1,y)-2f(x,y) \tag{2-38}$$

在 $y$ 方向的二阶偏微分定义为

$$\frac{\partial^2 f}{\partial y^2}=f(x,y+1)+f(x,y-1)-2f(x,y) \tag{2-39}$$

于是，由式（2-37）得离散函数 $f(x,y)$ 的拉普拉斯运算为

$$\nabla^2 f=[f(x+1,y)+f(x-1,y)+f(x,y+1,)+f(x,y-1)]-4f(x,y) \tag{2-40}$$

式（2-40）可以用图 2-20（a）所示的模板系数 $W(s,t)$ 来实现。实现的方式如前面的式（2-30）所示：

$$g(x,y)=\nabla^2 f(x,y)=\sum_{s=-a}^{a}\sum_{t=-b}^{b}W(s,t)f(x+s,y+t)$$

对于 $3\times3$ 模板，上式变为

$$g(x,y)=\nabla^2 f(x,y)=\sum_{s=-1}^{1}\sum_{t=-1}^{1}W(s,t)f(x+s,y+t) \tag{2-41}$$

$$\begin{bmatrix}0&1&0\\1&-4&1\\0&1&0\end{bmatrix}\qquad\begin{bmatrix}1&1&1\\1&-8&1\\1&1&1\end{bmatrix}\qquad\begin{bmatrix}0&-1&0\\-1&4&-1\\0&-1&0\end{bmatrix}\qquad\begin{bmatrix}-1&-1&-1\\-1&8&-1\\-1&-1&-1\end{bmatrix}$$

（a）　　　　（b）　　　　（c）　　　　（d）

图 2-20　模板系数 $W(s,t)$

对角线方向的二阶偏微分也可以加入到离散拉普拉斯算子中，这就是在式（2-40）中加入以下内容：

$$f(x-1,y-1)+f(x-1,y+1)+f(x+1,y-1)+f(x+1,y+1)-4f(x,y)$$

这相应于二阶偏微分 $\partial^2 f/\partial x\partial y + \partial^2 f/\partial y\partial x$。式（2-40）增加对角线方向的二阶偏微分算子后，可以用图 2-20（b）的模板系数 $W(s,t)$ 来实现。这种滤波器的锐化作用更强。图 2-20（c）与（d）给出的模板系数分别同图 2-20（a）与（b）的模板系数的数值相同，只是符号不同，因此本质是一样的。由式（2-40）或式（2-41）可以看出，输出 $g(x,y)$ 有可能取负值。负的灰度在图像中是无法显示的。当模板输出 $g(x,y)$ 取负值时，一律自动转换为 0，显示为黑色。

拉普拉斯算子锐化滤波器使图像中灰度突变部分得到增强，却使图像中灰度变化缓慢区变得灰度很弱。这就使得图像在整体为暗的背景中显示出明亮的细节。为了既突出明亮的细节，又保持图像整体上的原貌，可以采用让拉普拉斯算子作用后的图像同原图像相加的方法，来达到这个目的。原图像 $f(x,y)$ 与经过拉普拉斯算子作用后的图像 $\nabla^2 f(x,y)$ 相加，可以认为是 $f(x,y)$ 受到算子 $(I\pm\nabla^2)$ 作用的结果：

$$g(x,y)=f(x,y)\pm\nabla^2 f(x,y)=(I\pm\nabla^2)f(x,y) \tag{2-42}$$

其中 $I$ 是单位算子，“+”号对应图 2-20（c）的拉普拉斯算子，“−”号对应图 2-16（a）的拉普拉斯算子。与算子 $(I+\nabla^2)$ 对应的模板系数如图 2-21 所示。当拉普拉斯算子模板中心系数为正时，用算子 $(I+\nabla^2)$；当中心系数为负时，用算子 $(I-\nabla^2)$。如果原图像很暗，则应在用拉普拉斯算子锐化图像细节的同时，提升图像的整体亮度。这时可将式（2-42）中的单位算符 $I$ 改为常数算符 $A$：

$$g(x,y)=Af(x,y)\pm\nabla^2 f(x,y)=(A\pm\nabla^2)f(x,y) \tag{2-43}$$

$$\begin{bmatrix}0&0&0\\0&1&0\\0&0&0\end{bmatrix}+\begin{bmatrix}0&-1&0\\-1&4&-1\\0&-1&0\end{bmatrix}=\begin{bmatrix}0&-1&0\\-1&5&-1\\0&-1&0\end{bmatrix}$$

图 2-21　与算子 $(I+\nabla^2)$ 对应的模板系数

图 2-22 给出实现式（2-43）的一种模板系数，其中拉普拉斯算子包含了对角线方向的二阶偏微分。$A=0$ 是单纯的拉普拉斯锐化，它使细节强化，却使背景变暗。$A=1$ 是标准的拉普拉斯锐化，它使细节强化并保持背景同原图像一致。$A>1$ 是提升背景的拉普拉斯锐化，它在强化细节的同时也强化了背景。不过背景的提升会减弱细节强化的作用。因此 $A$ 值不宜过大，一般取 $A=1.7$ 即可。

$$\begin{bmatrix}0&0&0\\0&A&0\\0&0&0\end{bmatrix}+\begin{bmatrix}-1&-1&-1\\-1&8&-1\\-1&-1&-1\end{bmatrix}=\begin{bmatrix}-1&-1&-1\\-1&A+8&-1\\-1&-1&-1\end{bmatrix}$$

图 2-22　实现式（2-43）的一种模板系数

下面讨论基于一阶微分的锐化滤波——梯度算子。图像处理中的一阶微分是用梯度的幅值来实现的。灰度函数 $f(x,y)$ 在坐标 $(x,y)$ 处的梯度为二维向量：

$$\nabla f \equiv \begin{pmatrix} g_x \\ g_y \end{pmatrix} = \begin{pmatrix} \dfrac{\partial f}{\partial x} \\ \dfrac{\partial f}{\partial y} \end{pmatrix} \tag{2-44}$$

$\nabla f$ 的幅值为

$$|\nabla f| = \sqrt{\left(\frac{\partial f}{\partial x}\right)^2 + \left(\frac{\partial f}{\partial y}\right)^2} \tag{2-45}$$

这是一个非线性量。在图像的处理中，式（2-45）的计算量太大，很不方便。实际操作时可以用下面的近似式来代替式（2-45）：

$$|\nabla f| \approx \left|\frac{\partial f}{\partial x}\right| + \left|\frac{\partial f}{\partial y}\right| \tag{2-46}$$

$\dfrac{\partial f}{\partial x}$ 与 $\dfrac{\partial f}{\partial y}$ 的定义为

$$\frac{\partial f}{\partial x} = f(x+1,y) - f(x,y) \tag{2-47}$$

$$\frac{\partial f}{\partial y} = f(x,y+1) - f(x,y) \tag{2-48}$$

式（2-47）表示的 $\partial f / \partial x$ 描述 $(x+1,y)$ 与 $(x,y)$ 上下相邻两个像素的灰度之差。在以 $(x,y)$ 点像素为中心的 $3\times 3$ 模板中，上下相邻两个像素灰度之差还有 5 对。它们是

$$f(x,y)-f(x-1,y),\quad f(x+1,y-1)-f(x,y-1),\quad f(x,y-1)-f(x-1,y-1)$$

$$f(x+1,y+1)-f(x,y+1),\quad f(x,y+1)-f(x-1,y+1)$$

将以上 6 对都计入，便有

$$\left|\frac{\partial f}{\partial x}\right| = |f(x+1,y-1)+f(x+1,y)+f(x+1,y+1)$$
$$-f(x-1,y-1)-f(x-1,y)-f(x-1,y+1)| \tag{2-49}$$

式（2-48）表示的 $\partial f / \partial y$ 描述 $(x,y+1)$ 与 $(x,y)$ 左右相邻两个像素的灰度之差。考虑到以 $(x,y)$ 点像素为中心的 $3\times 3$ 模板中，有 6 对左右相邻两个像素的灰度之差，便有

$$\left|\frac{\partial f}{\partial y}\right| = |f(x-1,y+1)+f(x,y+1)+f(x+1,y+1)$$
$$-f(x-1,y-1)-f(x,y-1)-f(x+1,y-1)| \tag{2-50}$$

上述 $\partial f / \partial x$ 与 $\partial f / \partial y$ 本来是用来描述 $(x,y)$ 点处灰度 $f$ 在 $x$ 方向与 $y$ 方向的梯度的，现在其中又计入了与 $(x,y)$ 点相邻点的 $f$ 的梯度。为了突出中心点 $(x,y)$ 梯度的

作用，可将$(x,y)$点处的梯度值乘以2。于是

$$\begin{aligned}|\nabla f| \approx \left|\frac{\partial f}{\partial x}\right|+\left|\frac{\partial f}{\partial y}\right| = &|[f(x+1,y-1)+2f(x+1,y)+f(x+1,y+1)] \\ &-[f(x-1,y-1)+2f(x-1,y)+f(x-1,y+1)]| \\ &+|[f(x-1,y+1)+2f(x,y+1)+f(x+1,y+1)] \\ &-[f(x-1,y-1)+2f(x,y-1)+f(x+1,y-1)]|\end{aligned} \quad (2\text{-}51)$$

与式（2-51）中$\partial f/\partial x$和$\partial f/\partial y$相对应的模板系数如图2-23（a）与（b）所示。

$$\begin{bmatrix}-1 & -2 & -1\\ 0 & 0 & 0\\ 1 & 2 & 1\end{bmatrix} \qquad \begin{bmatrix}-1 & 0 & 1\\ -2 & 0 & 2\\ -1 & 0 & 1\end{bmatrix}$$

（a）$\partial f/\partial x$的模板系数　　（b）$\partial f/\partial y$的模板系数

图2-23　与式（2-51）相应的模板系数

以图2-20（a）的$3\times3$模板为例，介绍MATLAB对图像进行拉普拉斯滤波的程序

```
I=im2double(I);
W=[0,1,0;1,-4,1;0,1,0];
J=imfilter(I,W,'replicate');
G=I-J;
```

在以上程序中，先通过函数im2double()或double()将要滤波的图像I的数据类型转换为双精度类型，以便后续的运算。再通过建立矩阵的方法，给出如图2-20（a）所示的$3\times3$模板W。J是通过函数imfilter()实现的滤波器W对图像I滤波后的图像。'replicate'是指定的经W对图像I滤波后的图像边缘扩展的一种方式。最后通过原图像I和J相减给出输出结果G。如果滤波器W中心系数为正，则输出结果是G=I+J。详见式（2-42）。

MATLAB利用函数fspecial()的如下表达式

```
W = fspecial('laplacial', α )
```

给出一个常用的拉普拉斯滤波模板：

$$W=\frac{1}{1+\alpha}\begin{bmatrix}\alpha & 1-\alpha & \alpha\\ 1-\alpha & -4 & 1-\alpha\\ \alpha & 1-\alpha & \alpha\end{bmatrix}$$

式中，$\alpha$是[0,1]中的一个数。当$\alpha=0$和$\alpha=0.5$时，$W$分别为

$$\alpha = 0 \qquad W = \begin{bmatrix} 0 & 1 & 0 \\ 1 & -4 & 1 \\ 0 & 1 & 0 \end{bmatrix}$$

$$\alpha = 0.5 \qquad W = \frac{1}{3}\begin{bmatrix} 1 & 1 & 1 \\ 1 & -8 & 1 \\ 1 & 1 & 1 \end{bmatrix}$$

［示例 2-13］ 用拉普拉斯算子处理一个模糊图像，用图 2-20（a）与（b）两个模板，比较它们的效果。

```
I=imread('2-24a.jpg');                       % 读入图像 I
I=im2double(I);                              % 将图像 I 的数据类型转换为双精度型
W4=[0,1,0;1,-4,1;0,1,0];                     % 建立如图 2-20（a）所示的模板 W4
W8=[1,1,1;1,-8,1;1,1,1];                     % 建立如图 2-20（b）所示的模板 W8
A4=imfilter(I,w4,'replicate');               % 用模板 W4 对图像 I 滤波
A8=imfilter(I,w8,'replicate');               % 用模板 W8 对图像 I 滤波
G4=I-A4;
G8=I-A8;
imshow(I);
figure,
imshow(G4);
figure,
imshow(G8)
```

程序运行后，输出图像如图 2-24 所示。可以看出，拉普拉斯算子可以使模糊图像变得清晰一些。显然，W8 的滤波效果比 W4 要好。

（a）原始图像

（b）W4 滤波图像

（c）W8 滤波图像

图 2-24　用拉普拉斯算子处理一个模糊图像

［示例 2-14］ 观察拉普拉斯算子对图像的锐化作用。

```
I=imread('2-16a.jpg');                      % 读入图像 J
I=im2double(I);                             % 将图像 I 的数据类型转换为双精度型
W4=fspecial('laplacian',0);                 % 建立如图 2-20（a）所示的模板 W4
A4= imfilter(I,W4,'replicate');             % 用模板 W4 对图像 I 滤波
G4=I-A4;
subplot(1,2,1),imshow(I);
subplot(1,2,2),imshow(G4)
```

程序运行后，输出图像如图 2-25 所示。拉普拉斯算子对图像的锐化作用，可以从照片中细节的变化看出。

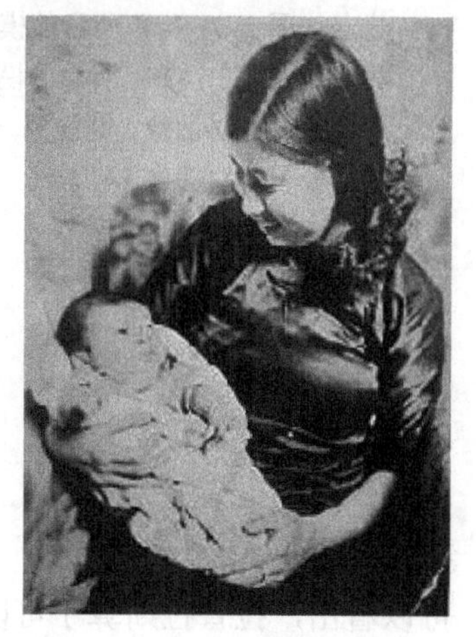
（a）原始图像

（b）W4 滤波图像

图 2-25　拉普拉斯算子对图像的锐化作用

# 第 3 章　图像的频率域增强

## 3.1　一维离散数列的傅里叶变换

在第 1 章中介绍了连续函数的傅里叶变换，现在由连续函数的傅里叶变换推导出离散数列的傅里叶变换。已知一维连续函数 $f(x)$ 的傅里叶变换公式为：

$$F(u)=\int_{-\infty}^{+\infty} f(x)\mathrm{e}^{-\mathrm{j}2\pi ux}\mathrm{d}x \tag{3-1}$$

它的逆变换公式为

$$f(x)=\int_{-\infty}^{+\infty} F(u)\mathrm{e}^{\mathrm{j}2\pi ux}\mathrm{d}u \tag{3-2}$$

连续信号 $f(x)$ 按坐标 $x$ 的等间隔 $\Delta x$ 取样后的 $f(n\Delta x)$ $(n=0,\pm 1,\cdots)$ 就成为离散数列。$f(x)$ 按 $x$ 的等间隔 $\Delta x$ 取样可以用取样函数

$$s_{\Delta x}(x)=\sum_{n=0,\pm 1,\cdots}\delta(x-n\Delta x) \tag{3-3}$$

来实现，其中 $\delta(x-n\Delta x)$ 是 $\delta$ 函数。令

$$\tilde{f}(x)=f(x)s_{\Delta x}(x)=\sum_{n=0,\pm 1,\cdots} f(x)\delta(x-n\Delta x) \tag{3-4}$$

虽然 $\tilde{f}(x)$ 仍是连续函数，但它同离散数列 $\{f(n\Delta x),n=0,\pm 1,\cdots\}$ 已十分接近，仅相差一个积分步骤：

$$\int_{-\infty}^{\infty}\tilde{f}(x)\mathrm{d}x=\sum_{n=0,\pm 1,\cdots}\int_{-\infty}^{\infty} f(x)\delta(x-n\Delta x)\mathrm{d}x=\sum_{n=0,\pm 1,\cdots} f(n\Delta x) \tag{3-5}$$

可以把 $\tilde{f}(x)$ 看成是连续函数 $f(x)$ 按等间隔 $\Delta x$ 取样后得到的离散数列 $\{f(n\Delta x),n=0,\pm 1,\cdots\}$ 的模拟。由于 $\tilde{f}(x)$ 是连续函数，故可以按式（3-1）来计算它的傅里叶变换：

$$\begin{aligned}\Im\{\tilde{f}(x)\}&=\int_{-\infty}^{\infty}\tilde{f}(x)\mathrm{e}^{-\mathrm{j}2\pi ux}\mathrm{d}x=\sum_{n=0,\pm 1,\cdots}\int_{-\infty}^{\infty} f(x)\delta(x-n\Delta x)\mathrm{e}^{-\mathrm{j}2\pi ux}\mathrm{d}x\\&=\sum_{n=0,\pm 1,\cdots} f(n\Delta x)\mathrm{e}^{-\mathrm{j}2\pi un\Delta x}\equiv\tilde{F}(u)\end{aligned} \tag{3-6}$$

可以证明，$\tilde{F}(u)$ 是一个周期为 $u_{\mathrm{s}}=1/\Delta x$ 的周期函数：

$$\tilde{F}(u-ku_{\mathrm{s}})=\tilde{F}(u),\quad k=0,\pm 1,\pm 2,\cdots \tag{3-7}$$

$$\tilde{F}(u-ku_s)=\sum_{n=0,\pm1,\cdots} f(n\Delta x)\mathrm{e}^{-\mathrm{j}2\pi(u-ku_s)n\Delta x}=\sum_{n=0,\pm1,\cdots} f(n\Delta x)\mathrm{e}^{-\mathrm{j}2\pi un\Delta x}\mathrm{e}^{\mathrm{j}2\pi kn}$$
$$=\sum_{n=0,\pm1,\cdots} f(n\Delta x)\mathrm{e}^{-\mathrm{j}2\pi un\Delta x}=\tilde{F}(u)\qquad(\mathrm{e}^{\mathrm{j}2\pi kn}=1)$$

不失一般性，考虑以下情况：①连续函数 $f(x)$ 是实函数。② $f(x)$ 的傅里叶变换 $F(u)$ 的频谱宽度为 $B$（全宽度为 $2B$），即当 $|u|>B$ 时，$F(u)=0$。根据取样定理，取样间隔 $\Delta x<1/(2B)$，或取样频率（在 $x$ 的单位间隔内取样点的数目）$u_s=1/\Delta x>2B$。③对于非周期函数 $f(x)$，在 $x$ 空间的一个宽度为 $C$ 的区域内，$f(x)\neq 0$，在此区域外 $f(x)=0$。将坐标原点 $x=0$ 取在 $f(x)\neq 0$ 区域的最左边，即 $f(x)\neq 0$ 的区域为 $x=0\sim C$。由取样间隔 $\Delta x$，可以算出取样点的总数为 $M=C/\Delta x$。对 $\Delta x$ 做微小变动，如 $\Delta x$ 减小一点，使 $M$ 成为偶的整数。取样函数式（3-3）变为

$$s_{\Delta x}(x)=\sum_{n=0}^{M-1}\delta(x-n\Delta x)\tag{3-8}$$

④对于周期为 $L$ 的周期函数 $f(x)$，取样点限于一个周期内，取样点的总数为 $M=L/\Delta x$。用同样方法使 $M$ 成为偶的整数，取样函数也用式（3-8）表示。无论 $f(x)$ 是否是周期函数，$\tilde{f}(x)$ 均可表示为

$$\tilde{f}(x)=f(x)s_{\Delta x}(x)=\sum_{n=0}^{M-1} f(x)\delta(x-n\Delta x)\tag{3-9}$$

现在 $\tilde{f}(x)$ 的傅里叶变换式（3-6）表示为

$$\Im\{\tilde{f}(x)\}=\tilde{F}(u)=\sum_{n=0}^{M-1} f(n\Delta x)\mathrm{e}^{-\mathrm{j}2\pi un\Delta x}\tag{3-10}$$

已知 $f(x)$ 的傅里叶频谱 $F(u)$ 的全宽度为 $2B$，频率 $u$ 的取值范围是 $u=-B\sim B$。由式（3-7）知，作为离散数列 $f(n\Delta x)(n=0,1,\cdots,M-1)$ 模拟的连续函数

$$\tilde{f}(x)=\sum_{n=0}^{M-1} f(x)\delta(x-n\Delta x)\tag{3-11}$$

在傅里叶变换下得到的频谱 $\tilde{F}(u)=\tilde{F}(u-ku_s)(k=0,\pm1,\pm2,\cdots)$ 是周期为 $u_s=1/\Delta x$ 的周期连续函数。在 $k=0$ 的第一个周期中，$\tilde{F}(u)$ 的全宽度是周期 $u_s=1/\Delta x$，频率 $u$ 的取值范围是 $u=-u_s/2\sim u_s/2$。由于 $u_s>2B$，$\tilde{F}(u)$ 的频谱必定包含了 $f(x)$ 的全部频谱。然而，$\tilde{F}(u)$ 只是连续函数 $\tilde{f}(x)$ 的连续频谱，还不是离散数列 $f(n\Delta x)(n=0,1,\cdots,M-1)$ 的离散频谱。当连续函数 $\tilde{f}(x)$ 变成坐标 $x$ 空间中含有间隔为 $\Delta x$ 的 $M$ 个元素的离散数列 $\{f(n\Delta x),n=0,1,\cdots M-1\}$ 时，$\tilde{F}(u)$ 应该变成频率 $u$ 空间中含有间隔为 $\Delta u=u_s/M$ 的 $M$ 个元素的离散数列 $F(m\Delta u)(m=0,1,\cdots,M-1)$。将 $u=m\Delta u=mu_s/M$ 代入式（3-10），得

$$F(m\Delta u)=\sum_{n=0}^{M-1}f(n\Delta x)\mathrm{e}^{-\mathrm{j}2\pi m\Delta u n\Delta x}=\sum_{n=0}^{M-1}f(n\Delta x)\mathrm{e}^{-\mathrm{j}2\pi m u_s n\Delta x/M}$$

再将 $u_s=1/\Delta x$ 代入上式，得

$$F(m\Delta u)=\sum_{n=0}^{M-1}f(n\Delta x)\mathrm{e}^{-\mathrm{j}2\pi mn/M} \tag{3-12}$$

这就是离散数列 $\{f(n\Delta x);n=0,1,\cdots,M-1\}$ 的傅里叶变换。可以证明，式（3-12）的逆变换为

$$f(n\Delta x)=\frac{1}{M}\sum_{m=0}^{M-1}F(m\Delta u)\mathrm{e}^{\mathrm{j}2\pi mn/M},\qquad n=0,1,\cdots,M-1 \tag{3-13}$$

令 $f(n\Delta x)\equiv f(n)$，$F(m\Delta u)\equiv F(m)$，离散数列 $\{f(n);n=0,1,\cdots,M-1\}$ 的傅里叶变换式（3-12）与它的逆变换式（3-13）简化为

$$F(m)=\sum_{n=0}^{M-1}f(n)\mathrm{e}^{-\mathrm{j}2\pi mn/M},\quad m=0,1,\cdots,M-1 \tag{3-14}$$

$$f(n)=\frac{1}{M}\sum_{m=0}^{M-1}F(m)\mathrm{e}^{\mathrm{j}2\pi mn/M},\quad n=0,1,\cdots,M-1 \tag{3-15}$$

在前面推导出离散数列 $\{f(n);n=0,1,\cdots,M-1\}$ 的傅里叶变换式（3-12）或式（3-14）时，还不能肯定这个公式一定正确。因为这里有主观推断：认为当 $\tilde{f}(x)$ 变成 $x$ 空间间隔为 $\Delta x$ 的 $M$ 个 $f(n)(n=0,1,\cdots,M-1)$ 时，$\tilde{F}(u)$ 应变成 $u$ 空间间隔为 $\Delta u=u_s/M=1/(\Delta xM)$ 的 $M$ 个 $F(m)(m=0,1,\cdots,M-1)$。只有在 $\{f(n);n=0,1,\cdots,M-1\}$ 的傅里叶变换 $\{F(m);m=0,1,\cdots,M-1\}$ 是正确的条件下，才能由它组合成 $\{f(n);n=0,1,\cdots,M-1\}$。考虑到傅里叶变换 $F(m)$ 的总体大小并不重要，重要的是不同 $m$ 的 $F(m)$ 相对大小。因此，式（3-15）中的常数因子 $1/M$ 可以转移到式（3-14）中，

$$F(m)=\frac{1}{M}\sum_{n=0}^{M-1}f(n)\mathrm{e}^{-\mathrm{j}2\pi mn/M},\quad m=0,1,\cdots,M-1 \tag{3-16}$$

$$f(n)=\sum_{m=0}^{M-1}F(m)\mathrm{e}^{\mathrm{j}2\pi mn/M},\quad n=0,1,\cdots,M-1 \tag{3-17}$$

也可以在正反（逆）傅里叶变换公式中都放上同一个因子 $1/\sqrt{M}$，

$$F(m)=\frac{1}{\sqrt{M}}\sum_{n=0}^{M-1}f(n)\mathrm{e}^{-\mathrm{j}2\pi mn/M},\quad m=0,1,\cdots,M-1 \tag{3-18}$$

$$f(n)=\frac{1}{\sqrt{M}}\sum_{m=0}^{M-1}F(m)\mathrm{e}^{\mathrm{j}2\pi mn/M},\quad n=0,1,\cdots,M-1 \tag{3-19}$$

显然，离散数列的傅里叶变换总是存在的。这里要强调的是，$F(m)$ 是 $F(m\Delta u)$ 的简化式，它表示频率为 $u=m\Delta u=m/M\Delta x$ 的相对强度。由于 $m=0,1,\cdots,M-1$，可以

得到$M$个不同频率的相对强度，这$M$个频率叫作测量频率或分析频率。

一维离散数列傅里叶变换有以下一些性质：

（1）设$f_1(n)$与$f_2(n)$的傅里叶变换分别是$F_1(m)$与$F_2(m)$，则$af_1(n)+bf_2(n)$的傅里叶变换是$aF_1(m)+bF_2(m)$，其中$a$与$b$是常数。这是傅里叶变换的线性特性。这个性质是显然的。

（2）离散数列傅里叶变换$F(m)$是周期为$M$的周期函数：

$$F(m-kM)=F(m)\text{，}\quad k=0,\pm1,\pm2,\cdots \tag{3-20}$$

这是因为

$$F(m-kM)=\sum_{n=0}^{M-1}f(n)\mathrm{e}^{-\mathrm{j}2\pi(m-kM)n/M}=\sum_{n=0}^{M-1}f(n)\mathrm{e}^{-\mathrm{j}2\pi mn/M}\mathrm{e}^{\mathrm{j}2\pi kn}$$

其中$\mathrm{e}^{\mathrm{j}2\pi kn}=1$，故有$F(m-kM)=F(m)$。类似地，由傅里叶逆变换式（3-15）确定的$f(n)$也是周期为$M$的周期函数：

$$f(n-kM)=f(n)\text{，}\quad k=0,\pm1,\pm2,\cdots \tag{3-21}$$

这很容易证明：

$$\begin{aligned}f(n-kM)&=\frac{1}{M}\sum_{m=0}^{M-1}F(m)\mathrm{e}^{\mathrm{j}2\pi m(n-kM)/M}=\frac{1}{M}\sum_{m=0}^{M-1}F(m)\mathrm{e}^{\mathrm{j}2\pi mn/M}\mathrm{e}^{-\mathrm{j}2\pi mk}\\&=\frac{1}{M}\sum_{m=0}^{M-1}F(m)\mathrm{e}^{\mathrm{j}2\pi mn/M}=f(n),\quad(\mathrm{e}^{-\mathrm{j}2\pi mk}=1)\end{aligned}$$

如果$f(n)$原来就是周期离散数列，这个结果是很自然的。如果$f(n)$原来是非周期离散数列，这个结果表示，为了符合离散数列傅里叶变换的性质，$f(n)$应该扩展为周期离散数列$f(n-kM)=f(n)$，$k=0,\pm1,\pm2,\cdots$。

（3）对于周期离散数列$f(n)=f(n-kM)$，$k=0,\pm1,\cdots$，可以证明，用任一点作为起始点来计算一个完整周期的离散数列的傅里叶变换，结果都是一样的。式（3-14）是以$n=0$作为起始点来计算一个完整周期离散数列的傅里叶变换的。令$l$是小于$M$的正整数，计算以$n=-l$为起始点的一个完整周期的离散数列$f(n)$的傅里叶变换，

$$F'(m)=\sum_{n=-l}^{M-1-l}f(n)\mathrm{e}^{-\mathrm{j}2\pi mn/M}=\sum_{n=-l}^{-1}f(n)\mathrm{e}^{-\mathrm{j}2\pi mn/M}+\sum_{n=0}^{M-1-l}f(n)\mathrm{e}^{-\mathrm{j}2\pi mn/M} \tag{3-22}$$

式中，

$$\begin{aligned}\sum_{n=-l}^{-1}f(n)\mathrm{e}^{-\mathrm{j}2\pi mn/M}&=f(-l)\mathrm{e}^{-\mathrm{j}2\pi m(-l)/M}+f(-l+1)\mathrm{e}^{-\mathrm{j}2\pi m(-l+1)/M}+\cdots\\&\quad+f(-1)\mathrm{e}^{-\mathrm{j}2\pi m(-1)/M}\end{aligned} \tag{3-23}$$

利用$f(n)$的周期性$f(n)=f(n+M)$，以及$1=\mathrm{e}^{-\mathrm{j}2\pi m}=\mathrm{e}^{-\mathrm{j}2\pi mM/M}$，将上式每一项中的$f(n)$变为$f(n+M)$，$\mathrm{e}^{-\mathrm{j}2\pi mn/M}$乘以$1=\mathrm{e}^{-\mathrm{j}2\pi mM/M}$，得

$$\sum_{n=-l}^{-1} f(n)\mathrm{e}^{-\mathrm{j}2\pi mn/M} = f(M-l)\mathrm{e}^{-\mathrm{j}2\pi m(M-l)/M} + f(M-l+1)\mathrm{e}^{-\mathrm{j}2\pi m(M-l+1)/M} + \cdots$$
$$+ f(M-1)\mathrm{e}^{-\mathrm{j}2\pi m(M-1)/M} = \sum_{n=M-l}^{M-1} f(n)\mathrm{e}^{-\mathrm{j}2\pi mn/M} \tag{3-24}$$

将式（3-24）代入式（3-22），得

$$F'(m) = \sum_{n=-l}^{M-1-l} f(n)\mathrm{e}^{-\mathrm{j}2\pi mn/M} = \sum_{n=0}^{M-l-1} f(n)\mathrm{e}^{-\mathrm{j}2\pi mn/M} + \sum_{n=M-l}^{M-1} f(n)\mathrm{e}^{-\mathrm{j}2\pi mn/M}$$
$$= \sum_{n=0}^{M-1} f(n)\mathrm{e}^{-\mathrm{j}2\pi mn/M} = F(m)$$

对于周期的离散数列的傅里叶逆变换式（3-15）也一样，可以用 $m$ 的任一值作为起点来计算一个周期的 $f(n)$ 值。

（4）$F(m)$ 的复共轭 $F^*(m) = F(-m)$，$|F(m)| = |F(-m)|$。这是因为 $f(n)$ 是实数，

$$F^*(m) = \sum_{n=0}^{M-1} f(n)\mathrm{e}^{\mathrm{j}2\pi mn/M} = \sum_{n=0}^{M-1} f(n)\mathrm{e}^{-\mathrm{j}2\pi(-m)n/M} = F(-m) \tag{3-25}$$

对上式再进行一次复共轭，得 $F(m) = F^*(-m)$，故有

$$|F(m)| = \sqrt{F^*(m)F(m)} = \sqrt{F(-m)F^*(-m)} = |F(-m)| \tag{3-26}$$

（5）利用以上两个性质，$F^*(m) = F(-m) = F(M-m)$，对上式再进行一次复共轭，得 $F(m) = F^*(M-m)$。于是

$$|F(m)| = \sqrt{F^*(m)F(m)} = \sqrt{F(M-m)F^*(M-m)} = |F(M-m)| \tag{3-27}$$

这一性质表示，式（3-14）的 $M$ 个 $F(m)$ 中有大约一半是重复的。只需计算 $m \leqslant M/2$ 的 $F(m)$。其实 $m > M/2$ 的 $F(m)$ 是没有意义的，因为与 $m > M/2$ 相应的频率 $u_m = mu_s/M > B$，超出了 $f(x)$ 的频谱范围，是 $f(x)$ 因取样而产生的假频，是 $f(x)$ 频谱 $F(u)$ 中的负频（$u = -B$～0）向正频方向移动一个周期 $M\Delta x$ 得到的假频。

（6）设 $f(n)$ 的傅里叶变换为 $F(m)$，则有位移 $n'$ 的 $f(n-n')$ 的傅里叶变换为 $F(m)\mathrm{e}^{-\mathrm{j}2\pi mn'/M}$，有位移 $m'$ 的 $F(m-m')$ 的傅里叶逆变换为 $f(n)\mathrm{e}^{\mathrm{j}2\pi m'n/M}$：

$$\Im\{f(n-n')\} = \sum_{n=0}^{M-1} f(n-n')\mathrm{e}^{-\mathrm{j}2\pi mn/M} = \sum_{t=-n'}^{M-1-n'} f(t)\mathrm{e}^{-\mathrm{j}2\pi m(t+n')/M}$$
$$= \sum_{t=0}^{M-1} f(t)\mathrm{e}^{-\mathrm{j}2\pi mt/M}\mathrm{e}^{-\mathrm{j}2\pi mn'/M} = F(m)\mathrm{e}^{-\mathrm{j}2\pi mn'/M} \tag{3-28}$$

$$\Im^{-1}(F(m-m')) = \frac{1}{M}\sum_{m=0}^{M-1} F(m-m')\mathrm{e}^{\mathrm{j}2\pi mn/M} = \frac{1}{M}\sum_{t=-m'}^{M-1-m'} F(t)\mathrm{e}^{\mathrm{j}2\pi(t+m')n/M}$$
$$= \frac{1}{M}\sum_{t=0}^{M-1} F(t)\mathrm{e}^{\mathrm{j}2\pi tn/M}\mathrm{e}^{\mathrm{j}2\pi m'n/M} = f(n)\mathrm{e}^{\mathrm{j}2\pi m'n/M} \tag{3-29}$$

在以上证明中，用到了性质（3）。

（7）设 $f(n)$ 与 $g(n)$ 的傅里叶变换分别为 $F(m)$ 与 $G(m)$ ，则有以下两个性质：

（a） $f(n)$ 与 $g(n)$ 卷积的傅里叶变换等于 $F(m)$ 与 $G(m)$ 的乘积：

$$\Im\{f(n) * g(n)\} = F(m)G(m) \tag{3-30}$$

（b） $f(n)$ 与 $g(n)$ 乘积的傅里叶变换等于 $F(m)$ 与 $G(m)$ 的卷积：

$$\Im\{f(n)g(n)\} = F(m) * G(m) \tag{3-31}$$

［示例 3-1］ 对连续信号函数 $f(x) = 2\sin(2\pi f_1 x) + \sin(2\pi f_2 x + \pi/4)$ 进行 10 点取样，再进行离散数列的傅里叶变换，其中 $x$ 是时间，单位为秒， $f_1 = 1\text{kHz}, f_2 = 2\text{kHz}$ 。

$f(x)$ 是周期为 $T = 1/f_1 = 10^{-3}$ 秒的周期函数。在一个周期内进行 10 点取样，取样间隔 $\Delta x = T/10 = 10^{-4}$ 秒，取样频率 $u_s = 1/\Delta x = 10^4$ 点/秒。令 $x = n\Delta x, n = 0,1,\cdots,9$ 。

$$f(n) \equiv f(n\Delta x) = 2\sin(2\pi f_1 n\Delta x) + \sin(2\pi f_2 n\Delta x + \pi/4)$$

将 $f_1, f_2$ 与 $\Delta x$ 的值代入上式，得

$$f(n) = 2\sin(0.2\pi n) + \sin(0.4\pi n + 0.25\pi)$$

由上式算出，

$$f(0) = 0.7071, f(1) = 2.0666, f(2) = 1.7458, f(3) = 0.9144, f(4) = 0.7216,$$

$$f(5) = 0.7071, f(6) = -0.2846, f(7) = -2.0586, f(8) = -2.8898, f(9) = -1.6296$$

$f(n)$ 的傅里叶变换公式为

$$F(m) = \sum_{n=0}^{9} f(n)\mathrm{e}^{-\mathrm{j}2\pi mn/10} = \sum_{n=0}^{9} f(n)\mathrm{e}^{-\mathrm{j}0.2\pi mn}$$

$$= \sum_{n=0}^{9} f(n)[\cos(0.2\pi mn) - \mathrm{j}\sin(0.2\pi mn)]$$

其中， $m = 0,1,\cdots,9$ 。我们只需要计算 $m \leqslant 5$ 的 $F(m)$ 。 $F(m)$ 中的 $m$ 表示分析频率 $u_m = mu_s/M = m\text{kHz}$ 。将 $f(n)$ 的值代入上式算出，除 $F(1) = 10\mathrm{e}^{-\mathrm{j}\pi/2}$ 与 $F(2) = 5\mathrm{e}^{-\mathrm{j}\pi/4}$ 外，其他 $F(m) = 0$ 。 $f(n)$ 的傅里叶频谱包含 $u_1 = 1\text{kHz}$ 与 $u_2 = 2\text{kHz}$ 两个成分，它们的强度之比为 $|F(1)|/|F(2)| = 2$ 。这同 $f(x)$ 中含有频率为 $f_1 = 1\text{kHz}$ 与 $f_2 = 2\text{kHz}$ 的两个正弦函数，并且它们的振幅之比为 2 是相符的。

［示例 3-2］ 令取样频率 $u_s = 32000$ 点/秒。对频率为 $f_1 = 8\text{kHz}$ 与 $f_2 = 8.5\text{kHz}$ 的两个正弦函数 $f_1(x) = \sin(2\pi f_1 x)$ 与 $f_2(x) = \sin(2\pi f_2 x)$ 分别进行 32 点取样，再进行离散数列的傅里叶变换。

取样间隔 $\Delta x = 1/u_s = 3.125 \times 10^{-5}$ 秒。令 $x = n\Delta x, n = 0,1,\cdots,31$ 。

$$f_1(n) = \sin(2\pi f_1 n\Delta x) = \sin(n\pi/2)$$

$$F(m)=\sum_{n=0}^{31}f_1(n)\mathrm{e}^{-\mathrm{j}2\pi mn/32}=\sum_{n=0}^{31}f_1(n)\mathrm{e}^{-\mathrm{j}\pi mn/16}$$

$$=\sum_{n=0}^{31}\sin(n\pi/2)[\cos(\pi mn/16)-\mathrm{j}\sin(\pi mn/16)]$$

$$m=0,1,2,\cdots,31$$

只要计算 $m=0,1,\cdots,16$ 的 $F(m)$。$F(m)$ 中的 $m$ 表示分析频率

$$u_m=mu_\mathrm{s}/M=m\mathrm{kHz},\quad m=0,1,2,\cdots,31$$

由上述 $F(m)$ 的计算公式算出，除 $F(8)=-\mathrm{j}16$ 外，其他 $F(m)=0$。这表示 $f_1(n)$ 的傅里叶频谱只包含频率 $u_8=8\mathrm{kHz}$ 一个成分。这同 $f_1(x)=\sin(2\pi f_1 x)$ 是相符的。再计算 $f_2(x)$ 的傅里叶变换：

$$F(m)=\sum_{n=0}^{31}f_2(n)\mathrm{e}^{-\mathrm{j}2\pi mn/32}=\sum_{n=0}^{31}f_2(n)\mathrm{e}^{-\mathrm{j}\pi mn/16}$$

$$=\sum_{n=0}^{31}\sin(0.53125\pi n)[\cos(\pi mn/16)-\mathrm{j}\sin(\pi mn/16)]$$

其中 $m=0,1,\cdots,16$。分析频率 $u_m=mu_\mathrm{s}/M=m\mathrm{kHz}$。由上式算出的 $F(m)$ 列于表 3-1。

表 3-1　由示例 3-2 的 $f_2(x)$算出的 $F(m)$，表中 $F(m)$的单位是 kHz

| $m$ | 0 | 1 | 2 | 3 | 4 | 5 | 6 | 7 | 8 |
|---|---|---|---|---|---|---|---|---|---|
| $F(m)$ | 0.91 | 0.92 | 0.97 | 1.07 | 1.24 | 1.52 | 2.07 | 3.40 | 10.15 |
| $m$ | 9 | 10 | 11 | 12 | 13 | 14 | 15 | 16 | |
| $F(m)$ | −10.24 | −3.50 | 2.17 | 1.63 | −1.36 | 1.21 | 1.13 | −1.10 | |

由示例 3-1 与示例 3-2 可以看出，当输入信号频率 $f$ 等于分析频率 $u_m=mu_\mathrm{s}/M$ 中的某一个 $u_{m_0}$ 时，它使 $F(m_0)\neq 0$，其他 $F(m)=0$；当输入信号频率 $f$ 不等于分析频率 $u_m=mu_\mathrm{s}/M$ 中的任一个时，它使所有 $F(m)\neq 0$，但 $F(m)$ 的取值是有规律的，$u_m$ 同 $f$ 最近的频谱 $|F(m)|$ 最大，随 $u_m$ 同 $f$ 偏离加大，$|F(m)|$ 很快变小，当 $u_m$ 同 $f$ 的偏离较大时，$|F(m)|$ 可以忽略不计。可以通过 $|F(m)|$ 相对 $m$ 的分布图，由分布曲线的峰值来测定频率 $f$。图 3-1 给出示例 3-2 的 $|F(m)|\sim m$ 分布图，由 $|F(m)|$ 分布曲线的峰值测定 $f_2(x)$ 的频率是 $f_2=8.5\mathrm{kHz}$。这正是应该有的结果。由 $|F(m)|$ 的分布曲线的峰值来测定频率 $f$ 是近似的。因输入信号频率 $f$ 不等于分析频率 $u_m$ 而使所有 $F(m)\neq 0$ 的现象，叫作泄漏。泄漏是离散数列的傅里叶变换特有的性质，它使频率的测量是近似的。

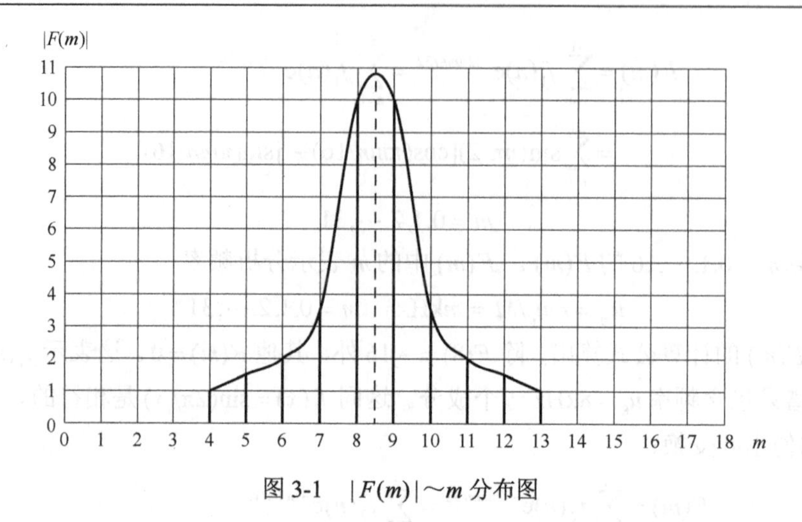


图 3-1　$|F(m)| \sim m$ 分布图

## 3.2　二维离散数列的傅里叶变换

在1.2 节中给出了二维连续函数 $f(x.y)$ 的傅里叶变换公式为

$$F(u,v)=\int_{-\infty}^{+\infty}\int_{-\infty}^{+\infty} f(x,y)\mathrm{e}^{-\mathrm{j}2\pi(ux+vy)}\mathrm{d}x\mathrm{d}y \tag{3-32}$$

它的逆变换公式为

$$f(x,y)=\int_{-\infty}^{+\infty}\int_{-\infty}^{+\infty} F(u,v)\mathrm{e}^{\mathrm{j}2\pi(ux+vy)}\mathrm{d}u\mathrm{d}v \tag{3-33}$$

式中，$u$ 是 $x$ 方向的频率，表示在 $x$ 方向单位间隔内周期函数 $\mathrm{e}^{\mathrm{j}2\pi ux}$ 变化的周期数；$v$ 是 $y$ 方向的频率，表示在 $y$ 方向单位间隔内周期函数 $\mathrm{e}^{\mathrm{j}2\pi uy}$ 变化的周期数。一幅矩形图像信号 $f(x,y)$ 通过 $x$ 与 $y$ 两个方向的等间隔 $\Delta x=\Delta y$ 取样后，成为二维离散数列 $\{f(n\Delta x,l\Delta y);n=0,1,\cdots,M-1,l=0,1,\cdots,N-1\}$，其中 $M$ 是图像在 $x$ 方向一列像素的个数，$N$ 是图像在 $y$ 方向一行像素的个数。上述图像的取样可以通过如下取样函数来实现：

$$S_{\Delta x\Delta y}(x,y)=\sum_{n=0}^{M-1}\sum_{l=0}^{N-1}\delta(x-n\Delta x,y-l\Delta y) \tag{3-34}$$

其中 $\delta(x-n\Delta x,y-l\Delta y)=\delta(x-n\Delta x)\delta(y-l\Delta y)$，令

$$\tilde{f}(x,y)=f(x,y)S_{\Delta x\Delta y}(x,y)=\sum_{n=0}^{M-1}\sum_{l=0}^{N-1} f(x,y)\delta(x-n\Delta x,y-l\Delta y) \tag{3-35}$$

$\tilde{f}(x,y)$ 是十分接近离散数列 $\{f(n\Delta x,l\Delta y)$； $n=0,1,\cdots,M-1,l=0,1,\cdots,N-1\}$ 的连续函数，二者只相差一个积分步骤：

$$\iint_{\infty}\tilde{f}(x,y)\mathrm{d}x\mathrm{d}y=\sum_{n=0}^{M-1}\sum_{l=0}^{N-1}\iint_{\infty}f(x,y)\delta(x-n\Delta x,y-l\Delta y)\mathrm{d}x\mathrm{d}y=\sum_{n=0}^{M-1}\sum_{l=0}^{N-1}f(n\Delta x,l\Delta y)$$

$\tilde{f}(x,y)$ 作为连续函数，可以由式（3-32）求出它的傅里叶变换

$$\begin{aligned}\tilde{F}(u,v)&=\sum_{n=0}^{M-1}\sum_{l=0}^{N-1}\int_{-\infty}^{+\infty}\int_{-\infty}^{+\infty}f(x,y)\delta(x-n\Delta x,y-l\Delta y)\mathrm{e}^{-\mathrm{j}2\pi(ux+vy)}\mathrm{d}x\mathrm{d}y\\&=\sum_{n=0}^{M-1}\sum_{l=0}^{N-1}f(n\Delta x,l\Delta y)\mathrm{e}^{-\mathrm{j}2\pi(un\Delta x+vl\Delta y)}\end{aligned}\tag{3-36}$$

$\tilde{F}(u,v)$ 是频率 $(u,v)$ 空间的连续函数。当坐标空间的连续函数 $\tilde{f}(x,y)$ 变成总个数为 $MN$ 的离散数列 $\{f(n\Delta x,l\Delta y)$； $n=0,1,\cdots,M-1,l=0,1,\cdots,N-1\}$ 时， $\tilde{F}(u,v)$ 应该变成频率空间总个数也是 $MN$ 的离散数列 $\{F(m\Delta u,k\Delta v);m=0,1,\cdots,M-1,k=0,1,\cdots,N-1\}$，其中

$$\Delta u=\frac{1}{M\Delta x},\quad \Delta v=\frac{1}{N\Delta y}\tag{3-37}$$

在式（3-36）中，令 $u=m\Delta u=m/M\Delta x,v=k\Delta v=k/N\Delta y$，得二维离散数列 $\{f(n\Delta x,l\Delta y)\}$ 的傅里叶变换

$$F(m\Delta u,k\Delta v)=\sum_{n=0}^{M-1}\sum_{l=0}^{N-1}f(n\Delta x,l\Delta y)\mathrm{e}^{-\mathrm{j}2\pi(mn/M+kl/N)}\tag{3-38}$$

$$m=0,1,\cdots,M-1;\quad k=0,1,\cdots,N-1$$

可以证明式（3-38）的傅里叶逆变换为

$$f(n\Delta x,l\Delta y)=\frac{1}{MN}\sum_{m=0}^{M-1}\sum_{k=0}^{N-1}F(m\Delta u,k\Delta v)\mathrm{e}^{\mathrm{j}2\pi(mn/M+kl/N)}\tag{3-39}$$

$$n=0,1,\cdots,M-1;\quad l=0,1,\cdots,N-1$$

令 $f(n\Delta x,l\Delta y)\equiv f(n,l),F(m\Delta u,k\Delta v)\equiv F(m,k)$，以上两式简化为

$$F(m,k)=\sum_{n=0}^{M-1}\sum_{l=0}^{N-1}f(n,l)\mathrm{e}^{-\mathrm{j}2\pi(mn/M+kl/N)}\tag{3-40}$$

$$m=0,1,\cdots,M-1;\quad k=0,1,\cdots,N-1$$

$$f(n,l)=\frac{1}{MN}\sum_{m=0}^{M-1}\sum_{k=0}^{N-1}F(m,k)\mathrm{e}^{\mathrm{j}2\pi(mn/M+kl/N)}\tag{3-41}$$

$$n=0,1,\cdots,M-1;\quad l=0,1,\cdots,N-1$$

从现在起，不再考虑连续函数，只考虑离散数列。为了能清楚显示离散数列是什么空间的，将坐标 $(x,y)$ 空间的离散数列 $\{f(n,l);n=0,1,\cdots,M-1,l=0,1,\cdots,N-1\}$ 表示为 $\{f(x,y)$； $x=0,1,\cdots,M-1$， $y=0,1,\cdots,N-1\}$；将频率 $(u,v)$ 空间的离散数列 $\{F(m,k)$； $m=0,1,\cdots,M-1$， $k=0,1,\cdots,N-1\}$ 表示为 $\{F(u,v);u=0,1,\cdots,M-1,v=0,1,\cdots,N-1\}$。于是，坐标 $(x,y)$ 空间的离散数列 $\{f(x,y);x=0,1,\cdots,M-1,y=0,1,\cdots,$

$N-1\}$ 的傅里叶变换为：

$$F(u,v)=\sum_{x=0}^{M-1}\sum_{y=0}^{N-1}f(x,y)\mathrm{e}^{-\mathrm{j}2\pi(ux/M+vy/N)} \tag{3-42}$$

$$u=0,1,\cdots,M-1;\quad v=0,1,\cdots,N-1$$

它的逆变换为：

$$f(x,y)=\frac{1}{MN}\sum_{u=0}^{M-1}\sum_{v=0}^{N-1}F(u,v)\mathrm{e}^{\mathrm{j}2\pi(ux/M+vy/N)} \tag{3-43}$$

$$x=0,1,\cdots,M-1;\quad y=0,1,\cdots,N-1$$

二维离散数列 $f(x,y)$ 的傅里叶变换 $F(u,v)$ 具有如下性质。这里只给出性质，不给出证明，证明的方法与前述一维离散数列傅里叶变换性质的证明方法相同。

（1）$F(u,v)$ 在 $u$ 与 $v$ 方向都是周期函数，周期分别是 $M$ 与 $N$：

$$F(u,v)=F(u+k_1M,v)=F(u,v+k_2N)=F(u+k_1M,v+k_2N) \tag{3-44}$$

$$k_1,k_2=0,\pm1,\pm2,\cdots$$

由 $F(u,v)$ 的逆变换式（3-43）求出的 $f(x,y)$ 在 $x$ 与 $y$ 方向也都是周期函数，周期也分别是 $M$ 与 $N$：

$$f(x,y)=f(x+k_1M,y)=f(x,y+k_2N)=f(x+k_1M,y+k_2N) \tag{3-45}$$

$$k_1,k_2=0,\pm1,\pm2,\cdots$$

原来的 $f(x,y)$ 不一定是周期函数，而由它的傅里叶变换 $F(u,v)$ 再进行逆变换得到的 $f(x,y)$ 却变成了周期函数。为了符合傅里叶变换的这一特性，我们应该将原始的非周期函数 $f(x,y)$ 扩展为周期函数。

（2）如果 $f(x,y)$ 是实数离散数列，则它的傅里叶变换 $F(u,v)$ 是共轭对称的，即

$$F^*(u,v)=F(-u,-v)\,,\quad |F(u,v)|=|F(-u,-v)| \tag{3-46}$$

利用性质（1），$F^*(u,v)=F(-u,-v)=F(M-u,N-v)$，便有

$$|F(u,v)|=|F(M-u,N-v)| \tag{3-47}$$

式（3-47）表示，不必计算 $u>M/2,v>N/2$ 的 $|F(u,v)|$。因为它们可以由 $u<M/2$，$v<N/2$ 的 $|F(u,v)|$ 决定。其实 $u>M/2$，$v>N/2$ 的频率已超出了正常值的范围。根据取样定理，$x$ 方向的取样频率 $u_x=1/\Delta x>2B_x$，$y$ 方向的取样频率 $u_y=1/\Delta y>2B_y$，$B_x$ 与 $B_y$ 分别是连续图像 $f(x,y)$ 的傅里叶频谱在 $u$ 方向与 $v$ 方向的宽度（正频部分）。$u$ 大于 $M/2$ 的频率是指 $x$ 方向大于 $(M/2)\Delta u=(M/2)(1/M\Delta x)=1/(2\Delta x)=u_x/2>B_x$ 的频率；$v$ 大于 $N/2$ 的频率是指 $y$ 方向大于 $(N/2)\Delta v=(N/2)\,(1/N\Delta y)=1/(2\Delta y)=u_y/2>B_y$ 的频率。可见，它们都超出了频率正常值的范围，不是真实的频率，是由于取样而产生的假频。实际上，它们是因 $F(u,v)$ 的周期性，由真实的

负频 $u=-B_x/2\sim0$ 与 $v=-B_y/2\sim0$ 分别沿 $u$ 与 $v$ 的正方向平移一个周期 $M$ 与 $N$ 得到的假频。

（3）如果 $f(x,y)$ 的傅里叶变换为 $F(u,v)$，则 $f(x-x_0,y-y_0)$ 的傅里叶变换为 $F(u,v)\mathrm{e}^{-\mathrm{j}2\pi(ux_0/M+vy_0/N)}$，$f(x,y)\mathrm{e}^{\mathrm{j}2\pi\{u_0x/M+v_0y/N\}}$ 的傅里叶变换为 $F(u-u_0,v-v_0)$。令 $u_0=M/2,v_0=N/2$，

$$\begin{aligned}\mathrm{e}^{\mathrm{j}2\pi\{u_0x/M+v_0y/N\}}&=\mathrm{e}^{\mathrm{j}2\pi(Mx/2M+Ny/2N)}=\mathrm{e}^{\mathrm{j}\pi(x+y)}\\&=\cos[\pi(x+y)]+\mathrm{j}\sin[\pi(x+y)]=(-1)^{x+y}\end{aligned}$$

这是因为 $x+y$ 是整数，$\cos[\pi(x+y)]=(-1)^{x+y},\sin[\pi(x+y)]=0$。于是 $f(x,y)(-1)^{x+y}$ 的傅里叶变换为 $F(u-M/2,v-N/2)$。这表示，当 $f(x,y)$ 乘以 $(-1)^{x+y}$ 后，它的傅里叶变换等效于将 $F(u,v)$ 沿 $u$ 轴与 $v$ 轴正方向分别移动了 $M/2$ 与 $N/2$。于是，在 $u=0\sim M$，$v=0\sim N$ 的频率空间中心点 $(u,v)=(M/2,N/2)$，显示的频谱是 $F(0,0)$，而在原点 $(u,v)=(0,0)$ 显示的是 $F(-M/2,-N/2)$，在另外 3 个边界点 $(u,v)=(0,N)$，$(M,0)$，$(M,N)$ 显示的是 $F(-M/2,N/2)$，$F(M/2,-N/2)$，$F(M/2,N/2)$。现在，在全空间显示的正是取样前连续图像 $f(x,y)$ 的傅里叶频谱的全部范围。

（4）二维离散数列 $h(x,y)$ 与 $f(x,y)$ 的卷积定义为：

$$h(x,y)*f(x,y)=\sum_{m=0}^{M-1}\sum_{n=0}^{N-1}h(m,n)f(x-m,y-n) \tag{3-48}$$

这里假定数列 $h(x,y)$ 与 $f(x,y)$ 有相同的大小，都是 $M\times N$ 的数列。如果它们的大小不同，则要将小的数列，通过在末尾补零的方法使二者大小相同。设 $h(x,y)$ 与 $f(x,y)$ 的傅里叶变换分别是 $H(u,v)$ 与 $F(u,v)$，则 $h(x,y)*f(x,y)$ 的傅里叶变换是 $H(u,v)F(u,v)$，而 $h(x,y)f(x,y)$ 的傅里叶变换为：

$$H(u,v)*F(u,v)=\sum_{m=0}^{M-1}\sum_{n=0}^{N-1}H(m,n)F(x-m,y-n) \tag{3-49}$$

## 3.3　周期离散函数的卷积

先考虑两个一维非周期离散函数 $f(x)$ 与 $h(x)$ 的卷积。设它们的变量取值范围相同，均为 $x=0,1,2,\cdots,A-1$。$f(x)$ 与 $h(x)$ 的卷积计算公式为：

$$g(x)=f(x)*h(x)=\sum_{m=0}^{A-1}f(m)h(x-m) \tag{3-50}$$

$$x=0,1,2,\cdots,A-1$$

其中 $h(x-m)$ 是先将 $h(m)$ 相对 $m$ 轴的原点 $m=0$ 进行反演变成 $h(-m)$ 后，再将 $h(-m)$ 沿 $m$ 轴正方向移动 $x$ 距离得到的。$h(m)$ 处于 $m$ 轴正值区：$m=0\sim A-1$，而

$h(-m)$ 处于 $m$ 轴负值区：$m=-A+1\sim0$，并且 $h(-m)$ 相对 $h(m)$ 是前后倒置的，将一个双面镜放在 $m=0$ 处并同 $m$ 轴垂直，$h(m)$ 与 $h(-m)$ 的曲线图互为镜像。例如，$h(m)$ 的第一个值 $h(0)$ 成为 $h(-m)$ 的最后一个值，即 $m=0$ 的 $h(-m)=h(0)$。$h(m)$ 的第二个值 $h(1)$ 成为 $h(-m)$ 的倒数第二个值，即 $m=-1$ 的 $h(-m)=h(-(-1))=h(1)$。$h(m)$ 的最后一个值 $h(A-1)$ 成为 $h(-m)$ 的第一个值，即 $m=-A+1$ 的 $h(-m)=h(-(-A+1))=h(A-1)$。$h(-m)$ 与 $h(m)$ 分离，只在 $m=0$ 处相连。表 3-2 的第 2 行给出一个 $A=6$ 的离散函数 $h(m)$，第 3 行给出 $h(-m)$，第 4 行给出 $x=1$ 的 $h(1-m)$。从表中数据看出，$h(m)$ 与 $h(-m)$ 互为镜像，$h(1-m)$ 是 $h(-m)$ 沿 $m$ 轴正方向移动1的结果。表中的第 5～8 行分别给出 $x=2-5$ 的 $h(x-m)$，显然它们是 $h(-m)$ 沿 $m$ 轴正方向分别移动2～5的结果。

表 3-2　$h(x-m)$与 $h(m)$的关系

| $m$ | -5 | -4 | -3 | -2 | -1 | 0 | 1 | 2 | 3 | 4 | 5 |
|---|---|---|---|---|---|---|---|---|---|---|---|
| $h(m)$ | 0 | 0 | 0 | 0 | 0 | 1 | 2 | 3 | 4 | 2 | 1 |
| $h(-m)$ | 1 | 2 | 4 | 3 | 2 | 1 | 0 | 0 | 0 | 0 | 0 |
| $h(1-m)$ | 0 | 1 | 2 | 4 | 3 | 2 | 1 | 0 | 0 | 0 | 0 |
| $h(2-m)$ | 0 | 0 | 1 | 2 | 4 | 3 | 2 | 1 | 0 | 0 | 0 |
| $h(3-m)$ | 0 | 0 | 0 | 1 | 2 | 4 | 3 | 2 | 1 | 0 | 0 |
| $h(4-m)$ | 0 | 0 | 0 | 0 | 1 | 2 | 4 | 3 | 2 | 1 | 0 |
| $h(5-m)$ | 0 | 0 | 0 | 0 | 0 | 1 | 2 | 4 | 3 | 2 | 1 |

当 $h(-m)$ 沿 $m$ 轴正方向移动 $x$ 距离成为 $h(x-m)$ 时，$h(x-m)$ 进入 $m$ 轴正值区，在 $x=0\sim x$ 区间同 $f(m)$ 重叠。在卷积计算公式的求和项 $f(m)h(x-m)$ 中，只有 $h(x-m)$ 同 $f(m)$ 重叠的项才对卷积 $g(x)$ 有贡献。$x=0$ 时只有 $f(0)h(0)$ 对卷积 $g(x)$ 有贡献。随着 $x$ 值增大，因重叠的项增多，卷积 $g(x)$ 值相应改变、增大、减小或不变。

$$
\begin{aligned}
&g(0)=f(0)h(0)\\
&g(1)=f(0)h(1)+f(1)h(0)\\
&g(2)=f(0)h(2)+f(1)h(1)+f(2)h(0)\\
&\qquad\qquad\cdots\\
&g(A-1)=f(0)h(A-1)+f(1)h(A-2)+\cdots+f(A-1)h(0)
\end{aligned}
$$

现在假定 $f(x)$ 与 $h(x)$ 是周期为 $A$ 的离散函数：

$$
f(x+kA)=f(x),\quad h(x+kA)=h(x) \tag{3-51}
$$

$$
k=0,\pm1,\pm2,\cdots
$$

$f(x)$ 与 $h(x)$ 的卷积定义为同一个周期内两个函数的卷积。因此，当 $f(x)$ 与 $h(x)$ 由 $x$ 取值范围为 $x=0\sim A-1$ 的非周期函数变为两个周期为 $A$ 的周期函数时，它们的卷积是不变的。对于周期为 $A$ 的 $f(m)$ 与 $h(m)$，如果把 $m=0\sim A-1$ 叫作第一周期，则 $m=-A\sim-1$ 就是前一周期。第一周期的 $h(m)$ 经过对 $m=0$ 的反演成为 $h(-m)$ 后处于 $m=-A+1\sim0$，这已是前一周期的范围。$h(-m)$ 沿 $m$ 轴正方向移动 $x$ 距离成为 $h(x-m)$ 时，只要 $x<A-1$，$h(x-m)$ 就有一部分处于前一周期内。于是，属于第一周期的 $h(x-m)$ 就同前一周期的 $f(m)$ 有一部分重叠。在用计算机计算周期函数 $f(x)$ 与 $h(x)$ 的卷积时，就会将分属不同周期的两个函数重叠部分对卷积的贡献计入。这就造成了计算错误。其实避免这种错误的方法很简单，只要在两个函数的尾部添加至少 $A-1$ 个 0，将周期扩大为 $M>2A-1$ 就行了。现假定添加了 $A$ 个 0，周期扩大为 $M=2A$。这时前一周期的 $f(m)$ 中 $m$ 的取值范围是 $m=-2A\sim-1$，其尾部 0 值区的范围是 $m=-A\sim-1$。而属于第一周期的 $h(-m)$ 中 $m$ 的取值范围是 $m=-2A+1\sim0$，其尾部非 0 值的范围是 $m=-A+1\sim0$，它正好同前一周期函数 $f(m)$ 尾部的 0 值重叠。对于 $h(x-m)$ 来说，它的尾部非 0 值区是在 $f(m)$ 的尾部 0 值区的范围内。显然，$h(x-m)$ 同 $f(m)$ 的 0 值重叠对卷积是没有贡献的。上述计算错误就不会发生。因此，为了避免因不同周期函数重叠造成的计算错误，两个周期为 $A$ 的周期离散函数在进行卷积前要按如下方式扩大周期：

$$f_e(x)=\begin{cases} f(x), & 0\leqslant x\leqslant A-1 \\ 0, & A\leqslant x\leqslant M-1 \end{cases} \tag{3-52}$$

$$h_e(x)=\begin{cases} h(x), & 0\leqslant x\leqslant A-1 \\ 0, & A\leqslant x\leqslant M-1 \end{cases} \tag{3-53}$$

其中周期 $M$ 满足条件：$M>2A-1$。

如果 $f(x)$ 与 $h(x)$ 分别是周期为 $A$ 与 $B$ 的周期函数，则在它们进行卷积之前，应该按如下方式扩大周期：

$$f_e(x)=\begin{cases} f(x), & 0\leqslant x\leqslant A-1 \\ 0, & A\leqslant x\leqslant M-1 \end{cases} \tag{3-54}$$

$$h_e(x)=\begin{cases} h(x), & 0\leqslant x\leqslant B-1 \\ 0, & B\leqslant x\leqslant M-1 \end{cases} \tag{3-55}$$

其中周期 $M$ 满足条件：$M>A+B-1$。$f_e(x)$ 与 $h_e(x)$ 的卷积为：

$$f_e(x)*h_e(x)=\sum_{m=0}^{M-1} f_e(m)h_e(x-m) \tag{3-56}$$

现在把上述一维结果推广到二维。设二维周期函数 $f(x,y)$ 与 $h(x,y)$ 的 $x,y$ 取值范围分别是

$$f(x,y): x=0,1,2,\cdots,A-1; y=0,1,2,\cdots,B-1$$
$$h(x,y): x=0,1,2,\cdots,C-1; y=0,1,2,\cdots,D-1$$

$f(x,y)$ 与 $h(x,y)$ 在 $x$ 方向的周期分别是 $A$ 与 $C$，在 $y$ 方向的周期分别是 $B$ 与 $D$。考虑到进行卷积的两个函数的周期必须相同，同时又要避免因不同周期函数的重叠产生的计算错误，$f(x,y)$ 与 $h(x,y)$ 在进行卷积前要按如下方式扩大周期：

$$f_e(x,y)=\begin{cases} f(x,y), & 0\leqslant x\leqslant A-1, 0\leqslant y\leqslant B-1 \\ 0, & A\leqslant x\leqslant M-1, B\leqslant y\leqslant N-1 \end{cases} \tag{3-57}$$

$$h_e(x,y)=\begin{cases} h(x,y), & 0\leqslant x\leqslant C-1, 0\leqslant y\leqslant D-1 \\ 0, & C\leqslant x\leqslant M-1, D\leqslant y\leqslant N-1 \end{cases} \tag{3-58}$$

其中 $M$ 与 $N$ 满足条件：

$$M>A+C-1, \quad N>B+D-1 \tag{3-59}$$

$f_e(x,y)$ 与 $h_e(x,y)$ 满足周期条件：

$$f_e(x+kM, y+lN)=f_e(x,y); \quad h_e(x+kM, y+lN)=h_e(x,y) \tag{3-60}$$
$$k,l=0,\pm1,\pm2,\cdots$$

$f_e(x,y)$ 与 $h_e(x,y)$ 的卷积为：

$$f_e(x,y)*h_e(x,y)=\sum_{m=0}^{M-1}\sum_{n=0}^{N-1} f_e(m,n)h_e(x-m,y-n) \tag{3-61}$$

# 3.4 快速傅里叶变换

当 $N$ 很大时，傅里叶变换的计算量非常大。为了解决这个问题，人们发展了傅里叶变换的快速算法。下面先讨论一维快速傅里叶变换。一维傅里叶变换与逆变换的公式为：

$$F(u)=\sum_{x=0}^{N-1} f(x)\mathrm{e}^{-\mathrm{j}2\pi ux/N}, \quad u=0,1,\cdots,N-1 \tag{3-62}$$

$$f(x)=\frac{1}{N}\sum_{u=0}^{N-1} F(u)\mathrm{e}^{-\mathrm{j}2\pi ux/N}, \quad x=0,1,\cdots,N-1 \tag{3-63}$$

令

$$W=\mathrm{e}^{-\mathrm{j}2\pi/N} \tag{3-64}$$

式（3-62）与式（3-63）变为

$$F(u)=\sum_{x=0}^{N-1} W^{ux} f(x), \quad u=0,1,\cdots,N-1$$

$$f(x)=\frac{1}{N}\sum_{u=0}^{N-1} W^{-xu} F(u), \quad x=0,1,\cdots,N-1 \tag{3-65}$$

这两式的矩阵形式为

$$\begin{pmatrix} F(0) \\ F(1) \\ \vdots \\ F(N-1) \end{pmatrix} = \begin{pmatrix} W^0 & W^0 & \cdots & W^0 \\ W^0 & W^1 & \cdots & W^{(N-1)} \\ \vdots & \vdots & \vdots & \vdots \\ W^0 & W^{(N-1)} & \cdots & W^{(N-1)(N-1)} \end{pmatrix} \begin{pmatrix} f(0) \\ f(1) \\ \vdots \\ f(N-1) \end{pmatrix} \tag{3-66}$$

$$\begin{pmatrix} f(0) \\ f(1) \\ \vdots \\ f(N-1) \end{pmatrix} = \begin{pmatrix} W^0 & W^0 & \cdots & W^0 \\ W^0 & W^{-1} & \cdots & W^{-(N-1)} \\ \vdots & \vdots & \vdots & \vdots \\ W^0 & W^{-(N-1)} & \cdots & W^{-(N-1)(N-1)} \end{pmatrix} \begin{pmatrix} F(0) \\ F(1) \\ \vdots \\ F(N-1) \end{pmatrix} \tag{3-67}$$

$W^{ux}$ 有以下几个性质：

① $W^0 = W^{lN} = 1(l = 0, \pm 1, \cdots)$；

② $W^{\left(ux \pm \frac{N}{2}\right)} = -W^{ux}$；

③ $W^{(ux \pm lN)} = W^{ux}$。

通常限定 $N = 2^n$， $n$ 是正整数。先讨论 $N = 4$（$n = 2$）的傅里叶变换：

$$\begin{pmatrix} F(0) \\ F(1) \\ F(2) \\ F(3) \end{pmatrix} = \begin{pmatrix} W^0 & W^0 & W^0 & W^0 \\ W^0 & W^1 & W^2 & W^3 \\ W^0 & W^2 & W^4 & W^6 \\ W^0 & W^3 & W^6 & W^9 \end{pmatrix} \begin{pmatrix} f(0) \\ f(1) \\ f(2) \\ f(3) \end{pmatrix} \tag{3-68}$$

利用 $W^{ux}$ 的上述性质，$W^0 = 1$，$W^2 = W^{(0+2)} = -W^0 = -1$（$2 = N/2$），$W^3 = W^{(1+2)} = -W^1$，$W^4 = 1$（$4 = N$），$W^6 = W^{(2+4)} = W^2 = -1$，$W^9 = W^{(1+8)} = W^1$。将上述 $W^{ux}$ 值代入式（3-68），得

$$\begin{pmatrix} F(0) \\ F(1) \\ F(2) \\ F(3) \end{pmatrix} = \begin{pmatrix} 1 & 1 & 1 & 1 \\ 1 & W^1 & -1 & -W^1 \\ 1 & -1 & 1 & -1 \\ 1 & -W^1 & -1 & W^1 \end{pmatrix} \begin{pmatrix} f(0) \\ f(1) \\ f(2) \\ f(3) \end{pmatrix} \tag{3-69}$$

改变 $F(m)$ 的排列次序，

$$\begin{pmatrix} F(0) \\ F(2) \\ F(1) \\ F(3) \end{pmatrix} = \begin{pmatrix} 1 & 1 & 1 & 1 \\ 1 & -1 & 1 & -1 \\ 1 & W^1 & -1 & -W^1 \\ 1 & -W^1 & -1 & W^1 \end{pmatrix} \begin{pmatrix} f(0) \\ f(1) \\ f(2) \\ f(3) \end{pmatrix} \tag{3-70}$$

将上式表示为

$$\boldsymbol{F} = \boldsymbol{W}\boldsymbol{f} \tag{3-71}$$

其中

$$\boldsymbol{F}=\begin{pmatrix}F(0)\\F(2)\\F(1)\\F(3)\end{pmatrix},\quad \boldsymbol{W}=\begin{pmatrix}1&1&1&1\\1&-1&1&-1\\1&W^1&-1&-W^1\\1&-W^1&-1&W^1\end{pmatrix},\quad \boldsymbol{f}=\begin{pmatrix}f(0)\\f(1)\\f(2)\\f(3)\end{pmatrix}\tag{3-72}$$

不难证明，式（3-71）中的矩阵 $\boldsymbol{W}$ 可以表示为两个矩阵相乘：

$$\boldsymbol{W}=\boldsymbol{W}_2\boldsymbol{W}_1\tag{3-73}$$

$$\boldsymbol{W}_1=\begin{pmatrix}1&0&1&0\\0&1&0&1\\1&0&-1&0\\0&1&0&-1\end{pmatrix},\quad \boldsymbol{W}_2=\begin{pmatrix}1&1&0&0\\1&-1&0&0\\0&0&1&W^1\\0&0&1&-W^1\end{pmatrix}\tag{3-74}$$

我们注意到，矩阵 $\boldsymbol{W}_1$ 与 $\boldsymbol{W}_2$ 的每一行只有两个元素不为 0，每一列也只有两个元素不为 0。将傅里叶变换式（3-71）表示为

$$\boldsymbol{F}=\boldsymbol{W}_2\boldsymbol{W}_1\boldsymbol{f}=\boldsymbol{W}_2\boldsymbol{f}_1\tag{3-75}$$

其中

$$\boldsymbol{f}_1=\boldsymbol{W}_1\boldsymbol{f}=\begin{pmatrix}1&0&1&0\\0&1&0&1\\1&0&-1&0\\0&1&0&-1\end{pmatrix}\begin{pmatrix}f(0)\\f(1)\\f(2)\\f(3)\end{pmatrix}=\begin{pmatrix}f(0)+f(2)\\f(1)+f(3)\\f(0)-f(2)\\f(1)-f(3)\end{pmatrix}=\begin{pmatrix}f_1(0)\\f_1(1)\\f_1(2)\\f_1(3)\end{pmatrix}\tag{3-76}$$

$$\boldsymbol{F}=\boldsymbol{W}_2\boldsymbol{f}_1=\begin{pmatrix}1&1&0&0\\1&-1&0&0\\0&0&1&W^1\\0&0&1&-W^1\end{pmatrix}\begin{pmatrix}f_1(0)\\f_1(1)\\f_1(2)\\f_1(3)\end{pmatrix}=\begin{pmatrix}f_1(0)+f_1(1)\\f_1(0)-f_1(1)\\f_1(2)+W^1f_1(3)\\f_1(2)-W^1f_1(3)\end{pmatrix}=\begin{pmatrix}F(0)\\F(2)\\F(1)\\F(3)\end{pmatrix}\tag{3-77}$$

现在，傅里叶变换通过两次运算完成。在第一次 $\boldsymbol{W}_1\boldsymbol{f}$ 的运算中，有 4 次加减法运算，没有乘法运算。在第二次 $\boldsymbol{W}_2\boldsymbol{f}_1$ 的运算中，有 4 次加减法运算，一次乘法运算：$W^1f_1(3)$。在两次运算中，共有 8 次加减法运算，1 次乘法运算。这是快速运算的结果。如用通常的算法，由式（3-69）看出，共有 12 次加减法运算，2 次乘法运算：$W^1f(1)$ 与 $W^1f(3)$。两种算法中的乘法次数之比为 2，加减法次数之比为 $12/8=1.5$。

再讨论 $N=8$（$n=3$）的傅里叶变换：

$$\begin{pmatrix} F(0) \\ F(1) \\ F(2) \\ F(3) \\ F(4) \\ F(5) \\ F(6) \\ F(7) \end{pmatrix} = \begin{pmatrix} W^0 & W^0 & W^0 & W^0 & W^0 & W^0 & W^0 & W^0 \\ W^0 & W^1 & W^2 & W^3 & W^4 & W^5 & W^6 & W^7 \\ W^0 & W^2 & W^4 & W^6 & W^8 & W^{10} & W^{12} & W^{14} \\ W^0 & W^3 & W^6 & W^9 & W^{12} & W^{15} & W^{18} & W^{21} \\ W^0 & W^4 & W^8 & W^{12} & W^{16} & W^{20} & W^{24} & W^{28} \\ W^0 & W^5 & W^{10} & W^{15} & W^{20} & W^{25} & W^{30} & W^{35} \\ W^0 & W^6 & W^{12} & W^{18} & W^{24} & W^{30} & W^{36} & W^{42} \\ W^0 & W^7 & W^{14} & W^{21} & W^{28} & W^{35} & W^{42} & W^{49} \end{pmatrix} \begin{pmatrix} f(0) \\ f(1) \\ f(2) \\ f(3) \\ f(4) \\ f(5) \\ f(6) \\ f(7) \end{pmatrix} \tag{3-78}$$

利用$W^{ux}$的性质，将$W^{ux}$简化，如$W^{49}=W^{(1+6\times8)}=W^1$，$W^{42}=W^{(2+5\times8)}=W^2$，$W^8=1$，$W^7=W^{(3+4)}=-W^3$，$W^{14}=W^{(6+8)}=W^6=W^{(2+4)}=-W^2$，…。将简化后的$W^{ux}$代入上式，得

$$\begin{pmatrix} F(0) \\ F(1) \\ F(2) \\ F(3) \\ F(4) \\ F(5) \\ F(6) \\ F(7) \end{pmatrix} = \begin{pmatrix} 1 & 1 & 1 & 1 & 1 & 1 & 1 & 1 \\ 1 & W^1 & W^2 & W^3 & -1 & -W^1 & -W^2 & -W^3 \\ 1 & W^2 & -1 & -W^2 & 1 & W^2 & -1 & -W^2 \\ 1 & W^3 & -W^2 & W^1 & -1 & -W^3 & W^2 & -W^1 \\ 1 & -1 & 1 & -1 & 1 & -1 & 1 & -1 \\ 1 & -W^1 & W^2 & -W^3 & -1 & W^1 & -W^2 & W^3 \\ 1 & -W^2 & -1 & W^2 & 1 & -W^2 & -1 & W^2 \\ 1 & -W^3 & -W^2 & -W^1 & -1 & W^3 & W^2 & W^1 \end{pmatrix} \begin{pmatrix} f(0) \\ f(1) \\ f(2) \\ f(3) \\ f(4) \\ f(5) \\ f(6) \\ f(7) \end{pmatrix} \tag{3-79}$$

改变$F(m)$的排列次序：

$$\begin{pmatrix} F(0) \\ F(4) \\ F(2) \\ F(6) \\ F(1) \\ F(5) \\ F(3) \\ F(7) \end{pmatrix} = \begin{pmatrix} 1 & 1 & 1 & 1 & 1 & 1 & 1 & 1 \\ 1 & -1 & 1 & -1 & 1 & -1 & 1 & -1 \\ 1 & W^2 & -1 & -W^2 & 1 & W^2 & -1 & -W^2 \\ 1 & -W^2 & -1 & W^2 & 1 & -W^2 & -1 & W^2 \\ 1 & W^1 & W^2 & W^3 & -1 & -W^1 & -W^2 & -W^3 \\ 1 & -W^1 & W^2 & -W^3 & -1 & W^1 & -W^2 & W^3 \\ 1 & W^3 & -W^2 & W^1 & -1 & -W^3 & W^2 & -W^1 \\ 1 & -W^3 & -W^2 & -W^1 & -1 & W^3 & W^2 & W^1 \end{pmatrix} \begin{pmatrix} f(0) \\ f(1) \\ f(2) \\ f(3) \\ f(4) \\ f(5) \\ f(6) \\ f(7) \end{pmatrix} \tag{3-80}$$

上式可表示为：

$$\boldsymbol{F}=\boldsymbol{W}\boldsymbol{f} \tag{3-81}$$

不难证明，矩阵$\boldsymbol{W}$可以表示为 3 个矩阵相乘：

$$\boldsymbol{W}=\boldsymbol{W}_3\boldsymbol{W}_2\boldsymbol{W}_1 \tag{3-82}$$

$$
\boldsymbol{W}_1 = \begin{pmatrix} 1 & 0 & 0 & 0 & 1 & 0 & 0 & 0 \\ 0 & 1 & 0 & 0 & 0 & 1 & 0 & 0 \\ 0 & 0 & 1 & 0 & 0 & 0 & 1 & 0 \\ 0 & 0 & 0 & 1 & 0 & 0 & 0 & 1 \\ 1 & 0 & 0 & 0 & -1 & 0 & 0 & 0 \\ 0 & 1 & 0 & 0 & 0 & -1 & 0 & 0 \\ 0 & 0 & 1 & 0 & 0 & 0 & -1 & 0 \\ 0 & 0 & 0 & 1 & 0 & 0 & 0 & -1 \end{pmatrix} \tag{3-83}
$$

$$
\boldsymbol{W}_2 = \begin{pmatrix} 1 & 0 & 1 & 0 & 0 & 0 & 0 & 0 \\ 0 & 1 & 0 & 1 & 0 & 0 & 0 & 0 \\ 1 & 0 & -1 & 0 & 0 & 0 & 0 & 0 \\ 0 & 1 & 0 & -1 & 0 & 0 & 0 & 0 \\ 0 & 0 & 0 & 0 & 1 & 0 & W^2 & 0 \\ 0 & 0 & 0 & 0 & 0 & 1 & 0 & W^2 \\ 0 & 0 & 0 & 0 & 1 & 0 & -W^2 & 0 \\ 0 & 0 & 0 & 0 & 0 & 1 & 0 & -W^2 \end{pmatrix} \tag{3-84}
$$

$$
\boldsymbol{W}_3 = \begin{pmatrix} 1 & 1 & 0 & 0 & 0 & 0 & 0 & 0 \\ 1 & -1 & 0 & 0 & 0 & 0 & 0 & 0 \\ 0 & 0 & 1 & W^2 & 0 & 0 & 0 & 0 \\ 0 & 0 & 1 & -W^2 & 0 & 0 & 0 & 0 \\ 0 & 0 & 0 & 0 & 1 & W^1 & 0 & 0 \\ 0 & 0 & 0 & 0 & 1 & -W^1 & 0 & 0 \\ 0 & 0 & 0 & 0 & 0 & 0 & 1 & W^3 \\ 0 & 0 & 0 & 0 & 0 & 0 & 1 & -W^3 \end{pmatrix} \tag{3-85}
$$

我们注意到，在 $\boldsymbol{W}_1,\boldsymbol{W}_2,\boldsymbol{W}_3$ 矩阵中，每一行只有两个元素不为 0，每一列也只有两个元素不为 0。现在，傅里叶变换式（3-81）可以表示为：

$$
\boldsymbol{F} = \boldsymbol{W}_3\boldsymbol{W}_2\boldsymbol{W}_1\boldsymbol{f} = \boldsymbol{W}_3\boldsymbol{W}_2\boldsymbol{f}_1 = \boldsymbol{W}_3\boldsymbol{f}_2 \tag{3-86}
$$

其中

$$
\boldsymbol{f}_1 = \boldsymbol{W}_1\boldsymbol{f} = \begin{pmatrix} 1 & 0 & 0 & 0 & 1 & 0 & 0 & 0 \\ 0 & 1 & 0 & 0 & 0 & 1 & 0 & 0 \\ 0 & 0 & 1 & 0 & 0 & 0 & 1 & 0 \\ 0 & 0 & 0 & 1 & 0 & 0 & 0 & 1 \\ 1 & 0 & 0 & 0 & -1 & 0 & 0 & 0 \\ 0 & 1 & 0 & 0 & 0 & -1 & 0 & 0 \\ 0 & 0 & 1 & 0 & 0 & 0 & -1 & 0 \\ 0 & 0 & 0 & 1 & 0 & 0 & 0 & -1 \end{pmatrix} \begin{pmatrix} f(0) \\ f(1) \\ f(2) \\ f(3) \\ f(4) \\ f(5) \\ f(6) \\ f(7) \end{pmatrix} = \begin{pmatrix} f(0)+f(4) \\ f(1)+f(5) \\ f(2)+f(6) \\ f(3)+f(7) \\ f(0)-f(4) \\ f(1)-f(5) \\ f(2)-f(6) \\ f(3)-f(7) \end{pmatrix} = \begin{pmatrix} f_1(0) \\ f_1(1) \\ f_1(2) \\ f_1(3) \\ f_1(4) \\ f_1(5) \\ f_1(6) \\ f_1(7) \end{pmatrix} \tag{3-87}
$$

$$\boldsymbol{f}_2=\boldsymbol{W}_2\boldsymbol{f}_1=\begin{pmatrix}1&0&1&0&0&0&0&0\\0&1&0&1&0&0&0&0\\1&0&-1&0&0&0&0&0\\0&1&0&-1&0&0&0&0\\0&0&0&0&1&0&W^2&0\\0&0&0&0&0&1&0&W^2\\0&0&0&0&1&0&-W^2&0\\0&0&0&0&0&1&0&-W^2\end{pmatrix}\begin{pmatrix}f_1(0)\\f_1(1)\\f_1(2)\\f_1(3)\\f_1(4)\\f_1(5)\\f_1(6)\\f_1(7)\end{pmatrix}$$

$$=\begin{pmatrix}f_1(0)+f_1(2)\\f_1(1)+f_1(3)\\f_1(0)-f(2)\\f_1(1)-f_1(3)\\f_1(4)+W^2f_1(6)\\f_1(5)+W^2f_1(7)\\f_1(4)-W^2f_1(6)\\f_1(5)-W^2f_1(7)\end{pmatrix}=\begin{pmatrix}f_2(0)\\f_2(1)\\f_2(2)\\f_2(3)\\f_2(4)\\f_2(5)\\f_2(6)\\f_2(7)\end{pmatrix} \tag{3-88}$$

$$\boldsymbol{F}=\boldsymbol{W}_3\boldsymbol{f}_2=\begin{pmatrix}1&1&0&0&0&0&0&0\\1&-1&0&0&0&0&0&0\\0&0&1&W^2&0&0&0&0\\0&0&1&-W^2&0&0&0&0\\0&0&0&0&1&W^1&0&0\\0&0&0&0&1&-W^1&0&0\\0&0&0&0&0&0&1&W^3\\0&0&0&0&0&0&1&-W^3\end{pmatrix}\begin{pmatrix}f_2(0)\\f_2(1)\\f_2(2)\\f_2(3)\\f_2(4)\\f_2(5)\\f_2(6)\\f_2(7)\end{pmatrix}$$

$$=\begin{pmatrix}f_2(0)+f_2(1)\\f_2(0)-f_2(1)\\f_2(2)+W^2f_2(3)\\f_2(2)-W^2f_2(3)\\f_2(4)+W^1f_2(5)\\f_2(4)-W^1f_2(5)\\f_2(6)+W^3f_2(7)\\f_2(6)-W^3f_2(7)\end{pmatrix}=\begin{pmatrix}F(0)\\F(4)\\F(2)\\F(6)\\F(1)\\F(5)\\F(3)\\F(7)\end{pmatrix} \tag{3-89}$$

傅里叶变换式（3-86）通过 3 次运算完成。在第 1 次 $\boldsymbol{W}_1\boldsymbol{f}$ 的运算中，有 8 次加减法运算，没有乘法运算。在第 2 次 $\boldsymbol{W}_2\boldsymbol{f}_1$ 的运算中，有 8 次加减法运算，2 次乘法运算：$W^2f_1(6),W^2f_1(7)$。在第 3 次 $\boldsymbol{W}_3\boldsymbol{f}_2$ 的运算中，有 8 次加减法运算，3 次乘法运算：

$W^2 f_2(3), W^1 f_2(5), W^3 f_2(7)$。在 3 次运算中，共有$8\times3=24$次加减法运算，$2+3=5$次乘法运算。这是快速运算的结果。如用通常算法，由式（3-79）可以看出，共有$8\times7=56$次加减法运算，14 次乘法运算，它们是$W^1 f(1), W^2 f(2), W^3 f(3), W^1 f(5), W^2 f(6), W^3 f(7), W^2 f(1), W^2 f(3), W^2 f(5), W^2 f(7)$，$W^3 f(1), W^1(3), W^3 f(5), W^1(7)$。两种算法中的乘法次数之比为$14/5=2.8$，加减法次数之比为$56/24=2.3$。随着$N$值的增大，这两个比值会迅速增大，快速运算的优越性会非常明显。

下面，给出估计快速傅里叶变换中乘法出现次数的方法。以$N=8$的傅里叶变换为例，对矩阵$\boldsymbol{W}_1,\boldsymbol{W}_2,\boldsymbol{W}_3$的任一行中两个不为 0 的元素为$1,\pm1$的，改写为$1,\pm W^0$，并且将$W^0$参与的乘法运算也计入。于是，$\boldsymbol{W}_1,\boldsymbol{W}_2,\boldsymbol{W}_3$为

$$\boldsymbol{W}_1=\begin{pmatrix}1&0&0&0&W^0&0&0&0\\0&1&0&0&0&W^0&0&0\\0&0&1&0&0&0&W^0&0\\0&0&0&1&0&0&0&W^0\\1&0&0&0&-W^0&0&0&0\\0&1&0&0&0&-W^0&0&0\\0&0&1&0&0&0&-W^0&0\\0&0&0&1&0&0&0&-W^0\end{pmatrix} \tag{3-90}$$

$$\boldsymbol{W}_2=\begin{pmatrix}1&0&W^0&0&0&0&0&0\\0&1&0&W^0&0&0&0&0\\1&0&-W^0&0&0&0&0&0\\0&1&0&-W^0&0&0&0&0\\0&0&0&0&1&0&W^2&0\\0&0&0&0&0&1&0&W^2\\0&0&0&0&1&0&-W^2&0\\0&0&0&0&0&1&0&-W^2\end{pmatrix} \tag{3-91}$$

$$\boldsymbol{W}_3=\begin{pmatrix}1&W^0&0&0&0&0&0&0\\1&-W^0&0&0&0&0&0&0\\0&0&1&W^2&0&0&0&0\\0&0&1&-W^2&0&0&0&0\\0&0&0&0&1&W^1&0&0\\0&0&0&0&1&-W^1&0&0\\0&0&0&0&0&0&1&W^3\\0&0&0&0&0&0&1&-W^3\end{pmatrix} \tag{3-92}$$

现在，矩阵$\boldsymbol{W}_1,\boldsymbol{W}_2,\boldsymbol{W}_3$的每一行中不为 0 的两个元素都是 1 与$\pm W^k\ (k=0,1,2,3)$，

在任一列中的两个不为 0 的元素，要么都是 1，要么一个是 $W^k$，一个是 $-W^k$。处于同一列中的两个 $W^k$（不考虑 ± 号）在运算中必定同后面一列矩阵的同一个元素相乘。这两个相乘被认为是一次乘法。因此，在 $W_i f_{i-1}$ 的运算中，乘法出现的次数都是 $8/2=4$（$N/2$），3 次运算中乘法出现的次数为 $3\times4=12$（$nN/2$）。而在通常算法中，我们也将 $W^0=1$ 参与的乘法计入，乘法出现的次数为 $8\times8=64$（$N^2$）。通常算法与快速算法中乘法出现的次数之比为 $64/12=5.3$ $(N^2/(nN/2)=2N/n)$。

对于任意 $N=2^n$ 的傅里叶变换

$$\begin{pmatrix} F(0) \\ F(1) \\ \vdots \\ F(N-1) \end{pmatrix} = \begin{pmatrix} W^0 & W^0 & \cdots & W^0 \\ W^0 & W^1 & \cdots & W^{(N-1)} \\ \vdots & \vdots & \vdots & \vdots \\ W^0 & W^{(N-1)} & \cdots & W^{(N-1)(N-1)} \end{pmatrix} \begin{pmatrix} f(0) \\ f(1) \\ \vdots \\ f(N-1) \end{pmatrix} \tag{3-93}$$

快速运算的方法同 $N=4,8$ 的傅里叶变换的快速运算的方法是一样的。

（1）按照 $W^k$ 的性质，将 $W^k$ 简化，使 $W^k$ 的上标 $k=0,1,\cdots,(N/2)-1$。

（2）按照一定的规则，改变 $F(0),F(1),\cdots,F(N-1)$ 的排列次序，式（3-93）中的矩阵 $\boldsymbol{W}$ 随之改变。令此时的傅里叶变换公式为

$$\boldsymbol{F}=\boldsymbol{W}\boldsymbol{f} \tag{3-94}$$

其中的矩阵 $\boldsymbol{W}$ 一定可以表示为 $n$ 个矩阵相乘：

$$\boldsymbol{W}=\boldsymbol{W}_n\boldsymbol{W}_{n-1}\cdots\boldsymbol{W}_2\boldsymbol{W}_1 \tag{3-95}$$

这 $n$ 个矩阵 $\boldsymbol{W}_i(i=1.2,\cdots,n)$ 的任一行只有 2 个不为 0 的元素：1 与 $\pm W^k$，其中 $k=0,1,\cdots,(N/2)-1$，任一列也只有 2 个不为 0 的元素，并且这两个元素要么都是 1，要么一个是 $W^k$，一个是 $-W^k$。处于同一列中的两个 $W^k$（不考虑 ± 号）在运算中必定同后面一列矩阵的同一个元素相乘。这两个相乘被认为是一次乘法。

（3）将式（3-95）代入式（3-94），便有

$$\begin{aligned} \boldsymbol{F} &= \boldsymbol{W}_n\boldsymbol{W}_{n-1}\cdots\boldsymbol{W}_2\boldsymbol{W}_1\boldsymbol{f} \\ &= \boldsymbol{W}_n\boldsymbol{W}_{n-1}\cdots\boldsymbol{W}_2\boldsymbol{f}_1 \\ &\cdots \\ &= \boldsymbol{W}_n\boldsymbol{W}_{n-1}\boldsymbol{f}_{n-2} \\ &= \boldsymbol{W}_n\boldsymbol{f}_{n-1} \end{aligned} \tag{3-96}$$

其中

$$\boldsymbol{f}_1=\boldsymbol{W}_1\boldsymbol{f}\,,\quad \boldsymbol{f}_2=\boldsymbol{W}_2\boldsymbol{f}_1\,,\quad \cdots\,,\quad \boldsymbol{f}_{n-1}=\boldsymbol{W}_{n-1}\boldsymbol{f}_{n-2} \tag{3-97}$$

式(3-96)表示，$N=2^n$ 的傅里叶变换的快速算法是通过 $\boldsymbol{f}_1=\boldsymbol{W}_1\boldsymbol{f},\boldsymbol{f}_2=\boldsymbol{W}_2\boldsymbol{f}_1,\cdots,\boldsymbol{f}_{n-1}=\boldsymbol{W}_{n-1}\boldsymbol{f}_{n-2},\boldsymbol{F}=\boldsymbol{W}_n\boldsymbol{f}_{n-1}$ 的 $n$ 次运算完成的。在每一次运算中，加减法出现的次数均为 $N$，乘法出现的次数均为 $N/2$。在 $n$ 次运算中，加减法出现的总次数为 $nN$，乘法

出现的总次数为$nN/2$。而在通常的算法中，由式（3-93）可以看出，加减法出现的次数为$N(N-1)$，乘法出现的次数为$N^2$。通常算法与快速算法中的加减法次数之比为$(N-1)/n$，乘法次数之比为$2N/n$。显然，$N$愈大，这两个比值愈大。例如，$N=256=2^8$（$n=8$），快速算法中加减法出现的次数为$nN=8\times256=2040$，乘法出现的次数为$nN/2=8\times256/2=1024$。通常算法中，加减法出现的次数为$N(N-1)=256\times255=65280$，乘法出现的次数为$N^2=256^2=65536$。通常算法与快速算法中的加减法次数之比为$(N-1)/n=255/8=31.9$，乘法次数之比为$2N/n=2\times256/8=64$。由此可以看出快速算法的优越性。

在快速傅里叶变换中，改变$F(m)$的排列次序与求出$n$个相乘的矩阵是比较复杂的事。然而，我们无须了解。因为目前已有现成快速傅里叶变换与逆变换的程序软件。在计算机上用 MATLAB 的 fft 与 ifft 函数运算就可以完成一维快速傅里叶变换与逆变换。

下面再讨论二维快速傅里叶变换。对于大小为$N\times N$的离散图像$f(x,y)$，傅里叶变换与逆变换的公式为

$$F(u,v)=\sum_{x=0}^{N}\sum_{y=0}^{N}f(x,y)\mathrm{e}^{-\mathrm{j}2\pi(ux+vy)/N}, \quad u,v=0,1,\cdots,N-1 \tag{3-98}$$

$$f(x,y)=\frac{1}{N^2}\sum_{u=0}^{N-1}\sum_{v=0}^{N-1}F(u,v)\mathrm{e}^{\mathrm{j}2\pi(ux+vy)/N}, \quad x,y=0,1,\cdots,N-1 \tag{3-99}$$

由于

$$\mathrm{e}^{-\mathrm{j}2\pi(ux+vy)/N}=\mathrm{e}^{-\mathrm{j}2\pi ux/N}\mathrm{e}^{-\mathrm{j}2\pi vy/N}$$

式（3-98）可以表示为

$$F(u,v)=\sum_{x=0}^{N-1}\mathrm{e}^{-\mathrm{j}2\pi ux/N}\sum_{y=0}^{N-1}f(x,y)\mathrm{e}^{-\mathrm{j}2\pi vy/N}, \quad u,v=0,1,\cdots,N-1 \tag{3-100}$$

令

$$F(x,v)=\sum_{y=0}^{N-1}f(x,y)\mathrm{e}^{-\mathrm{j}2\pi vy/N}, \quad v=0,1,\cdots,N-1 \tag{3-101}$$

式（3-100）变为

$$F(u,v)=\sum_{x=0}^{N-1}F(x,v)\mathrm{e}^{-\mathrm{j}2\pi ux/N}, \quad u=0,1,\cdots,N-1 \tag{3-102}$$

现在，二维傅里叶变换式（3-98）通过两次一维傅里叶变换式（3-101）与式（3-102）来实现。这两次一维傅里叶变换均可以用快速算法完成，这就是二维快速傅里叶变换。

在计算机上，用 MATLAB 的 fft2 与 ifft2 函数运算就可以完成二维快速傅里叶

变换与逆变换。

［示例 3-3］ 对一幅图像进行傅里叶变换，并将得到的频谱原点由频谱图的左上角平移到频谱图的中心。

```
I=imread('2-16a.jpg');
I=rgb2gray(I);
K=fft2(I);                                       % 对图像 I 进行傅里叶变换
J=fftshift(K);                                   % 将变换后的频谱原点平移到频谱图的中心
subplot(1,3,1),imshow(I);                        % 显示原图像
subplot(1,3,2),imshow(log(abs(K)),[8,10]);% 显示傅里叶变换后的频谱
subplot(1,3,3),imshow(log(abs(J)),[8,10]); % 显示频谱原点位于中心的频谱图
```

程序运行后，输出图像如图 3-2 所示。

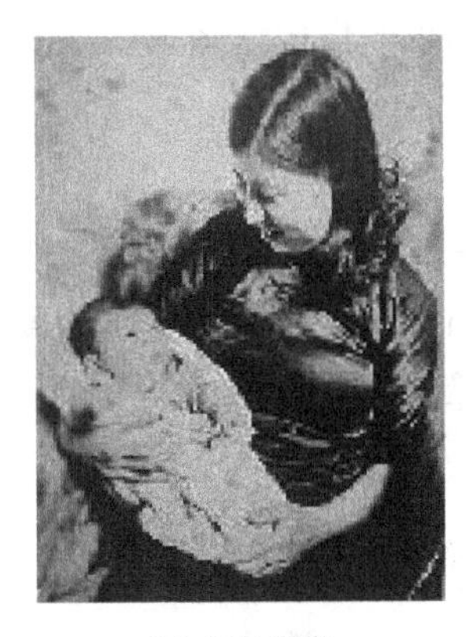
（a）原始图像

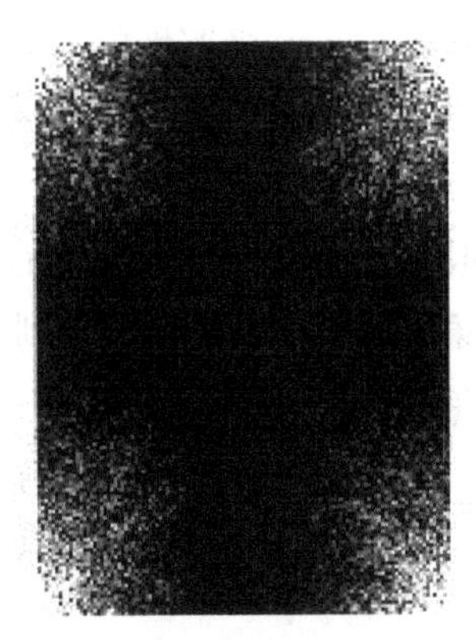
（b）频谱原点位于 4 角

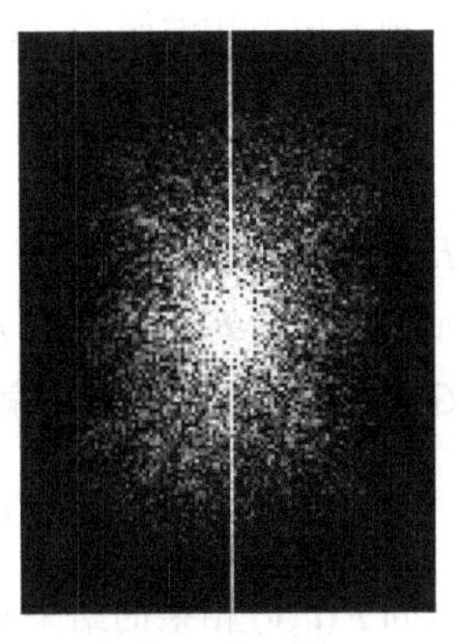
（c）频谱原点位于中心

图 3-2　图像的傅里叶变换

其中图 3-2（a）为原始图像，图 3-2（b）是对图像进行傅里叶变换后的频谱图。频谱原点位于图的 4 个角上。图 3-2（c）是将图 3-2（b）任一角（如左上角）上的频谱原点平移到图的中心。在显示变换后的频谱 J 时，由于 J 一般为复数，复数是不能显示的。所以在显示 J 时，要对 J 取绝对值：abs（J）。为显示得更清楚，再取对数 log（abs（J））。

设原始图像的大小为 $M \times N$，则图 3-2（c）的频谱原点位于中心点 $(M/2, N/2)$。在此频谱图中，中心区是低频区，接近 4 个角的区是高频区。位于图中 $(u,v)$ 点的频率大小 $D(u,v)$ 可以用 $(u,v)$ 点到频谱原点 $(M/2, N/2)$ 的距离表示：

$$D(u,v) = \left[\left(u - \frac{M}{2}\right)^2 + \left(v - \frac{N}{2}\right)^2\right]^{1/2}$$

## 3.5 频率域图像增强的基本概念

空间域一幅 $M \times N$ 的数字图像 $f(x,y)$ ，经过傅里叶变换后成为频率域的 $M \times N$ 的数列 $F(u,v)$ ，其中 $u$ 与 $v$ 分别是 $x$ 与 $y$ 方向的频率。$|F(u,v)|$ 表示图像 $f(x,y)$ 中所含频率为 $u$ 与 $v$ 的成分的强度。我们无法准确地表示出频率 $u$ 与 $v$ 同图像的什么性质有关，只能大概地指出，由于频率 $u$ 与 $v$ 分别表示图像灰度在 $x$ 与 $y$ 方向的变化率，低频对应图像中灰度变化缓慢的部分，例如一幅房屋图像中的墙面和地面；高频对应图像中灰度变化剧烈的部分，例如物体的边缘与噪声。

频率域图像增强就是通过改变 $F(u,v)$ 来达到改善图像的目的。改变 $F(u,v)$ 是在频率域用滤波函数 $H(u,v)$ 去乘 $F(u,v)$ 来实现的。 $H(u,v)$ 也叫作传递函数或滤波器。 $H(u,v)$ 也是 $M \times N$ 的数列。 $H(u,v)$ 同 $F(u,v)$ 相乘得到 $G(u,v)$ :

$$G(u,v) = H(u,v)F(u,v) \tag{3-103}$$

$H(u,v)$ 同 $F(u,v)$ 相乘并非一般意义上的矩阵相乘，而是将 $H(u,v)$ 的第 $m$ 行第 $n$ 列元素 $H_{mn}$ 同 $F(u,v)$ 的第 $m$ 行第 $n$ 列元素 $F_{mn}$ 相乘得到 $G(u,v)$ 的第 $m$ 行第 $n$ 列元素 $G_{mn} = H_{mn}F_{mn}$ 。 $G(u,v)$ 就是 $F(u,v)$ 改变后的频谱。一个最简单的滤波函数是

$$H(u,v) = \begin{cases} 0, & (u,v) = (M/2, N/2) \\ 1, & (u,v) \neq (M/2, N/2) \end{cases} \tag{3-104}$$

它同 $F(u,v)$ 相乘的结果是

$$G(u,v) = \begin{cases} 0, & (u,v) = (M/2, N/2) \\ F(u,v), & (u,v) \neq (M/2, N/2) \end{cases} \tag{3-105}$$

它使 $F(M/2, N/2)$ 为零，保留其他频率成分不变。为了得到改善后的图像，还必须将 $G(u,v)$ 通过傅里叶逆变换返回到空间域：

$$g(x,y) = \frac{1}{MN}\sum_{u=0}^{M-1}\sum_{v=0}^{N-1} H(u,v)F(u,v)\mathrm{e}^{\mathrm{j}2\pi(ux/M + vy/N)} \tag{3-106}$$

现在，将频率域图像增强的全过程总结如下：

（1）对 $f(x,y)$ 进行傅里叶变换得到 $F(u,v)$ :

$$F(u,v) = \sum_{x=0}^{M-1}\sum_{y=0}^{N-1} f(x,y)\mathrm{e}^{-\mathrm{j}2\pi(ux/M + vy/N)} \tag{3-107}$$

（2）选择滤波函数 $H(u,v)$ ，用 $H(u,v)$ 乘以 $F(u,v)$ 得到 $G(u,v)$ :

$$G(u,v) = H(u,v)F(u,v) \tag{3-108}$$

（3）将 $G(u,v)$ 进行傅里叶逆变换得到空间域的 $g(x,y)$ :

$$g(x,y)=\frac{1}{MN}\sum_{u=0}^{M-1}\sum_{v=0}^{N-1}H(u,v)F(u,v)\mathrm{e}^{\mathrm{j}2\pi(ux/M+vy/N)} \tag{3-109}$$

这就是经频率域增强后的图像。

## 3.6　频率域平滑滤波器

傅里叶变换 $F(u,v)$ 中的高频部分对应图像边缘与灰度尖锐变化如噪声等。平滑滤波器就是通过衰减高频成分来达到图像平滑的目的。这里考虑 4 种滤波器。由于它们的 $H(u,v)$ 都是实函数，$H(u,v)$ 对 $F(u,v)$ 的作用不改变 $F(u,v)$ 的相位。因而它们都是零相移的。

### 1. 理想低通滤波器

理想低通滤波器的滤波函数为

$$H(u,v)=\begin{cases}1, & D(u,v)\leqslant D_0\\ 0, & D(u,v)>D_0\end{cases} \tag{3-110}$$

其中 $D_0$ 是指定的一个非负整数，叫作截止频率，$D(u,v)$ 是 $(u,v)$ 点距离频率原点的距离

$$D(u,v)=[u^2+v^2]^{1/2} \tag{3-111}$$

凡是 $D(u,v)$ 小于截止频率 $D_0$ 的所有频率成分都毫无衰减地通过滤波器，所有其他频率成分完全被滤波器阻止。这种滤波器是无法用电子器件来实现的，只能在计算机上实现。它的一个缺点是在平滑图像的同时出现了明暗相间的振铃现象。实际上，理想低通滤波器没有太大的实用价值。

### 2. 巴特沃思低通滤波器

$n$ 级巴特沃思低通滤波器的滤波函数为

$$H(u,v)=\frac{1}{1+[D(u,v)/D_0]^{2n}} \tag{3-112}$$

其中 $n$ 是正整数，$D_0$ 也是一个正整数，$D(u,v)$ 是由式（3-111）确定的量。与理想低通滤波器不同，在通过与不通过的频率上没有一个明显的界限。当 $D(u,v)$ 由 0 增大到 $D_0$ 时，$H(u,v)$ 由 1 下降为 0.5 。$n=1$ 没有振铃现象，$n=2$ 有轻微的振铃现象。$n$ 值愈大振铃现象愈严重。$n=20$ 就同理想低通滤波器很接近了。通常取 $n=2$ 。这种低通滤波器的效果比较好。

### 3．指数低通滤波器

指数低通滤波器的滤波函数为

$$H(u,v)=\mathrm{e}^{-\left[\frac{D(u,v)}{D_0}\right]^n} \tag{3-113}$$

其中$D(u,v)$是由式（3-111）确定的量，$D_0$与$n$均为正整数。当$n=2$，$D(u,v)$由0增大到$D_0$时，$H(u,v)$由1下降为$1/\sqrt{2}$。指数低通滤波器的效果没有$n=2$的巴特沃思低通滤波器好，它的优点是没有振铃现象。

### 4．梯形低通滤波器

梯形低通滤波器的滤波函数为

$$H(u,v)=\begin{cases}1, & D(u,v)<D_0\\ \dfrac{D_1-D(u,v)}{D_1-D_0}, & D_0\leqslant D(u,v)\leqslant D_1\\ 0, & D(u,v)>D_1\end{cases} \tag{3-114}$$

其中$D(u,v)$是由式（3-111）确定的量，$D_0$与$D_1$都是正整数，$D_1>D_0$。梯形低通滤波器的效果尚好，但有轻微的振铃现象。由于滤波函数$H(u,v)$简单，计算比较容易，所以常用。

[示例3-4] 对人为加入了噪声的图像，用理想低通滤波器进行处理。

```
I=imread('2-16a.jpg');
I=rgb2gray(I);
K=imnoise(I,'salt & pepper',0.02);          % 在图像I中加入椒盐噪声
f=double(K);                                % 将图像数据类型转换为双精度类型的f
F=fft2(f);                                  % 对图像f进行傅里叶变换
G=fftshift(F);                              % 将变换后的频谱原点移到频谱图的中心
[M,N]=size(F);                              % 测量频谱F的大小
d0=25;                                      % 建立理想低通滤波器的滤波函数H
m0=fix(M/2);n0=fix(N/2);
for i=1:M
for j=1:N
d=sqrt((i-m0)^2+(j-n0)^2);
if d<=d0; H=1; else H=0; end
G(i,j)=H*G(i,j);                            % 对频谱F进行滤波运算
end
end
G1=ifftshift(G);                            % 对滤波后的G进行傅里叶逆变换
G2=ifft2(G1);
```

```
G3=uint8(real(G2));                  % 将傅里叶逆变换后的图像数据类型转换为整数型
subplot(1,2,1),imshow(K);            % 显示原来有噪声的图像
subplot(1,2,2),imshow(G3)            % 显示理想低通滤波后的图像
```

程序运行后，输出图像如图 3-3 所示。

（a）加入了噪声的图像

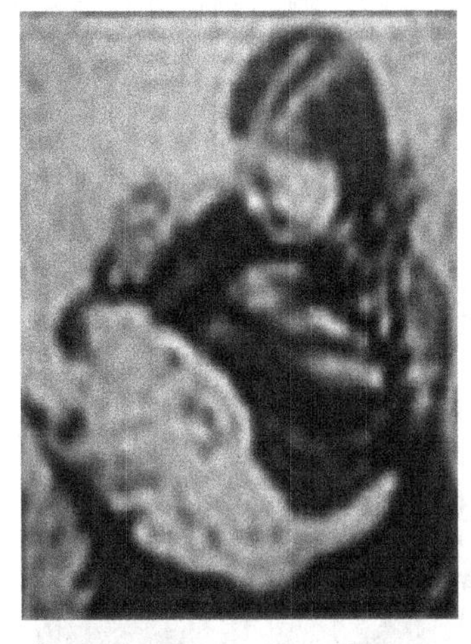

（b）理想低通滤波后的图像

图 3-3　用理想低通滤波器处理有噪声的图像

［示例 3-5］　对人为加入了噪声的图像，用巴特沃思低通滤波器进行处理。

```
I=imread('2-16a.jpg');
I=rgb2gray(I);
K=imnoise(I,'salt & pepper',0.02);
f=double(K);
F=fft2(f);                           % 对图像 f 进行傅里叶变换
G=fftshift(F);
[M,N]=size(F);
n=2;d0=25;                           % 建立巴特沃思低通滤波器的滤波函数 H
m0=fix(M/2);n0=fix(N/2);
for i=1:M
for j=1:N
d=sqrt((i-m0)^2+(j-n0)^2);
H=1/(1+(d/d0)^(2*n));
G(i,j)=H*G(i,j);                     % 对频谱 G 进行滤波运算
end
end
G1=ifftshift(G);                     % 对滤波后的 G 进行傅里叶逆变换
```

```
G2=ifft2(G1);
G3=uint8(real(G2));
subplot(1,2,1),imshow(K);
subplot(1,2,2),imshow(G3)
```

程序运行后，输出图像如图 3-4 所示。

（a）加入了噪声的图像

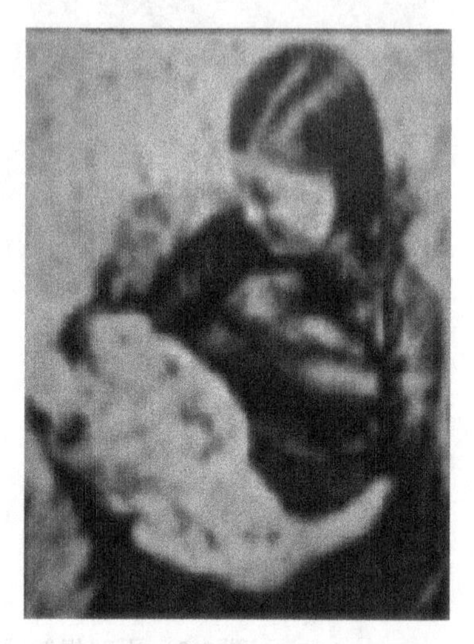

（b）巴特沃思低通滤波后的图像

图 3-4 用巴特沃思低通滤波器处理有噪声的图像

［示例 3-6］ 对人为加入了噪声的图像，用指数低通滤波器进行处理。

```
I=imread('2-16a.jpg');
I=rgb2gray(I);
K=imnoise(I,'salt & pepper',0.02);
f=double(K);
F=fft2(f);                          % 对图像 f 进行傅里叶变换
G=fftshift(F);
[M,N]=size(F);
n=2;d0=25;                          % 建立指数低通滤波器的滤波函数 H
m0=fix(M/2);n0=fix(N/2);
for i=1:M
for j=1:N
d=sqrt((i-m0)^2+(j-n0)^2);
H=exp(-(d/d0)^n);
G(i,j)=H*G(i,j);                    % 对频谱 G 进行滤波运算
end
end
```

```
G1=ifftshift(G);                          % 对滤波后的 G 进行傅里叶逆变换
G2=ifft2(G1);
G3=uint8(real(G2));
subplot(1,2,1),imshow(K);
subplot(1,2,2),imshow(G3)
```

程序运行后，输出图像如图 3-5 所示。

（a）加入了噪声的图像

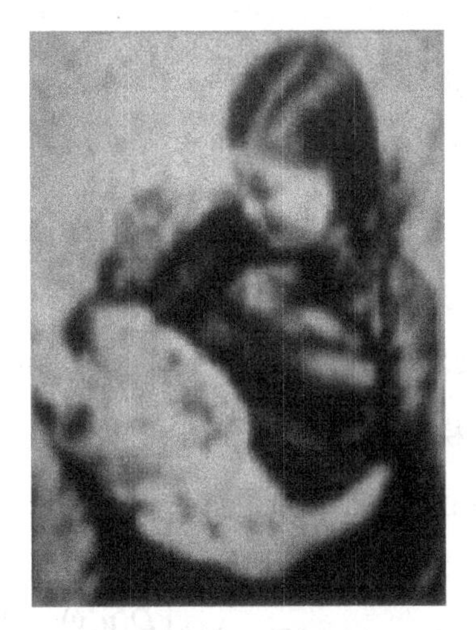

（b）指数低通滤波后的图像

图 3-5　用指数低通滤波器处理有噪声的图像

## 3.7　频率域锐化滤波器

空间图像的傅里叶变换 $F(u,v)$ 中的低频部分对应图像中灰度变化缓慢的部分，频率域高通滤波器就是通过衰减低频成分来达到图像锐化的目的。同低通滤波器一样，主要考虑 4 种类型的高通滤波器。

### 1．理想高通滤波器

理想高通滤波器的滤波函数为

$$H(u,v)=\begin{cases}0, & D(u,v)\leqslant D_0\\ 1, & D(u,v)>D_0\end{cases} \tag{3-115}$$

其中 $D(u,v)$ 是由式（3-111）确定的量，$D_0$ 为截止频率。理想高通滤波器将 $D(u,v)\leqslant D_0$ 的所有频率阻止，让 $D(u,v)>D_0$ 的所有频率毫无衰减地通过。这种滤波器的效果并不理想，存在振铃现象。

### 2. 巴特沃思高通滤波器

$n$ 级巴特沃思高通滤波器的滤波函数为

$$H(u,v)=\frac{1}{1+[D_0/D(u,v)]^{2n}} \tag{3-116}$$

其中 $n$ 、$D_0$ 与 $D(u,v)$ 的定义与前面相同。$n=2$ 的巴特沃思高通滤波器的效果比理想高通滤波器要好得多，图像更平滑，边缘的失真也小。

### 3. 指数高通滤波器

指数高通滤波器的滤波函数为

$$H(u,v)=\mathrm{e}^{-\left[\frac{D_0}{D(u,v)}\right]^n} \tag{3-117}$$

其中 $D_0$ 与 $D(u,v)$ 的定义与前面相同。它比以上两种滤波器的效果更好，图像更平滑，即使对微小的物体和细节，也能得到比较清晰的结果。

### 4. 梯形高通滤波器

梯形高通滤波器的滤波函数为

$$H(u,v)=\begin{cases}0, & D(u,v)<D_0 \\ \dfrac{D(u,v)-D_0}{D_1-D_0}, & D_0\leqslant D(u,v)\leqslant D_1 \\ 1, & D(u,v)>D_1\end{cases} \tag{3-118}$$

其中 $D(u,v)$ 是由式（3-111）确定的量，$D_0$ 与 $D_1$ 都是正整数，$D_1>D_0$ 。梯形高通滤波器有轻微的振铃现象。优点是滤波函数 $H(u,v)$ 简单，计算比较容易。

［示例 3-7］ 用巴特沃思高通滤波器处理模糊图像。

```
I=imread('2-24a.jpg');
I=rgb2gray(I);
f=double(I);
F=fft2(f);                          % 对图像 f 进行傅里叶变换
G=fftshift(F);
[M,N]=size(F);
n=2;d0=25;                          % 建立巴特沃思高通滤波器的滤波函数 H
m0=fix(M/2);n0=fix(N/2);
for i=1:M
for j=1:N
d=sqrt((i-m0)^2+(j-n0)^2);
H=1/(1+(d0/d)^(2*n))+1.0;           % 在滤波函数 H 中加常数 1.0 是为了让图像更清晰
G(i,j)=H*G(i,j);
```

```
end
end
G1=ifftshift(G);                    % 对滤波后的 G 进行傅里叶逆变换
G2=ifft2(G1);
G3=uint8(real(G2));
subplot(1,2,1),imshow(I);
subplot(1,2,2),imshow(G3)
```

程序运行后，输出图像如图 3-6 所示。

（a）一幅模糊图像

（b）巴特沃思高通滤波后的图像

图 3-6　用巴特沃思高通滤波器处理模糊图像

［示例 3-8］ 用指数高通滤波器处理模糊图像。

```
I=imread('2-24a.jpg');
I=rgb2gray(I);
f=double(I);
F=fft2(f);                          % 对图像 f 进行傅里叶变换
G=fftshift(F);
[M,N]=size(F);
n=1;d0=5;                           % 建立指数高通滤波器的滤波函数 H
m0=fix(M/2); n0=fix(N/2);
for i=1:M
for j=1:N
d=sqrt((i-m0)^2+(j-n0)^2);
H=exp(-(d0/d)^n)+1.0;               % 在滤波函数 H 中加常数 1.0 是为了让图像更清晰
G(i,j)=H*G(i,j);
```

```
end
end
G1=ifftshift(G);                    % 对滤波后的G进行傅里叶逆变换
G2=ifft2(G1);
G3=uint8(real(G2));
subplot(1,2,1),imshow(I);
subplot(1,2,2),imshow(G3)
```

程序运行后，输出图像如图 3-7 所示。

（a）一幅模糊图像

（b）指数高通滤波后的图像

图 3-7　用指数高通滤波器处理模糊图像

# 第4章　图像的复原

## 4.1　图像的退化模型

图像在生成、传输和储存过程中，由于种种原因导致图像失真、模糊和有噪声等。这种现象叫作图像的退化。图像的复原就是将退化的图像恢复它原有的面目。要将一幅退化的图像复原，首先要找到它退化的原因。然而，并非所有退化图像都能找到它退化的准确原因。通常只能根据经验估计判断图像退化的原因。在找到图像退化原因后，建立图像退化机制，给出相应的数学模型——退化算子$H$，认为原始图像$f(x,y)$正是在退化算子$H$的作用下变成退化图像$g(x,y)$的：

$$g(x,y)=H[f(x,y)] \tag{4-1}$$

在得到式（4-1）后，通过它的逆运算，就可以求出原始图像$f(x,y)$：

$$f(x,y)=H^{-1}[g(x,y)] \tag{4-2}$$

为了计算方便，假定退化算子$H$具有以下几个性质。

（1）均匀性

$$H[kf(x,y)]=kH[f(x,y)] \tag{4-3}$$

式中，$k$为常数。

（2）相加性

$$H[f_1(x,y)+f_2(x,y)]=H[f_1(x,y)]+H[f_2(x,y)] \tag{4-4}$$

（3）线性

$$H[k_1f_1(x,y)+k_2f_2(x,y)]=k_1H[f_1(x,y)]+k_2H[f_2(x,y)] \tag{4-5}$$

式中，$k_1,k_2$为常数。线性是均匀性与相加性的综合。

（4）空间位置无关性

$$H[f(x-x_0,y-y_0)]=g(x-x_0,y-y_0) \tag{4-6}$$

上式表示，$H$对图像$f(x,y)$作用的结果，只同$(x,y)$处的灰度有关，同空间位置$(x,y)$无关。在假定退化算子$H$具有线性和空间位置无关性的条件下，有关图像退化与复原的计算就变得简单多了。在一般情况下，这个假定是正确的。但在有些情况下，这个假定不成立。这时计算就变得非常复杂，甚至无解。由于噪声产生的机

制不具有上述性质，我们对噪声要单独处理。考虑到退化图像中存在噪声，式（4-1）应变为

$$g(x,y)=H[f(x,y)]+n(x,y) \tag{4-7}$$

式中，$n(x,y)$ 是噪声。

## 4.2 连续图像的退化模型

先假定退化的连续图像不存在噪声。退化图像 $g(x,y)$ 只是由某种退化算子 $H$ 作用原始图像 $f(x,y)$ 产生的：

$$g(x,y)=H[f(x,y)] \tag{4-8}$$

再假定退化算子 $H$ 具有线性和空间位置无关性，并且 $H$ 对单位冲击函数 $\delta(x,y)$ 的作用结果是

$$H[\delta(x,y)]=h(x,y) \tag{4-9}$$

我们来计算连续图像 $f(x,y)$ 与单位冲击函数 $\delta(x,y)$ 的卷积：

$$f(x,y)*\delta(x,y)=\iint_{\infty} f(\alpha,\beta)\delta(x-\alpha,y-\beta)\mathrm{d}\alpha\mathrm{d}\beta=f(x,y) \tag{4-10}$$

由上式看出，图像 $f(x,y)$ 与单位冲击函数 $\delta(x,y)$ 的卷积就是图像 $f(x,y)$ 自身。我们利用这个公式来计算退化算子 $H$ 对 $f(x,y)$ 的作用：

$$H[f(x,y)]=H[f(x,y)*\delta(x,y)]=H\iint_{\infty} f(\alpha,\beta)[\delta(x-\alpha,y-\beta)]\mathrm{d}\alpha\mathrm{d}\beta \tag{4-11}$$

由于 $H$ 是线性的，积分就是求和，$H$ 可以越过积分号和不含 $x,y$ 的 $f(\alpha,\beta)$，直接作用于 $\delta(x-\alpha,y-\beta)$：

$$H[f(x,y)]=\iint_{\infty} f(\alpha,\beta)H[\delta(x-\alpha,y-\beta)]\mathrm{d}\alpha\mathrm{d}\beta \tag{4-12}$$

又由于 $H$ 具有空间位置无关性，由式（4-9）与式（4-6），得

$$H[\delta(x-\alpha,y-\beta)]=h(x-\alpha,y-\beta) \tag{4-13}$$

将式（4-13）代入式（4-12），得

$$H[f(x,y)]=\iint_{\infty} f(\alpha,\beta)h(x-\alpha,y-\beta)\mathrm{d}\alpha\mathrm{d}\beta=f(x,y)*h(x,y) \tag{4-14}$$

上式给出一个非常重要的结论：对于一个具有线性和空间位置无关性的算子 $H$，它的作用性质完全取决于它对单位冲击函数 $\delta(x,y)$ 的作用结果 $h(x,y)$，只要知道 $h(x,y)$，它对图像 $f(x,y)$ 的作用结果 $g(x,y)$ 就可以用 $f(x,y)$ 与 $h(x,y)$ 的卷积表示：

$$g(x,y)=H[f(x,y)]=f(x,y)*h(x,y) \tag{4-15}$$

在已知 $g(x,y)$ 与 $h(x,y)$ 的条件下，想通过式（4-15）求出 $f(x,y)$ 是很难的。如果将式（4-15）变换到频率域，问题就变得简单多了。设 $g(x,y)$、$f(x,y)$ 与 $h(x,y)$ 的傅里叶变换分别为：

$$G(u,v)=\iint_{\infty} g(x,y)\mathrm{e}^{-\mathrm{j}2\pi(ux+vy)}\mathrm{d}x\mathrm{d}y \tag{4-16}$$

$$F(u,v)=\iint_{\infty} f(x,y)\mathrm{e}^{-\mathrm{j}2\pi(ux+vy)}\mathrm{d}x\mathrm{d}y \tag{4-17}$$

$$H(u,v)=\iint_{\infty} h(x,y)\mathrm{e}^{-\mathrm{j}2\pi(ux+vy)}\mathrm{d}x\mathrm{d}y \tag{4-18}$$

根据傅里叶变换的卷积定理，空间域 $f(x,y)$ 同 $h(x,y)$ 的卷积对应频率域 $F(u,v)$ 同 $H(u,v)$ 的乘积：

$$G(u,v)=F(u,v)H(u,v) \tag{4-19}$$

上式表示，在频率域，$F(u,v)$ 在 $H(u,v)$ 的作用（相乘）下变成 $G(u,v)$。$H(u,v)$ 叫作退化函数。由此式得

$$F(u,v)=\frac{G(u,v)}{H(u,v)}=H^{-1}(u,v)G(u,v) \tag{4-20}$$

上式表示，$G(u,v)$ 在 $H^{-1}(u,v)$ 的作用（相乘）下成为 $F(u,v)$。这个过程叫作逆滤波。由于 $G(u,v)$ 与 $H^{-1}(u,v)$ 是已知量，$F(u,v)$ 也就成为已知量。将 $F(u,v)$ 进行傅里叶逆变换，得到空间域的原始图像

$$f(x,y)=\iint_{\infty}\frac{G(u,v)}{H(u,v)}\mathrm{e}^{\mathrm{j}2\pi(ux+vy)}\mathrm{d}u\mathrm{d}v \tag{4-21}$$

以上是在退化图像不存在噪声的条件下得到的结果。实际上噪声总是存在的。在退化图像 $g(x,y)$ 存在噪声的情况下，式（4-15）变为

$$g(x,y)=H[f(x,y)]+n(x,y)=f(x,y)*h(x,y)+n(x,y) \tag{4-22}$$

相应地，式（4-19）变为

$$G(u,v)=F(u,v)H(u,v)+N(u,v) \tag{4-23}$$

式中，$N(u,v)$ 是噪声 $n(x,y)$ 的傅里叶变换：

$$N(u,v)=\iint_{\infty} n(x,y)\mathrm{e}^{-\mathrm{j}2\pi(ux+vy)}\mathrm{d}x\mathrm{d}y \tag{4-24}$$

由式（4-23）得

$$F(u,v)=\frac{G(u,v)}{H(u,v)}-\frac{N(u,v)}{H(u,v)} \tag{4-25}$$

由于噪声 $n(x,y)$ 是未知的，故 $N(u,v)$ 也是未知的。我们无法由式（4-25）求出 $F(u,v)$，因而也就无法由它的傅里叶逆变换求得原始图像 $f(x,y)$。

## 4.3 离散图像的退化模型

先不考虑噪声，我们将连续图像的退化模型推广为离散图像的退化模型。对连续图像 $f(x,y)$ 与退化算子 $H$ 对单位冲激函数 $\delta(x,y)$ 的作用结果 $h(x,y)$ 进行均匀取样。设取样后，离散函数 $f(x,y)$ 与 $h(x,y)$ 的 $x,y$ 取值范围分别为

$$f(x,y):\quad x=0,1,2,\cdots,A-1;\quad y=0,1,2,\cdots,B-1$$

$$h(x,y):\quad x=0.1,2,\cdots,C-1;\quad y=0,1,2,\cdots,D-1$$

并且 $f(x,y)$ 与 $h(x,y)$ 都是周期函数：

$$f(x+k_1A,y+k_2B)=f(x,y);\quad h(x+k_1C,y+k_2D)=h(x,y) \qquad (4\text{-}26)$$

$$k_1,k_2=0,\pm1,\pm2,\cdots$$

$f(x,y)$ 在 $x$ 方向的周期为 $A$，在 $y$ 方向的周期为 $B$； $h(x,y)$ 在 $x$ 方向的周期为 $C$，在 $y$ 方向的周期为 $D$。

我们对 $f(x,y)$ 与 $h(x,y)$ 进行卷积运算。对于周期函数的卷积，必须注意以下两点：①两个周期函数的周期必须相同，即 $A=C,B=D$；②计算卷积时，两个周期函数必须是同一周期的，为了避免发生因不同周期函数重叠产生的计算错误，在两个函数的尾部要添加足够多的 0 。为此，$f(x,y)$ 与 $h(x,y)$ 应按如下方式扩大周期：

$$f_e(x,y)=\begin{cases} f(x,y), & 0\leqslant x\leqslant A-1;0\leqslant y\leqslant B-1 \\ 0, & A\leqslant x\leqslant M-1;B\leqslant x\leqslant N-1 \end{cases} \qquad (4\text{-}27)$$

$$h_e(x,y)=\begin{cases} h(x,y), & 0\leqslant x\leqslant C-1;0\leqslant y\leqslant D-1 \\ 0, & C\leqslant x\leqslant M-1;D\leqslant x\leqslant N-1 \end{cases} \qquad (4\text{-}28)$$

其中周期 $M$ 与 $N$ 满足条件：$M>A+C-1,N>B+D-1$。$f_e(x,y)$ 与 $h_e(x,y)$ 的周期相同：

$$f_e(x+k_1M,y+k_2N)=f(x,y);\quad h(x+k_1M,y+k_2N)=h(x,y) \qquad (4\text{-}29)$$

$$k_1,k_2=0,\pm1,\pm2,\cdots$$

在退化算子 $H$ 具有线性与空间位置无关性的条件下，$H$ 对原始图像 $f_e(x,y)$ 的作用结果 $g(x,y)$ 等于 $f_e(x,y)$ 与 $h_e(x,y)$ 的卷积：

$$g(x,y)=f_e(x,y)*h_e(x,y)=\sum_{m=0}^{M-1}\sum_{n=0}^{N-1}f_e(m,n)h_e(x-m,y-n) \qquad (4\text{-}30)$$

将上式变换到频率域，得

$$G(u,v)=H(u,v)F(u,v) \qquad (4\text{-}31)$$

式中，

$$G(u,v)=\sum_{x=0}^{M-1}\sum_{y=0}^{N-1}g(x,y)\mathrm{e}^{-\mathrm{j}2\pi(ux/M+vy/N)} \tag{4-32}$$

$$H(u,v)=\sum_{x=0}^{M-1}\sum_{y=0}^{N-1}h_e(x,y)\mathrm{e}^{-\mathrm{j}2\pi(ux/M+vy/N)} \tag{4-33}$$

$$F(u,v)=\sum_{x=0}^{M-1}\sum_{y=0}^{N-1}f_e(x,y)\mathrm{e}^{-\mathrm{j}2\pi(ux/M+vy/N)} \tag{4-34}$$

式（4-31）表示，$F(u,v)$ 在 $H(u,v)$ 的作用下变成 $G(u,v)$。$H(u,v)$ 叫作退化函数。退化函数 $H(u,v)$ 是由空间域的 $h_e(x,y)$ 经傅里叶变换得到的。空间域的 $h_e(x,y)$ 叫作点扩散函数。由式（4-31）得

$$F(u,v)=\frac{G(u,v)}{H(u,v)}=H^{-1}(u,v)G(u,v) \tag{4-35}$$

上式表示，$G(u,v)$ 在 $H^{-1}(u,v)$ 的作用下成为 $F(u,v)$。这个过程叫作逆滤波。由于 $G(u,v)$ 与 $H^{-1}(u,v)$ 是已知量，$F(u,v)$ 也就成为已知量。将 $F(u,v)$ 进行傅里叶逆变换，得到空间域的原始图像：

$$f(x,y)=\frac{1}{MN}\sum_{x=0}^{M-1}\sum_{y=0}^{N-1}\frac{G(u,v)}{H(u,v)}\mathrm{e}^{\mathrm{j}2\pi(ux/M+vy/N)} \tag{4-36}$$

以上是在退化图像 $g(x,y)$ 不存在噪声的条件下得到的结果。实际上噪声总是存在的。在退化图像 $g(x,y)$ 存在噪声的情况下，式（4-30）变为

$$g(x,y)=f_e(x,y)*h_e(x,y)+n(x,y) \tag{4-37}$$

式中，$n(x,y)$ 是噪声。在频率域与式（4-37）对应的公式为

$$G(u,v)=F(u,v)H(u,v)+N(u,v) \tag{4-38}$$

式中，$N(u,v)$ 是噪声 $n(x,y)$ 的傅里叶变换：

$$N(u,v)=\sum_{x=0}^{M-1}\sum_{y=0}^{N-1}n(x,y)\mathrm{e}^{-\mathrm{j}2\pi(ux/M+vy/N)} \tag{4-39}$$

由式（4-38）得

$$F(u,v)=\frac{G(u,v)}{H(u,v)}-\frac{N(u,v)}{H(u,v)} \tag{4-40}$$

由于噪声 $n(x,y)$ 是未知的，故 $N(u,v)$ 也是未知的。我们无法由式（4-40）求出 $F(u,v)$，因而也就无法由它的傅里叶逆变换求得原始图像 $f(x,y)$。

## 4.4　估计退化函数 $H(u,v)$

在退化图像不存在噪声的情况下，已知退化图像 $g(x,y)$ 的傅里叶变换 $G(u,v)$ 和退化函数 $H(u,v)$，就可以由式（4-36）

$$f(x,y)=\frac{1}{MN}\sum_{x=0}^{M-1}\sum_{y=0}^{N-1}\frac{G(u,v)}{H(u,v)}\mathrm{e}^{\mathrm{j}2\pi(ux/M+v\theta y/N)}$$

求出原始图像 $f(x,y)$。因此我们必须找到退化函数 $H(u,v)$。实际上，要找到准确的退化函数 $H(u,v)$ 是很困难的。我们只能对退化函数进行估计。估计 $H(u,v)$ 的方法有以下 3 种。

### 1. 图像观察法

这是从退化图像本身收集信息来估计 $H(u,v)$ 的方法。对于一幅退化图像，例如，图像是模糊的，我们可以观察图像中包含图像基本内容的一个小区域。如图像中有噪声，则可以选择有用信号强、噪声弱的小区域。下一步就是对这一区域的图像进行各种方法的处理，使之尽可能不模糊。例如采用锐化滤波器进行锐化处理。令 $g_s(x,y)$ 表示这一小区域的图像，$\hat{f}_s(x,y)$ 表示处理后不再模糊的图像，它被看成是原始图像的近似。将已求得的 $g_s(x,y)$ 与 $\hat{f}_s(x,y)$ 分别进行傅里叶变换得到 $G_s(u,v)$ 与 $\hat{F}_s(u,v)$，在忽略噪声的条件下，由式（4-31）可得这一区域的退化函数

$$H_s(u,v)=\frac{G_s(u,v)}{\hat{F}_s(u,v)} \tag{4-41}$$

考虑到退化算子 $H$ 具有空间位置无关性，可以将 $H_s(u,v)$ 推广为 $H(u,v)$。

### 2. 试验法

如果我们能得到同获取图像的设备相似的设备，就可以利用它得到一个比较准确的退化函数 $H(u,v)$。已知 $h(x,y)$ 是退化算子 $H$ 对单位冲激函数 $\delta(x,y)$ 作用的结果。用一个点光源模拟冲激函数 $A\delta(x,y)$，其中 $A$ 为常数，同点光源的强度对应。让点光源在上述设备中成像。点光源的强度足够大，使设备在成像时产生的噪声可以忽略。点光源在设备中给出的图像可以看成是设备退化算子 $H$ 对冲激函数 $\delta(x,y)$ 作用的结果 $h(x,y)$。对其进行傅里叶变换，得到 $H(u,v)$。

### 3. 数学建模法

对于因大气湍流引起的图像退化，有人根据大气湍流的物理特性提出如下退化数学模型

$$H(u,v)=\mathrm{e}^{-k(u^2+v^2)^{5/6}} \tag{4-42}$$

式中，$k$ 是与湍流强度有关的系数，剧烈湍流 $k=0.0025$，中等湍流 $k=0.001$，轻微湍流 $k=0.00025$。由于大气湍流的物理机制比较复杂，这里就不介绍式（4-42）是如何推导的。对于物体照片因物体相对摄像机运动所产生的模糊，我们详细介绍运动导致图像退化的机制，给出退化函数 $H(u,v)$ 的推导过程。设图像 $f(x,y)$ 做平

面运动，$x_0(t)$ 与 $y_0(t)$ 分别表示图像在 $x$ 方向与 $y$ 方向位置随时间的变化。在记录介质（胶片）任意点曝光总数是通过对时间间隔内瞬时曝光量的积分得到的。摄像机的快门在该时间间隔内是打开的。如果快门开启与关闭的时间不是非常短，则光学成像过程就必然会受到影响，图像会变得模糊。令 $T$ 为曝光时间，被模糊的图像为

$$g(x,y)=\int_0^T f[x-x_0(t),y-y_0(t)]\mathrm{d}t \tag{4-43}$$

对上式进行傅里叶变换：

$$\begin{aligned}G(u,v)&=\int_{-\infty}^{\infty}\int_{-\infty}^{\infty}g(x,y)\mathrm{e}^{-\mathrm{j}2\pi(ux+vy)}\mathrm{d}x\mathrm{d}y\\&=\int_{-\infty}^{\infty}\int_{-\infty}^{\infty}\left[\int_0^T f[x-x_0(t),y-y_0(t)]\mathrm{d}t\right]\mathrm{e}^{-\mathrm{j}2\pi(ux+vy)}\mathrm{d}x\mathrm{d}y\end{aligned} \tag{4-44}$$

改变积分次序，上式变为

$$G(u,v)=\int_0^T\left[\int_{-\infty}^{\infty}\int_{-\infty}^{\infty}f[x-x_0(t),y-y_0(t)]\,\mathrm{e}^{-\mathrm{j}2\pi(ux+vy)}\mathrm{d}x\mathrm{d}y\right]\mathrm{d}t \tag{4-45}$$

上式方括号内的积分是位移函数 $f[x-x_0(t),y-y_0(t)]$ 的傅里叶变换。已知 $f(x,y)$ 的傅里叶变换为 $F(u,v)$，故 $f[x-x_0(t),y-y_0(t)]$ 的傅里叶变换为 $F(u,v)\mathrm{e}^{-\mathrm{j}2\pi[ux_0(t)+vy_0(t)]}$，即

$$\int_{-\infty}^{\infty}\int_{-\infty}^{\infty}f[x-x_0(t),y-y_0(t)]\,\mathrm{e}^{-\mathrm{j}2\pi(ux+vy)}\mathrm{d}x\mathrm{d}y=F(u,v)\mathrm{e}^{-\mathrm{j}2\pi[ux_0(t)+vy_0(t)]} \tag{4-46}$$

将式（4-46）代入式（4-45），得

$$G(u,v)=\int_0^T F(u,v)\mathrm{e}^{-\mathrm{j}2\pi[ux_0(t)+vy_0(t)]}\mathrm{d}t=F(u,v)\int_0^T \mathrm{e}^{-\mathrm{j}2\pi[ux_0(t)+vy_0(t)]}\mathrm{d}t \tag{4-47}$$

令

$$H(u,v)=\int_0^T \mathrm{e}^{-\mathrm{j}2\pi[ux_0(t)+vy_0(t)]}\mathrm{d}t \tag{4-48}$$

便有

$$G(u,v)=H(u,v)F(u,v) \tag{4-49}$$

这正是前面给出的重要公式（4-31）。显然，由式（4-48）定义的 $H(u,v)$ 就是退化函数。如果公式中表示图像位置随时间变化的量 $x_0(t)$ 与 $y_0(t)$ 是已知的，则 $H(u,v)$ 就可以由式（4-48）算出。设图像 $f(x,y)$ 只在 $x$ 方向以恒定速度 $v=a/T$ 运动，$x_0(t)=at/T$。当 $t=T$ 时，图像在 $x$ 方向走过距离 $a$。将 $x_0(t)=at/T$，$y_0(t)=0$ 代入式（4-48），得

$$H(u,v)=\int_0^T \mathrm{e}^{-\mathrm{j}2\pi ux_0(t)}\mathrm{d}t=\int_0^T \mathrm{e}^{-\mathrm{j}2\pi uat/T}\mathrm{d}t=\frac{T}{\pi ua}\sin(\pi ua)\mathrm{e}^{-\mathrm{j}\pi ua} \tag{4-50}$$

如果图像 $f(x,y)$ 在 $y$ 方向也存在恒定速度 $v=b/T$ 的运动，$y_0(t)=bt/T$，则式（4-50）变为

$$H(u,v)=\frac{T}{\pi(ua+vb)}\sin[\pi(ua+vb)]\mathrm{e}^{-\mathrm{j}\pi(ua+vb)} \tag{4-51}$$

已知物景在 $T$ 时间内分别沿 $x$ 与 $y$ 方向移动的距离 $a$ 与 $b$，就可以由上式算出退化函数 $H(u,v)$。再对 $H(u,v)$ 进行傅里叶逆变换就得到点扩散函数 $h_e(x,y)$（PSF）。

MATLAB 利用函数 fspecial()来获取点扩散函数 PSF。它的具体表达式为

PSF=fspecial(‘motion’,len,theta)

式中，‘motion’表示这是产生运动模糊图像的点扩散函数，len 为相机快门开启时间内移动的像素数，theta 是物景移动的方向，它是以水平轴正方向为准，用顺时针方向转过的角度来表示的。len 的默认值是 9，theta 的默认值是 0，即在没有给出这两个参数时，系统认定为在水平方向上移动了 9 个像素。

［示例 4-1］ 用点扩散函数制造一幅运动模糊图像。

```
I=imread('4-1a.jpg');
I=rgb2gray(I);
I=im2double(I);                          % 将 I 的数据类型转换为双精度类型
len=30;                                  % 确定运动参数：移动像素数为 30
theta=45;                                % 运动方向为 45 度
PSF=fspecial('motion',len,theta);        % 建立点扩散函数 PSF
H=imfilter(I,PSF);                       % 产生运动模糊图像
subplot(1,2,1),imshow(I);                % 显示原始图像
subplot(1,2,2),imshow(H)                 % 显示运动模糊图像
```

程序运行后，输出图像如图 4-1 所示。

（a）原始图像

（a）运动模糊图像

图 4-1　运动模糊图像的产生

# 4.5　逆滤波、维纳滤波与约束最小二乘方滤波

## 4.5.1　逆滤波

前面提到，$F(u,v)$、$G(u,v)$ 与 $H(u,v)$ 分别是原始图像 $f(x,y)$、退化图像 $g(x,y)$ 与 $h(x,y)=H[\delta(x,y)]$ 的傅里叶变换。在退化图像不含噪声的条件下，这 3 个量的关系是

$$G(u,v)=H(u,v)F(u,v) \tag{4-52}$$

上式表示，频率域中原始图像的 $F(u,v)$ 在退化函数 $H(u,v)$ 的作用下变成了退化图像的 $G(u,v)$。它描述由退化算子 $H$ 导致的退化过程。这个过程的逆过程是

$$F(u,v)=\frac{G(u,v)}{H(u,v)}=H^{-1}(u,v)G(u,v) \tag{4-53}$$

上式表示，频率域中退化图像的 $G(u,v)$ 在 $H^{-1}(u,v)$ 的作用下变成了原始图像的 $F(u,v)$。这个过程叫作逆滤波，$H^{-1}(u,v)$ 是逆滤波函数。将由式(4-53)表示的 $F(u,v)$ 进行傅里叶逆变换得到空间域的原始图像

$$f(x,y)=\frac{1}{MN}\sum_{u=0}^{M-1}\sum_{v=0}^{N-1}\frac{G(u,v)}{H(u,v)}\mathrm{e}^{\mathrm{j}2\pi(ux/M+vy/N)} \tag{4-54}$$

可见，在不存在噪声的条件下，通过上述逆滤波就可以将退化图像复原。然而，在一般情况下，噪声总是存在的。在有噪声时，式（4-52）变为

$$G(u,v)=H(u,v)F(u,v)+N(u,v) \tag{4-55}$$

式中，$N(u,v)$ 是噪声 $n(x,y)$ 的傅里叶变换。由于噪声 $n(x,y)$ 与 $N(u,v)$ 是未知的，由式（4-55）无法求出 $F(u,v)$，因而也就无法求出原始图像 $f(x,y)$。令

$$\hat{F}(u,v)=\frac{G(u,v)}{H(u,v)}=F(u,v)+\frac{N(u,v)}{H(u,v)} \tag{4-56}$$

此式在形式上与式(4-53)相同，但这里的 $G(u,v)$ 含有噪声，而式(4-53)中的 $G(u,v)$ 不含噪声。将式（4-56）进行傅里叶逆变换得到

$$\hat{f}(x,y)=\frac{1}{MN}\sum_{u=0}^{M-1}\sum_{v=0}^{N-1}\left[F(u,v)+\frac{N(u,v)}{H(u,v)}\right]\mathrm{e}^{\mathrm{j}2\pi(ux/M+vy/N)} \tag{4-57}$$

已知 $F(u,v)$ 的傅里叶逆变换为原始图像 $f(x,y)$，上式变为

$$\hat{f}(x,y)=f(x,y)+\sum_{u=0}^{M-1}\sum_{v=0}^{N-1}\frac{N(u,v)}{H(u,v)}\mathrm{e}^{\mathrm{j}2\pi(ux/M+vy/N)} \tag{4-58}$$

可见，$\hat{f}(x,y)$ 由两项组成，一项是原始图像 $f(x,y)$，另一项是噪声项。这个噪声

项并不是原来的噪声$n(x,y)$，而是经过逆滤波后的噪声

$$\hat{n}(x,y)=\frac{1}{MN}\sum_{u=0}^{M-1}\sum_{v=0}^{N-1}\frac{N(u,v)}{H(u,v)}\mathrm{e}^{\mathrm{j}2\pi(ux/M+vy/N)} \tag{4-59}$$

于是，式（4-59）表示为

$$\hat{f}(x,y)=f(x,y)+\hat{n}(x,y) \tag{4-60}$$

由于$H(u,v)$在式（4-59）中处于分母，当$H(u,v)$取小值时它对$\hat{n}(x,y)$的影响很大，$H(u,v)$的零值更使$\hat{n}(x,y)$发散。因此，逆滤波会使噪声放大。在逆滤波中，用$\hat{f}(x,y)$近似表示原始图像，由于噪声被放大，效果会很差，甚至会面目全非。为了克服这个缺点，可以人为地限制$H(u,v)$的取值不要太小，用下面的$W(u,v)$代表$H^{-1}(u,v)$：

$$W(u,v)=\begin{cases}0, & H(u,v)\leqslant a\\ \dfrac{1}{H(u,v)}, & H(u,v)>a\end{cases} \tag{4-61}$$

式中，$a$是给定的一个小值。$W(u,v)$也可以取

$$W(u,v)=\begin{cases}\dfrac{1}{H(u,v)}, & (u^2+v^2)^{1/2}\leqslant D\\ 0, & (u^2+v^2)^{1/2}>D\end{cases} \tag{4-62}$$

式中，$D$是给定的一个频率。根据傅里叶变换的性质，$H(u,v)$比较大的值分布在低频区，小的值或0值分布在高频区。式（4-62）表示的$W(u,v)$具有低通特性，限制了$H(u,v)$取小值或0值的可能性。尽管采用了上述改进方法，噪声的影响仍不可忽视。因此，在进行逆滤波复原时，最好先消除退化图像中的噪声。消除噪声可以采用空间域平滑滤波器，或频率域平滑滤波器。对于周期噪声，要用频率域带通滤波器或陷波滤波器。

### 4.5.2 维纳滤波

由式(4-60)可以看出，$\hat{f}(x,y)$与$f(x,y)$之差是噪声项。维纳滤波就是以$\hat{f}(x,y)$与$f(x,y)$之差的平方均值

$$\frac{1}{MN}\sum_{x=0}^{M-1}\sum_{y=0}^{N-1}[\hat{f}(x,y)-f(x,y)]^2=\frac{1}{MN}\sum_{x=0}^{M-1}\sum_{y=0}^{N-1}\left[\Im^{-1}\left[\frac{N(u,v)}{H(u,v)}\right]\right]^2 \tag{4-63}$$

取最小值作为条件推导出一个新的滤波函数$H_\omega(u,v)$代替逆滤波函数$H^{-1}(u,v)$。这个新的滤波函数是

$$H_\omega(u,v)=\frac{H^*(u,v)}{|H(u,v)|^2+\dfrac{|N(u,v)|^2}{|F(u,v)|^2}} \tag{4-64}$$

其中$|H(u,v)|^2 = H^*(u,v)H(u,v)$，$H^*(u,v)$是$H(u,v)$的复共轭。维纳滤波也叫作最小均方误差滤波。在频率域，退化图像的$G(u,v)$经维纳滤波函数$H_\omega(u,v)$的作用后变成了

$$\hat{F}(u,v) = \frac{H^*(u,v)}{|H(u,v)|^2 + \dfrac{|N(u,v)|^2}{|F(u,v)|^2}} G(u,v) \tag{4-65}$$

当不存在噪声时，$N(u.v) = 0$，上式变为$\hat{F}(u,v) = H^{-1}(u,v)G(u,v)$，维纳滤波简化为逆滤波。维纳滤波不存在退化算子$H_\omega$分母为 0 的问题。但是$H_\omega$中含有未知量$N(u,v)$与$F(u,v)$。解决的方法是将$|N(u,v)|^2 / |F(u,v)|^2$近似地用一个常数$K$代替，$K$表示平均噪声功率与平均原始图像功率之比：

$$K = \frac{\sum_{u=0}^{M-1}\sum_{v=0}^{N-1}|N(u,v)|^2}{\sum_{u=0}^{M-1}\sum_{v=0}^{N-1}|F(u,v)|^2} \tag{4-66}$$

这时，式（4-65）变为

$$\hat{F}(u,v) = \frac{H^*(u,v)}{|H(u,v)|^2 + K} G(u,v) \tag{4-67}$$

虽然，作为两个功率之比的$K$仍然是未知量，但是它可以由退化图像与噪声估算出来（见 4.5.3 节）。即使无法估算出$K$，我们还可以通过试验方法来确定$K$。这就是取不同的$K$值，看图像复原的效果。不断改变$K$值，直到获得满意的复原图像。实践表明，维纳滤波的效果比逆滤波要好。

### 4.5.3　约束最小二乘方滤波

这是一种力求减小退化算子$H$对噪声影响的图像复原方法。它是以拉普拉斯变换平滑图像作为图像复原基础的。令

$$\sum_{x=0}^{M-1}\sum_{y=0}^{N-1}[\nabla^2 f(x,y)]^2 \tag{4-68}$$

取最小值，并满足约束条件

$$\sum_{x=0}^{M-1}\sum_{y=0}^{N-1} r^2(x,y) = MN[\sigma_n^2 + (\overline{n})^2] \tag{4-69}$$

其中$r(x,y)$是

$$R(u,v) = G(u,v) - H(u,v)\hat{F}(u,v) \tag{4-70}$$

的傅里叶逆变换，$\overline{n}$与$\sigma_n^2$是退化图像中噪声的均值与方差。由式（4-68）与式（4-69）推导出约束最小二乘方滤波的滤波函数

$$H_{\omega}(u,v)=\frac{H^{*}(u,v)}{|H(u,v)|^{2}+\gamma|P(u,v)|^{2}} \tag{4-71}$$

其中$\gamma$是一个与噪声有关的参数，调节$\gamma$值可以使约束条件式（4-69）得到满足。$P(u,v)$是拉普拉斯算子

$$p(x,y)=\begin{pmatrix}0 & -1 & 0\\ -1 & 4 & -1\\ 0 & -1 & 0\end{pmatrix} \tag{4-72}$$

的傅里叶变换。在对$p(x,y)$进行傅里叶变换前，要扩大$(x,y)$的取值范围：

$$p_{e}(x,y)=\begin{cases}p(x,y),0\leqslant x\leqslant 2,0\leqslant y\leqslant 2\\ 0, \quad 3\leqslant x\leqslant M-1,3\leqslant y\leqslant N-1\end{cases} \tag{4-73}$$

退化图像$g(x,y)$的傅里叶变换$G(u,v)$在滤波函数$H_{\omega}(u,v)$的作用下变成

$$\hat{F}(u,v)=\frac{H^{*}(u,v)}{|H(u,v)|^{2}+\gamma|P(u,v)|^{2}}G(u,v) \tag{4-74}$$

由$\hat{F}(u,v)$进行傅里叶逆变换得到的$\hat{f}(x,y)$可以看成是原始图像$f(x,y)$的近似。

约束条件式（4-69）中的噪声均值$\bar{n}$与方差$\sigma_{n}^{2}$可以从退化图像中获取。在退化图像的背景中找出一个灰度均匀的小矩形区，它能很好地反映噪声的统计性质。将这个矩形区用$S$表示，令$p_{s}(z_{i})(i=0,1,\cdots,L-1)$表示$S$中像素灰度$z_{i}$的分布概率，作直方图$p_{s}(z_{i})\sim z_{i}$。在直方图上很容易将噪声与图像区分开来。因为噪声的灰度分布满足一定的统计规律，例如高斯分布、瑞利分布和均匀分布等，而图像背景灰度均匀区的灰度是近似单一灰度分布。找到噪声的灰度分布$p_{s}'(z_{i})$后，就可以算出噪声的灰度平均值$\bar{z}$与方差$\sigma^{2}$：

$$\bar{z}=\frac{\sum_{i=0}^{L-1}z_{i}p_{s}'(z_{i})}{\sum_{i=0}^{L-1}p_{s}'(z_{i})} \tag{4-75}$$

$$\sigma^{2}=\frac{\sum_{i=0}^{L-1}(z_{i}-\bar{z})^{2}p_{s}'(z_{i})}{\sum_{i=0}^{L-1}p_{s}'(z_{i})} \tag{4-76}$$

这里算出的$\bar{z}$与$\sigma^{2}$就是我们需要的$\bar{n}$与$\sigma_{n}^{2}$。考虑到噪声与空间位置无关，可以将$S$区求出的$\bar{n}$与$\sigma_{n}^{2}$推广为全区。

下面介绍如何调节$\gamma$使约束条件式（4-69）得到满足。可以证明

$$A=\sum_{x=0}^{M-1}\sum_{y=0}^{N-1}\gamma^{2}(x,y) \tag{4-77}$$

是$\gamma$的递增函数，$A$随$\gamma$上升而上升，随$\gamma$下降而下降。调节$\gamma$的步骤如下：

① 给定$\gamma$的初始值，由式（4-74）算出$\hat{F}(u,v)$；

② 将$\hat{F}(u,v)$代入式（4-70）算出$R(u,v)$；

③ 计算$R(u,v)$的傅里叶逆变换$r(x,y)$，算出$A=\sum_{x=0}^{M-1}\sum_{y=0}^{N-1}\gamma^2(x,y)$；

④ 将$A$值同$B=MN[\sigma_n^2+(\overline{n})^2]$比较，如果$A<B$，则增大$\gamma$，重复以上计算，再次算出$A$，如果$A>B$，则减小$\gamma$，再重复以上计算，直到$A=B$为止。实际操作时，引入一个表示计算精确度的参数$a$，当$A<B-a$时，增大$\gamma$，当$A>B+a$时，减小$\gamma$，当$A$落到$B-a$与$B+a$之间时，停止计算。

## 4.6　逆滤波、维纳滤波与约束最小二乘方滤波的 MATLAB 实现

### 4.6.1　逆滤波的 MATLAB 实现

MATLAB 用函数 deconvblind()来实现逆滤波对退化图像的复原。这个函数的表达式为

J = deconvblind(I,PSF)

其中 I 是退化图像，这是原始图像在点扩散函数 PSF 作用下产生的退化图像。J 是复原后的图像。

［示例 4-2］　用函数 deconvblind()对运动模糊图像进行逆滤波复原。

```
I=imread('4-1a.jpg');
I=rgb2gray(I);
I=im2double(I);
PSF=fspecial('motion',15,45);      % 建立运动模糊的点扩散函数 PSF,参数为（15,45）
H=imfilter(I,PSF);                 % 用 PSF 产生运动模糊图像 H
J=deconvblind(H,PSF);              % 用 PSF 对 H 进行逆滤波复原
PSF1=fspecial('motion',30,45);     % 建立点扩散函数 PSF1,运动参数为（30,45）
J1=deconvblind(H,PSF1);            % 用 PSF1 对 H 进行逆滤波复原
PSF2=fspecial('motion',30,30);     % 建立点扩散函数 PSF2,运动参数为（30,30）
J2=deconvblind(H,PSF2);            % 用 PSF2 对 H 进行逆滤波复原
subplot(2,2,1),imshow(H);          % 显示运动模糊图像 H
subplot(2,2,2),imshow(J);          % 显示用正确参数 PSF 复原的图像 J
```

```
subplot(2,2,3),imshow(J1);           % 显示用不正确参数的 PSF1 复原的图像 J1
subplot(2,2,4),imshow(J2)            % 显示用不正确参数的 PSF2 复原的图像 J2
```

程序运行后，输出图像如图 4-2 所示。由于运动模糊图像是由参数为 len=15、theta=45 的点扩散函数 PSF 对原始图像［见图 4-1（a）］作用形成的，当用这个 PSF 对运动模糊图像进行逆滤波时，得到的复原图像就很接近原始图像。当不知道运动模糊图像的参数时，只能对这两个参数进行估计。这时用不正确参数的 PSF 进行逆滤波所得到的复原图像，质量就不好，如图 4-2（c）、（d）所示。因此，当处理运动模糊图像时，首先要对它的两个参数给出正确的估计。

（a）运动模糊图像

（b）用正确参数的 PSF 复原图像

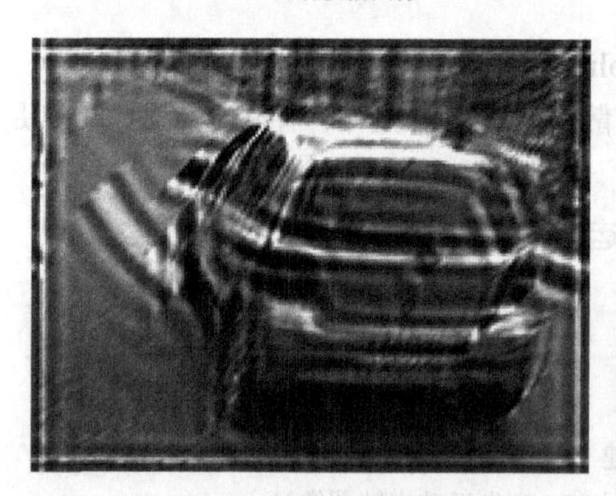

（c）用不正确参数的 PSF1 复原图像

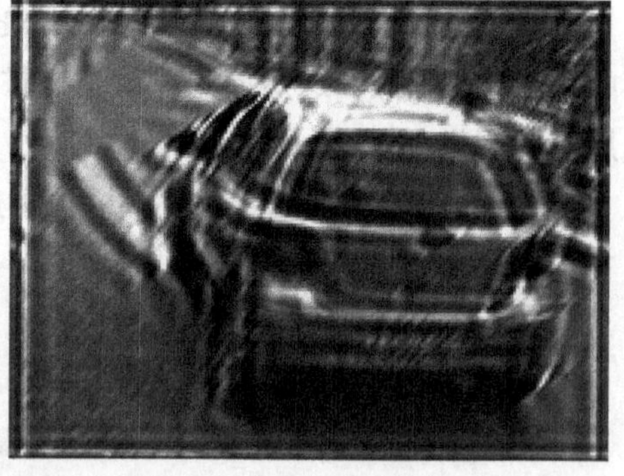

（d）用不正确参数的 PSF2 复原图像

图 4-2　用逆滤波对运动模糊图像复原

### 4.6.2　维纳滤波的 MATLAB 实现

MATLAB 采用函数 deconvwnr()来实现维纳滤波复原。这个函数的表达式有以下 3 种：

（a）J = deconvwnr(I, PSF)

（b）J= deconvwnr(I, PSF, NSR)

（c）J = deconvwnr(I ,PSF, NCORR, ICORR)

其中 I 是退化图像，这是原始图像在点扩散函数 PSF 作用下，以及噪声的污染下产生的退化图像。J 是复原后的图像。式（a）是退化图像没有受到噪声污染时的表达式。实际上，这就是逆滤波的表达式。式（b）中的 NSR 为噪信比，即噪声平均功率与原始图像平均功率之比。在原始图像未知的情况下，原始图像可以用退化图像代替。NSR 的计算方法如下：

```
sn=abs(fft2(noise)).^2                 噪声功率谱
nA=sum(sn(:))/prod(size(noise))        噪声平均功率
sf=abs(fft2(f)).^2                     图像功率谱
fA=sum(sf(:))/prod(size(f))            图像平均功率
NSR=nA/fA
```

如果噪声图像和原始图像（或退化图像）的大小相同，则

```
NSR=nA/fA= sum(sn(:))/sum(sf(:))
```

NSR 也可以是式（4-67）的常数 $K$。如果取常数 $K$，运算比较简单。$K$ 的值可以反复选取，以图像复原的效果最好为准。

式（c）中的 NCORR 与 ICORR 分别是噪声的自相关函数和原始图像的自相关函数。在原始图像未知的情况下，原始图像可以用退化图像代替。以原始图像 $f(x,y)$ 为例，它的自相关函数为 $f(x,y)\circ f(x,y)$，其中 $\circ$ 是相关运算符。图像 $f(x,y)$ 的自相关函数的傅里叶变换为功率谱

$$|F(u,v)|^2=\Im[f(x,y)\circ f(x,y)]$$

其中 $\Im$ 为傅里叶变换符号。可见，由功率谱 $|F(u,v)|^2$ 的傅里叶逆变换可以得到 $f(x,y)$ 的自相关函数 $f(x,y)\circ f(x,y)$。图像 $f(x,y)$ 的自相关函数 ICORR 计算方法如下：

```
sf = abs(fft2(f)).^2                   图像功率谱
ICORR = fftshift(real(ifft2(sf))       图像功率谱 sf 经傅里叶逆变换得到图像自相关函数
```

噪声的自相关函数 NCORR 的定义是类似的。NCORR 的计算方法为

```
sn= abs(fft2(noise)).^2                噪声功率谱
NCORR = fftshift(real(ifft2(sn))       噪声功率谱 sn 经傅里叶逆变换得到噪声自相关函数
```

如果在复原图像的边缘出现振铃现象，则应在使用函数 deconvwnr 之前先要使用函数 edgetaper()，它的具体表达式为

J = edgetaper(I,PSF)

其中 I 是在 PSF 作用下产生的退化图像。

［示例 4-3］ 对一幅运动模糊+高斯噪声的图像进行维纳滤波复原。维纳滤波采用表达式 J=deconvwnr(I,PSF,K)，其中常数 $K$ 取值 0.02,0.03,…,0.09。观察复原图像，取效果最好的 $K$ 值。

```
I=imread('4-1a.jpg');
I=rgb2gray(I);
F=im2double(I);
PSF=fspecial('motion',20,45);          % 建立运动模糊的点扩散函数 PSF，参数为（20,45）
J=imfilter(F,PSF,'circular');          % 用 PSF 产生运动模糊图像 J
N=imnoise(zeros(size(J)),'gaussian',0,0.005); % 建立高斯噪声图像 N，大小与 J 相同
K=J+N;                                 % 将运动模糊图像 J 与高斯噪声图像 N 合并为 K
NSR=sum(N(:).^2)/sum(J(:).^2);         % 计算 NSR
A1=deconvwnr(K,PSF,0.02);              % 对 K 进行维纳滤波复原
A2=deconvwnr(K,PSF,0.03);
A3=deconvwnr(K,PSF,0.04);
A4=deconvwnr(K,PSF,0.05);
A5=deconvwnr(K,PSF,0.06);
A6=deconvwnr(K,PSF,0.07);
A7=deconvwnr(K,PSF,0.08);
A8=deconvwnr(K,PSF,0.09);
subplot(3,3,1),imshow(K);subplot(3,3,2),imshow(A1);
subplot(3,3,3),imshow(A2);subplot(3,3,4),imshow(A3);
subplot(3,3,5),imshow(A4);subplot(3,3,6),imshow(A5);
subplot(3,3,7),imshow(A6);subplot(3,3,8),imshow(A7);
subplot(3,3,9),imshow(A8)
```

程序运行后，输出图像如图 4-3 所示。观察 8 个复原图像看出，$K$=0.07 的效果最好。

（a）模糊+噪声图像

（b）$K$=0.02

（c）$K$=0.03

图 4-3 用维纳滤波复原运动模糊+高斯噪声图像

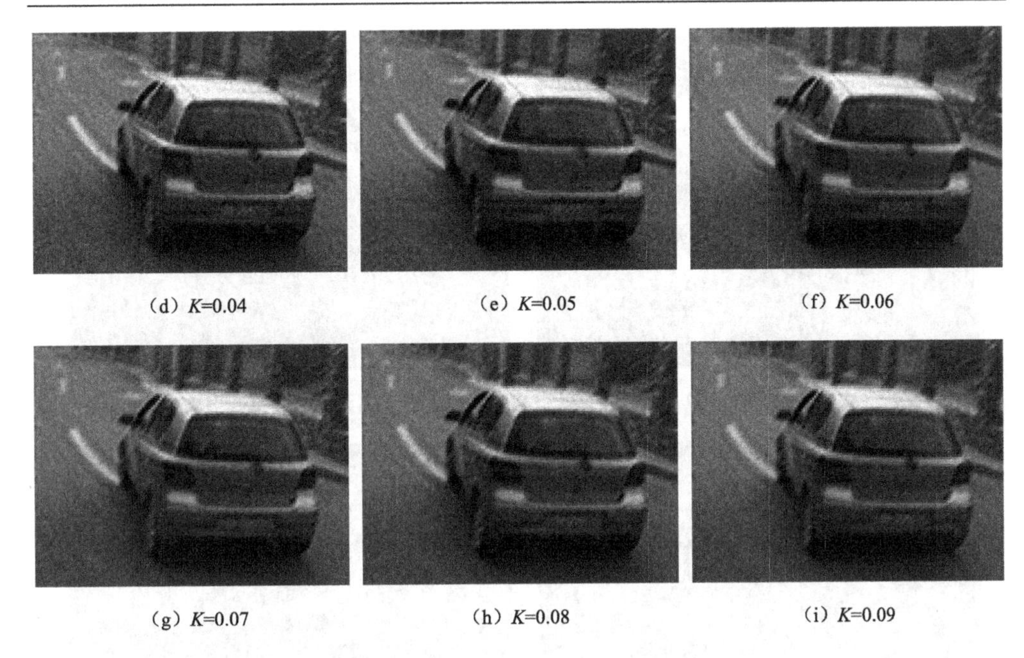

（d）$K$=0.04　（e）$K$=0.05　（f）$K$=0.06

（g）$K$=0.07　（h）$K$=0.08　（i）$K$=0.09

图 4-3　用维纳滤波复原运动模糊+高斯噪声图像（续）

［示例 4-4］　对一幅运动模糊+高斯噪声的图像进行维纳滤波复原。维纳滤波采用表达式 J=deconvwnr(I,PSF)（实为逆滤波）与 J=deconvwnr(K,PSF,NSR)。

```
F=imread('4-1a.jpg');
F=rgb2gray(F);
F=im2double(F);
PSF=fspecial('motion',20,45);           % 建立运动模糊的点扩散函数 PSF，参数为（20,45）
J=imfilter(F,PSF,'circular');           % 用 PSF 产生运动模糊图像 J
N=imnoise(zeros(size(F)),'gaussian',0,0.001);     % 建立高斯噪声图像 N，大小与 J 相同
K=J+N;                                  % 将运动模糊图像 J 与高斯噪声图像 N 合并为 K
NSR=sum(N(:).^2)/sum(J(:).^2);          % 计算 NSR
A=deconvwnr(K,PSF);                     % 对 K 进行逆滤波复原
B=deconvwnr(K,PSF,NSR);                 % 对 K 进行维纳滤波复原
subplot(2,2,1),imshow(F);
subplot(2,2,2),imshow(K);
subplot(2,2,3),imshow(A);
subplot(2,2,4);imshow(B)
```

程序运行后，输出图像如图 4-4 所示。从图可以看出，由逆滤波复原的图像已完全被放大的噪声所覆盖。可见，对于有噪声的图像，不能采用逆滤波复原。

（a）原始图像

（b）运动模糊+噪声图像

（c）逆滤波

（d）维纳滤波

图 4-4　维纳滤波复原（1）

［示例 4-5］ 对一幅运动模糊+高斯噪声的图像进行维纳滤波复原。维纳滤波采用表达式 J= deconvwnr(I,PSF,NSR)与 J=deconvwnr(K,PSF,NCORR,ICORR)。

```
F=imread('4-1a.jpg');
F=rgb2gray(F);
F=im2double(F);
PSF=fspecial('motion',20,45);          % 建立运动模糊的点扩散函数 PSF ,参数为（20,45）
J=imfilter(F,PSF,'circular');          % 用 PSF 产生运动模糊图像 J
N=imnoise(zeros(size(F)),'gaussian',0,0.001);    % 建立高斯噪声图像 N，大小与 J 相同
K=J+N;                                 % 将运动模糊图像 J 与高斯噪声图像 N 合并为 K
sn=abs(fft2(N)).^2;                    % 计算噪声功率
nA=sum(sn(:))/prod(size(N));           % 计算噪声平均功率
sf=abs(fft2(F)).^2;                    % 计算图像功率
fA=sum(sf(:))/prod(size(F));           % 计算图像平均功率
NSR=nA/fA;                             % 计算噪信比 NSR
NCORR=fftshift(real(ifft2(sn)));       % 计算噪声自相关函数 NCORR
ICORR=fftshift(real(ifft2(sf)));       % 计算图像自相关函数 ICORR
```

```
A=deconvwnr(K,PSF,NSR);            % 利用噪信比进行维纳滤波复原
B=deconvwnr(K,PSF,NCORR,ICORR);    % 利用自相关信息进行维纳滤波复原
subplot(2,2,1),imshow(F);
subplot(2,2,2),imshow(K);
subplot(2,2,3),imshow(A);
subplot(2,2,4),imshow(B)
```

程序运行后，输出图像如图 4-5 所示。可以看出利用自相关信息的维纳滤波复原图像比利用噪信比的维纳滤波复原图像要好，它已十分接近原始图像了。

（a）原始图像

（b）模糊+噪声图像

（c）用噪信比的复原图像

（d）用自相关信息的复原图像

图 4-5　维纳滤波复原（2）

### 4.6.3　约束最小二乘方滤波的 MATLAB 实现

MATLAB 利用函数 deconverg()进行约束最小二乘方滤波复原。该函数的表达式主要有以下几种：

（a）J=deconverg(I,PSF)

（b）J=deconverg(I,PSF,NP)

（c）J=deconverg(I,PSF,NP,LRANCE)

其中 I 为退化图像，它是在点扩散函数 PSF 作用下产生的。NP 是噪声强度。RANCE 是拉格朗日算子的搜索范围，默认值为$[10^{-9},10^{9}]$，MATLAB 的表示式为$[1e-9,1e9]$。

［示例 4-6］ 对模糊噪声图像用约束最小二乘方滤波复原，滤波表示式为 J=deconverg(I,PSF,NP)。

```
I=checkerboard(8);                        % 建立方块图像 I
PSF=fspecial('gaussian',8,4);             % 建立点扩散函数 PSF
J=imfilter(I,PSF,'conv');                 % 用 PSF 使图像 I 成模糊图像 J
v=0.02;
K=imnoise(J,'gaussian',0,v);              % 在模糊图像 J 中加入噪声
NP=v*prod(size(I));                       % 计算噪声强度
L=deconvreg(K,PSF,NP);                    % 进行约束最小二乘方滤波复原
subplot(2,2,1),imshow(I);
subplot(2,2,2),imshow(J);
subplot(2,2,3),imshow(K);
subplot(2,2,4),imshow(L)
```

程序运行后，输出图像如图 4-6 所示。

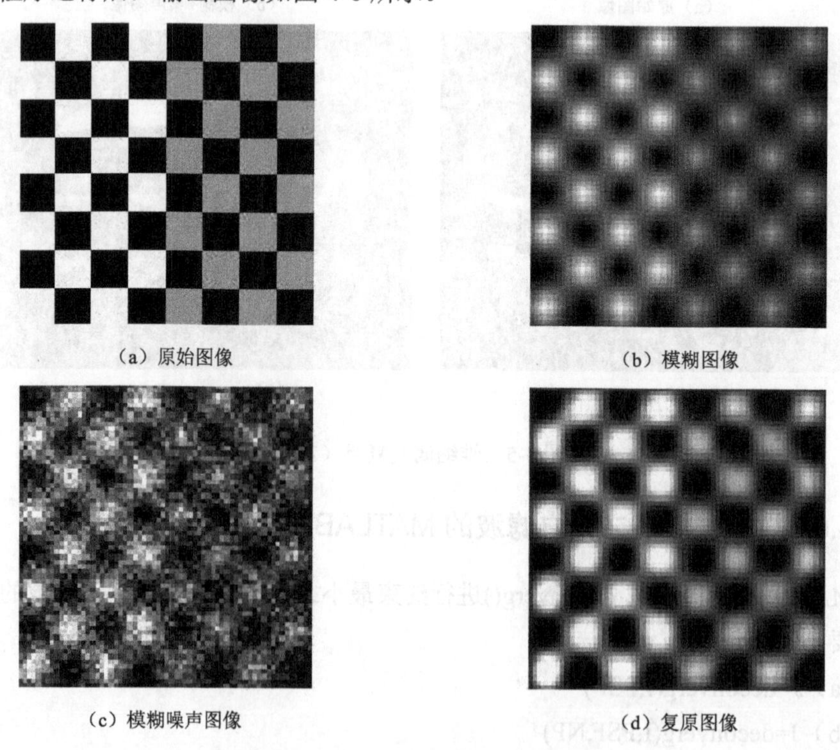

（a）原始图像　（b）模糊图像　（c）模糊噪声图像　（d）复原图像

图 4-6　约束最小二乘方滤波复原（1）

［示例 4-7］ 对模糊噪声图像用约束最小二乘方滤波复原，滤波表示式为 J=deconverg(I,PSF,NP,RANCE)。

```
I=checkerboard(8);                          % 建立方块图像 I
PSF=fspecial('gaussian',8,4);               % 建立点扩散函数 PSF
J=imfilter(I,PSF,'conv');                   % 用 PSF 使图像 I 成模糊图像 J
v=0.02;
K=imnoise(J,'gaussian',0,v);                % 在模糊图像 J 中加入噪声
NP=v*prod(size(I));                         % 计算噪声强度
L=deconvreg(K,PSF,NP,[1e-9 1e9]);           % 进行约束最小二乘方滤波复原
subplot(2,2,1),imshow(I);
subplot(2,2,2),imshow(J);
subplot(2,2,3),imshow(K);
subplot(2,2,4),imshow(L)
```

程序运行后，输出图像如图 4-7 所示。比较本例与上例的复原图像，可以看出，拉格朗日算子的搜索范围 RANCE，从上例的默认值 $[10^{-9},10^{9}]$ 变为本例的 $[10^{-8},10^{8}]$，复原图像要好一点。

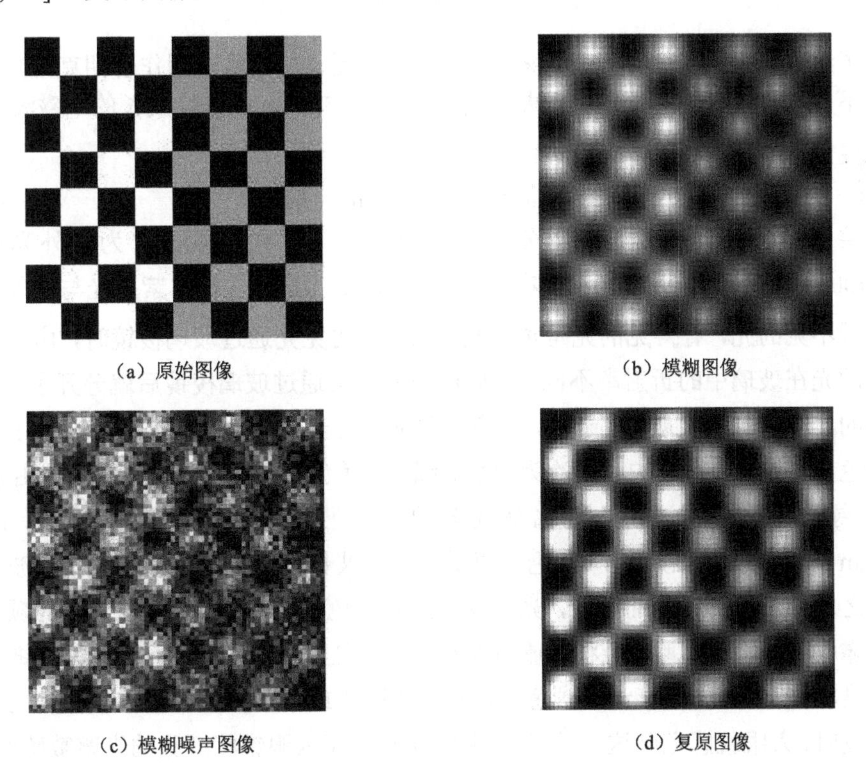

（a）原始图像　（b）模糊图像　（c）模糊噪声图像　（d）复原图像

图 4-7　约束最小二乘方滤波复原（2）

# 第5章　彩色图像

## 5.1　彩色基础

我们白天看到四周物体的形象是太阳光照射到物体上的反射光进入眼中形成的。太阳光是一种叫作电磁波的能量物质。它的一个主要特性是波长$\lambda$或频率$v$。$\lambda$与$v$的关系是

$$\lambda=\frac{c}{v} \tag{5-1}$$

式中，$c$是光速，$c\approx 3\times 10^{8}$米/秒。频率为$v$、波长为$\lambda=c/v$的光由许多能量为

$$E=hv=\frac{hc}{\lambda} \tag{5-2}$$

的光子组成。上式中的$h=6.626\times 10^{-34}$焦耳·秒是一个常数，叫作普朗克常数。太阳光不是单一波长的电磁波，而是包含$\lambda=10\sim1500\text{nm}$的连续波长的电磁波，nm是长度的单位，叫作纳米。

$$1\text{nm}（纳米）=10^{-9}\text{m}（米） \tag{5-3}$$

将$\lambda=10\sim1500\text{nm}$的范围分成3个波段：$\lambda=10\sim400\text{nm}$为紫外光区；$\lambda=400\sim700\text{nm}$为可见光区；$\lambda=700\sim1500\text{nm}$为红外光区。紫外光与红外光是肉眼看不见的光，看得见的光是可见光。当一束可见光通过玻璃棱镜时，由于不同波长的光在玻璃中的折射率不同，不同波长的光在通过玻璃棱镜后就分开了。波长愈小的光折射的程度愈大。于是，一束白色的可见光在通过玻璃棱镜后变成了一端为紫色另一端为红色，中间依次为蓝色、绿色、黄色和橙色的光。光的颜色由紫→蓝→绿→黄→橙→红的变化是逐渐的，它们之间没有明显的界限。波长400nm→700nm对应紫色→红色，似乎一定的波长对应一定的颜色。其实波长同颜色之间并没有实质性的关系，光本身不带有颜色。研究表明，人眼对光的颜色感知依靠眼中的锥状细胞。锥状细胞有3种，分别是蓝色锥状细胞，绿色锥状细胞和红色锥状细胞。当光被某一种颜色的锥状细胞吸收或某一种颜色的锥状细胞受到光的激发时，人眼就感觉到这一种颜色。图5-1给出了人眼锥状细胞的光谱敏感曲线。3条曲线的形状相似，都有一个峰值，对应最大吸收率的波长。蓝色、绿色和红色

锥状细胞吸收曲线的峰值分别在波长 445nm、535nm 与 575nm 处。这 3 条曲线各自都有一定分布宽度，并且分布宽度都比较大，以至于这 3 条曲线相互重叠。在曲线重叠处，相应波长的光同时被两种或 3 种颜色的锥状细胞吸收。这时人眼对这种波长的光的颜色感觉是两种或 3 种颜色的锥状细胞综合作用的结果。

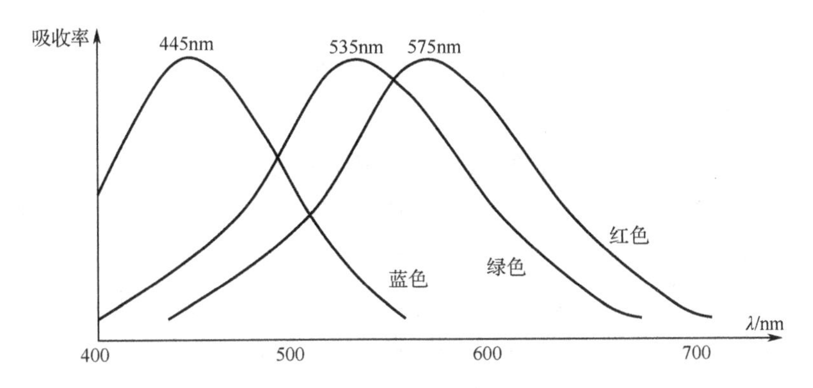


图 5-1　人眼锥状细胞的光谱敏感曲线

由图 5-1 看出，波长 $\lambda=400$nm 的光主要被蓝色锥状细胞吸收，同时也被少量绿色锥状细胞吸收，二者综合作用的结果为紫色。当波长由 400nm 增大时，蓝色锥状细胞吸收率迅速增大，绿色锥状细胞吸收率也增大，但增大得较慢，二者综合作用的结果是颜色向蓝色接近。当波长达到 445nm 时，蓝色锥状细胞吸收率达到最大值。这时光显示为蓝色。当波长继续增大时，蓝色锥状细胞吸收率开始下降，红色锥状细胞吸收率开始出现，绿色锥状细胞吸收率继续上扬。这时 3 种颜色的锥状细胞同时起作用，蓝色锥状细胞起主要作用逐渐变成绿色锥状细胞起主要作用，颜色不断向绿色接近。当波长达到 535nm 时，绿色锥状细胞吸收率达到最大值，光显示为绿色。这时蓝色锥状细胞吸收率已下降接近 0。之后绿色锥状细胞吸收率开始下降，红色锥状细胞吸收率不断上升，很快超过绿色锥状细胞并达到最大值 575nm 后下降。在这区间，红色锥状细胞的作用不断远超绿色锥状细胞，红色与绿色两种锥状细胞共同作用的结果是光的颜色由绿色变为黄绿色，黄色，橙色，红橙色和红色。

现在采用另外一种观点来描述光的颜色，虽然它并不真实，但却也能给出正确的结果。这个观点认为，看到的光的颜色是光本身就具有的，各种颜色的光是由 3 种原色光组合形成的。这 3 种原色光是原色蓝光、原色绿光和原色红光。它们不是单一波长的光，而是具有连续波长分布的光。3 种原色光的强度按波长分布的曲线同 3 种相应颜色锥状细胞的吸收率曲线相同。3 种原色光的波长分布范围大约如下。

原色蓝光：$\lambda\approx420\sim470$nm

原色绿光：$\lambda \approx 500 \sim 570\text{nm}$

原色红光：$\lambda \approx 550 \sim 610\text{nm}$

两种原色光以相同强度组合构成二次色的光：

红色＋蓝色＝品红色

绿色＋蓝色＝青色

红色＋绿色＝黄色

3 种原色光以相同强度组合构成白色光：

红色＋绿色＋蓝色＝白色

图 5-2 给出 3 种原色光和由它们组合成的二次色光。将三原色光以各种强度组合，可以形成各种颜色的光。这正是在 5.2 节中将介绍的 RGB 彩色模型的观点。

颜料三原色与二次色正好同上述光的三原色与二次色相反。颜料三原色是品红色、青色和黄色。将两种原色颜料以相同强度组合构成二次色的颜料：

品红色＋黄色＝红色

黄色＋青色＝绿色

青色＋品红色＝蓝色

3 种原色颜料以相同强度组合构成黑色颜料：

品红色＋黄色＋青色＝黑色

图 5-3 给出颜料三原色与由它们组合成的二次色颜料。

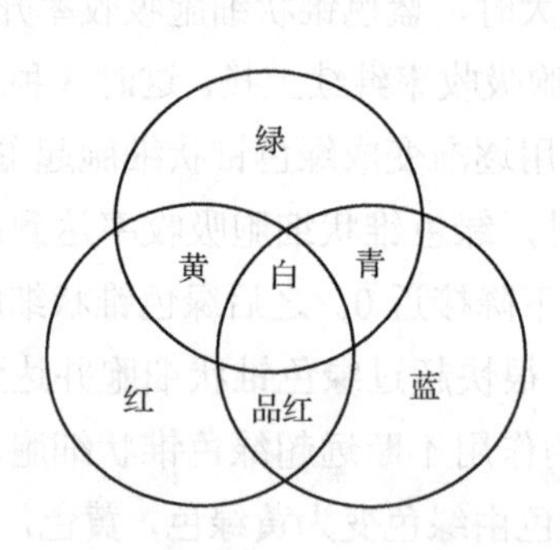


图 5-2 原色光与二次色光

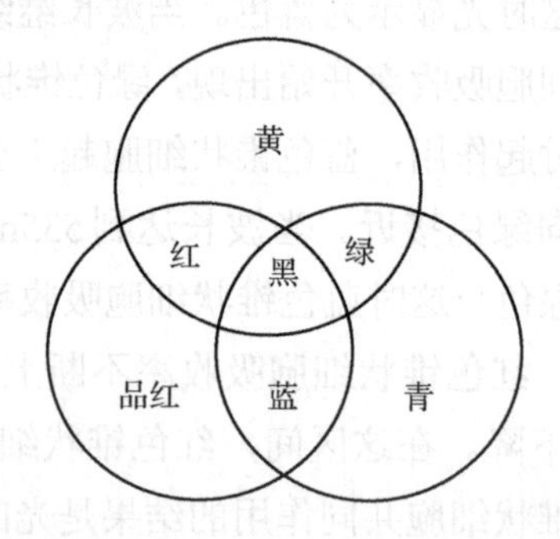


图 5-3 颜料三原色与二次色颜料

白光由等量的红光、绿光与蓝光组成。原色为品红的颜料在白光的照射下，吸收了白光中的绿光，反射的是等量的红光与蓝光。这两种光组合成品红色光，所以这种颜料的颜色显示为品红色。原色为青的颜料在白光的照射下，吸收了白光中的红光，反射的是等量的绿光与蓝光。这两种光组合成青色光，所以这种颜料的颜色显示为青色。类似地，原色为黄的颜料在白光的照射下，吸收了白光中的蓝光，反射的是等量的红光与绿光。这两种光组合成黄色光，所以这种颜料的颜色显示为黄色。

颜料的原色品红和原色黄组合成二次色红，是因为以相同比例混合的原色品红颜料与原色黄颜料吸收了白光中的绿光与蓝光，反射的是红光。颜料的原色黄和原色青组合成二次色绿，是因为以相同比例混合的原色黄颜料与原色青颜料吸收了白光中的蓝光与红光，反射的是绿光。颜料的原色青和原色品红组合成二次色蓝，是因为以相同比例混合的原色青颜料与原色品红颜料吸收了白光中的红光与绿光，反射的是蓝光。颜料的三原色组合成黑色，是因为以相同比例混合的三原色黄颜料吸收了白光中的红光，绿光与蓝光，不反射光。

将 3 种原色颜料以不同比例混合可以得到不同颜色的颜料，详见 5.2.2 节的 CMY 彩色模型。

## 5.2 彩色模型

彩色模型是对彩色给予合理解释的方式，不同的彩色模型应用的对象不同。

### 5.2.1 RGB（红绿蓝）彩色模型

在 RGB 彩色模型中，光的每一种颜色都被分解为原红、原绿和原蓝 3 个原色分量。这 3 个分量叫作三基色。因此，光的颜色对应彩色空间中的三维矢量，用笛卡儿坐标系来描述这个彩色空间。原来的直角坐标轴 $x, y$ 与 $z$ 改为 $R$、$G$ 与 $B$ 轴。如图 5-4 所示，用一个边长为 1 的单位立方体来构造彩色空间。光的三原色红（R）、绿（G）和蓝（B）分别位于单位立方体的 3 个角（100）、（010）和（001）。光的 3 个二次色黄、青与品红分别位于单位立方体的另外 3 个角（110）、（011）与（101）。黑色位于坐标原点，白色位于单位立方体距坐标原点最远的角（111）。由黑色（坐标原点）到白色（111）两点的连线叫作灰度线。在灰度线上的每一点，红绿蓝 3 个分量值相等，表示不带彩色的灰色。灰度线上的点距离坐标原点（黑色）愈远，表示灰色光的强度或灰度值愈大，最远的点（白色）灰度值最大。在 RGB 彩色模型中，光的所有颜色用图 5-4 的单位立方体内的点和表面上的点表示，并用坐标原点到这些点连线的矢量表示。由于选择的彩色空间是单位立方体，颜色矢量的 3 个分量值 $R$、$G$、$B$ 被限制在 $[0,1]$ 内。这是颜色的归一化描述方式。然而在用计算机处理彩色图像时，我们并不采用归一化描述方式，而是像灰度图像中的灰度值一样取 $[0,255]$。

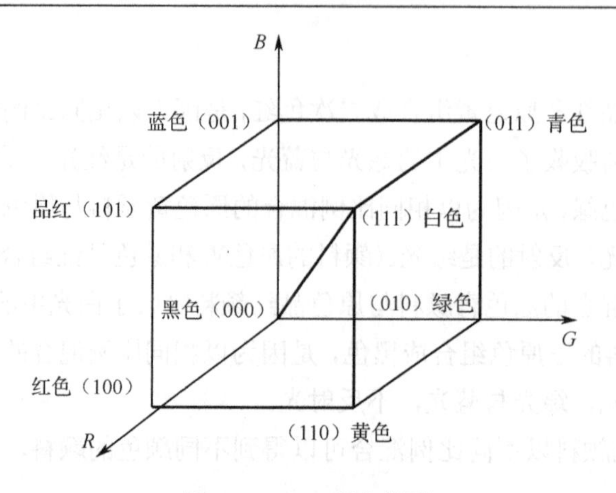


图 5-4　RGB 彩色模型

在一幅彩色图像中，每个像素点对应彩色空间中的一个点矢量，它包含原红、原绿和原蓝 3 个分量。于是，一幅彩色图像分解为原红、原绿和原蓝 3 个分图像。对一幅彩色图像的处理就是对这三幅彩色分图像的处理。就像一幅灰度图像一样，每一个彩色分图像中的灰度值用 $[0,255]$ 中的一个值表示，这是一个 8 比特的图像。于是，一幅彩色图像是 $3\times8=24$ 比特的图像，其中颜色的总数是 $(2^8)^3=16777216$。

RGB 彩色模型用于彩色监视器和彩色视频摄像机。当一幅彩色图像的 3 个分图像送入彩色监视器时，这 3 个分图像在屏幕上混合成一幅彩色图像。那么，怎样获取一幅彩色图像的 3 个分图像？当白光通过分别对红绿蓝光敏感的 3 个滤色片时，可以获得红绿蓝 3 种单色光。用带有红绿蓝 3 种原色滤色片的单彩色摄像机去拍摄一个彩色物景，可以得到 3 幅单彩色图像。它们就是 RGB 彩色分量图像。

尽管彩色视频摄像机可以获得 24 比特的 RGB 彩色图像，其中颜色总数达到 $(2^8)^3\approx1.6\times10^7$，但是目前采用的许多系统只限于 216 种稳定色，更多种颜色并没有实际的意义。由这 216 种稳定色足以构成满意的彩色图像。216 种稳定色可以由 $R$、$G$、$B$ 3 个分量的 6 个基础值形成。这 6 个基础值是 0，51，102，153，204 与 255。当 $R$、$G$、$B$ 3 个分量分别取这 6 个值中的任一个时，$R$、$G$、$B$ 3 个分量可以组合出 $(6)^3=216$ 种不同的值，即 216 种稳定色。上述 6 个基础值是用十进制表示的，它们也可以用十六进制表示为 00，33，66，99，CC 和 FF。十六进制数 0,1,2,…,9 ,A,B,C,D,E,F；对应十进制数：0,1,2,…,9,10,11,12,13,14,15；对应二进制数：0000,0001,0010,0011,0100,0101,0110,0111,1000,1001,1010,1011,1100,1101,1110,1111。表 5-1 给出稳定色中 $R$、$G$、$B$ 分量的 6 个基础值的 3 种进制表示。相比之下，颜色的十六进制表示最简单。采用十六进制表示，黑色与白色分别表示为 000000 与 FFFFFF；最亮的红色与次亮绿色表示为 FF 0000 与 00 CC 00；强度为 51 的红色与强度为 204 的蓝色组合的色表示为 3300 CC。这个组合色如用十进制表示，则为 $R = 51$，$G = 0$，$B = 204$；如用二进制表示，则为 $R = 00110011$，$G = 00000000$，$B = 11001100$。

**表 5-1　稳定色中 *R*、*G*、*B* 分量的 6 个基础值**

| 十进制数 | 0 | 51 | 102 | 153 | 204 | 255 |
|---|---|---|---|---|---|---|
| 二进制数 | 00000000 | 00110011 | 01100110 | 10011001 | 11001100 | 11111111 |
| 十六进制数 | 00 | 33 | 66 | 99 | CC | FF |

一幅 $M \times N$ 的 RGB 彩色图像可以用一个 $M \times N \times 3$ 的矩阵来描述。图像中的每个像素点对应于红绿蓝 3 个分量值。在 MATLAB 中，图像的类型不同，图像矩阵取值的范围不同。double 类型图像的取值范围是 $[0,1]$；uint8 类型图像的取值范围是 $[0,255]$；uint16 类型图像的取值范围是 $[0,65536]$。

MATLAB 利用函数 cat 来生成一幅彩色图像。该函数的语句是

$$I = \text{cat}(\text{dim}, A1, A2, A3, \cdots)$$

其中 dim 是维数，A1,A2,A3 是颜色分量。对于 RGB 彩色图像，dim=3，上式可以表示为

$$I = \text{cat}(3, iR, iG, iB)$$

此式表示，cat 将 iR, iG, iB 3 个颜色分量组合成一幅 RGB 彩色图像。

对于一幅 RGB 彩色图像，MATLAB 采用如下 3 个语句来获取图像的 3 个分量：

$$iR = I(:, :, 1)\ ;\ iG = I(:, :, 2)\ ;\ iB = I(:, :, 3)$$

**［示例 5-1］** 对一幅 RGB 彩色图像，获取它的 3 个分量，再将这 3 个分量组合成彩色图像。

```
I=imread('5-5a.jpg');                    % 读取一幅 RGB 彩色图像 I
iR=I(:,:,1);                             % 获取图像 I 的红色分量
iG=I(:,:,2);                             % 获取图像 I 的绿色分量
iB=I(:,:,3);                             % 获取图像 I 的蓝色分量
subplot(2,3,1),imshow(I);                % 显示原图像
subplot(2,3,2),imshow(iR);               % 显示红色分量
subplot(2,3,3),imshow(iG);               % 显示绿色分量
subplot(2,3,4),imshow(iB);               % 显示蓝色分量
J=cat(3, iR, iG, iB);                    % 将 3 个分量再组合成 RGB 彩色图像
subplot(2,3,5),imshow(J)                 % 显示合成图像
```

程序运行后，输出图像如图 5-5 所示。

（a）原图像

（b）红色分量

（c）绿色分量

（d）蓝色分量

（e）再合成图像

图 5-5 RGB 彩色图像

## 5.2.2 CMY（青品红黄）彩色模型

将 RGB 彩色模型中的三基色红（R）、绿（G）、蓝（B）改为颜料的三基色青（C）、品红（M）和黄（Y）就得到 CMY 彩色模型。显然， CMY 彩色模型是用于硬件打印输出的。青色、品红色和黄色是光的二次色。当白光照射到青色颜料时，青色颜料吸收白光中的红光，反射白光中的绿光和蓝光，这两种光合成为青色光。白光是由等量的红光，绿光和蓝光组成。可见，青色光是由白光减去红光得到的。如果在 RGB 彩色模型中采用归一化强度描述，则白光的强度为 1，任意颜色光的 $R$、$G$、$B$ 3 个分量取值在[0,1] 内。青色光的强度值为$C=1-R$。类似地，品红色颜料吸收白光中的绿光，品红色光的强度为$M=1-G$。黄色颜料吸收白光中的蓝光，黄色光的强度为$Y=1-B$。于是，由 RGB 彩色模型三基色到 CMY 彩色模型三基色变换公式为

$$\begin{pmatrix} C \\ M \\ Y \end{pmatrix} = \begin{pmatrix} 1 \\ 1 \\ 1 \end{pmatrix} - \begin{pmatrix} R \\ G \\ B \end{pmatrix} \tag{5-4}$$

MATLAB 利用函数 imcomplement 来实现 RGB 颜色空间和 CMY 颜色空间的互换：

A2=imcomplement(A1)

其中 A1 与 A2 分别是 RGB 颜色空间图像和 CMY 颜色空间图像或相反。

［示例 5-2］ 将一幅 RGB 彩色图像转换到 CMY 颜色空间。

```
A=imread('5-5a.jpg');
B=imcomplement(A);
c=B(:,:,1);
m=B(:,:,2);
y=B(:,:,3);
subplot(2,3,1),imshow(A);subplot(2,3,2),imshow(B);
subplot(2,3,3),imshow(c);subplot(2,3,4),imshow(m);
subplot(2,3,5),imshow(y)
```

上述程序运行后，输出图像如图 5-6 所示。

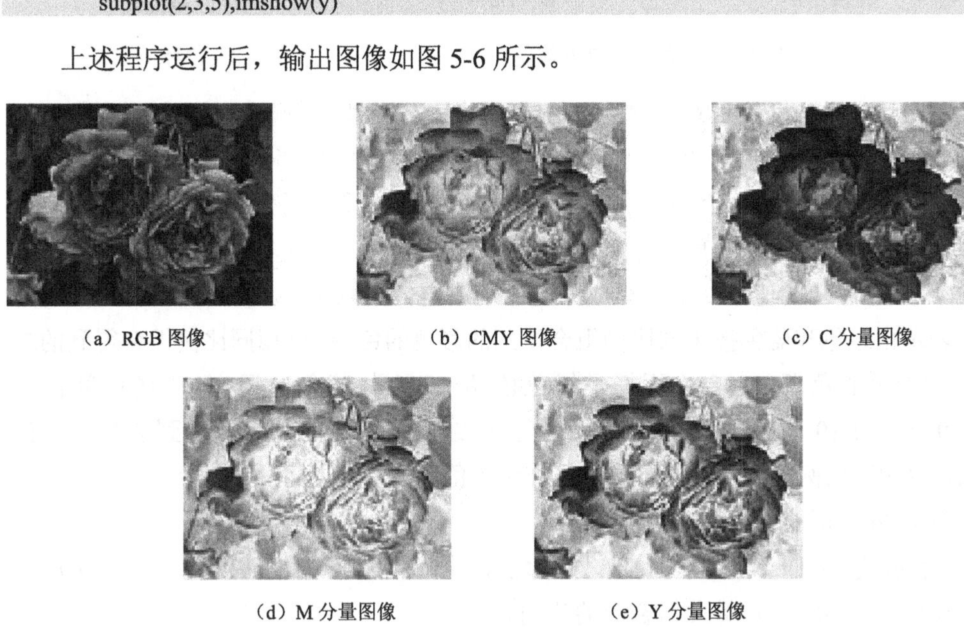

（a）RGB 图像　（b）CMY 图像　（c）C 分量图像　（d）M 分量图像　（e）Y 分量图像

图 5-6　RGB 图像转换为 CMY 图像

### 5.2.3　HSI（色调饱和度强度）彩色模型

HSI 彩色模型用色调（H）、饱和度（S）和强度（I）描述各种彩色光。色调 $H$ 描述光的颜色，用角度表示。在图 5-7 的 RGB 彩色单位立方体空间，将黑色点（坐标原点），白色点（111）和红色点（100）3 点连线形成的三角形面扩大，并将扩大的平面绕黑白两点连线的灰度轴按逆时针方向旋转，让这个平面依次同黄色点（110）、绿色点（010）、青色点（001）、蓝色点（001）、品红色点（101）相交，最后回到红色点。旋转平面通过上述相邻两点转过的角度都是一样的，旋转一周为 360°，相邻两点转过的角度是 60°。于是定义红色为 0°、黄色为 60°、绿色为 120°、青色为 180°、蓝色为 240°、品红色为 300°，如图 5-8 所示。

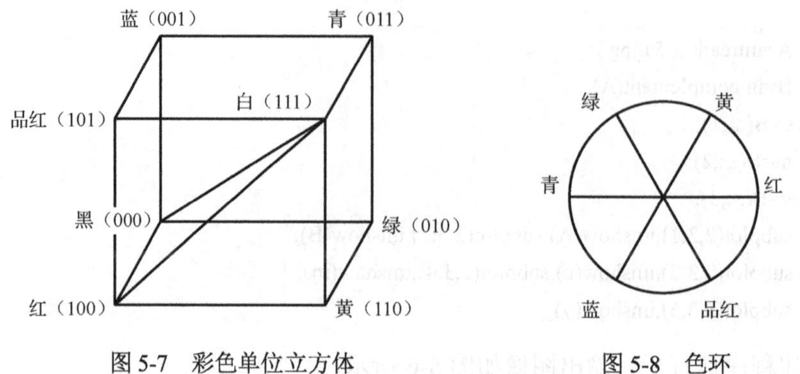


图 5-7　彩色单位立方体　　　图 5-8　色环

上述 6 个角度就是 6 种颜色的色调，黄色是红色和绿色以相同比例组合得到的二次色。黄色的色调为 60°，正好是红色色调 0° 与绿色色调 120° 的中间值。于是，0°～120° 之间的角度应该表示由红色和绿色按不同比例组合得到的彩色的色调。红色成分愈多的组合光色调愈接近 0°。反之，绿色成分愈多的组合光色调愈接近 120°。色调 $H$ 的值由红绿两种成分的比例决定。类似地，120°～240° 之间的角度表示由绿色和蓝色按不同比例组合得到的彩色的色调，以相同比例组合得到的二次色青色的色调 180°，正好是绿色色调 120° 与蓝色色调 240° 的中间值。240°～360°(0°) 之间的角度表示由蓝色和红色按不同比例组合得到的彩色的色调，以相同比例组合得到的二次色品红色的色调 300°，正好是蓝色色调 120° 与红色色调 360°(0°) 的中间值。

［示例 5-3］ 设由红色光与绿色光组合的彩色光的 $R$、$G$ 分量分别为 $R=0.3$、$G=0.1$，计算此组合光的色调。

已知绿色光的色调 $H=120°$，在由等量的红色光与绿色光组合成的黄色光中，绿色光占比为 $1/2$，黄色光的色调 $H=120°\times1/2=60°$。在由 $R=0.3$ 与 $G=0.1$ 的组合光中，绿色光占比为 $0.1/(0.1+0.3)=1/4$，此组合光的色调 $H=120°\times1/4=30°$。

以上对 $R$、$G$、$B$ 中任意两个分量组合的光给出了它的色调，如果一个彩色光是由 $R$、$G$、$B$ 3 个分量组成的，它的色调如何确定？其实，由所有二分量组成的光的色调已经包含了所有彩色光的色调。任何一个由 $R$、$G$、$B$ 3 个分量组成的光的色调一定可以表示为某一个二分量组成的光的色调。下面通过一个实例来给予说明。

［示例 5-4］ 设一彩色光的 $R$、$G$、$B$ 分量分别为 $R=0.2$、$G=0.3$、$B=0.4$，计算它的色调。

在 3 个分量均不为 0 的彩色光中，一定含有白色光的成分。$R$、$G$、$B$ 中最小的分量值就是其中所含白色光的 3 个相等的分量值。在此例中，$R$、$G$、$B$ 中最小的分量是$R=0.2$。白色光的3个分量是$R=G=B=0.2$。于是，这3个分量均不为0的彩色光就分解为$R=G=B=0.2$的白色光和$R=0.2-0.2=0, G=0.3-0.2=0.1$, $B=0.4-0.2=0.2$的二分量光。白色光是无色的，它对色调没有贡献。$G=0.1$、$B=0.2$的二分量光的色调就是本例3分量光的色调。下面来求$G=0.1$、$B=0.2$的二分量光的色调。由于此二分量光是由$H=120^\circ$的绿色光和$H=240^\circ$的蓝色光组合成的，它的色调$H$在$120^\circ$～$240^\circ$之间。已知由等量绿色光和蓝色光组合成的青色光的色调$H=120^\circ+120^\circ\times1/2=180^\circ$，其中1/2是蓝色光在青色光中占的比例。在$G=0.1$、$B=0.2$的二分量光中，蓝色光占的比例为$0.2/(0.1+0.2)=2/3$。此二分量光的色调$H=120^\circ+120^\circ\times2/3=200^\circ$，这就是本例中3分量光的色调。

在上例中，$R=0.2$、$G=0.3$、$B=0.4$的3分量光是由$G=0.1$、$B=0.2$的二分量光和$R=G=B=0.2$的白色光组合成的。这个3分量光同二分量光具有相同的色调$H=200^\circ$。它们的色调相同，表示颜色相同，它们的差别是颜色的深浅程度不同，单纯的二分量光颜色深，混合白色光后，颜色变浅了。

现在将上述示例推广，对于由R、G、B中任意两个分量组成的彩色光，它具有确定的色调$H$。当它同白色光混合时，无论混入的白色光有多少，它的色调不变，颜色不变，只是颜色变淡了。为了区别这些具有相同色调混有不同数量白色光的光，引入一个叫作饱和度$S$的量，用$S$来描述具有一定色调$H$的光中含有白色光的分量。规定，如果一彩色光是纯粹的二分量光，没有混入白色光，它的饱和度$S=1$。当混入一半白色光时，它的饱和度$S=1/2$，白色光的饱和度$S=0$。按照这个规定，色调为$H$的彩色光饱和度$S$是其中具有色调$H$的二分量光占的比例。不难算出，上述$R=0.2$、$G=0.3$、$B=0.4$的彩色光中色调$H=200^\circ$的二分量光占的比例为$S=\dfrac{0.1+0.2}{0.2+0.3+0.4}=\dfrac{1}{3}$，这就是色调$H=200^\circ$、$R=0.2$、$G=0.3$、$B=0.4$的3分量彩色光的饱和度。实际上，饱和度$S$描述的是具有一定色调$H$的光的颜色深浅程度。$S$愈大，颜色愈深。

对于R、G、B 3分量一定的彩色光，如果将3个分量分别同乘一个常数，则R、G、B 3个分量改变后的彩色光色调和饱和度不变，改变的是光的强度。例如，$R=0.2$、$G=0.3$、$B=0.4$的彩色光同$R=0.4$、$G=0.6$、$B=0.8$的彩色光相比，二者的色调都是$H=200^\circ$，饱和度都是$S=1/3$。只是后者的强度是前者的二倍。为了区别这一类色调和饱和度相同、强度不同的光，引入叫作强度$I$的量。规定，R、G、B 3个分量均取最大值（$R=G=B=1$）的白色光的强度$I=1$。于是，R、G、B取任意值的彩色光的强度为

$$I=\frac{1}{3}(R+G+B) \tag{5-5}$$

HSI 彩色模型采用柱坐标（$\varphi,\rho,z$）表示色调$H$、饱和度$S$和强度$I$。柱坐标系$\varphi\rho z$如图 5-9 所示，在它的$xy$平面上，以坐标原点为圆心作半径$\rho=1$的圆，并以此圆为基础，作高度$z=1$的圆柱体。这个圆柱体就构成了 HSI 彩色空间，如图 5-10 所示。在这个彩色空间中的任一点的柱坐标$\varphi\rho z$改用$H$、$S$、$I$表示，它们分别描述彩色光的色调、饱和度和强度。圆柱体的中心轴（灰度线）描述无色的光，它的最低点（$I=0$）为黑色，最高点（$I=1$）为白色。

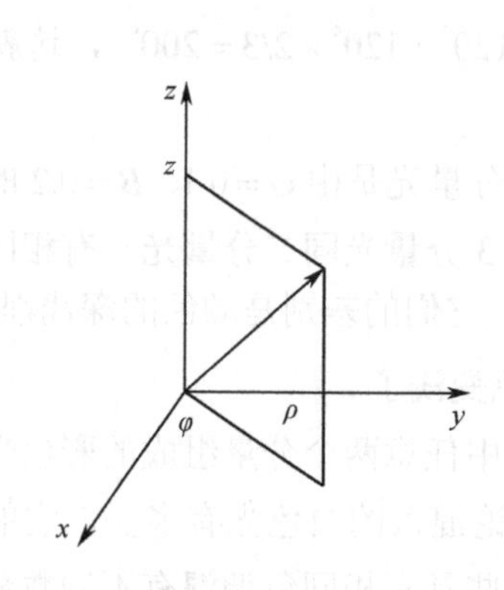

图 5-9 柱坐标系

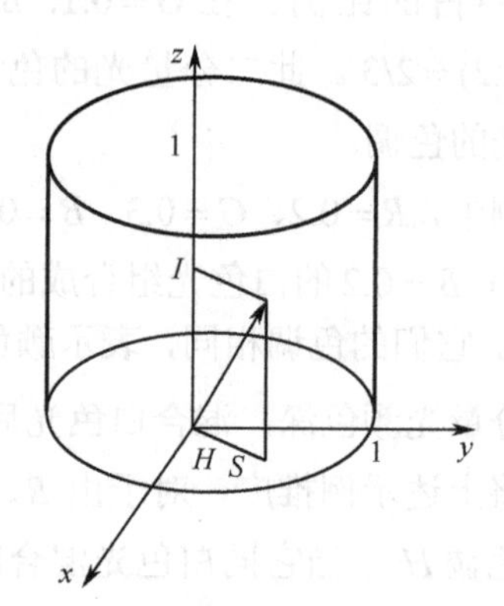

图 5-10 HSI 柱形彩色空间

## 5.2.4 RGB 与 HSI 之间的变换

先给出由$R$、$G$、$B$到$H$、$S$、$I$的变换公式。

（1）如果$R$、$G$、$B$中$B$的值最小，则$H$值必定在$0^\circ$～$120^\circ$之间，$H$、$S$、$I$的计算公式为

$$H=120^\circ\frac{G-B}{R+G-2B} \tag{5-6}$$

$$S=\frac{R+G-2B}{R+G+B} \tag{5-7}$$

$$I=\frac{1}{3}(R+G+B) \tag{5-8}$$

（2）如果$R$、$G$、$B$中$R$的值最小，则$H$值必定在$120^\circ$～$240^\circ$之间，$H$、$S$、$I$的计算公式为

$$H=120^\circ\left[1+\frac{B-R}{G+B-2R}\right] \tag{5-9}$$

$$S=\frac{G+B-2R}{R+G+B} \tag{5-10}$$

$$I=\frac{1}{3}(R+G+B) \tag{5-11}$$

（3）如果 $R$、$G$、$B$ 中 $G$ 的值最小，则 $H$ 值必定在 $240^\circ \sim 360^\circ$ 之间，$H$、$S$、$I$ 的计算公式为

$$H=120^\circ\left[2+\frac{R-G}{R+G-2G}\right] \tag{5-12}$$

$$S=\frac{R+B-2G}{R+G+B} \tag{5-13}$$

$$I=\frac{1}{3}(R+G+B) \tag{5-14}$$

再给出由 $H$、$S$、$I$ 到 $R$、$G$、$B$ 的变换公式。

（1）$H$ 的值在 $0^\circ \sim 120^\circ$ 之间

$$R=I\left[1+S\left(2-\frac{H}{40^\circ}\right)\right] \tag{5-15}$$

$$G=I\left[1+S\left(\frac{H}{40^\circ}-1\right)\right] \tag{5-16}$$

$$B=I(1-S) \tag{5-17}$$

（2）$H$ 的值在 $120^\circ \sim 240^\circ$ 之间

$$R=I(1-S) \tag{5-18}$$

$$G=I\left[1+S\left(2-\frac{H-120^\circ}{40^\circ}\right)\right] \tag{5-19}$$

$$B=I\left[1+S\left(\frac{H-120^\circ}{40^\circ}-1\right)\right] \tag{5-20}$$

（3）$H$ 的值在 $240^\circ \sim 360^\circ$ 之间

$$R=I\left[1+S\left(\frac{H-240^\circ}{40^\circ}-1\right)\right] \tag{5-21}$$

$$G=I(1-S) \tag{5-22}$$

$$B=I\left[1+S\left(2-\frac{H-240^\circ}{40^\circ}\right)\right] \tag{5-23}$$

$R$、$G$、$B$ 与 $H$、$S$、$I$ 之间的变换公式有多种，上面介绍的是比较简单的一种。下面给出另一种常用的变换公式。先给出由 $R$、$G$、$B$ 到 $H$、$S$、$I$ 的变换公式。

$$H=\begin{cases}\theta, & B\leqslant G\\ 360^\circ-\theta, & B>G\end{cases} \tag{5-24}$$

$$\theta = \arccos\left\{\frac{\frac{1}{2}[(R-G)+(R-B)]}{[(R-G)^2+(R-B)(G-B)]^{1/2}}\right\} \tag{5-25}$$

$$S = 1 - \frac{3}{R+G+B}[\min(R,G,B)] \tag{5-26}$$

$$I = \frac{1}{3}(R+G+B) \tag{5-27}$$

再给出由$H$、$S$、$I$到$R$、$G$、$B$的变换公式。

（1）$H$的值在0°～120°之间

$$R = I\left[1+\frac{S\cos H}{\cos(60^\circ - H)}\right] \tag{5-28}$$

$$B = I(1-S) \tag{5-29}$$

$$G = 3I-(R+B) \tag{5-30}$$

（2）$H$的值在120°～240°之间

$$R = I(1-S) \tag{5-31}$$

$$G = I\left[1+\frac{S\cos(H-120^\circ)}{\cos(180^\circ - H)}\right] \tag{5-32}$$

$$B = 3I-(R+G) \tag{5-33}$$

（3）$H$的值在240°～360°之间

$$G = I(1-S) \tag{5-34}$$

$$B = I\left[1+\frac{S\cos(H-240^\circ)}{\cos(300^\circ - H)}\right] \tag{5-35}$$

$$R = 3I-(G+B) \tag{5-36}$$

以上两种变换公式的基本思想是一致的，虽然得到的结果不同，但基本性质相同，都是可用的。

MATLAB 根据式（5-24）～式（5-27）采用以下程序来获取一幅 RGB 彩色图像 A 的色调$H$、饱和度$S$和强度$I$ 3 个分量。先将图像 A 的数据类型转换成双精度型，并提取 RGB 彩色图像 A 的红绿蓝 3 个分量：

```
A=im2double(A);
r=A(:,:,1);g=A(:,:,2);b=A(:,:,3);
```

由这 3 个分量可以直接计算出强度$I$：

```
I=(r+g+b)/3;
```

再计算饱和度$S$：

```
t1=min(min(r,g),b);
t2=r+g+b;t2(t2==0)=eps;
S=1-3.*t1./t2;
```

由于 t2 处于 S 计算式的分母上，为了避免当 t2=0 时导致无穷大，故在上式中引入 t2(t2==0)=eps，eps 是一个小数。最后计算色调 $H$：

```
p1=0.5.*((r-g)+(r-b));
p2=((r-g).^2+(r-b).*(g-b)).^(1./2);
K=acos(p1./(p2+eps)) ;
if   b<=g
H=k;
else   H=2.*pi-K;
end
H=H./(2.*pi);
H(S==0)=0;
subplot(2,2,1),imshow(A);
subplot(2,2,2),imshow(H);
subplot(2,2,3),imshow(S);
subplot(2,2,4),imshow(I)
```

以上程序运行后，得到的 RGB 彩色图像和它的 $H$、$S$、$I$ 分量如图 5-11 所示。

（a）RGB 彩色图像

（b）$H$ 分量

（c）$S$ 分量

（d）$I$ 分量

图 5-11 RGB 彩色图像和它的 $H$、$S$、$I$ 分量

# 5.3 伪彩色图像

一幅非彩色的灰度图像，如果将它的不同灰度值赋予不同的颜色，就变成了一幅彩色图像。这个彩色图像叫作伪彩色图像。由于人眼对灰色图像的灰度级的分辨仅限于 20 多种，而对于彩色图像色调的分辨却高达上千种，所以当灰度图像变成伪彩色图像后，就可以清楚地看出图像的精细结构了。将灰度图像变成伪彩色图像的一个简便方法是灰度分层法。设灰度图像 $f(x,y)$ 的灰度级为 $0 \sim L-1$。$f(x,y)=0$ 为黑色，$f(x,y)=L-1$ 为白色。在 $0 \sim L-1$ 之间选择等间隔的 $p$ 个灰度值：$l_1,l_2,\cdots,l_p$，在灰度 $0 \sim L-1$ 之间就形成 $p+1$ 个灰度层：$V_1,V_2,\cdots,V_{p+1}$。我们将每一个灰度层 $V_i(i=1,2,\cdots,p+1)$ 赋予一种颜色 $H_i$。$f(x,y)$ 的值在 $V_i$ 内的像素就变成具有颜色 $H_i$ 的像素。一幅灰度图像就变成具有 $p+1$ 种颜色的伪彩色图像。一个最简单的例子是构造 $p=1$ 的双色图像。取定一个灰度值 $l_i$，将所有 $f(x,y) \geqslant l_i$ 的像素赋予红色，所有 $f(x,y) < l_i$ 的像素赋予白色。这就得到一个二色图像。在检查金属焊缝的裂纹时，可以采用这种二色图像。用 X 射线照焊接件时，如有裂缝，X 射线通过裂缝在 X 光底片上留下最亮的痕迹。对一个 8 比特的 X 光图像，将红色赋予灰度 255 的像素，将白色赋予其他灰度的像素。这对用人眼来判断裂缝是十分有利的。医学上对人体甲状腺的放射线图分析也常用伪彩色图像。因为对灰色图像，人眼很难分辨出病变。如果将灰度级分为十个或十个以上的彩色区，就很容易分辨出病变来。

MATLAB 采用函数 grayslice 实现用灰度分层法将一幅灰度图像转换为伪彩色图像。该函数的表示式为

```
J=grayslice(I, n)
```

其中 I 为灰度图像，n 为分层数，J 为伪彩色图像。

将灰度图像 $f(x,y)$ 转变成伪彩色图像的另一个常用的方法是，先将 $f(x,y)$ 分别进行红色变换 $f_R(x,y)$、绿色变换 $f_G(x,y)$ 与蓝色变换 $f_B(x,y)$，然后将它们相加，合成为彩色图像。例如，对于灰度级为 $0 \sim L-1$ 的一幅灰度图像 $f(x,y)$，选择如下 3 个变换函数：

$$f_R(x,y)=255-f(x,y)$$

$$f_G(x,y)=255\sin\left[\frac{\pi}{255}f(x,y)\right]$$

$$f_B(x,y)=f(x,y)$$

图 5-12 显示了这 3 个函数的曲线。当 $f$ 取不同值时，这 3 个函数的相对值不同，因而对应 3 种不同的颜色。假定灰度图像是机场旅客行李的 X 光透视图。由于 X 射线对金属物品、塑料物品和衣物的透射率不同，这 3 种物品在 X 光透视图中显示的灰度区间不同。图 5-12 给出了这 3 种物品显示的灰度区间。由这 3 个灰度区间中心值对应的 $R$、$G$、$B$ 值可以得到 3 个物品对应的颜色的色调：金属（黄色）、塑料（接近青色）、衣物（接近蓝色）。根据颜色，很容易判断金属类的违禁物品。

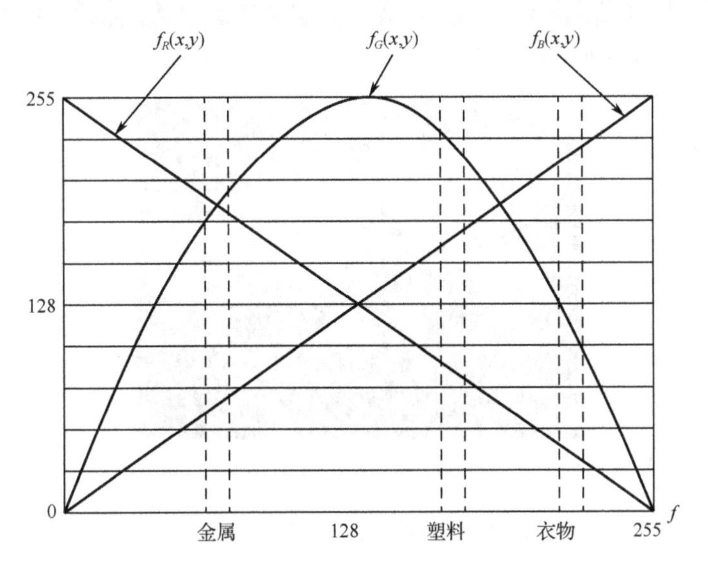


图 5-12　灰度-彩色变换函数曲线及物品显示灰度区间

［示例 5-5］ 用灰度分层法，将一幅灰度图像转换为伪彩色图像。

```
P=imread('5-13a.jpg');
P=rgb2gray(P);
imshow(P);
T=grayslice(P,16);
figure,
imshow(T,hot(16));
K=grayslice(P,32);
figure,
imshow(K,hot(32))
```

程序运行后，输出图像如图 5-13 所示。

（a）灰度图像

（b）伪彩色图像（$n$=16）

（c）伪彩色图像（$n$=32）

图 5-13　灰度分层法形成伪彩色图像

［示例 5-6］ 用灰度-彩色变换函数的方法将一幅灰度图像转换为伪彩色图像。灰度变换函数采用图 5-12 所示的函数，即：

$$f_R(x,y)=255-f(x,y)$$

$$f_G(x,y)=255\sin\left[\frac{\pi}{255}f(x,y)\right]$$

$$f_B(x,y)=f(x,y)$$

```
I=imread('5-13a.jpg');
I=rgb2gray(I);
imshow(I);
I=double(I);
[M,N]=size(I);
for i=1:M
for j=1:N
R(i,j)=255-I(i,j);
G(i,j)=255*sin(I(i,j).*pi./255);
```

```
B(i,j)=I(i,j);
end
end
for i=1:M
for j=1:N
C(i,j,1)=R(i,j);
C(i,j,2)=G(i,j);
C(i,j,3)=B(i,j);
end
end
figure,
C=uint8(C);
imshow(C)
```

程序运行后，输出图像如图 5-14 所示。

（a）灰度图像　　（b）伪彩色图像

图 5-14　灰度变换法形成伪彩色图像（1）

**［示例 5-7］** 用灰度-彩色变换函数的方法将一幅灰度图像转换为伪彩色图像。灰度变换函数采用图 5-15 所示的函数。这 3 个函数的表示式分别为

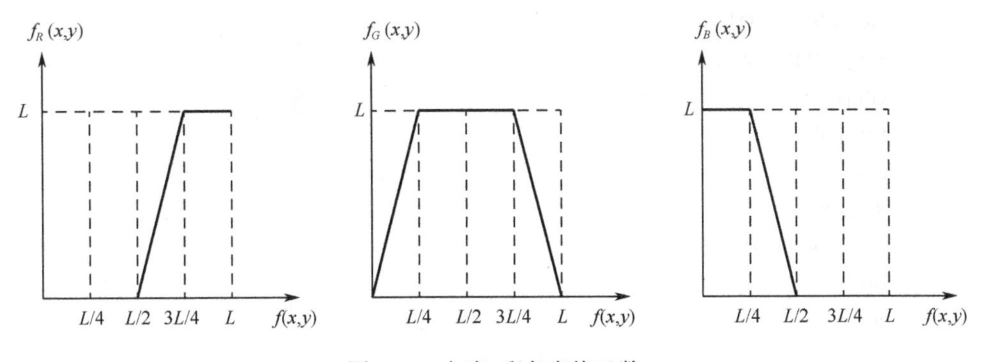


图 5-15　灰度-彩色变换函数

$$f_R(x,y)=\begin{cases}0, & 0\leqslant f(x,y)<L/4\\ 0, & L/4\leqslant f(x,y)<L/2\\ 4f(x,y)-2L, & L/2\leqslant f(x,y)<3L/4\\ L, & 3L/4\leqslant f(x,y)\leqslant L\end{cases}$$

$$f_G(x,y)=\begin{cases}4f(x,y), & 0\leqslant f(x,y)<L/4\\ L, & L/4\leqslant f(x,y)<L/2\\ L, & L/2\leqslant f(x,y)<3L/4\\ -4f(x,y)+4L, & 3L/4\leqslant f(x,y)\leqslant L\end{cases}$$

$$f_B(x,y)=\begin{cases}L, & 0\leqslant f(x,y)<L/4\\ -4f(x,y)+2L, & L/4\leqslant f(x,y)<L/2\\ 0, & L/2\leqslant f(x,y)<3L/4\\ 0, & 3L/4\leqslant f(x,y)\leqslant L\end{cases}$$

```
I=imread('5-13a.jpg');
I=rgb2gray(I);
imshow(I);
I=double(I);
[M,N]=size(I);
L=256;
for i=1:M
for j=1:N
if I(i,j)<=L/4
R(i,j)=0;
G(i,j)=4*I(i,j);
B(i,j)=L;
else if I(i,j)<=L/2
R(i,j)=0;
G(i,j)=L;
B(i,j)=-4*I(i,j)+2*L;
else if I(i,j)<=3*L/4
R(i,j)=4*I(i,j)-2*L;
G(i,j)=L;
B(i,j)=0;
else
R(i,j)=L;
G(i,j)=-4*I(i,j)+4*L;
B(i,j)=0;
end
end
```

```
end
end
end
>>for i=1:M
for j=1:N
C(i,j,1)=R(i,j);
C(i,j,2)=G(i,j);
C(i,j,3)=B(i,j);
end
end
C=uint8(C);
figure,
imshow(C)
```

程序运行后，输出图像如图 5-16 所示。

（a）灰度图像

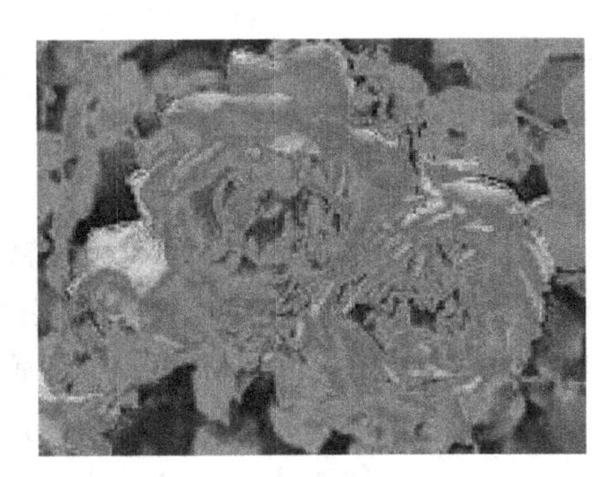

（b）伪彩色图像

图 5-16　灰度变换法形成伪彩色图像（2）

# 5.4　彩色图像处理

## 5.4.1　彩色图像的变换公式

图像处理是对图像实行各种变换，以达到改善图像的目的。已知灰度图像 $f(x,y)$ 的变换公式为

$$g(x,y)=T[f(x,y)] \tag{5-37}$$

其中 $T$ 是对原图像 $f(x,y)$ 运算的一种算子，$g(x,y)$ 是运算后的图像。仿照式（5-37）可以给出彩色图像 $c(x,y)$ 的变换公式：

$$\boldsymbol{q}(x,y)=T[\boldsymbol{c}(x,y)] \tag{5-38}$$

其中 $T$ 是对原彩色图像 $\boldsymbol{c}(x,y)$ 运算的一种算子，$\boldsymbol{q}(x,y)$ 是运算后的彩色图像。式（5-38）与式（5-37）的差别是，$f(x,y)$ 与 $g(x,y)$ 是标量函数，而 $\boldsymbol{c}(x,y)$ 与 $\boldsymbol{q}(x,y)$ 是矢量函数。在 RGB 彩色空间，矢量 $\boldsymbol{c}(x,y)$ 与 $\boldsymbol{q}(x,y)$ 表示为

$$\boldsymbol{c}(x,y)=\begin{pmatrix} c_R(x,y) \\ c_G(x,y) \\ c_B(x,y) \end{pmatrix}=\begin{pmatrix} R(x,y) \\ G(x,y) \\ B(x,y) \end{pmatrix} \tag{5-39}$$

$$\boldsymbol{q}(x,y)=\begin{pmatrix} q_R(x,y) \\ q_G(x,y) \\ q_B(x,y) \end{pmatrix}=\begin{pmatrix} R'(x,y) \\ G(x,y) \\ B'(x,y) \end{pmatrix} \tag{5-40}$$

式（5-38）表示为

$$\boldsymbol{q}(x,y)=\begin{pmatrix} q_R(x,y) \\ q_G(x,y) \\ q_B(x,y) \end{pmatrix}=\begin{pmatrix} R'(x,y) \\ G'(x,y) \\ B'(x,y) \end{pmatrix}=T\begin{pmatrix} R(x,y) \\ G(x,y) \\ B(x,y) \end{pmatrix} \tag{5-41}$$

### 5.4.2 彩色层分离

彩色层分离是突出图像中某个特定的感兴趣的彩色区域，并将它作为目标从图像中分离出来。具体做法是把不感兴趣的彩色区域都映射为不带颜色的灰度区，而将感兴趣的彩色区域保留下来。假定感兴趣的彩色区域中心的 $R$、$G$、$B$ 值为 $a_1$、$a_2$、$a_3$，该彩色区的宽度为 $w$。彩色层分离的变换公式为

$$q_i(x,y)=\begin{cases} 0.5 & |\, c_R(x,y)-a_1| > w/2, |\, c_G(x,y)-a_2| > w/2, |\, c_B(x,y)-a_3| > w/2 \\ c_i(x,y) & \text{其他} \end{cases}$$

$$i=R、G、B \tag{5-42}$$

上式表示，只要 $(x,y)$ 点像素的 $R$、$G$、$B$ 值不在感兴趣的彩色区内，变换后这些像素的 $R$、$G$、$B$ 值就变成了都是 0.5 的无色 $(R=G=B=0.5)$ 像素，这些像素所在的原彩色区变了无色的灰度区；而感兴趣的彩色区则被保留了下来。

### 5.4.3 彩色平衡与彩色增强

#### 1. 彩色平衡

在对一幅彩色图像进行数字化处理时，由于 $R$、$G$、$B$ 三色通道对 3 种颜色的灵敏度不同，3 个分量图像的相同线性变换会出现差异，导致三基色不平衡，使最后合成的图像颜色失真。例如，原本无色的物体带上了颜色。判断彩色是否平衡的

一个简单方法就是检查无色物体是否带上了颜色。假如图像有明显的黑色或白色背景，则在 $R$、$G$、$B$ 3 个分量图像的直方图中会产生明显的峰。对比变换后 3 个分量图像的直方图中峰的位置，如果它们出现在不同的灰度级上，则表示彩色是不平衡的。

改正彩色不平衡的方法是对 $R$、$G$、$B$ 3 个分量图像分别采用不同的线性变换。通常是改变两个分量图像的线性变换，使之同第 3 个匹配。具体做法是，选择图像中比较均匀的浅灰色和深灰色两个区域，计算它们在 $R$、$G$、$B$ 3 个分量图像的平均灰度值。通过改变两个分量图像的线性变换，使这两个分量图像中上述两个区的平均灰度值同第 3 个分量图像一致。均匀灰色区的 $R$、$G$、$B$ 3 个分量值相等：$R=G=B$。如果在 3 个分量图像变换后，$R$、$G$、$B$ 3 个分量值仍然保持相等，就表示彩色是平衡的，这时灰色区不会带上颜色。

#### 2. 彩色增强

彩色增强的目的是使图像更加光亮，色彩更加鲜明。或相反，图像不要太光亮，色彩不要太鲜明。由于对 $R$、$G$、$B$ 3 个分量的操作很容易破坏彩色平衡，造成颜色失真，所以最好是将 RGB 彩色图像转换成 HSI 彩色图像。在 HSI 彩色空间，只对强度 $I$ 操作，无论是加大 $I$，还是减小 $I$，都不会影响色调 $H$ 与饱和度 $S$。在 HSI 彩色空间，也可以改变饱和度 $S$。将每个像素的饱和度 $S$ 都乘一个大于 1 的常数，会使图像的色彩更加鲜明。反之，都乘一个小于 1 的常数，会使图像的色彩鲜明度降低，以上两种操作都不会改变图像颜色的色调。同样也可以改变图像颜色的色调 $H$。例如，将每个像素的色调都加上一个小角度，会使图像的色彩整体向紫色方向移动。反之，都减小一个角度，会使图像的色彩整体向红色方向移动。加、减的角度不能太大，否则会使图像的色彩发生剧烈的变动。在 HSI 彩色空间完成预定的操作后，要返回到 RGB 彩色空间来显示增强后的彩色图像。

### 5.4.4　彩色图像平滑

灰度图像的平滑方法可以推广应用于彩色图像。灰度图像的平滑采用空间滤波操作，当如图 5-17 所示的 3×3 模板滑过图像时，处于模板中心位置 $(x,y)$ 的像素灰度值就被处于模板内所有 9 个像素的灰度平均值：

$$\overline{f(x,y)}=\frac{1}{9}\sum_{(s,t)\in S_{xy}}f(s,t) \tag{5-43}$$

代替了。上式中的 $S_{xy}$ 是中心位于 $(x,y)$ 的邻域，包含 $(x,y)$ 及与它最邻近的 8 个像素。

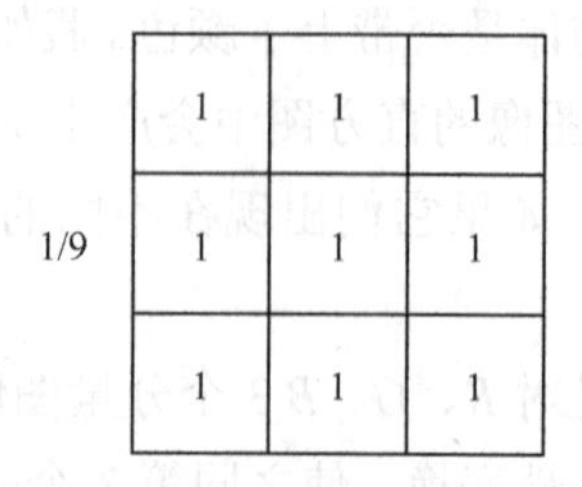


图 5-17　3×3 模板

现在将式（5-43）推广应用于彩色图像，便有：

$$\overline{c(x,y)}=\frac{1}{k}\sum_{(s,t)\in S_{xy}}c(x,y)=\begin{pmatrix}\frac{1}{k}\sum_{(s,t)\in S_{xy}}R(s,t)\\ \frac{1}{k}\sum_{(s,t)\in S_{xy}}G(s,t)\\ \frac{1}{k}\sum_{(s,t)\in S_{xy}}B(s,t)\end{pmatrix} \tag{5-44}$$

其中 $S_{xy}$ 是中心位于 $(x,y)$ 的邻域，包括 $(x,y)$ 在内共有 $k$ 个像素，以上平滑是在 RGB 彩色空间进行的，还可以在 HSI 彩色空间进行平滑操作。这时，保持色调 $H$ 与饱和度 $S$ 不变，仅对强度 $I(x,y)$ 作上述平滑操作：

$$\overline{I(x,y)}=\frac{1}{k}\sum_{(s,t)\in S_{xy}}I(s,t) \tag{5-45}$$

在完成操作后必须返回到 RGB 彩色空间来显示平滑后的图像。

上述彩色图像的两种平滑结果是不一样的。RGB 彩色空间的图像平滑后，$(x,y)$ 处像素的颜色是 $(x,y)$ 和它邻域中所有像素的平均颜色，同原图像相比，平滑后图像的颜色改变了。而 HSI 彩色空间的平滑不改变图像的颜色，改变的只是图像的强度。平滑操作不仅可以平滑图像，也可以减小噪声。

### 5.4.5　彩色图像锐化

我们可以将灰度图像锐化的拉普拉斯方法推广应用于彩色图像。已知灰度图像的拉普拉斯锐化公式为

$$g(x,y)=f(x,y)+\nabla^2 f(x,y) \tag{5-46}$$

其中 $f(x,y)$ 与 $g(x,y)$ 分别是输入图像与锐化后的图像。例如，可以采用如图 5-18 所示的拉普拉斯模板来实现 $\nabla^2 f(x,y)$。

| -1 | -1 | -1 |
|---|---|---|
| -1 | 8 | -1 |
| -1 | -1 | -1 |

图 5-18 拉普拉斯模板

这时，$\nabla^2 f(x,y)=$

| -1 | -1 | -1 |
|---|---|---|
| -1 | 8 | -1 |
| -1 | -1 | -1 |

×

| $f(x-1,y-1)$ | $f(x-1,y)$ | $f(x-1,y+1)$ |
|---|---|---|
| $f(x,y-1)$ | $f(x,y)$ | $f(x,y+1)$ |
| $f(x+1,y-1)$ | $f(x+1,y)$ | $f(x+1,y+1)$ |

$$=8f(x,y)-[f(x-1,y-1)+f(x-1,y)+f(x-1,y+1)+f(x,y-1)+f(x,y+1)+f(x+1,y-1)+f(x+1,y)+f(x+1,y+1)] \quad (5\text{-}47)$$

这里，拉普拉斯算子$\nabla^2$的作用对象是标量$f(x,y)$，作用后的$\nabla^2 f(x,y)$仍然是标量。现在，将拉普拉斯方法推广应用于彩色图像时，拉普拉斯算子$\nabla^2$的作用对象是矢量：

$$\boldsymbol{c}(x,y)=\begin{pmatrix} R(x,y) \\ G(x,y) \\ B(x,y) \end{pmatrix} \quad (5\text{-}48)$$

矢量$\boldsymbol{c}(x,y)$的拉普拉斯$\nabla^2[\boldsymbol{c}(x,y)]$被定义为

$$\nabla^2[\boldsymbol{c}(x,y)]=\begin{pmatrix} \nabla^2 R(x,y) \\ \nabla^2 G(x,y) \\ \nabla^2 B(x,y) \end{pmatrix} \quad (5\text{-}49)$$

即矢量$\boldsymbol{c}(x,y)$的拉普拉斯$\nabla^2[\boldsymbol{c}(x,y)]$仍是矢量。彩色图像$\boldsymbol{c}(x,y)$的拉普拉斯锐化公式为

$$\boldsymbol{q}(x,y)=\boldsymbol{c}(x,y)+\nabla^2\boldsymbol{c}(x,y) \quad (5\text{-}50)$$

或

$$\nabla^2[\boldsymbol{c}(x,y)]=\begin{pmatrix} q_R(x,y) \\ q_G(x,y) \\ q_B(x,y) \end{pmatrix}=\begin{pmatrix} R(x,y) \\ G(x,y) \\ B(x,y) \end{pmatrix}=\begin{pmatrix} \nabla^2 R(x,y) \\ \nabla^2 G(x,y) \\ \nabla^2 B(x,y) \end{pmatrix} \quad (5\text{-}51)$$

如果采用图 5-18 所示的拉普拉斯模板来实现$\nabla^2[\boldsymbol{c}(x,y)]$，则$\nabla^2[\boldsymbol{c}(x,y)]$的 3 个分量分别是：

$$\nabla^2 R(x,y)=$$

$$\begin{array}{|c|c|c|}\hline -1 & -1 & -1 \\ \hline -1 & 8 & -1 \\ \hline -1 & -1 & -1 \\ \hline \end{array} \times \begin{array}{|c|c|c|}\hline R(x-1,y-1) & R(x-1,y) & R(x-1,y+1) \\ \hline R(x,y-1) & R(x,y) & R(x,y+1) \\ \hline R(x+1,y-1) & R(x+1,y) & R(x+1,y+1) \\ \hline \end{array}$$

$$\begin{aligned}&=8R(x,y)-[R(x-1,y-1)+R(x-1,y)+R(x-1,y+1)\\&\quad +R(x,y-1)+R(x,y+1)+R(x+1,y-1)+R(x+1,y)+R(x+1,y+1)]\end{aligned} \tag{5-52}$$

$$\nabla^2 G(x,y)=$$

$$\begin{array}{|c|c|c|}\hline -1 & -1 & -1 \\ \hline -1 & 8 & -1 \\ \hline -1 & -1 & -1 \\ \hline \end{array} \times \begin{array}{|c|c|c|}\hline G(x-1,y-1) & G(x-1,y) & G(x-1,y+1) \\ \hline G(x,y-1) & G(x,y) & G(x,y+1) \\ \hline G(x+1,y-1) & G(x+1,y) & G(x+1,y+1) \\ \hline \end{array}$$

$$\begin{aligned}&=8G(x,y)-[G(x-1,y-1)+G(x-1,y)+G(x-1,y+1)\\&\quad +G(x,y-1)+G(x,y+1)+G(x+1,y-1)+G(x+1,y)+G(x+1,y+1)]\end{aligned} \tag{5-53}$$

$$\nabla^2 B(x,y)=$$

$$\begin{array}{|c|c|c|}\hline -1 & -1 & -1 \\ \hline -1 & 8 & -1 \\ \hline -1 & -1 & -1 \\ \hline \end{array} \times \begin{array}{|c|c|c|}\hline B(x-1,y-1) & B(x-1,y) & B(x-1,y+1) \\ \hline B(x,y-1) & B(x,y) & B(x,y+1) \\ \hline B(x+1,y-1) & B(x+1,y) & B(x+1,y+1) \\ \hline \end{array}$$

$$\begin{aligned}&=8B(x,y)-[B(x-1,y-1)+B(x-1,y)+B(x-1,y+1)\\&\quad +B(x,y-1)+B(x,y+1)+B(x+1,y-1)+B(x+1,y)+B(x+1,y+1)]\end{aligned} \tag{5-54}$$

以上锐化是在 RGB 彩色空间进行的。锐化也可以在 HSI 彩色空间进行。这时，拉普拉斯算子 $\nabla^2$ 只需对强度 $I(x,y)$ 进行运算，色调 $H(x,y)$ 与饱和度 $S$ 保持不变。锐化后的 3 个分量为

$$\begin{aligned}I'(x,y)&=I(x,y)+\nabla^2[I(x,y)]\\H'(x,y)&=H(x,y)\\S'(x,y)&=S(x,y)\end{aligned} \tag{5-55}$$

### 5.4.6 彩色图像边缘检测

灰度图像边缘检测用到梯度算子 $\nabla$。$\nabla$ 对标量 $f(x,y)$ 运算的结果是一个二维矢量：

$$\nabla f=\begin{pmatrix}\dfrac{\partial f}{\partial x}\\ \dfrac{\partial f}{\partial y}\end{pmatrix} \tag{5-56}$$

$\nabla f$ 的方向是 $f$ 变化率最大的方向，$\nabla f$ 的大小可以近似地用 $\left|\frac{\partial f}{\partial x}\right|+\left|\frac{\partial f}{\partial y}\right|$ 表示。由于图像中物体边缘的灰度变化率很大，$\nabla f$ 可以显示出物体的边缘。现在，要将灰度图像中用梯度算子 $\nabla$ 的操作来检测物体边缘的方法推广应用到彩色图像时，立刻遇到一个问题。$\nabla$ 是对标量 $f$ 运算使之变为二维矢量 $\nabla f$ 的算子，它对三维矢量：

$$\boldsymbol{c}(x,y)=\begin{pmatrix}R(x,y)\\ G(x,y)\\ B(x,y)\end{pmatrix} \tag{5-57}$$

的运算是没有定义的。因此，必须给矢量 $\boldsymbol{c}(x,y)$ 的梯度 $\nabla\boldsymbol{c}$ 给出新的定义。为此，在 RGB 彩色空间，令 $R$、$G$、$B$ 轴方向的单位矢量为 $\boldsymbol{r}$、$\boldsymbol{g}$、$\boldsymbol{b}$，定义以下两个矢量：

$$\boldsymbol{u}=\frac{\partial R}{\partial x}\boldsymbol{r}+\frac{\partial G}{\partial x}\boldsymbol{g}+\frac{\partial B}{\partial x}\boldsymbol{b} \tag{5-58}$$

$$\boldsymbol{v}=\frac{\partial R}{\partial y}\boldsymbol{r}+\frac{\partial G}{\partial y}\boldsymbol{g}+\frac{\partial B}{\partial y}\boldsymbol{b} \tag{5-59}$$

并对这两个矢量进行如下 3 个点积：

$$g_{xx}=\boldsymbol{u}\cdot\boldsymbol{u}=\left|\frac{\partial R}{\partial x}\right|^2+\left|\frac{\partial G}{\partial x}\right|^2+\left|\frac{\partial B}{\partial x}\right|^2 \tag{5-60}$$

$$g_{yy}=\boldsymbol{v}\cdot\boldsymbol{v}=\left|\frac{\partial R}{\partial y}\right|^2+\left|\frac{\partial G}{\partial y}\right|^2+\left|\frac{\partial B}{\partial y}\right|^2 \tag{5-61}$$

$$g_{xy}=\boldsymbol{u}\cdot\boldsymbol{v}=\frac{\partial R}{\partial x}\frac{\partial R}{\partial y}+\frac{\partial G}{\partial x}\frac{\partial G}{\partial y}+\frac{\partial B}{\partial x}\frac{\partial B}{\partial y} \tag{5-62}$$

因 $R$、$G$、$B$ 都是 $x,y$ 的函数，故 $\boldsymbol{u},\boldsymbol{v},g_{xx},g_{yy},g_{xy}$ 也都是 $x,y$ 的函数。新定义的矢量 $\boldsymbol{c}(x,y)$ 梯度 $\nabla[\boldsymbol{c}(x,y)]$ 是坐标 $(x,y)$ 空间的二维矢量，它的方向由如下角度决定：

$$\theta=\frac{1}{2}\arctan\left[\frac{2g_{xy}}{g_{xx}-g_{yy}}\right] \tag{5-63}$$

它的大小由下式决定，

$$|\nabla\boldsymbol{c}|=\left\{\frac{1}{2}[(g_{xx}+g_{yy})+(g_{xx}-g_{yy})\cos 2\theta+2g_{xy}\sin 2\theta]\right\}^{1/2} \tag{5-64}$$

$\nabla\boldsymbol{c}$ 在 $(x,y)$ 点的方向正是 $\boldsymbol{c}(x,y)$ 在 $(x,y)$ 点最大变化率的方向。由 $|\nabla\boldsymbol{c}|$ 取最大值的地方可以确定物体的边缘，因为物体的边缘正是 $\boldsymbol{c}(x,y)$ 变化率最大的地方。以上公

式中的 6 个偏导数可以用图 5-19 所示的 3×3 sobel 模板来近似实现。

| -1 | -2 | -1 |
|---|---|---|
| 0 | 0 | 0 |
| 1 | 2 | 1 |

（a）$\partial/\partial x$

| -1 | 0 | 1 |
|---|---|---|
| -2 | 0 | 2 |
| -1 | 0 | 1 |

（b）$\partial/\partial y$

图 5-19　3×3 Sobel 模板

例如：

$$\frac{\partial R}{\partial x}=$$

$$\begin{array}{|c|c|c|}\hline -1 & -2 & -1 \\ \hline 0 & 0 & 0 \\ \hline 1 & 2 & 1 \\ \hline \end{array} \times \begin{array}{|c|c|c|}\hline R(x-1,y-1) & R(x-1,y) & R(x-1,y+1) \\ \hline R(x,y-1) & R(x,y) & R(x,y+1) \\ \hline R(x+1,y-1) & R(x+1,y) & R(x+1,y+1) \\ \hline \end{array}$$

$$\begin{aligned}&=R(x+1,y-1)+2R(x+1,y)+R(x+1,y+1)\\&\quad-[R(x-1,y-1)+2R(x-1,y)+R(x-1,y+1)]\end{aligned} \tag{5-65}$$

$$\frac{\partial R}{\partial y}=$$

$$\begin{array}{|c|c|c|}\hline -1 & 0 & 1 \\ \hline -2 & 0 & 2 \\ \hline -1 & 0 & 1 \\ \hline \end{array} \times \begin{array}{|c|c|c|}\hline R(x-1,y-1) & R(x-1,y) & R(x-1,y+1) \\ \hline R(x,y-1) & R(x,y) & R(x,y+1) \\ \hline R(x+1,y-1) & R(x+1,y) & R(x+1,y+1) \\ \hline \end{array}$$

$$\begin{aligned}&=R(x-1,y+1)+2R(x,y+1)+R(x+1,y+1)\\&\quad-[R(x-1,y-1)+2R(x,y-1)+R(x+1,y-1)]\end{aligned} \tag{5-66}$$

也可以先求 $R$、$G$、$B$ 3 个分量图像的梯度：

$$\nabla R=\begin{pmatrix}\dfrac{\partial R}{\partial x}\\ \dfrac{\partial R}{\partial y}\end{pmatrix},\quad \nabla G=\begin{pmatrix}\dfrac{\partial G}{\partial x}\\ \dfrac{\partial G}{\partial y}\end{pmatrix},\quad \nabla B=\begin{pmatrix}\dfrac{\partial B}{\partial x}\\ \dfrac{\partial B}{\partial y}\end{pmatrix} \tag{5-67}$$

再将它们加起来：

$$\nabla R + \nabla G + \nabla B = \begin{pmatrix} \dfrac{\partial R}{\partial x} + \dfrac{\partial G}{\partial x} + \dfrac{\partial B}{\partial x} \\ \dfrac{\partial R}{\partial y} + \dfrac{\partial G}{\partial y} + \dfrac{\partial B}{\partial y} \end{pmatrix} \tag{5-68}$$

由这个合成梯度大小的近似值

$$\left|\frac{\partial R}{\partial x} + \frac{\partial G}{\partial x} + \frac{\partial B}{\partial x}\right| + \left|\frac{\partial R}{\partial y} + \frac{\partial G}{\partial y} + \frac{\partial B}{\partial y}\right|$$

来确定彩色图像中物体的边缘。实践表明，这样求得的边缘不如上述新定义矢量梯度得到的边缘好。在要求不太高的条件下，可以采用这种方法，因为它比前一方法简单多了。

MATLAB 采用函数 fspecial 实现对彩色图像的增强和平滑。该函数可以选择均值滤波'average'或高斯滤波'gaussian'。在选定滤波方式后，使用函数 imfilter 进行滤波。对 RGB 彩色图像 A 进行滤波的步骤如下。

（1）提取彩色图像 A 的 3 个分量。

```
A1=A(:,:,1);    A2=A(:,:,2);    A3=A(:,:,3);
```

（2）选定滤波方式，如均值滤波'average'，分别对每个分量进行滤波。

```
w=fspecial('average');
B1=imfilter(A1,w);
B2=imfilter(A2,w);
B3=imfilter(A3,w);
```

（3）重建滤波后的 RGB 图像。

```
C=cat(3,B1,B2,B3);
```

［示例 5-8］ 对一幅含有噪声的 RGB 彩色图像进行均值滤波，以消除噪声。

```
A=imread('5-20a.jpg');          % 读入一幅含有噪声的 RGB 彩色图像 A
A1=A(:,:,1);                    % 提取图像 A 的 R 分量
A2=A(:,:,2);                    % 提取图像 A 的 G 分量
A3=A(:,:,3);                    % 提取图像 A 的 B 分量
w=fspecial('average');          % 建立均值滤波器
B1=imfilter(A1,w);              % 对 R 分量进行滤波
B2=imfilter(A2,w);              % 对 G 分量进行滤波
B3=imfilter(A3,w);              % 对 B 分量进行滤波
C=cat(3,B1,B2,B3);              % 重建滤波后的图像
subplot(3,2,1),imshow(A);
subplot(3,2,2),imshow(A1);
subplot(3,2,3),imshow(A2);
```

```
subplot(3,2,4),imshow(A3);
subplot(3,2,5),imshow(C)
```

程序运行后，输出图像如图 5-20 所示。可以看出，均值滤波后，图像中的噪声已经被消除了。

（a）含有噪声的 RGB 图像 A　　（b）图像 A 的 $R$ 分量

（c）图像 A 的 $G$ 分量　　（d）图像 A 的 $B$ 分量

（e）均值滤波后的图像

图 5-20　彩色图像均值滤波（1）

实际上，在有些情况下，可以将 RGB 彩色图像当作灰度图像一样处理。例如在上一例中，可以将含有噪声的 RGB 彩色图像当作含有噪声的灰度图像一样进行均值滤波处理。程序简化为：

```
A=imread('5-20a.jpg');                % 读入一幅幅 RGB 彩色图像
w=fspecial('average');                % 建立均值滤波器
B=imfilter(A,w);                      % 对图像进行均值滤波
subplot(1,2,1),imshow(A);
subplot(1,2,2),imshow(B)
```

程序运行后，输出图像如图 5-21 所示。比较图 5-20 与图 5-21 可以看出，均值滤波后的图像是一样的，噪声都被消除了。

（a）含有噪声的 RGB 图像

（b）均值滤波后的图像

图 5-21　彩色图像均值滤波（2）

［示例 5-9］ 对上例中的有噪声的 RGB 彩色图像，改用中值滤波方法消除噪声。对中值滤波，不能把 RGB 彩色图像当作灰度图像一样来处理。

```
A=imread('5-20a.jpg');                % 读入一幅含有噪声的 RGB 彩色图像 A
r=A(:,:,1);                           % 提取图像 A 的 R 分量
g=A(:,:,2);                           % 提取图像 A 的 G 分量
b=A(:,:,3);                           % 提取图像 A 的 B 分量
r1=medfilt2(r,[5,5]);                 % 用 5×5 模板对 R 分量进行中值滤波
g1=medfilt2(g,[5,5]);                 % 用 5×5 模板对 G 分量进行中值滤波
b1=medfilt2(g,[5,5]);                 % 用 5×5 模板对 B 分量进行中值滤波
subplot(1,2,1),imshow(A);
C=cat(3,r1,g1,b1);
subplot(1,2,2),imshow(C)
```

程序运行后，输出图像如图 5-22 所示。可以看出，中值滤波的效果比均值滤波要好。

（a）含有噪声的 RGB 图像

（b）中值滤波图像

图 5-22　彩色图像中值滤波

［示例 5-10］　对一幅 RGB 彩色图像进行锐化，可将 RGB 彩色图像当作灰度图像一样处理。

```
A=imread('5-5a.jpg');                    % 读入 RGB 彩色图像 A
m=[1,1,1;1,-8,1;1,1,1];                  % 建立锐化滤波器
B=imfilter(A,m);                         % 对图像 A 进行锐化处理
C=imsubtract(A,B);                       % C=A-B
w=fspecial('average');                   % 建立均值滤波器
D=imfilter(C,w);                         % 对图像 C 进行均值滤波
subplot(1,3,1),imshow(A);                % 显示 RGB 彩色图像
subplot(1,3,2),imshow(C);                % 显示锐化后的图像
subplot(1,3,3),imshow(D)                 % 显示锐化后再均值滤波的图像
```

程序运行后，输出图像如图 5-23 所示。图像锐化后出现一些噪声，再进行均值滤波处理，消除噪声。

（a）RGB 彩色图像

（b）锐化后图像

（c）锐化后再均值滤波

图 5-23　彩色图像锐化处理及均值滤波

［示例 5-11］　对一幅噪声+运动模糊的 RGB 彩色图像，进行复原，可将 RGB 彩色图像当作灰度图像一样处理。

```
I1=imread('5-5a.jpg');                   % 读入原始图像 I1
I2=imread('5-20a.jpg');                  % 读入有噪声的图像 I2
```

```
w=fspecial('motion',30,45);                    % 建立运动模糊的点扩散函数 w
J=imfilter(I2,w,'circular');                   % 用 w 产生运动模糊图像 J
K=deconvblind(J,w);                            % 用 w 对 J 作逆滤波复原
subplot(2,2,1),imshow(I1);                     % 显示原图像
subplot(2,2,2),imshow(I2);                     % 显示有噪声的图像
subplot(2,2,3),imshow(J);                      % 显示噪声+运动模糊的图像
subplot(2,2,4),imshow(K)                       % 显示复原图像
```

程序运行后，输出图像如图 5-24 所示。

(a) 原始图像

(b) 有噪声图像

(c) 噪声+运动模糊图像

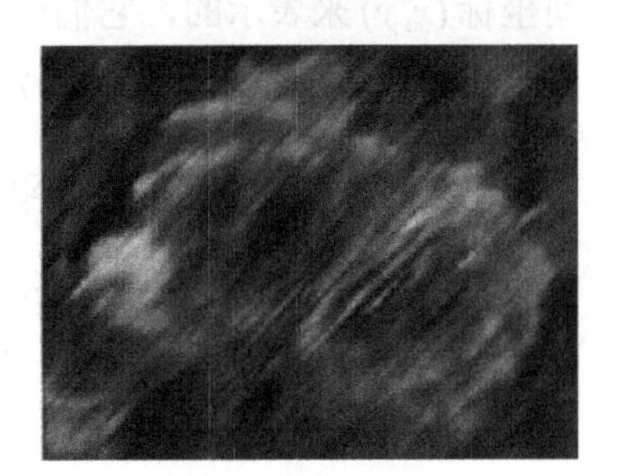

(d) 复原图像

图 5-24　噪声+运动模糊图像复原

# 第 6 章　图像的形态学处理

形态学是生物学的一个分支，研究动植物的形态和结构。借用数学形态学这个工具，从图像中提取有用的图像分量，如边界、骨架等。本章首先从二值图像开始讨论，然后再过渡到一般的灰度图像与彩色图像。

## 6.1　二值图像的形态学处理

数学形态学的基础是集合论。对于二值图像，数学形态学中的集合是图像中的对象，即所有灰度值为 1 的像素集合；也可以是图像中的背景，即所有灰度值为 0 的像素集合。因此，二值图像中集合的每一个元素是用灰度值为 1 或 0 的像素的空间坐标 $(x,y)$ 来表示的，它们分别取实整数。对于一般的灰度级图像，集合中的元素除了用像素的空间坐标 $(x,y)$ 表示，还可用像素的灰度值 $f(x,y)$ 表示。

### 6.1.1　集合的反射与平移

集合的反射与平移是形态学最常用的概念。一个集合 $B$ 的反射用 $\hat{B}$ 表示，它的定义是：

$$\hat{B}=\{w|\ w=-b,b\in B\} \tag{6-1}$$

如果 $B$ 是二值图像中所有灰度值为 1 的像素的集合，用这些像素的位置坐标点 $b=(x,y)$ 表示，则集合 $B$ 的反射 $\hat{B}$ 就是将每一点 $b=(x,y)$ 变成点 $w=-b=(-x,-y)$ 后，所有这些点 $W$ 的集合。

集合 $B$ 按照点 $z=(z_1,z_2)$ 的平移用 $(B)_z$ 表示，它的定义是：

$$(B)_z=\{c|\ c=b+z,b\in B\} \tag{6-2}$$

如果 $B$ 是二值图像中所有灰度值为 1 的像素的集合，用这些像素的位置坐标点 $b=(x,y)$ 表示，则集合 $B$ 的平移 $(B)_z$ 就是将每一点 $b=(x,y)$ 变成点 $c=b+z=(x+z_1,y+z_2)$ 后，所有这些点 $c$ 的集合。

图 6-1（a）给出一个二值图像物体的图形 $B$，即所有灰度值为 1 的像素集合所构成的图形 $B$；图 6-1（b）是 $B$ 的反射 $\hat{B}$；图 6-1（c）是 $B$ 的平移 $(B)_z$。

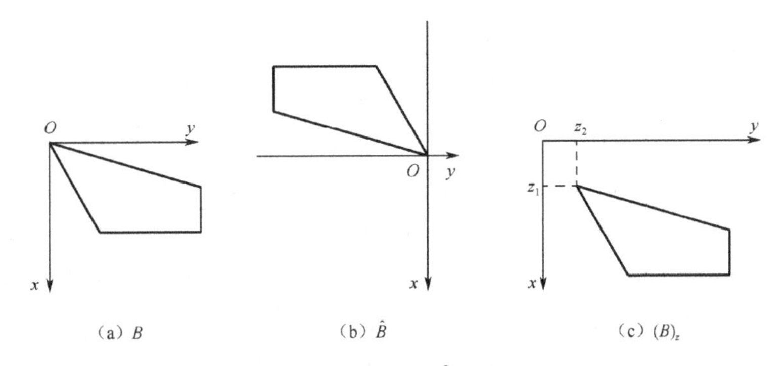


图 6-1　集合 $B$、$B$ 的反射 $\hat{B}$ 与 $B$ 的位移 $(B)_z$

## 6.1.2　结构元

结构元是图像形态学处理中的一个重要的工具，在二值图像中，可以选取物体像素集合中的一些子集合组成各种结构元。图 6-2 给出 4 种结构元，它们都有一定的对称性，有一个对称中心，用黑色圆点标出，将处于中心的元素位置取作坐标原点 $(x,y)=(0,0)$ 。将这种对称的结构元 $B$ ，相对坐标原点进行反射，得到的 $\hat{B}$ 是与 $B$ 完全相同的，即 $\hat{B}=B$ 。通常都采用对称的结构元，但这并不是必需的，有时也采用非对称的结构元。在给定结构元之后，就可以对二值图像进行形态学的基本操作：腐蚀，膨胀，开启与闭合等。

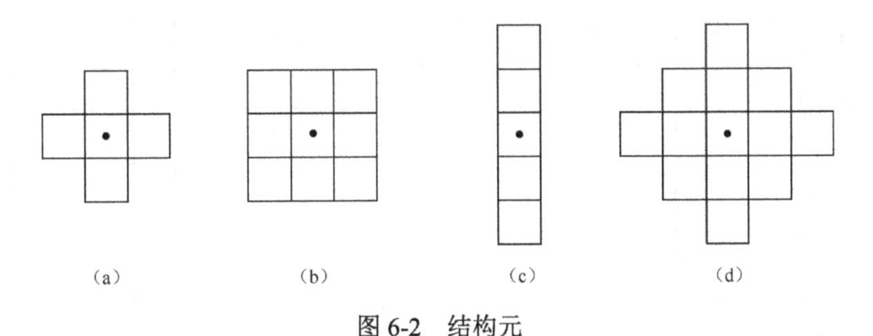


图 6-2　结构元

## 6.1.3　二值图像的腐蚀与膨胀

设 $A$ 是二值图像物体像素集合，$B$ 是结构元，$B$ 对 $A$ 的腐蚀记为 $A\odot B$ ，它的定义为

$$A\odot B=\{z|(B)_z\subseteq A\} \tag{6-3}$$

上式表示，当 $B$ 进行位移 $z$ 时，如果 $(B)_z$ 被完全包含在 $A$ 中，则所有 $z$ 点的集合就是 $B$ 对 $A$ 的腐蚀 $A\odot B$ 。具体的做法是，先将结构元 $B$ 的中心放到 $A$ 的原点，即二值图像物体左上角第一个像素，这时的位移 $z=(z_1,z_2)=(0,0)$ ，即 $B$ 没有位移。显

然，这时的结构元 $B$ 不可能被完全包含在 $A$ 中，将这个 $z=(0,0)$ 点去除。然后将 $B$ 进行任意位移 $z=(z_1,z_2)$，让 $B$ 的中心访问集合 $A$ 的每个元素。由于 $B$ 的中心是从 $A$ 的原点出发的，当 $B$ 的中心通过位移 $z=(z_1,z_2)$ 到达 $A$ 的位于 $(x,y)$ 的元素时，$z=(z_1,z_2)=(x,y)$。如果这时的 $B$ 被完全包含在 $A$ 中，就记下 $B$ 的中心所在的这一点 $z=(x,y)$，让它成为 $A\odot B$ 的元素；如果 $B$ 不能被完全包含在 $A$ 中，就去除这个点 $z=(x,y)$。改变 $z$ 值，让 $B$ 的中心访问集合 $A$ 的所有元素后，记下所有 $B$ 被完全包含在 $A$ 中的位移 $z=(x,y)$ 值，这些 $z$ 的集合 $\{z\}$ 就是 $B$ 对 $A$ 的腐蚀 $A\odot B$。在定义式（6-3）中 $B$ 的位移 $z$ 可以取任意整数值，甚至可以让 $B$ 的中心访问集合 $A$ 之外的元素。不过，当 $B$ 的中心处于集合 $A$ 之外时，相应的 $z=(x,y)$ 对腐蚀 $A\odot B$ 是没有贡献的。即使 $B$ 的中心处于集合 $A$ 之内，但在 $A$ 的边界上，$B$ 不可能被完全包含在 $A$ 中，相应的 $z=(x,y)$ 对腐蚀 $A\odot B$ 也是没有贡献的。在 $A\odot B$ 中，集合 $A$ 的边界上的元素消失了，这正是 $B$ 对 $A$ 的腐蚀结果。图 6-3（a）～（c）分别给出 $8\times8$ 的集合 $A$，$3\times3$ 的结构元 $B$，以及 $B$ 对 $A$ 的腐蚀结果 $A\odot B$。可以看出，$A$ 的最外一层元素被腐蚀掉了。如果采用如图 6-3（d）所示的 $8\times3$ 结构元 $D$，则集合 $A$ 被 $D$ 腐蚀得非常厉害，见图 6-3（e）。

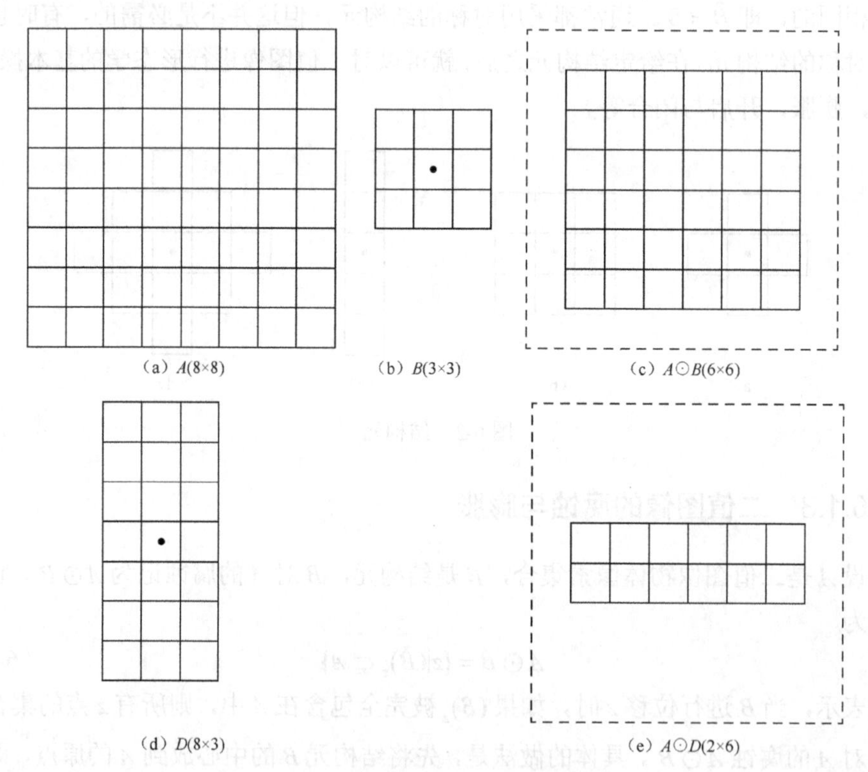


图 6-3　结构元 $B$ 对集合 $A$ 的腐蚀

结构元 $B$ 对集合 $A$ 的腐蚀的另一个定义是：

$$A \odot B = \{z | (B)_z \cap A^c = \varnothing\} \tag{6-4}$$

式中，$A^c$ 是 $A$ 的补集。上式表示，$(B)_z$ 同 $A^c$ 的交集为零。这同 $(B)_z$ 被完全包含在 $A$ 中是一致的。

下面介绍二值图像的膨胀。设 $A$ 是二值图像物体像素的集合，$B$ 是结构元，$B$ 对 $A$ 的膨胀记为 $A \oplus B$，它的定义是：

$$A \oplus B = \{z | (\hat{B})_z \cap A \neq \varnothing\} \tag{6-5}$$

上式表示，先将结构元 $B$ 进行反射得到 $\hat{B}$，并将 $\hat{B}$ 的中心放到集合 $A$ 的坐标原点处，这时 $z = (0,0)$，$(\hat{B})_z$ 同 $A$ 的交集不为零，记下 $z = (0,0)$ 作为 $A \oplus B$ 的元素。然后将 $\hat{B}$ 进行任意位移 $z$，让 $\hat{B}$ 的中心访问集合 $A$ 的每个元素 $(x, y)$，这时 $z = (x, y)$。显然，只要 $\hat{B}$ 的中心处于 $A$ 的元素 $(x, y)$ 上，$(\hat{B})_z$ 同 $A$ 的交集就不为零。可见，$A$ 的任一元素 $(x, y)$ 必定是 $A \oplus B$ 的元素。现在，让 $\hat{B}$ 的中心访问集合 $A$ 以外的元素。只要 $\hat{B}$ 的中心距集合 $A$ 比较近，$(\hat{B})_z$ 同 $A$ 的交集就有可能不为零。特别是当 $\hat{B}$ 的中心距 $A$ 的边界只有一个元素时，$(\hat{B})_z$ 同 $A$ 的交集一定不为零，相应的 $z$ 就成为 $A \oplus B$ 的元素。因此，$A \oplus B$ 包含了 $A$，它的元素比 $A$ 多，$A$ 在 $B$ 的作用下膨胀了。图 6-4（a）～（c）分别给出了 $8\times8$ 的集合 $A$，$3\times3$ 的结构元 $B$，以及 $B$ 对 $A$ 的膨胀结果 $A \oplus B$。由于 $B$ 具有对称性，$B$ 的反射 $\hat{B} = B$。

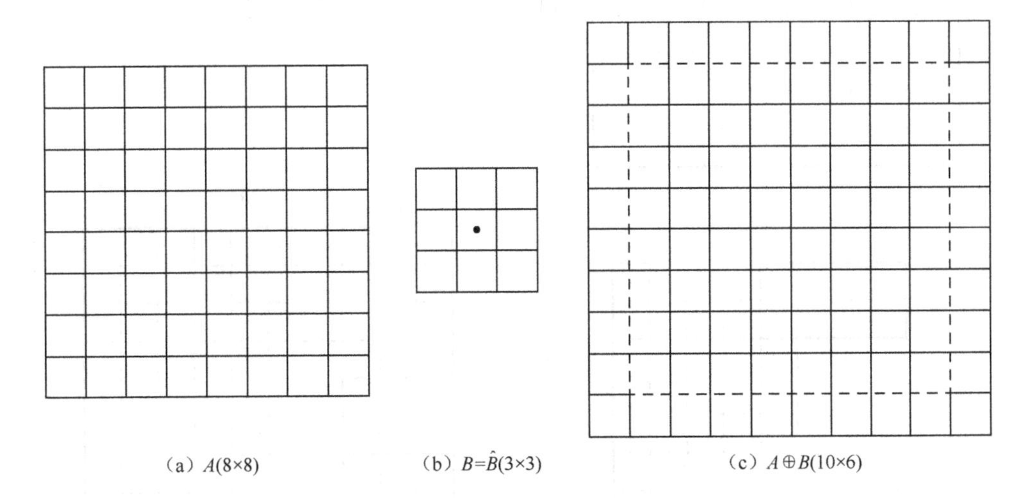

（a）$A(8\times8)$　（b）$B=\hat{B}(3\times3)$　（c）$A \oplus B(10\times6)$

图 6-4　结构元 $B$ 对集合 $A$ 的膨胀

结构元 $B$ 对集合 $A$ 的膨胀的另一个定义是：

$$A \oplus B = \{z | [(\hat{B})_z \cap A] \subseteq A\} \tag{6-6}$$

显然，这个定义同式（6-4）表示的定义是一致的。

### 6.1.4 二值图像的开启与闭合

设 $A$ 是二值图像物体像素的集合，$B$ 是结构元，$B$ 对 $A$ 的开启记为 $A\circ B$，它的定义是：

$$A\circ B=(A\odot B)\oplus B \tag{6-7}$$

上式表示，$B$ 对 $A$ 的开启是先用 $B$ 对 $A$ 进行腐蚀，再用 $B$ 对上述结果进行膨胀。$A$ 经过 $B$ 先腐蚀后膨胀的作用后，能保持 $A$ 原有的基本形状，并能将物体边缘上小的突出部分去掉，具有平滑物体边缘的作用。图 6-5（a）给出了一个二值图像物体像素的集合 $A$，在它的边缘上有 2 个突出部分和 2 个凹陷部分。图 6-5（b）是一个 3×3 的结构元 $B$。图 6-5（c）是 $B$ 对 $A$ 腐蚀的结果。图 6-5（d）给出 $B$ 对 $A$ 开启（$A\circ B$）的结果。可以看出，在 $A\circ B$ 中，$A$ 保持了原来的基本形状，2 个边缘突出部分消失，但 2 个凹陷部分仍保留。

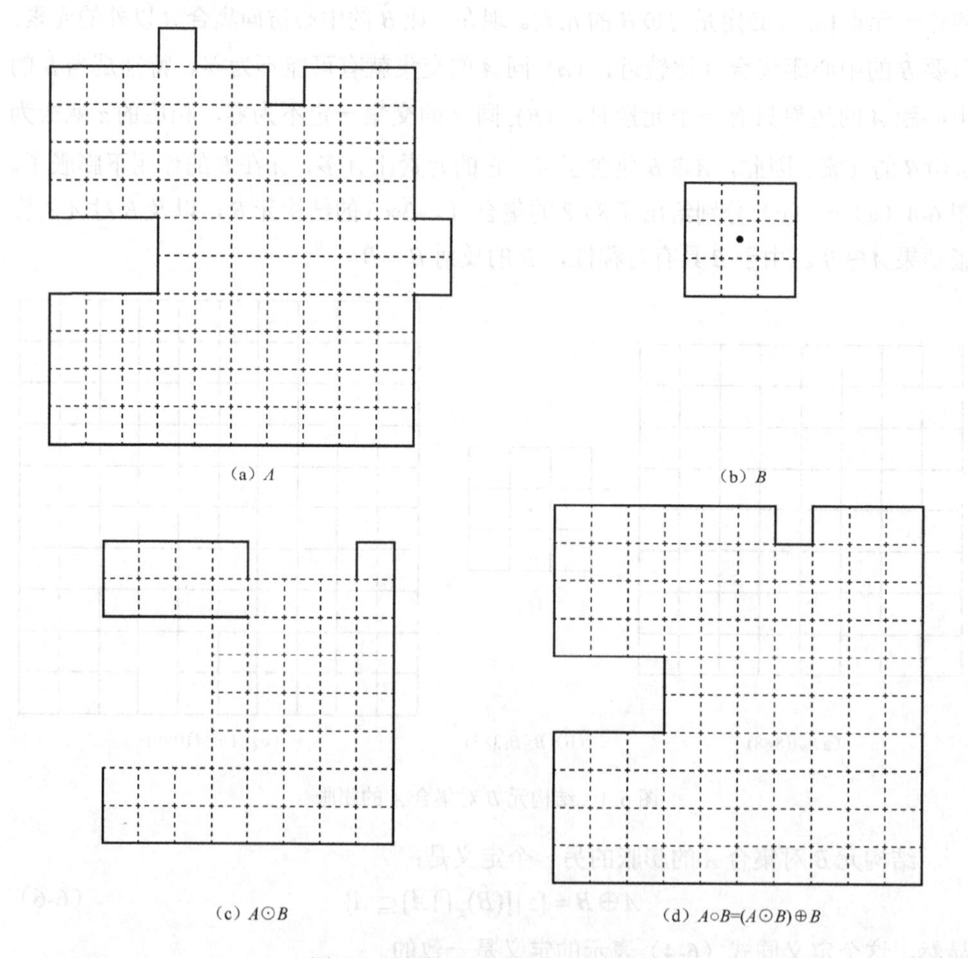


图 6-5 结构元 $B$ 对集合 $A$ 的开启

下面介绍二值图像的闭合。设 $A$ 是二值图像物体像素的集合，$B$ 是结构元，$B$ 对 $A$ 的闭合记为 $A \cdot B$，它的定义是：

$$A \cdot B = (A \oplus B) \odot B \tag{6-8}$$

上式表示，$B$ 对 $A$ 的闭合是先用 $B$ 对 $A$ 进行膨胀，再用 $B$ 对上述结果进行腐蚀。$A$ 经过 $B$ 先膨胀后腐蚀的作用后，能保持 $A$ 原有的基本形状，并能将 $A$ 的边界上小的凹陷部分填补，具有平滑物体边缘的作用。图 6-6（a）给出了一个二值图像物体像素的集合 $A$，在它的边缘上有 1 个突出部分和 2 个凹陷部分。图 6-6（b）是一个 $3 \times 3$ 的结构元 $B$。图 6-6（c）是 $B$ 对 $A$ 膨胀的结果。图 6-6（d）给出 $B$ 对 $A$ 闭合（$A \cdot B$）的结果。可以看出，在 $A \cdot B$ 中，$A$ 保持了原来的基本形状，2 个边缘凹陷部分被填补，但 1 个突出部分仍保留。

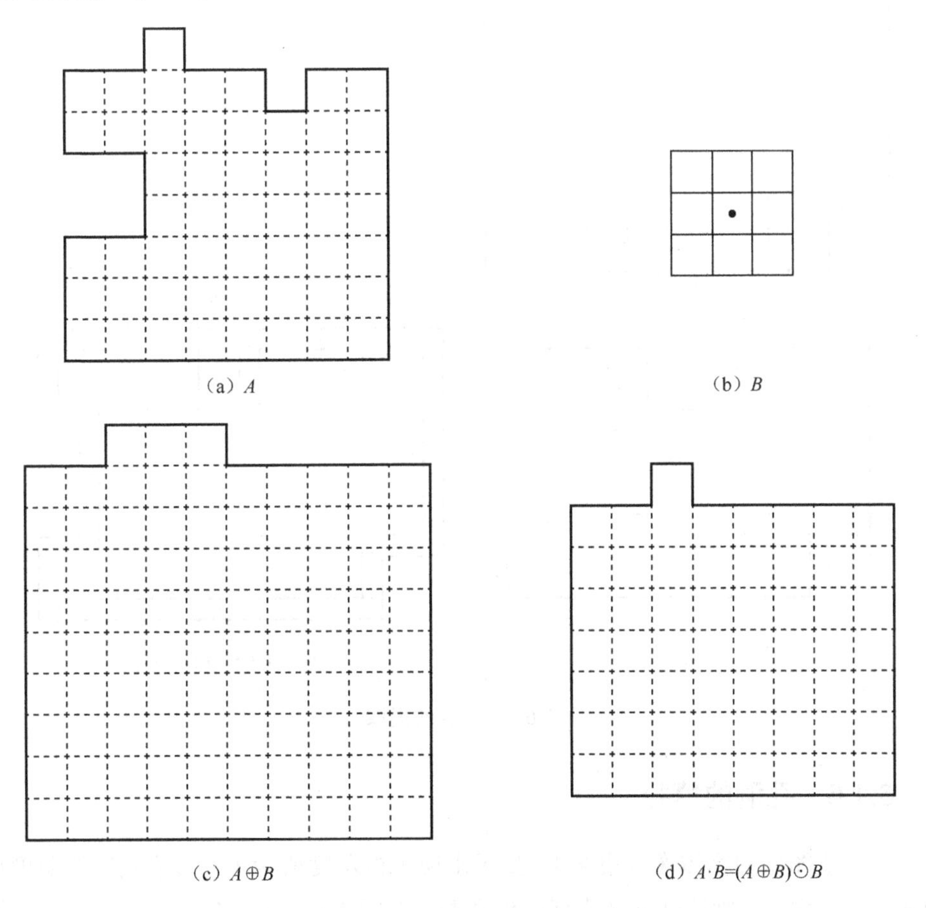


图 6-6　结构元 $B$ 对集合 $A$ 的闭合

结构元 $B$ 对集合 $A$ 的开启与闭合都具有平滑 $A$ 的边缘的作用，只是开启是将边缘的突出部分去除，而闭合是将边缘的凹陷部分填补。

### 6.1.5　二值图像边界的提取

设 $A$ 是二值图像物体像素的集合。物体的边界可以通过结构元 $B$ 对 $A$ 腐蚀 $A \odot B$ 后，再用通过 $A$ 与 $A \odot B$ 之差得到。将 $A$ 的边界记为 $\beta(A)$，便有

$$\beta(A) = A - (A \odot B) \tag{6-9}$$

下面通过一个实例来说明物体边界的提取。图 6-7（a）给出了一个二值图像物体像素的集合 $A$。图 6-7（b）中的 $B$ 是一个 $3\times3$ 的结构元。$B$ 对 $A$ 的腐蚀结果如图 6-7（c）所示。图 6-7（d）给出 $A$ 与 $A \odot B$ 之差，正是 $A$ 的边界。

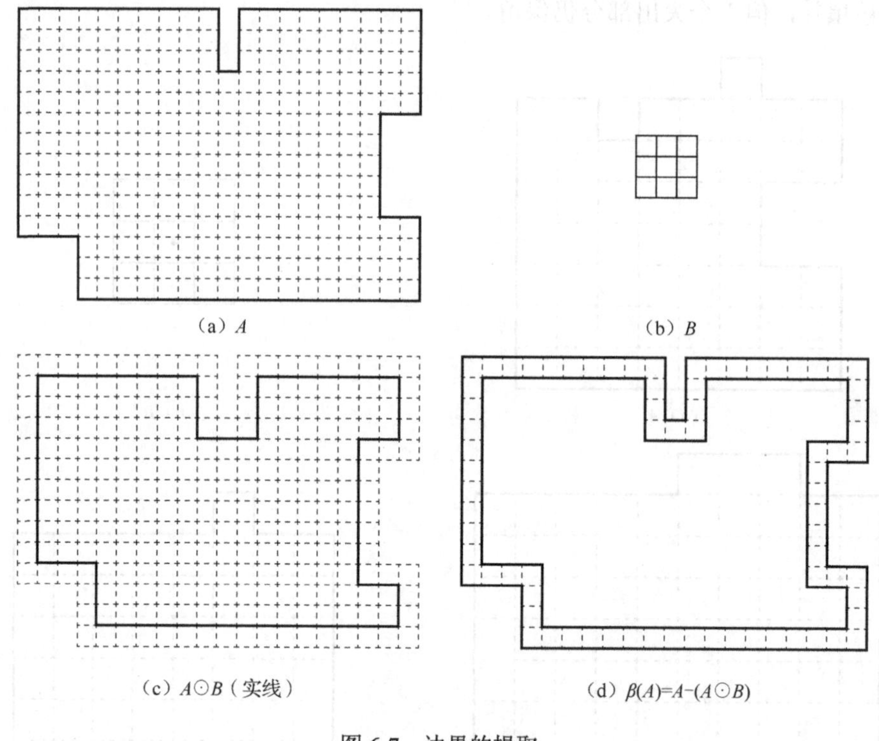

（a）$A$　（b）$B$

（c）$A\odot B$（实线）　（d）$\beta(A)=A-(A\odot B)$

图 6-7　边界的提取

### 6.1.6　孔洞的填补

在二值图像的物体像素集合中，如果出现了被灰度值为 1 的像素包围的灰度值为 0 的背景像素，则这些 0 像素就叫作孔洞。在图 6-8（a）的集合 $A$ 中有 2 个孔洞区，其中一个孔洞区只含有一个 0 像素，另一个孔洞区含有 3 个 0 像素。通常，这些孔洞是由噪声引起的，需要将它们填补。用图 6-8（b）所示的结构元 $B$ 对 $A$ 进

行闭合操作，可以将这些孔洞填补，即这些 0 像素变成了 1 像素。

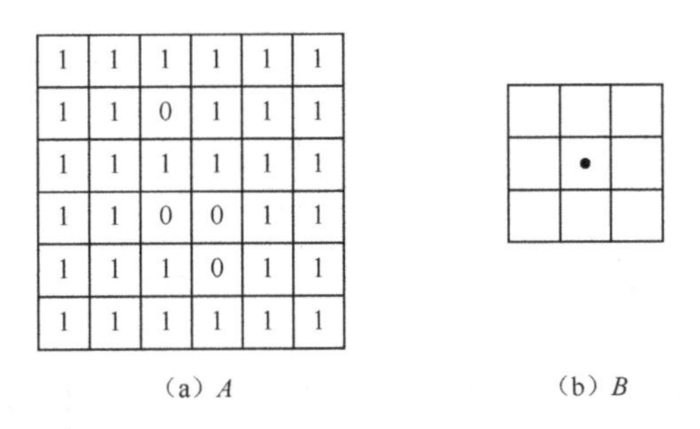


图 6-8　结构元 $B$ 对集合 $A$ 闭合操作填补孔洞

另外一个专门用于填补孔洞的方法是如下式所示的迭代过程：

$$X_k = (X_{k-1} \oplus B) \cap A^c, \quad k = 1,2,3,\cdots \tag{6-10}$$

式中，$A$ 是含有孔洞的集合，$A^c$ 是 $A$ 的补集，$B$ 是结构元。在孔洞区内任选一个 0 元素并将它变为 1 像素后，这个来自孔洞区内一个 0 像素的 1 像素就叫作 $X_0$。通过结构元 $B$ 对 $X_0$ 的膨胀来扩大 $X_0$，目的是让孔洞区内的一些 0 像素变成 1 像素，即将一些孔洞填补。但是，当通过结构元 $B$ 对 $X_0$ 的膨胀 $X_0 \oplus B$ 来扩大 $X_0$ 时，集合 $A$ 中的 1 像素有的也会包括进来，这是不需要的。进行 $(X_0 \oplus B) \cap A^c$ 的操作，就是要将 $B$ 对 $X_0$ 的膨胀，局限在孔洞区内。$X_1 = (X_0 \oplus B) \cap A^c$ 是 $X_0$ 第一次扩大的结果，它包含了更多的 1 像素，这些 1 元素来自孔洞区内的 0 像素。再用结构元 $B$ 对 $X_1$ 进行膨胀并将结果同 $A^c$ 做并集，得到对 $X_0$ 第二次扩大的结果 $X_2 = (X_1 \oplus B) \cap A^c$。膨胀一次一次地进行，直到 $X_k = X_{k-1}$ 为止。这时孔洞区内的所有 0 元素都变成了 1 像素，孔洞的填补全部完成。图 6-9 给出了一个孔洞填补过程的实例。图 6-9（a）是一个含有孔洞的集合 $A$，图 6-9（b）是 $A$ 的补集 $A^c$，图 6-9（c）是 $3 \times 3$ 的结构元，图 6-9（d）～（h）是 $X_0$～$X_5$。由于 $X_5 = X_4$，孔洞的填补到此结束。图 6-9（i）给出 $A$ 与 $X_5$ 的并集 $A \cup X_5$，它已经不含孔洞了。

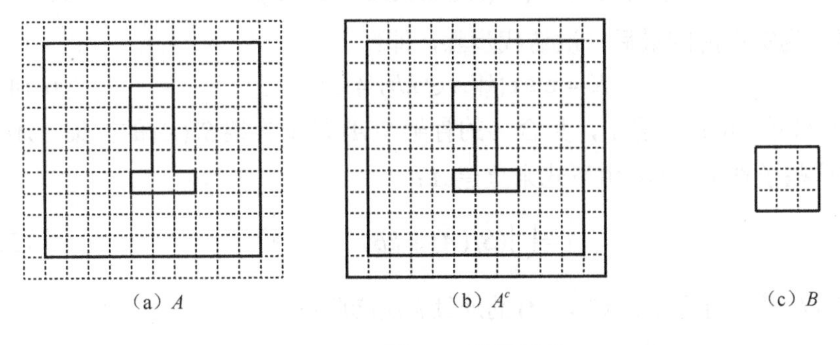


图 6-9　孔洞填补

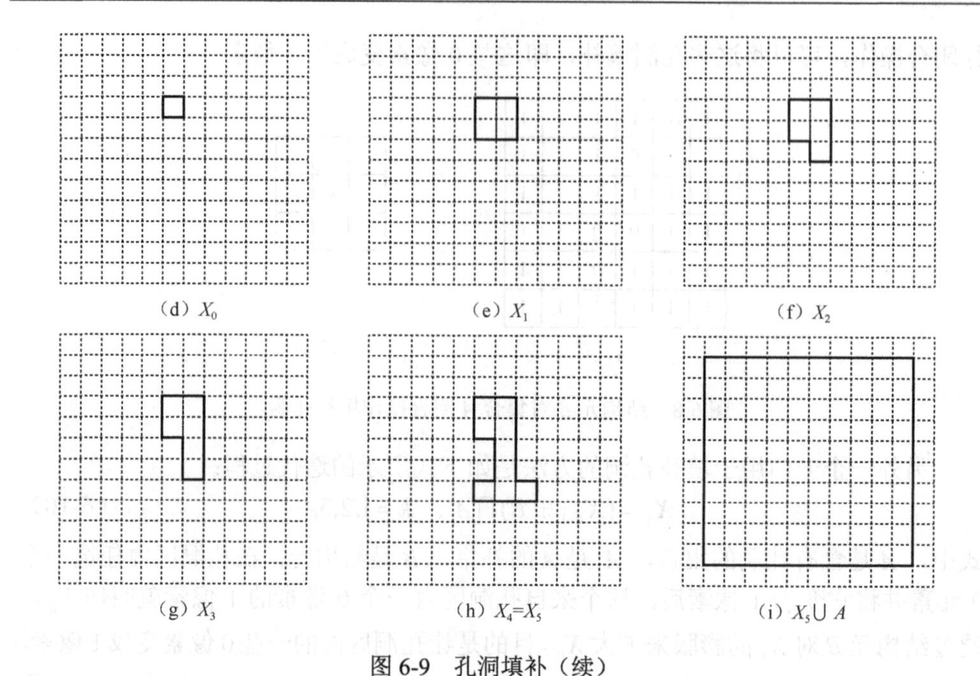


图 6-9　孔洞填补（续）

### 6.1.7　骨架

骨架是二值图像物体的核心部分。设 $A$ 是二值图像物体像素的集合，$A$ 的骨架记为 $S(A)$ 。图像形态学给出 $S(A)$ 的表示式为

$$S(A) = \bigcup_{k=0}^{K} S_k(A) \tag{6-11}$$

式中，

$$S_k(A) = (A \odot kB) - (A \odot kB) \circ B \tag{6-12}$$

式中，$B$ 是一个结构元，$(A \odot kB)$ 是 $B$ 对 $A$ 的连续 $k$ 次腐蚀：

$$(A \odot kB) = ((\cdots(A \odot B) \odot B \cdots) \odot B) \tag{6-13}$$

$K$ 是 $A$ 被腐蚀为空集前的最后一次迭代步骤，即：

$$K = \max\{k|(A \odot kB) \neq \varnothing\} \tag{6-14}$$

由式（6-11）与式（6-12）看出，集合 $A$ 的骨架 $S(A)$ 是子骨架 $S_k(A)$ 的并集。还可以通过 $A$ 的这些子骨架 $S_k(A)$ 由下式来重建 $A$：

$$A = \bigcup_{k=0}^{K} (S_k(A) \oplus kB) \tag{6-15}$$

其中 $S_k(A) \oplus kB$ 表示结构元 $B$ 对 $S_k(A)$ 的连续 $k$ 次膨胀：

$$S_k(A) \oplus kB = ((\cdots(S_k(A) \oplus B) \oplus B \cdots) \oplus B) \tag{6-16}$$

下面通过如图 6-10 所示例子来介绍如何获取一个集合 $A$ 的骨架 $S(A)$，以及如何由 $A$ 的骨架 $S(A)$ 重建 $A$。图 6-10 包含 $6\times3=18$ 个子图形。这些子图形按矩阵形式排列，并按矩阵的行列数来表示，如图 00，01，02，10，11，12，…。在第 0，1，2 列的子图中，$k$ 值分别取 0，1，2。第 0 行给出 $k=0,1,2$ 的 3 个 $A\odot kB$ 图形。图 00 的 $k=0$ 表示 $B$ 不对 $A$ 进行腐蚀，因此图 00 的 $A\odot kB=A$。这正是要讨论的集合 $A$。图 01 的 $k=1$ 表示 $B$ 对 $A$ 进行一次腐蚀，这是 $A\odot B$ 的图形。图 02 的 $k=2$ 表示 $B$ 对 $A$ 进行连续 2 次腐蚀，这是 $(A\odot B)\odot B$ 的图形。从 $B$ 对 $A$ 进行连续 2 次腐蚀后的结果看出，如果用 $B$ 对这个结果再进行一次腐蚀就得到空集。因此，$K=2$。第 1 行给出 $k=0,1,2$ 的 3 个 $(A\odot kB)\circ B$ 的图形。图 10（$k=0$）是 $A\circ B$；图 11（$k=1$）是 $(A\odot B)\circ B$；图 12（$k=2$）是 $((A\odot B)\odot B)\circ B$。第 2 行给出 $k=0,1,2$ 的 3 个 $S_k(A)$ 的图形。图 20（$k=0$）是 $S_0(A)$；图 21（$k=1$）是 $S_1(A)$；图 22（$k=2$）是 $S_2(A)$。第 3 行给出 $\bigcup_k S_k(A)$ 的图形。图 30 为 $S_0(A)$；图 31 为 $\bigcup_{k=0}^{1} S_k(A)$，即 $S_0(A)$ 与 $S_1(A)$ 的并集；图 32 为 $\bigcup_{k=0}^{2} S_k(A)$，即 $S_0(A)$ 与 $S_1(A)$ 以及 $S_2(A)$ 的并集。这正是我们要求的 $A$ 的骨架 $S(A)=\bigcup_{k=0}^{2} S_k(A)$。第 4 行给出 $k=0,1,2$ 的 3 个 $S_k(A)\oplus kB$ 的图形。图 40（$k=0$）为 $S_0(A)$；图 41（$k=1$）为 $S_1(A)\oplus B$；图 42（$k=2$）为 $(S_2(A)\oplus B)\oplus B$。第 5 行给出 $\bigcup_k S_k(A)\oplus kB$。图 50 为 $S_0(A)$；图 51 为 $\bigcup_{k=0}^{1} S_k(A)\oplus kB$，即 $S_0(A)$ 与 $S_1(A)\oplus B$ 的并集；图 52 为 $\bigcup_{k=0}^{2} S_k(A)\oplus kB$，即 $S_0(A)$ 与 $S_1(A)\oplus B$ 及 $(S_2(A)\oplus B)\oplus B$ 的并集，这正是重建的集合 $A$。

MATLAB 利用函数 strel 给出各种形式与大小的结构元。例如：

```
se1=strel('square',3)
```

给出含有 9 个 1 元素的结构元

```
1    1    1
1    1    1
1    1    1
se2=strel('disk',3)
```

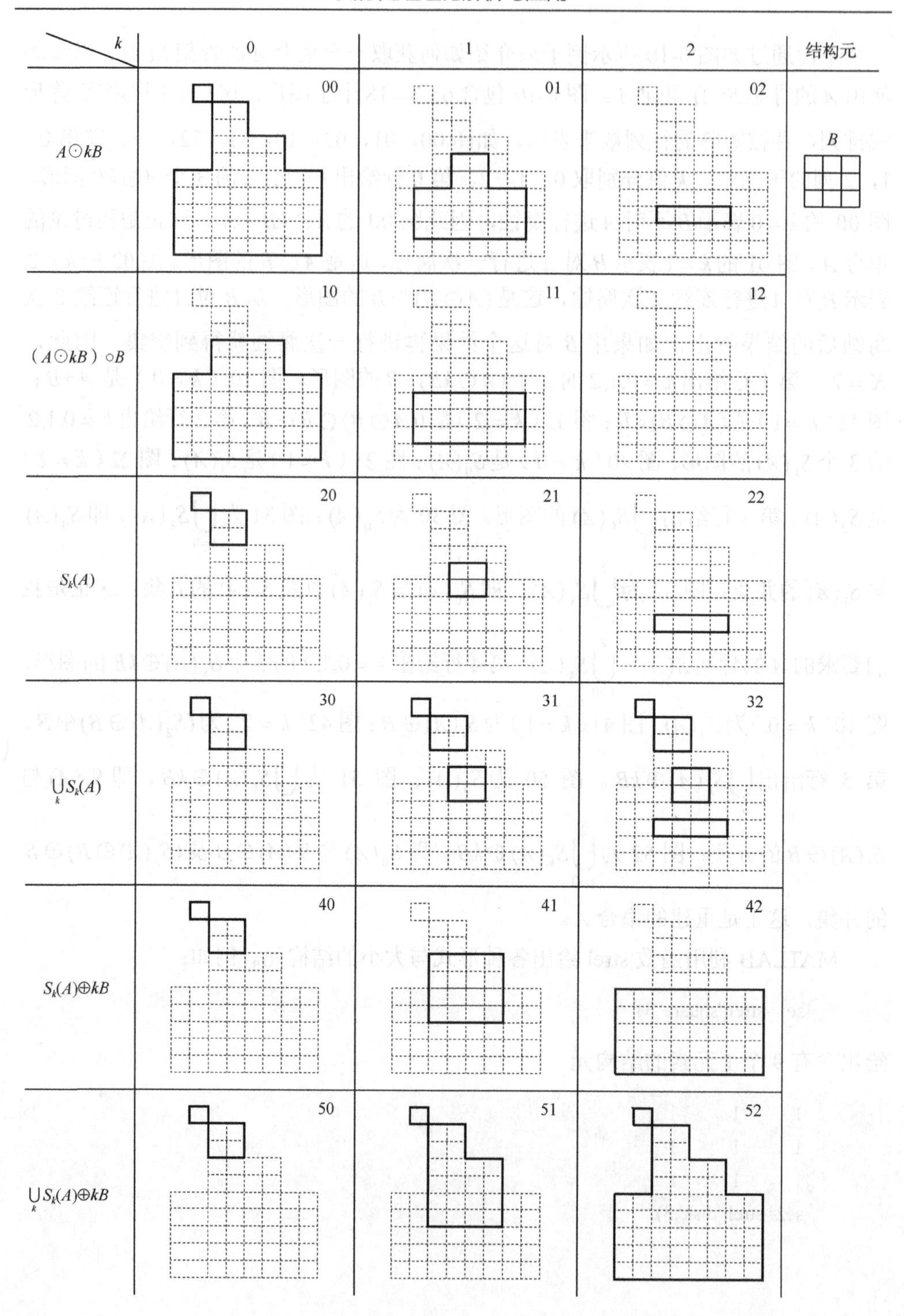


图 6-10　集合 $A$ 的骨架与由骨架重建 $A$

给出含有 25 个 1 元素的结构元

```
1    1    1    1    1
1    1    1    1    1
1    1    1    1    1
1    1    1    1    1
1    1    1    1    1
se3=strel('diamond',3)
```

给出如下菱形结构元（中心点到边缘的距离为 3 个像素）

```
0    0    0    1    0    0    0
0    0    1    1    1    0    0
0    1    1    1    1    1    0
1    1    1    1    1    1    1
0    1    1    1    1    1    0
0    0    1    1    1    0    0
0    0    0    1    0    0    0
```

MATLAB 利用函数 imdilate 实现对二值图像与灰度图像的膨胀操作。该函数的具体表达式为

B=imdilate(A,se)

其中 A 是输入的二值图像或灰度图像，se 是结构元，B 是经过膨胀后的图像。对二值图像与灰度图像的腐蚀操作，则是利用函数 imerode 来实现的。该函数的具体表达式为

B=imerode(A,se)

［示例 6-1］ 对一幅二值图像进行膨胀与腐蚀操作。

```
A=imread('6-11.tif');                  % 读入一幅二值图像 A
se=strel('diamond',5);                 % 建立一个菱形结构元
A1=imdilate(A,se);                     % 对图像 A 进行膨胀操作
A2=imerode(A,se);                      % 对图像 A 进行腐蚀操作
A3=imerode(A1,se);                     % 对已膨胀的图像再进行腐蚀操作
A4=imdilate(A2,se);                    % 对已腐蚀的图像再进行膨胀操作
subplot(2,3,1),imshow(A); subplot(2,3,2),imshow(A1);
subplot(2,3,3),imshow(A2);subplot(2,3,4),imshow(A3);
subplot(2,3,5),imshow(A4)
```

程序运行后，输出图像如图 6-11 所示。

可以看出，在膨胀后的图像中，物体变大了，线条变粗了；而在腐蚀后的图像中，物体变小了，原有的细线条全消失了，只留下原来的一对变细了的粗线条。先

膨胀后腐蚀的图像基本上恢复了原貌。而先腐蚀后膨胀的图像却只能部分恢复原貌，已经腐蚀掉的细线条再也无法恢复了。

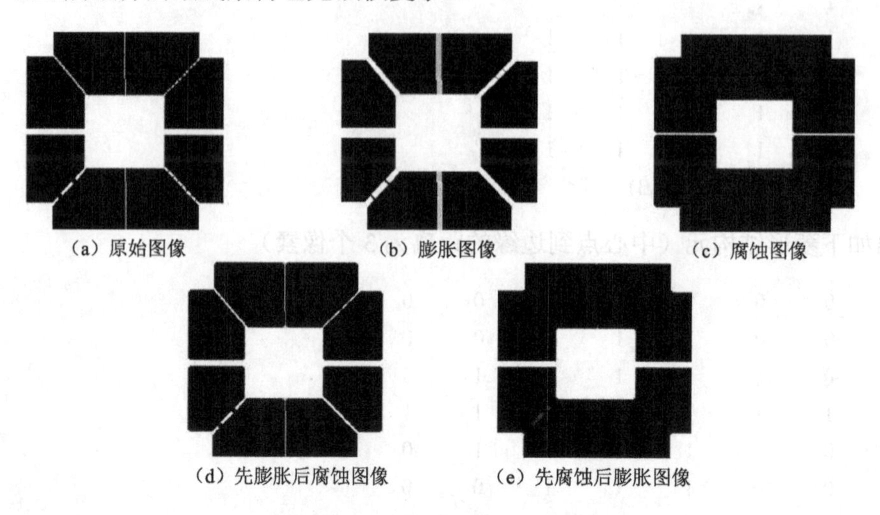


图 6-11　二值图像的膨胀与腐蚀

MATLAB 利用函数 imopen 实现对二值图像与灰度图像的开启操作。该函数的具体表达式为

B=imopen (A,se)

其中 A 是输入的二值图像或灰度图像，se 是结构元，B 是经过开启操作后的图像。对二值图像与灰度图像的闭合操作，则是利用函数 imclose 来实现的。该函数的具体表达式为

B=imclose(A,se)

［示例 6-2］ 对一幅二值图像进行开启与闭合操作。

```
A=imread('6-12a.gif');                    % 读入一幅二值图像 A
se=strel('disk',5);                       % 建立一个圆盘形结构元
A1=imopen(A,se);                          % 对图像 A 进行开启操作
A2=imclose(A,se);                         % 对图像 A 进行闭合操作
subplot(1,3,1),imshow(A);
subplot(1,3,2),imshow(A1);
subplot(1,3,3),imshow(A2)
```

程序运行后，输出图像如图 6-12 所示。可以看出，原始图像经过开启与闭合操作后仍保持原样，没有发生什么变化。这是因为图像中没有噪声，物体的边缘没有毛刺，物体的内部也没有孔洞。如果存在上述内容，则开启与闭合操作可以将它们消除。见示例 6-3。

（a）原始图像

（b）开启后图像

（c）闭合后图像

图 6-12　二值图像的开启与闭合

MATLAB 用函数 bwmorph 对二值图像进行多种形态学操作。该函数的具体表示式为

BW2=bwmorph(BW,operation)

或

BW2=bwmorph(BW,operation,n)

其中 BW 为输入的二值图像，operation 是形态学操作类别，n 是操作次数，BW2 是输出图像。n 可以取值 n=inf，这时操作不断反复进行，直到图像不再发生变化为止。参数 operation 的可能取值很多，如 operation 可以取如下值：

- 'open' 表示开启操作；
- 'close' 表示闭合操作；
- 'tophat' 表示顶帽操作；
- 'bothat' 表示底帽操作；
- 'skel',n=inf 表示提取骨架；
- 'thin',n=inf 表示细化，等等。

[示例 6-3] 对一幅二值图像添加噪声，利用函数 bwmorph 给出的开启与闭合操作来消除噪声。

```
A=imread('6-12a.gif');                    % 读入一幅二值图像 A
A1=double(A);                             % 将图像 A 的类型转换为双精度型
A2=imnoise(A1,'salt & pepper');           % 加入椒盐噪声
A3=bwmorph(A2,'close');                   % 先进行闭合操作
A4=bwmorph(A3,'open');                    % 再进行开启操作
subplot(2,2,1),imshow(A);                 % 显示原始图像
subplot(2,2,2),imshow(A2);                % 显示添加噪声图像
subplot(2,2,3),imshow(A3);                % 显示闭合后图像
subplot(2,2,4),imshow(A4)                 % 显示先闭合后开启图像
```

程序运行后，输出图像如图 6-13 所示。可以看出，噪声图像经闭合操作后，白色物体上的黑斑点被消除，而黑色背景上的白斑点仍保留。再经过开启操作后，背景上的白斑点也被消除了。

（a）原始图像

（b）添加噪声图像

（c）闭合后图像

（d）先闭合后开启图像

图 6-13　二值图像先闭合后开启消除噪声

如果对噪声图像先进行开启操作，后进行闭合操作，则输出图像如图 6-14 所示。

（a）开启后图像

（b）先开启后闭合图像

图 6-14　二值图像先开启后闭合消除噪声

与上述先闭合后开启操作的结果正相反，先消除背景上的白斑点，再消除物体上的黑斑点，最后的结果是一样的。

［示例 6-4］ 对一幅二值图像，提取它的骨架与细化图像。

```
I=imread('6-15a.jpg');
I=im2bw(I,0.5);
I=double(I);
J=bwmorph(I,'skel',inf);                    % 提取骨架
K=bwmorph(I,'thin',inf);                    % 细化
subplot(1,3,1),imshow(I);                   % 显示原始图像
subplot(1,3,2),imshow(J);                   % 显示骨架图像
subplot(1,3,3),imshow(K)                    % 显示细化图像
```

程序运行后，输出图像如图 6-15 所示。

（a）原始图像

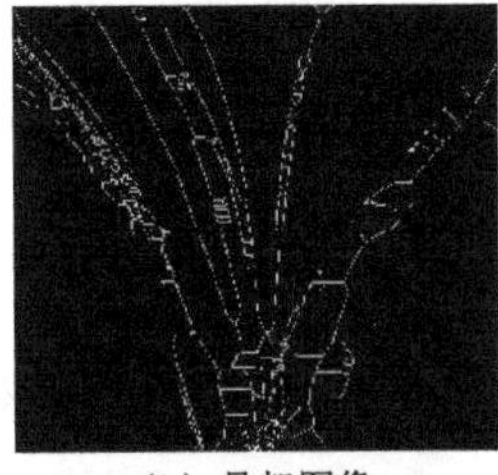
（b）骨架图像

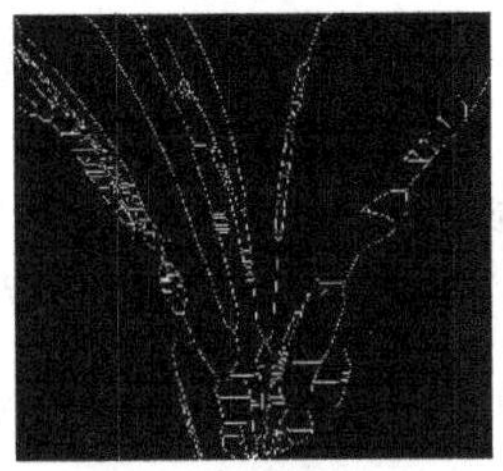
（c）细化图像

图 6-15　二值图像提取骨架并细化

［示例 6-5］ 利用函数 bwperim 的如下表示式

bw1=bwperim(bw,conn)

获取一幅二值图像的边界。上式中的 bw 为输入的二值图像，conn 表示连接的属性，可取值 4 或 8。

```
A=imread('6-12a.gif');
A=double(A);
B=bwperim(A,8);
subplot(1,2,1),imshow(A);subplot(1,2,2),imshow(B)
```

程序运行后，输出图像如图 6-16 所示。

（a）原始图像

（b）图像的边界

图 6-16　二值图像提取边界

# 6.2 灰度图像的形态学处理

现在将二值图像形态学中的腐蚀、膨胀、开启和闭合等操作推广到灰度图像。令 $f(x,y)$ 为灰度图像，$b(x,y)$ 为结构元。$f(x,y)$ 与 $b(x,y)$ 均为离散函数。坐标 $(x,y)$ 取整数值，$f(x,y)$ 与 $b(x,y)$ 作为灰度值，取正整数。灰度图像中的结构元 $b(x,y)$ 同二值图像中的结构元 $b$ 具有相同的功能，它们都是作为一个探测器，用来检验一幅图像的特性。

## 6.2.1 灰度图像的腐蚀与膨胀

结构元 $b$ 对图像 $f$ 在位置 $(x,y)$ 处的腐蚀记为 $[f \odot b](x,y)$，它的定义为

$$[f \odot b](x,y) = \min_{(s,t)\in b_N} \{f(x+s,y+t) - b(s,t)\} \tag{6-17}$$

式中，$b_N$ 是结构元 $b$ 的定义域，即 $b(s,t)$ 中位置 $(s,t)$ 的取值范围。上式表示，在 $b(s,t)$ 的取值范围内，算出每一个 $f(x+s,y+t)-b(s,t)$ 值，从中找出最小的一个作为结构元 $b$ 对图像 $f$ 在位置 $(x,y)$ 处的腐蚀。结构元 $b(s,t)$ 是一个 $m\times n$ 的离散函数，通常 $m$ 与 $n$ 取奇数。例如，$b(s,t)$ 可以是一个 $3\times 3$ 的离散函数，它有一个对称中心，这个对称中心被取作位置坐标 $(s,t)$ 的原点 $(0,0)$：

$$b(s,t) = \begin{pmatrix} b(-1,-1) & b(-1,0) & b(-1,1) \\ b(0,-1) & b(0,0) & b(0,1) \\ b(1,-1) & b(1,0) & b(1,1) \end{pmatrix} \tag{6-18}$$

根据式（6-17），在 $s$ 与 $t$ 的取值范围（$-1,0,1$）内，算出以下 9 个差值：

$$f(x-1,y-1)-b(-1,-1)，\quad f(x-1,y)-b(-1,0)，\quad f(x-1,y+1)-b(-1,1)$$
$$f(x,y-1)-b(0,-1)，\quad f(x,y)-b(0,0)，\quad f(x,y+1)-b(0,1)$$
$$f(x+1,y-1)-b(1,-1)，\quad f(x+1,y)-b(1,0)，\quad f(x+1,y+1)-b(1,1)$$

从中找出最小的一个，作为结构元 $b$ 对图像 $f$ 在位置 $(x,y)$ 处的腐蚀。在实际操作中，选择合适的离散函数 $b(s,t)$ 是比较困难的，而且计算也比较复杂。所以，通常不采用具有不同元素值的 $b(s,t)$，而采用常数 $b(s,t)$。例如，取每个元素值均为 1 的 $3\times 3$ 数列：

$$b(s,t) = \begin{pmatrix} b(-1,-1) & b(-1,0) & b(-1,1) \\ b(0,-1) & b(0,0) & b(0,1) \\ b(1,-1) & b(1,0) & b(1,1) \end{pmatrix} = \begin{pmatrix} 1 & 1 & 1 \\ 1 & 1 & 1 \\ 1 & 1 & 1 \end{pmatrix} \tag{6-19}$$

这时，

$$[f \odot b](x,y) = \min_{(s,t)\in b_N} \{f(x+s,y+t)-1\} \tag{6-20}$$

由于上式中的 1，作为灰度值，在灰度（$L=256$）图像中可以忽略不计。上式可以表示为

$$[f \odot b](x,y) = \min_{(s,t)\in b_N} \{f(x+s,y+t)\} \tag{6-21}$$

结构元$b$对图像$f$在位置$(x,y)$处的膨胀记为$[f \oplus b](x,y)$，它的定义为

$$[f \oplus b](x,y) = \max_{(s,t)\in b_N} \{f(x-s,y-t)+b(s,t)\} \tag{6-22}$$

如果结构元$b$是一个如式（6-18）所示的$3\times3$的离散函数，则根据式（6-22），在$s$与$t$的取值范围（$-1,0,1$）内，算出以下 9 个相加值：

$$f(x+1,y+1)+b(-1,-1)\text{，}\quad f(x+1,y)+b(-1,0)\text{，}\quad f(x+1,y-1)+b(-1,1)$$

$$f(x,y+1)+b(0,-1)\text{，}\quad f(x,y)+b(0,0)\text{，}\quad f(x,y-1)+b(0,1)$$

$$f(x-1,y+1)+b(1,-1)\text{，}\quad f(x-1,y)+b(1,0)\text{，}\quad f(x-1,y-1)+b(1,1)$$

从中找出最大的一个，作为结构元$b$对图像$f$在位置$(x,y)$处的膨胀。如果结构元$b$是如式（6-19）所示的$3\times3$的离散函数，则

$$[f \oplus b](x,y) = \max_{(s,t)\in b_N} \{f(x-s,y-t)+1\} \tag{6-23}$$

略去上式中的 1，便有

$$[f \oplus b](x,y) = \max_{(s,t)\in b_N} \{f(x-s,y-t)\} \tag{6-24}$$

一个图像被腐蚀后，整体亮度要降低，原始图像中的暗区变得更加明显，背景显得更暗。而膨胀则相反，原来的亮区变得更亮，原来的暗区变淡了，背景显得更亮。

### 6.2.2 灰度图像的开启与闭合

结构元$b$对图像$f$的开启记为$f \circ b$，它的定义为

$$f \circ b = (f \odot b) \oplus b \tag{6-25}$$

上式表示，先用结构元$b$对图像$f$进行腐蚀，再用$b$对上述结果进行膨胀，就是$b$对图像$f$的开启。

结构元$b$对图像$f$的闭合记为$f \cdot b$，它的定义为

$$f \cdot b = (f \oplus b) \odot b \tag{6-26}$$

上式表示，先用结构元$b$对图像$f$进行膨胀，再用$b$对上述结果进行腐蚀，就是$b$对图像$f$的闭合。

一个图像经过结构元的开启作用后，所有显示亮特征的灰度都降低了。降低的程度取决于结构元尺寸相对亮区的大小，尺寸愈大降低的程度愈大。开启作用对图像暗特征的影响可以忽略不计，几乎不影响图像的背景。闭合对图像的作用正好相

反，图像中亮的细节几乎不受影响，而暗的特征被削弱了。

由于开启操作能够抑制图像中比结构元小的亮的细节，闭合操作能够抑制图像中比结构元小的暗的细节，把开启与闭合结合起来就可以用于图像的平滑和噪声的去除。

### 6.2.3 获取图像中物体的边缘

图像中物体的边缘为灰度急剧上升区，而在物体的边缘的附近是灰度的平坦区。在灰度的平坦区，进行膨胀或腐蚀所得的结果几乎是一样的，于是膨胀与腐蚀之差为零：

$$(f \oplus b) - (f \odot b) = 0 \tag{6-27}$$

在灰度急剧上升区，只要结构元的尺寸远小于灰度上升区的范围，当结构元的中心处于这个灰度上升区的任一点时，膨胀取结构元右侧所在位置处图像灰度值 $f_a$，腐蚀取结构元左侧所在位置处图像灰度值 $f_b$。于是膨胀与腐蚀之差为

$$(f \oplus b) - (f \odot b) = f_a - f_b > 0$$

这样，对图像所做的膨胀与腐蚀之差就得到了物体的边缘。

### 6.2.4 顶帽变换与底帽变换

灰度级图像 $f$ 的顶帽变换记为 $T_{\text{hat}}(f)$，它的定义是：

$$T_{\text{hat}}(f) = f - (f \circ b) \tag{6-28}$$

上式表示，图像 $f$ 减去结构元 $b$ 对 $f$ 的开启就是 $f$ 的顶帽变换。

灰度级图像 $f$ 的底帽变换记为 $B_{hat}(f)$，它的定义是：

$$B_{\text{hat}}(f) = (f \cdot b) - f \tag{6-29}$$

上式表示，结构元 $b$ 对图像 $f$ 的闭合减去 $f$ 就是 $f$ 的底帽变换。

顶帽变换与底帽变换都可以用于校正光照不均对图像造的影响。顶帽变换用于在暗背景上有许多小的亮物体的图像。底帽变换则相反，用于亮背景上有许多小的暗物体的图像。首先讨论一幅在暗背景上有许多小白花的图像，由于光照不均匀，在光照不足处的小白花的灰度值甚至小于光照强处背景的灰度值。在用阈值方法得到二值图像时，光照不足处的小白花缺失了。为了解决这个问题，在用阈值方法得到二值图像前，用尺寸小于小白花的结构元 $b$ 对图像 $f$ 进行开启操作。其结果是，所有小白花都消失，变成了暗区，而背景的灰度基本上没有什么变化。这时用原始图像 $f$ 减去上述经过开启后的图像 $(f \circ b)$，即对图像进行顶帽变换 $f-(f \circ b)$，由于原始图像与开启后图像的背景灰度基本上相同，两者之差接近于零，而原已消失的小白花又全部出现了，它们的灰度值同原图像相近。现在，只要用小的灰度阈值，

就可以得到一幅完整的二值图像，所有小白花无一缺失。其次再讨论在亮背景上有许多小的暗物体的图像。由于光照不均匀，在光照强处的暗物体的灰度值甚至大于光照弱处背景的灰度值。在用阈值方法得到二值图像时，光照强处的暗物体缺失了。为了解决这个问题，在用阈值方法得到二值图像前，用尺寸小于暗物体的结构元 $b$ 对图像 $f$ 进行闭合操作。其结果是，所有暗物体都消失，变成了亮色区，而背景的灰度基本上没有什么变化。这时用闭合后的图像 $(f \cdot b)$ 减去原始图像 $f$，即对图像进行底帽变换，由于原始图像与闭合后的图像的背景灰度基本上相同，两者之差接近于零，而原已消失的小物体又全部出现了，只是原来的亮背景现在变成了暗背景，原来的暗物体现在变成了亮物体。只要用小的灰度阈值，就可以得到一幅完整的二值图像，所有小的物体无一缺失。如果想将背景变成白色，物体变成黑色，这也是很容易做到的。

MATLAB 对灰度图像的膨胀操作采用函数 imdilate 实现，对腐蚀操作采用函数 imerode 实现，具体的表示式为

```
B=imdilate(A,se);
B=imerode(A,se);
```

其中 A 为输入的灰度图像，se 为结构元，B 为输出图像。

MATLAB 对灰度图像的开启操作采用函数 imopen 实现，对闭合操作采用函数 imclose 实现，具体的表示式为

```
B=imopen(A,se);
B=imclose(A,se);
```

其中 A 为输入的灰度图像，se 为结构元，B 为输出图像。

［示例 6-6］ 对一幅灰度图像进行膨胀操作与腐蚀操作。

```
f=imread('4-1a.jpg');
f=rgb2gray(f);
se=strel('disk',5);
a=imdilate(f,se);
b=imerode(f,se);
c=imerode(a,se);
d=imdilate(b,se);
subplot(2,3,1),imshow(f);
subplot(2,3,2),imshow(a);
subplot(2,3,3),imshow(b);
subplot(2,3,4),imshow(c);
subplot(2,3,5),imshow(d)
```

程序运行后，输出图像如图 6-17 所示。

（a）原始图像

（b）膨胀

（c）腐蚀

（d）先膨胀后腐蚀（开启）

（e）先腐蚀后膨胀（闭合）

图 6-17　灰度图像的膨胀与腐蚀

［示例 6-7］　对一幅灰度图像进行开启操作与闭合操作。

```
f=imread('4-1a.jpg');
f=rgb2gray(f);
se=strel('disk',5);
a=imopen(f,se);
b=imclose(f,se);
c=imclose(a,se);
d=imopen(b,se);
subplot(2,3,1),imshow(f);subplot(2,3,2),imshow(a);
subplot(2,3,3),imshow(b);subplot(2,3,4),imshow(c);
subplot(2,3,5),imshow(d)
```

程序运行后，输出图像如图 6-18 所示。

（a）原始图像

（b）开启

（c）闭合

图 6-18　灰度图像的开启与闭合

（d）先开启后闭合

（e）先闭合后开启

图 6-18　灰度图像的开启与闭合（续）

［示例 6-8］对一幅灰度图像添加噪声后，用开启与闭合联合操作来消除噪声。

```
g=imread('2-16a.jpg');
g=rgb2gray(g);
f=imnoise(g,'salt & pepper');
se=strel('disk',2);
a=imopen(f,se);
b=imclose(a,se);
subplot(2,2,1),imshow(g);subplot(2,2,2),imshow(f);
subplot(2,2,3),imshow(a);subplot(2,2,4),imshow(b)
```

程序运行后，输出图像如图 6-19 所示。可以看出，先开启后闭合的操作是先消除图像中的白色斑点，再消除图像中的黑色斑点。

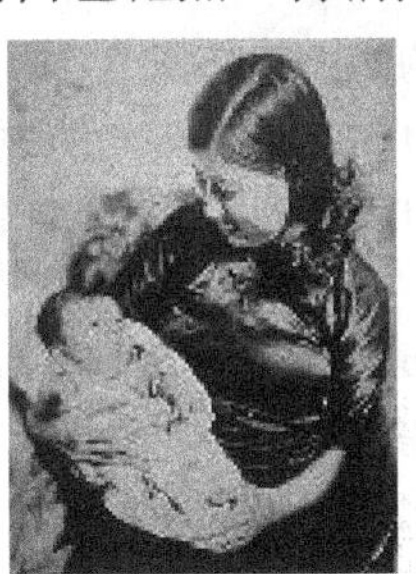

（a）原始图像

（b）添加噪声图像

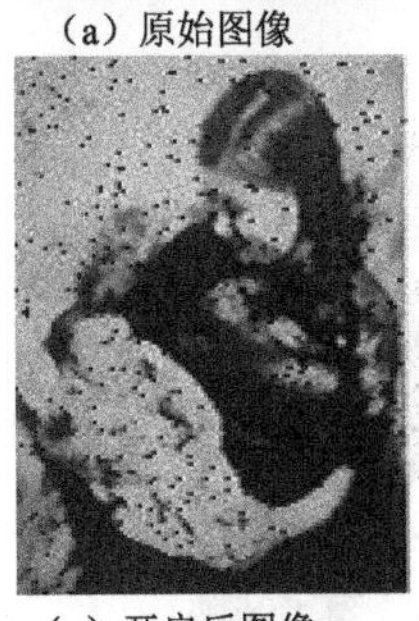

（c）开启后图像

（d）先开启后闭合图像

图 6-19　灰度图像先开启后闭合消除噪声

如果将操作的次序改为先闭合后开启，则是先消除图像中的黑色斑点，再消除图像中的白色斑点，最后的结果是一样的，如图 6-20 所示。

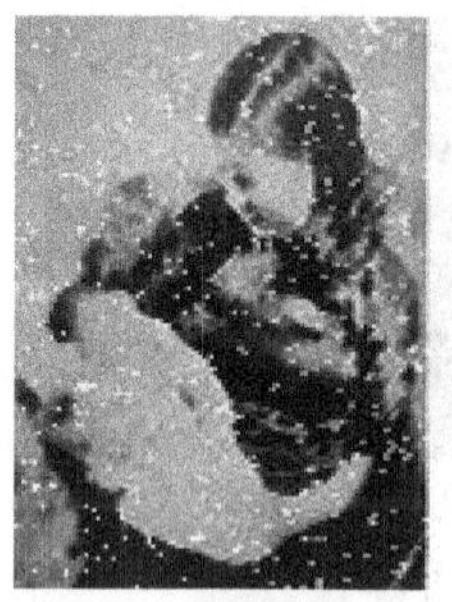
（a）闭合后图像

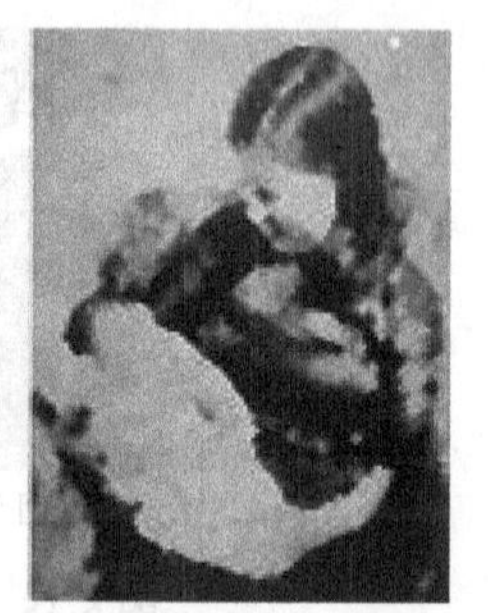
（b）先闭合后开启图像

图 6-20　灰度图像先闭合后开启消除噪声

MATLAB 对灰度图像的顶帽操作采用函数 imtophat 实现，对底帽操作采用函数 imbothat 实现，具体的表示式为

B=imtophat(A,se);

B=imbothat(A,se);

其中 A 为输入的灰度图像，se 为结构元，B 为输出图像。

［示例 6-9］ 用顶帽操作与底帽操作来增强灰度图像的对比度。

```
f=imread('2-16a.jpg');
f=rgb2gray(f);
se=strel('disk',5);                    % 建立结构元 se
a=imtophat(f,se);                      % 用 se 对 f 进行顶帽操作的图像 a
b=imbothat(f,se);                      % 用 se 对 f 进行底帽操作的图像 b
c=imadd(f,a);                          % f+a 得 c
d=imsubtract(c,b);                     % f+a-b 得 d，d 为对比度增强后的图像
subplot(1,2,1),imshow(f);              % 显示原图像
subplot(1,2,2),imshow(d)               % 显示对比度增强后的图像
```

程序运行后，输出图像如图 6-21 所示。

（a）原始图像

（b）对比度增强后图像

图 6-21　灰度图像顶帽底帽操作来增强对比度

# 6.3　彩色图像的形态学处理

现在将灰度图像形态学中的腐蚀、膨胀、开启和闭合等操作推广到彩色图像。令 $\boldsymbol{f}(x,y)$ 为 RGB 彩色图像，$\boldsymbol{b}(x,y)$ 为结构元。RGB 彩色图像 $\boldsymbol{f}(x,y)$ 是具有 3 个分量的矢量：

$$\boldsymbol{f}(x,y)=\begin{pmatrix} f_{\mathrm{R}}(x,y) \\ f_{\mathrm{G}}(x,y) \\ f_{\mathrm{B}}(x,y) \end{pmatrix} \tag{6-30}$$

它的 3 个分量 $f_{\mathrm{R}}(x,y)$、$f_{\mathrm{G}}(x,y)$、$f_{\mathrm{B}}(x,y)$ 可以直接采用灰度图像中的形态学方法处理。现在，彩色图像形态学中的结构元 $b(x,y)$ 也是具有 3 个分量的矢量：

$$\boldsymbol{b}(x,y)=\begin{pmatrix} b_{\mathrm{R}}(x,y) \\ b_{\mathrm{G}}(x,y) \\ b_{\mathrm{B}}(x,y) \end{pmatrix} \tag{6-31}$$

这 3 个分量 $b_{\mathrm{R}}(x,y)$、$b_{\mathrm{G}}(x,y)$、$b_{\mathrm{B}}(x,y)$ 正是灰度图像中的结构元。

彩色图像 $\boldsymbol{f}(x,y)$ 被结构元 $\boldsymbol{b}(x,y)$ 腐蚀可以表示为

$$[\boldsymbol{f}\odot_C \boldsymbol{b}](x,y)=\begin{pmatrix} [f_{\mathrm{R}}\odot b_{\mathrm{R}}](x,y) \\ [f_{\mathrm{G}}\odot b_{\mathrm{G}}](x,y) \\ [f_{\mathrm{B}}\odot b_{\mathrm{B}}](x,y) \end{pmatrix} \tag{6-32}$$

式中，$\odot_C$ 表示彩色像的腐蚀，$\odot$ 表示灰度图像的腐蚀。

彩色图像 $\boldsymbol{f}(x,y)$ 被结构元 $\boldsymbol{b}(x,y)$ 膨胀可以表示为

$$[\boldsymbol{f}\oplus_C \boldsymbol{b}](x,y)=\begin{pmatrix} [f_{\mathrm{R}}\oplus b_{\mathrm{R}}](x,y) \\ [f_{\mathrm{G}}\oplus b_{\mathrm{G}}](x,y) \\ [f_{\mathrm{B}}\oplus b_{\mathrm{B}}](x,y) \end{pmatrix} \tag{6-33}$$

式中，$\oplus_C$ 表示彩色像的膨胀，$\oplus$ 表示灰度图像的膨胀。

结构元 $\boldsymbol{b}$ 对彩色图像 $\boldsymbol{f}$ 的开启记为 $\boldsymbol{f}\circ_C \boldsymbol{b}$，它的定义为

$$\begin{aligned} \boldsymbol{f}\circ_C \boldsymbol{b} &= (\boldsymbol{f}\odot_C \boldsymbol{b})\oplus_C \boldsymbol{b} \\ &= \begin{pmatrix} f_{\mathrm{R}}\odot b_{\mathrm{R}} \\ f_{\mathrm{G}}\odot b_{\mathrm{G}} \\ f_{\mathrm{B}}\odot b_{\mathrm{B}} \end{pmatrix}\oplus_C \boldsymbol{b} \\ &= \begin{pmatrix} (f_{\mathrm{R}}\odot b_{\mathrm{R}})\oplus b_{\mathrm{R}} \\ (f_{\mathrm{G}}\odot b_{\mathrm{G}})\oplus b_{\mathrm{G}} \\ (f_{\mathrm{B}}\odot b_{\mathrm{B}})\oplus b_{\mathrm{B}} \end{pmatrix} \end{aligned} \tag{6-34}$$

上式表示，开启运算是先用结构元 $\boldsymbol{b}$ 对图像 $\boldsymbol{f}$ 进行腐蚀，再用 $\boldsymbol{b}$ 对上述结果进行膨胀。

结构元 $\boldsymbol{b}$ 对彩色图像 $\boldsymbol{f}$ 的闭合运算记为 $\boldsymbol{f}\cdot_C \boldsymbol{b}$，它的定义为

$$\boldsymbol{f}\cdot_C \boldsymbol{b}=(\boldsymbol{f}\oplus_C \boldsymbol{b})\odot_C \boldsymbol{b}$$
$$=\begin{pmatrix} f_R\oplus b_R \\ f_G\oplus b_G \\ f_B\oplus b_B \end{pmatrix}\odot_C \boldsymbol{b}$$
$$=\begin{pmatrix} (f_R\oplus b_R)\odot b_R \\ (f_G\oplus b_G)\odot b_G \\ (f_B\oplus b_B)\odot b_B \end{pmatrix} \tag{6-35}$$

上式表示，闭合运算是先用结构元 $\boldsymbol{b}$ 对图像 $\boldsymbol{f}$ 进行膨胀，再用 $\boldsymbol{b}$ 对上述结果进行腐蚀。

MATLAB 对彩色图像的膨胀与腐蚀操作同对灰度图像一样，采用函数 imdilate 与 imerode 来实现，具体的表示式为

B=imdilate(A,se);

B=imerode(A,se);

其中 A 为输入的彩色电视图像，se 为结构元，B 为输出图像。

MATLAB 对彩色图像的开启与闭合也同对灰度图像一样，采用函数 imopen 与 imclose 来实现，具体的表示式为

B=imopen(A,se);

B=imclose(A,se);

其中 A 为输入的彩色图像，se 为结构元，B 为输出图像。

但要注意的是，以上操作必须分别对彩色图像的 3 个 RGB 分量进行。在对彩色图像 A 的 3 个分量：

A1=A(: ,:, 1); A2=A(: ,:, 2); A3=A(:, :, 3);

完成操作后，再将它们组合起来：

B=cat(3,B1,B2,B3);

其中，B1、B2、B3 是彩色分量 A1、A2、A3 经操作以后的结果，B 是操作后的彩色图像。

［示例 6-10］ 对一幅彩色图像进行膨胀与腐蚀操作。

```
A=imread('5-5a.jpg');                          % 读入一幅彩色图像 A
r=A(:,:,1);g=A(:,:,2);b=A(:,:,3);              % 获取 A 的 r,g,b 3 个分量
se=strel('disk',3);                            % 建立结构元
r1=imdilate(r,se); r2=imerode(r,se);           % 对 r 分量分别进行膨胀与腐蚀操作
g1=imdilate(g,se); g2=imerode(g,se);           % 对 g 分量分别进行膨胀与腐蚀操作
b1=imdilate(b,se); b2=imerode(b,se);           % 对 b 分量分别进行膨胀与腐蚀操作
```

```
B1=cat(3,r1,g1,b1);                        % 将膨胀后的 3 分量组合成膨胀图像
B2=cat(3,r2,g2,b2);                        % 将腐蚀后的 3 分量组合成腐蚀图像
subplot(2,2,1),imshow(A);                  % 显示原始图像
subplot(2,2,3),imshow(B1);                 % 显示膨胀图像
subplot(2,2,4),imshow(B2)                  % 显示腐蚀图像
```

程序运行后，输出图像如图 6-22 所示。可以看出，膨胀操作使图像变亮，腐蚀操作使图像变暗。

（a）原始图像

（b）膨胀图像

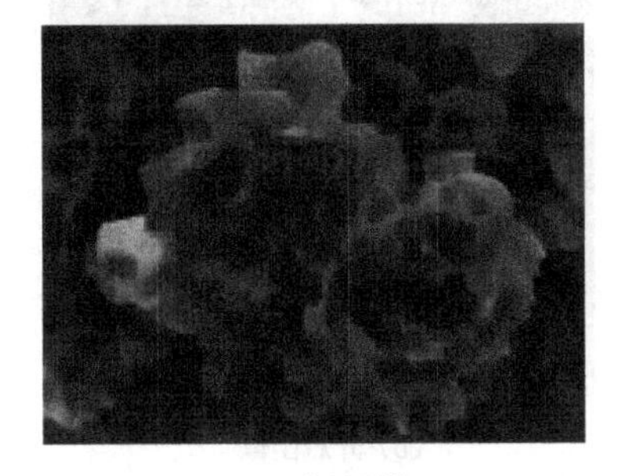

（c）腐蚀图像

图 6-22　彩色图像的膨胀与腐蚀

［示例 6-11］　对一幅彩色图像进行开启与闭合操作。

```
A=imread('5-5a.jpg');                      % 读入一幅彩色图像 A
r=A(:,:,1);g=A(:,:,2);b=A(:,:,3);          % 获取 A 的 r,g,b 3 个分量
se=strel('disk',3);                        % 建立结构元
r1=imopen(r,se); r2=imclose(r,se);         % 对 r 分量分别进行开启与闭合操作
g1=imopen(g,se); g2=imclose(g,se);         % 对 g 分量分别进行开启与闭合操作
b1=imopen(b,se); b2=imclose(b,se);         % 对 b 分量分别进行开启与闭合操作
B1=cat(3,r1,g1,b1);                        % 将开启后的 3 分量组合成开启图像
B2=cat(3,r2,g2,b2);                        % 将闭合后的 3 分量组合成闭合图像
subplot(2,2,1),imshow(A);                  % 显示原始图像
subplot(2,2,3),imshow(B1);                 % 显示开启图像
```

```
subplot(2,2,4),imshow(B2)                              % 显示闭合图像
```

程序运行后，输出图像如图 6-23 所示。比较原始图像、开启图像与闭合图像可以看出，它们基本上是一样的。即开启操作与闭合操作基本上不改变原始图像。但是，如果在原始图像中有噪声，则 3 个图像就不一样了。开启操作与闭合操作可以消除图像中的噪声，见示例 6-12。

（a）原始图像

（b）开启图像

（c）闭合图像

图 6-23　彩色图像的开启与闭合

［示例 6-12］ 对一幅有噪声的彩色图像，通过先开启后闭合的操作消除噪声。

```
A=imread('5-20a.jpg');                     % 读入一幅有噪声的彩色图像 A
r=A(:,:,1);g=A(:,:,2);b=A(:,:,3);          % 获取 A 的 r,g,b 3 个分量
se=strel('disk',2);                        % 建立结构元
r1=imopen(r,se); r2=imclose(r1,se);        % 对 r 分量进行先开启后闭合的操作
g1=imopen(g,se); g2=imclose(g1,se);        % 对 g 分量进行先开启后闭合的操作
b1=imopen(b,se); b2=imclose(b1,se);        % 对 b 分量进行先开启后闭合的操作
B=cat(3,r2,g2,b2);                         % 将操作后的 3 个分量组合成先开启后闭合图像
subplot(1,2,1),imshow(A);                  % 显示原始图像
subplot(1,2,2),imshow(B)                   % 显示先开启后闭合图像
```

程序运行后，输出图像如图 6-24 所示。

（a）原始图像

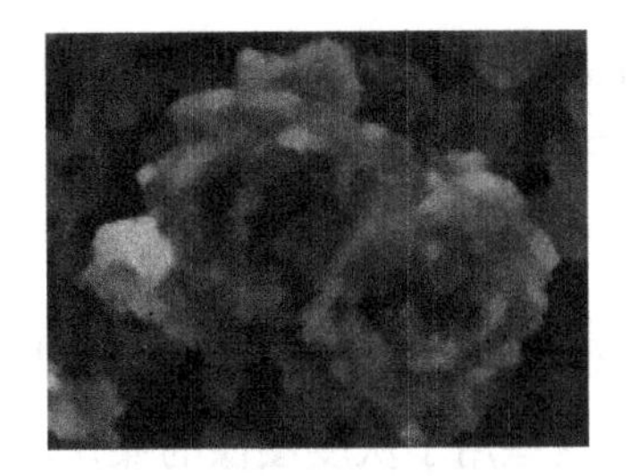
（b）先开启后闭合的图像

图 6-24　彩色图像先开启后闭合消除噪声

［示例 6-13］ 对上例中有噪声的彩色图像，改变操作次序，通过先闭合后开启的操作消除噪声。

```
A=imread('5-20a.jpg');                    % 读入一幅有噪声的彩色图像 A
r=A(:,:,1);g=A(:,:,2);b=A(:,:,3);         % 获取 A 的 r,g,b 3 个分量
se=strel('disk',2);                       % 建立结构元
r1=imclose(r,se);r2=imopen(r1,se);        % 对 r 分量进行先闭合后开启的操作
g1=imclose(g,se);g2=imopen(g1,se);        % 对 g 分量进行先闭合后开启的操作
b1=imclose(b,se);b2=imopen(b1,se);        % 对 b 分量进行先闭合后开启的操作
B=cat(3,r2,g2,b2);                        % 将操作后的 3 个分量组合成先闭合后开启图像
subplot(1,2,1),imshow(A);                 % 显示原始图像
subplot(1,2,2),imshow(B)                  % 显示先闭合后开启图像
```

程序运行后，输出图像如图 6-25 所示。可以看出，同样都消除了噪声，先闭合后开启的图像要比先开启后闭合的图像更好些。

（a）原始图像

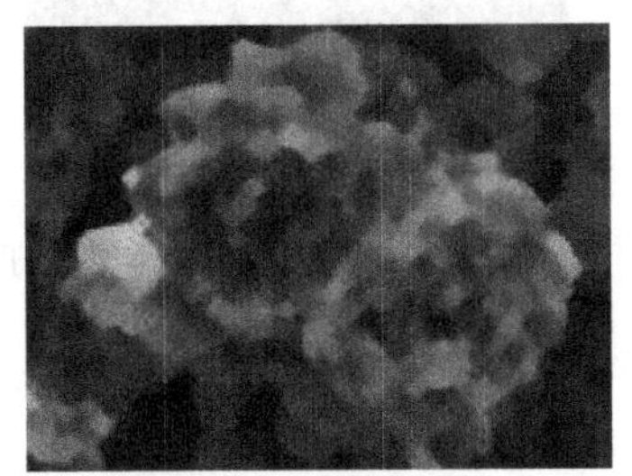
（b）先闭合后开启图像

图 6-25　彩色图像先闭合后开启消除噪声

［示例 6-14］ 用顶帽操作与底帽操作来增强彩色图像的对比度。为了简便，将示例 6-9 中用来增强灰度图像对比度的顶帽与底帽联合操作的 4 个步骤，合并为 1 个步骤。即将如下 4 个步骤：

```
a=imtophat(f,se);
b=imbothat(f,se);
```

```
c=imadd(f,a);
d=imsubtract(c,b);
```

合并为一个步骤：

```
d=imsubtract(imadd(f, imtophat(f,se)), imbothat(f,se));
```

现在，这些用于灰度图像的操作，可用于彩色图像的分量上。

```
f=imread('5-5a.jpg');
f1=f(:,:,1);
f2=f(:,:,2);
f3=f(:,:,3);
se=strel('disk',5);
d1=imsubtract(imadd(f1,imtophat(f1,se)),imbothat(f1,se));
d2=imsubtract(imadd(f2,imtophat(f2,se)),imbothat(f2,se));
d3=imsubtract(imadd(f3,imtophat(f3,se)),imbothat(f3,se));
D=cat(3,d1,d2,d3);
subplot(1,2,1),imshow(f);
subplot(1,2,2),imshow(D)
```

程序运行后，输出图像如图 6-26 所示。

（a）原始图像

（b）增强对比度

图 6-26　彩色图像顶帽底帽操作来增强对比度

# 第 7 章　图像的分割

图像的分割是指将图像中人们感兴趣的内容（称之为目标或对象）同图像的其他内容分割开来，目的是对目标进行进一步的分析和了解。例如一幅机场的图像，人们对其中一架飞机感兴趣，于是就将这幅图像进行分割，得到这架飞机轮廓分明的图像，以便对它进行详细的分析研究。图像的分割按照以下步骤进行。

（1）将图像分割成 $n$ 个分区，用集合表示就是：

$$\bigcup_{i=1}^{n} R_i = R \tag{7-1}$$

式中，$R$ 表示所有像素的集合，$R_i$ 是第 $i$ 个子集（分区）像素的集合。式（7-1）表示所有 $n$ 个子集的并集为 $R$。

（2）任意两个子集是相互不重叠的：

$$R_i \cap R_j = \varnothing，\quad i,j = 1,2,\cdots,n；\quad i \neq j \tag{7-2}$$

式中，$\varnothing$ 表示空集。式（7-2）表示任意两个子集 $R_i$ 与 $R_j$ 的交集是空集。

（3）同一个子集内的像素具有相同的性质：

$$P(R_i) = \text{TRUE}，\quad i = 1,2,\cdots,n \tag{7-3}$$

（4）不同子集内的像素具有不相同的性质：

$$P(R_i \cup R_j) = \text{FALSE}，\quad i,j = 1,2,\cdots,n；\quad i \neq j \tag{7-4}$$

（5）同一个子集内任意两个像素是相互连通的，是 4 连通或 8 连通的。

## 7.1　图像的阈值分割

如果图像中的目标和背景有明显的不同灰度分布区，就可以用一个灰度阈值 $T$，把它分割开来。在目标和背景的对比度很强时，用这个方法很有效。

设图像 $f(x,y)$ 的灰度范围是 $[Z_a,Z_b]$，在 $Z_a$ 与 $Z_b$ 之间选择一个合适的值 $T$，背景的灰度区主要在 $[Z_a,T]$，目标的灰度区主要在 $[T,Z_b]$。分割后的图像为

$$g(x,y) = \begin{cases} Z_c, f(x,y) \geqslant T \\ Z_d, f(x,y) < T \end{cases} \tag{7-5}$$

式中，$Z_c > T, Z_d < T$。分割后的图像是一幅目标的灰度值为 $Z_c$，背景的灰度值为 $Z_d$ 的二值图像。例如，一幅分散米粒的图像，目标为米粒，整个图像的灰度分布区为

$[40,255]$，背景灰度分布区为$[40,110]$，目标灰度分布区为$[110,255]$。如果选择阈值$T=110$，则由

$$g(x,y)=\begin{cases}255, & f(x,y)\geqslant T\\0, & f(x,y)<T\end{cases}$$

得到的是白色米粒和黑色背景的黑白分明的二值图像。如果选择的阈值偏小，如$T=90$，则灰度值在$90\sim100$的背景变成了白色，它将其中的白色米粒淹没了。如果选择的阈值偏大，如$T=150$，则灰度值在$110\sim150$的米粒变成了黑色，被周围的黑色背景淹没了。实际上，目标和背景的灰度分布不会像这个例子一样界限分明，总可以选择合适的阈值，将目标和背景分开。下面介绍4种确定阈值的方法。

### 7.1.1 直方图法

在上述阈值分割中，整个图像只采用一个阈值，所以叫作全局阈值。确定阈值的一个方法是直方图法。如果从直方图可以看出两个明显不同的灰度分布，一个是背景的，另一个是目标的，则很容易在它们之间确定阈值$T$。如果从直方图不能区分出目标和背景的灰度分布，则可以采用实验法。通过选择不同的阈值，观察最终的结果来确定合适的阈值。

### 7.1.2 最小误差法

假定背景与目标灰度的概率密度$P_1(z)$与$P_2(z)$都满足正态分布：

$$P_1(z)=\frac{1}{\sqrt{2\pi}\sigma_1}\mathrm{e}^{-(z-\mu_1)^2/2\sigma_1^2} \tag{7-6}$$

$$P_2(z)=\frac{1}{\sqrt{2\pi}\sigma_2}\mathrm{e}^{-(z-\mu_2)^2/2\sigma_2^2} \tag{7-7}$$

式中，$\mu_1$与$\sigma_1^2$为背景灰度的均值与方差，$\mu_2$与$\sigma_2^2$为目标灰度的均值与方差，这4个参数可以由直方图估计。图7-1表示了$\mu_1$与$\sigma_1$的估计方法。

$\mu_1$是$P_1(z)$峰值对应的灰度位置，$\sigma_1$由$P_1(z)$的分布宽度决定，因为当$P_1(z)$由峰值下降为峰值的$\mathrm{e}^{-1}$处的曲线宽度为$2\sqrt{2}\sigma_1$。$\mu_2$与$\sigma_2$用同样方法确定。设在总像素中背景占有的百分比为$\theta$，目标占有的百分比为$1-\theta$。当选定的阈值为$T$时，将目标像素错分为背景像素的概率为

$$E_2=\int_{-\infty}^{T}P_2(z)\mathrm{d}z \tag{7-8}$$

将背景像素错分为目标像素的概率为

$$E_1=\int_{T}^{\infty}P_1(z)\mathrm{d}z \tag{7-9}$$

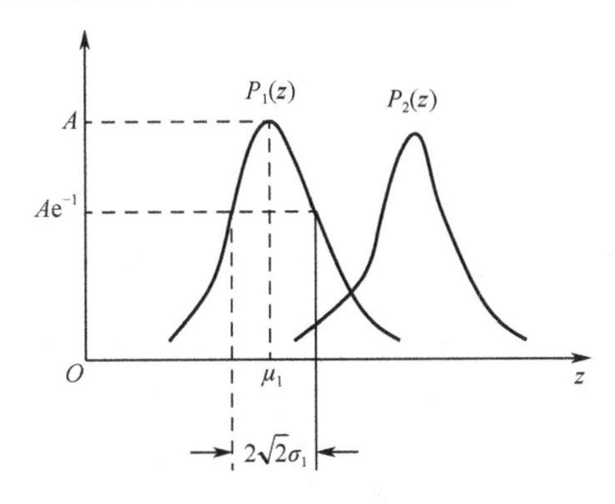


图 7-1　$\mu_1$ 与 $\sigma_1$ 的估计方法

总的错误概率为

$$E(T)=\theta E_1(T)+(1-\theta)E_2(T) \tag{7-10}$$

由 $\partial E(T)/\partial T=0$ 可以求出错误概率最小时的 $T$：

$$\frac{\partial E(T)}{\partial T}=\theta\frac{\partial E_1(T)}{\partial T}+(1-\theta)\frac{\partial E_2(T)}{\partial T}=-\theta P_1(z=T)+(1-\theta)P_2(z=T)=0 \tag{7-11}$$

将式（7-6）与式（7-7）代入上式，得：

$$-\frac{\theta}{\sigma_1}e^{-(T-\mu_1)^2/2\sigma_1^2}+\frac{(1-\theta)}{\sigma_2}e^{-(T-\mu_2)^2/2\sigma_2^2}=0 \tag{7-12}$$

经整理得：

$$\frac{\theta\sigma_2}{(1-\theta)\sigma_1}=e^{(T-\mu_1)^2/2\sigma_1^2}e^{-(T-\mu_2)^2/2\sigma_2^2} \tag{7-13}$$

上式取对数（ln）得：

$$\ln\frac{\theta\sigma_2}{(1-\theta)\sigma_1}=\frac{(T-\mu_1)^2}{2\sigma_1^2}-\frac{(T-\mu_2)^2}{2\sigma_2^2} \tag{7-14}$$

设 $P_1(z)$ 与 $P_2(z)$ 的分布宽度相同，则 $\sigma_1=\sigma_2=\sigma$，上式可简化为

$$\ln\frac{\theta}{1-\theta}=\frac{(T-\mu_1)^2}{2\sigma^2}-\frac{(T-\mu_2)^2}{2\sigma^2}$$

或

$$\begin{aligned}2\sigma^2\ln\frac{\theta}{1-\theta}&=(T-\mu_1)^2-(T-\mu_2)^2\\&=2T(\mu_2-\mu_1)+\mu_1^2-\mu_2^2\end{aligned} \tag{7-15}$$

由上式解得：

$$T=\frac{\mu_1+\mu_2}{2}+\frac{\sigma^2}{\mu_1-\mu_2}\ln\frac{\theta}{1-\theta} \tag{7-16}$$

当 $\theta=1/2$ 时，则 $T=(\mu_1+\mu_2)/2$。

### 7.1.3 最大类间方差法（otsu 法）

设图像像素的总数为$N$，灰度的取值范围是$[0,L-1]$，灰度为$i$的像素数目为$n_i$，出现的概率为$p_i=\dfrac{n_i}{N}$，$\sum_{i=0}^{L-1}p_i=1$。令$T$为要确定的阈值，将图像中的像素按灰度值的大小分成$C_0$与$C_1$两类。$C_0$是灰度值在$[0,T]$内的像素组，$C_1$是灰度值在$[T+1,L-1]$内的像素组。整幅图像的灰度值平均值为

$$\mu=\sum_{i=0}^{L-1}ip_i$$

$C_0$与$C_1$类的灰度值平均值分别为

$$\mu_0=\sum_{i=0}^{T}ip_i/\sum_{i=0}^{T}p_i，\quad \mu_1=\sum_{i=T+1}^{L-1}ip_i/\sum_{i=T+1}^{L-1}p_i$$

$C_0$与$C_1$两类间的方差定义为

$$\sigma^2=(\mu_0-\mu)^2\sum_{i=0}^{T}p_i+(\mu_1-\mu)^2\sum_{i=T+1}^{L-1}p_i$$

可以证明，上式可简化为

$$\sigma^2=(\mu_0-\mu_1)^2\left(\sum_{i=0}^{T}p_i\right)\left(\sum_{i=T+1}^{L-1}p_i\right)$$

令阈值$T$在$[0,L-1]$内依次取值，使$\sigma^2$为最大值的阈值$T$就是最大类间方差法（otsu 法）确定的最佳阈值。

MATLAB 采用函数 graythresh()给出最大类间方差法计算的阈值 $T$，它的表达式为

```
T=graythresh(I);
```

其中 I 为输入图像。

### 7.1.4 迭代法

设定一个灰度值参数$\varepsilon$，再选取一个初始阈值$T_0$。通常选择图像的平均灰度作为初始阈值$T_0$，然后将图像的像素点分成两类：灰度值$\leqslant T_0$为$A$类，灰度值$>T_0$为$B$类。分别求出这两类图像的平均灰度值$T_A$与$T_B$，再以它们的平均值$T_1=(T_A+T_B)/2$代替初始阈值$T_0$，作为图像新的阈值。如果$|T_1-T_0|<\varepsilon$，则$T_1$就是我们希望得到的最优阈值；如果$|T_1-T_0|>\varepsilon$，则以$T_1$为初始阈值再将图像的像素点分成两类，重复以上过程，不断获得新的阈值，直到相邻两个阈值$T_i$与$T_{i-1}$满足条件$|T_i-T_{i-1}|<\varepsilon$时，$T_i$就是最优阈值。

［示例 7-1］ 对一幅灰度图像，用直方图法确定阈值，并进行图像的二值化。

```
I=imread('2-16a.jpg');
I=rgb2gray(I);
subplot(1,3,1),imshow(I);
subplot(1,3,2),imhist(I);
T=90;
s=size(I);
for i=1:s(1)
for j=1:s(2)
if I(i,j)>=T;
I(i,j)=255;
else   I(i,j)=0;
end
end
end
subplot(1,3,3),imshow(I)
```

程序运行后，输出图像如图 7-2 所示。从直方图可以看出，阈值应该取两个峰之间的值 90。在阈值 T=90 确定之后，也可以用 J=im2bw(J,90)直接得到二值图像。

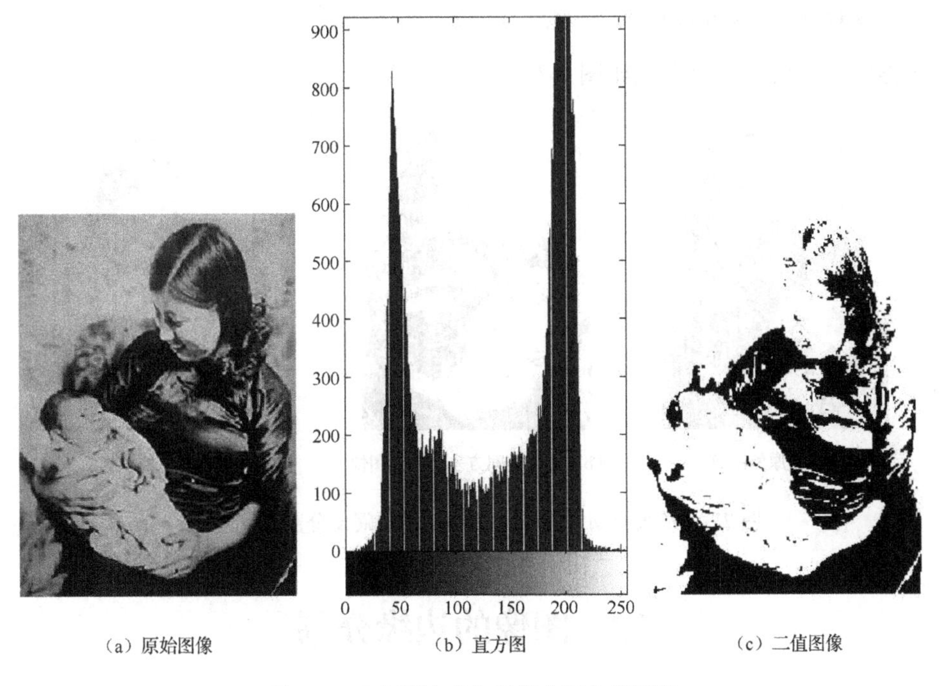


（a）原始图像　（b）直方图　（c）二值图像

图 7-2　直方图法确定阈值分割灰度图像

[示例 7-2] 对一幅灰度图像，用最大类间方差法与迭代法确定阈值，并进行图像的二值化。

```
J=imread('2-16a.jpg');
J=rgb2gray(J);
T=graythresh(J);                    % 用最大类间方差法确定阈值 T
L=im2bw(J,T);                       % 用阈值 T 进行图像 J 的二值化
I=im2double(J);                     % 将图像数据类型转换成双精度型
T0=0.01;                            % 确定灰度值参数=T0，以下用迭代法定阈值
T1=(min(I(:))+max(I(:)))/2;
r1=find(I>T1);
r2=find(I<=T1);
T2=(mean(I(r1))+mean(I(r2)))/2;
while abs(T2-T1)>T0
T1=T2;
r1=find(I>T1);
r2=find(I<=T1);
T2=(mean(I(r1))+mean(I(r2)))/2;
end
K=im2bw(I,T2);                      % 用阈值 T2 进行图像 J 的二值化
subplot(1,3,1),imshow(J);
subplot(1,3,2),imshow(L);
subplot(1,3,3),imshow(K)
```

程序运行后，输出图像如图 7-3 所示。

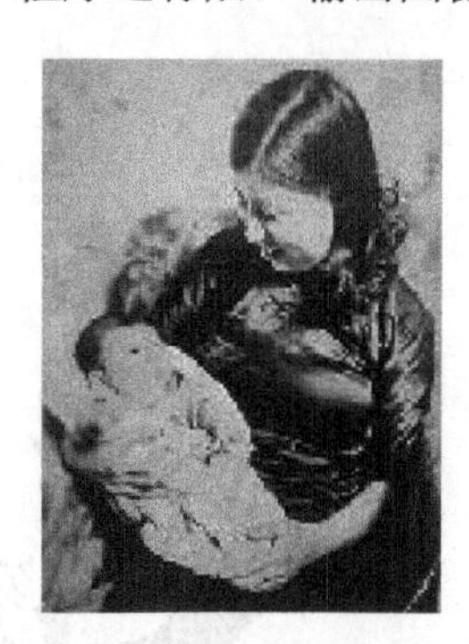

（a）原始图像

（b）最大类间方差法二值图像

（c）迭代法二值图像

图 7-3 最大类间方差法与迭代法确定阈值分割灰度图像

## 7.2 图像的边缘分割

在目标图像的边缘处，灰度呈突变之势。利用边缘的这一特性，可以分割图像。

应该指出，利用灰度突变检测出的边缘不一定是目标的真实边缘，这只能是近似的边缘。图像的边缘有幅度和方向两个特性。沿边缘方向像素灰度变化平缓，而在边缘垂直方向上，像素灰度变化剧烈。边缘灰度急剧变化的形式有两种。一种是阶跃状，另一种是山峰状。对于这两种变化形式，一阶微分算子和二阶微分算子都有明显的反映。对于灰度的阶跃式变化，一阶微分算子的反映是，在灰度突变处给出一个正脉冲；二阶微分算子的反映是，在灰度突变处先给出一个正脉冲，紧接着给出一个负脉冲。对于灰度的山峰式变化，一阶微分算子的反映是，在灰度开始突变处给出一个正脉冲，紧接着给出一个负脉冲；二阶微分算子的反映是，在灰度突变开始处给出一个正脉冲，紧接着给出一个负脉冲和一个正脉冲。这两种算子对灰度的缓慢变化是没有反应的，因此利用这两种算子可以检测出图像的边缘。下面介绍这两种算子。

### 7.2.1 梯度算子

一阶微分算子也称为梯度算子。在第 2 章中曾介绍过梯度算子 $\nabla$ 。梯度算子 $\nabla$ 对图像 $f(x,y)$ 的作用结果 $\nabla f(x,y)$ 是一个矢量：

$$\nabla f(x,y)=\begin{pmatrix}G_x\\G_y\end{pmatrix}=\begin{pmatrix}\dfrac{\partial f}{\partial x}\\\dfrac{\partial f}{\partial y}\end{pmatrix} \tag{7-17}$$

$\nabla f$ 的大小表示为

$$M(x,y)=\text{Mag}\,(\nabla f)=\sqrt{G_x^2+G_y^2} \tag{7-18}$$

为了方便计算，$M(x,y)$ 可以用以下近似式表示：

$$M(x,y)\approx|G_x|+|G_y| \tag{7-19}$$

$\nabla f$ 的方向由相对 $x$ 轴的角度 $\alpha(x,y)$ 决定：

$$\alpha(x,y)=\arctan\left(\frac{G_y}{G_x}\right) \tag{7-20}$$

物体的边缘同 $\alpha$ 角的方向垂直，如图 7-4 所示。

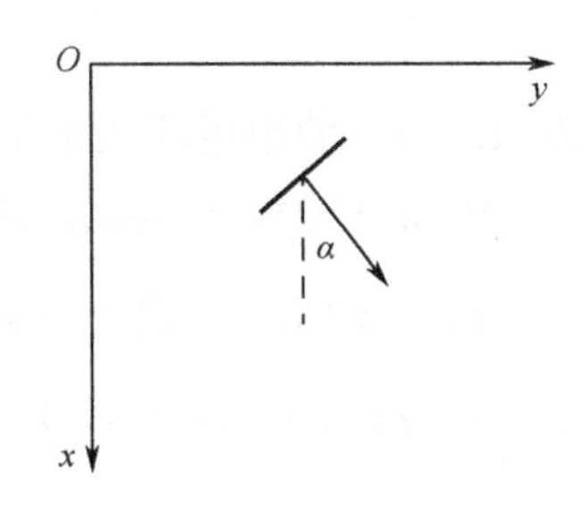


图 7-4 物体边缘与 $\nabla f$ 方向的关系

对于数字图像 $f(x,y)$，$f(x,y)$ 的一阶导数 $\partial f(x,y)/\partial x$ 可以用 $(x,y)$ 点处的 $\Delta f = f(x+1,y)-f(x,y)$ 与 $\Delta x = 1$ 之比来表示：

$$G_x = \frac{\partial f}{\partial x} \approx \frac{\Delta f}{\Delta x} = f(x+1,y)-f(x,y) \tag{7-21}$$

类似地，

$$G_y = \frac{\partial f}{\partial y} \approx \frac{\Delta f}{\Delta y} = f(x,y+1)-f(x,y) \tag{7-22}$$

以上两式可以用如图 7-5 所示的两个一维模板对图像 $f(x,y)$ 的运算来实现。这种模板的作用是给出图像沿 $y$ 轴与 $x$ 轴方向的边缘。

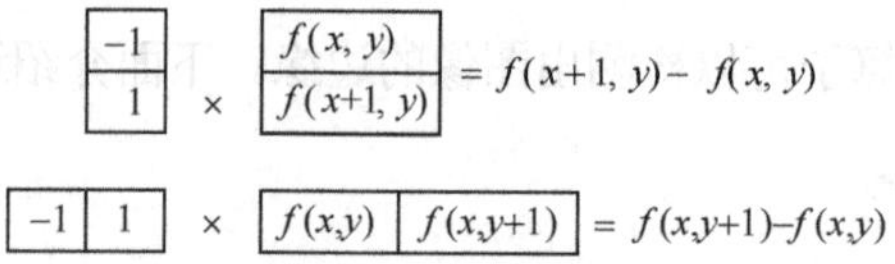

$$\begin{bmatrix}-1\\1\end{bmatrix} \times \begin{bmatrix}f(x,y)\\f(x+1,y)\end{bmatrix} = f(x+1,y)-f(x,y)$$

$$\begin{bmatrix}-1 & 1\end{bmatrix} \times \begin{bmatrix}f(x,y) & f(x,y+1)\end{bmatrix} = f(x,y+1)-f(x,y)$$

图 7-5　一维模板同图像 $f(x,y)$ 的运算

下面给出 3 种常用的检测图像边缘的梯度算子。

### 1．Roberts 算子

为了探测图像沿对角线方向的边缘，可以采用 Roberts 算子：

$$G_x = \frac{\partial f(x,y)}{\partial x} = f(x+1,y+1)-f(x,y) \tag{7-23}$$

$$G_y = \frac{\partial f(x,y)}{\partial y} = f(x+1,y)-f(x,y+1) \tag{7-24}$$

与这两个式子对应的二维模板（Roberts 模板）如图 7-6 所示。

图 7-6　Roberts 模板

### 2．Prewitt 算子

为了更好地探测目标的边缘，最小的模板应该是 $3\times3$ 的模板。一种最简单的 $3\times3$ 模板为如图 7-7 所示的两个 Prewitt 模板（Prewitt 算子），相应的数学公式为

$$G_x = \frac{\partial f}{\partial x} = [f(x+1,y-1)+f(x+1,y)+f(x+1,y+1)]- \\ [f(x-1,y-1)+f(x-1,y)+f(x-1,y+1)] \tag{7-25}$$

$$G_y = \frac{\partial f}{\partial y} = [f(x-1,y+1) + f(x,y+1) + f(x+1,y+1)] -$$

$$[f(x-1,y-1) + f(x,y-1) + f(x+1,y-1)] \quad (7\text{-}26)$$

这两个模板同图像 $f(x,y)$ 作用的结果分别为 $G_x$ 与 $G_y$ 。

$G_x$=

| −1 | −1 | −1 |
|---|---|---|
| 0 | 0 | 0 |
| 1 | 1 | 1 |

×

| f(x−1,y−1) | f(x−1,y) | f(x−1,y+1) |
|---|---|---|
| f(x,y−1) | f(x,y) | f(x,y+1) |
| f(x+1,y−1) | f(x+1,y) | f(x+1,y+1) |

=[f(x+1,y−1)+f(x+1,y)+f(x+1,y+1)]−[f(x−1,y−1)+f(x−1,y)+f(x−1,y+1)]

$G_y$=

| −1 | 0 | 1 |
|---|---|---|
| −1 | 0 | 1 |
| −1 | 0 | 1 |

×

| f(x−1,y−1) | f(x−1,y) | f(x−1,y+1) |
|---|---|---|
| f(x,y−1) | f(x,y) | f(x,y+1) |
| f(x+1,y−1) | f(x+1,y) | f(x+1,y+1) |

=[f(x−1,y+1)+f(x,y+1)+f(x+1,y+1)]−[f(x−1,y−1)+f(,xy−1)+(fx+1,y−1)]

图 7-7　Prewitt 模板同图像 $f(x,y)$ 的运算

### 3. Sobel 算子

一种对式（7-25）与式（7-26）的改进式为

$$G_x = \frac{\partial f}{\partial x} = [f(x+1,y-1) + 2f(x+1,y) + f(x+1,y+1)] -$$

$$[f(x-1,y-1) + 2f(x-1,y) + f(x-1,y+1)] \quad (7\text{-}27)$$

$$G_y = \frac{\partial f}{\partial y} = [f(x-1,y+1) + 2f(x,y+1) + f(x+1,y+1)] -$$

$$[f(x-1,y-1) + 2f(x,y-1) + f(x+1,y-1)] \quad (7\text{-}28)$$

与式（7-27）和式（7-28）相应的模板如图 7-8 所示。这就是 Sobel 算子（模板）。

| −1 | −2 | −1 |
|---|---|---|
| 0 | 0 | 0 |
| 1 | 2 | 1 |

| −1 | 0 | 1 |
|---|---|---|
| −2 | 0 | 2 |
| −1 | 0 | 1 |

图 7-8　Sobel 模板

## 7.2.2　拉普拉斯算子

对图像 $f(x,y)$ 的二阶微分算子也称为拉普拉斯算子。由 $f(x,y)$ 的一阶偏导数

$$\frac{\partial f(x,y)}{\partial x} = f'(x,y) = f(x+1,y) - f(x,y) \quad (7\text{-}29)$$

可以导出 $f(x,y)$ 的二阶偏导数

$$\begin{aligned}\frac{\partial^2 f}{\partial x^2}&=\frac{\partial f'(x,y)}{\partial x}=\frac{\partial}{\partial x}[f(x+1,y)-f(x,y)]=\frac{\partial f(x+1,y)}{\partial x}-\frac{\partial f(x,y)}{\partial x}\\&=[f(x+2,y)-f(x+1,y)]-[f(x+1,y)-f(x,y)]\\&=f(x+2,y)-2f(x+1,y)+f(x,y)\end{aligned} \tag{7-30}$$

上式显示的是对 $(x+1,y)$ 点的二阶导数，我们需要的是对 $(x,y)$ 点的二阶导数。这就要将上式中的 $x$ 减1。于是，得到

$$\frac{\partial^2 f}{\partial x^2}=f(x+1,y)+f(x-1,y)-2f(x,y) \tag{7-31}$$

类似地，

$$\frac{\partial^2 f}{\partial y^2}=f(x,y+1)+f(x,y-1)-2f(x,y) \tag{7-32}$$

由以上两式得拉普拉斯算子 $\nabla^2$ 对图像 $f(x,y)$ 运算的结果：

$$\begin{aligned}\nabla^2 f&=\frac{\partial^2 f}{\partial x^2}+\frac{\partial^2 f}{\partial y^2}\\&=f(x-1,y)+f(x+1,y)+f(x,y-1)+f(x,y+1)-4f(x,y)\end{aligned} \tag{7-33}$$

式（7-33）可以通过如图 7-9（a）所示的模板对图像 $f(x,y)$ 的运算来实现。还可以将拉普拉斯算子 $\nabla^2$ 扩展为包括对角线项：

$$\begin{aligned}\nabla^2 f(x,y)=&f(x-1,y-1)+f(x-1,y)+f(x-1,y+1)+f(x,y-1)+\\&f(x,y+1)+f(x+1,y-1)+f(x+1,y)+f(x+1,y+1)-8f(x,y)\end{aligned} \tag{7-34}$$

上式中的 $f(x+1,y+1)+f(x-1,y-1)+f(x+1,y-1)+f(x-1,y+1)-4f(x,y)$ 是 $\nabla^2$ 中的对角线项。下面来推导出 $\nabla^2$ 中的这个对角线项。式（7-23）与式（7-24）给出对角线方向的一阶导数 $\partial f/\partial x$ 与 $\partial f/\partial y$：

$$\frac{\partial f(x,y)}{\partial x}=f(x+1,y+1)-f(x,y)$$

$$\frac{\partial f(x,y)}{\partial y}=f(x+1,y)-f(x,y+1)$$

仿照式（7-30），对 $\partial f(x,y)/\partial x$ 再求导一次，得到

$$\begin{aligned}\frac{\partial^2 f}{\partial x^2}&=\frac{\partial f(x+1,y+1)}{\partial x}-\frac{\partial f(x,y)}{\partial x}\\&=f(x+2,y+2)-f(x+1,y+1)-[f(x+1,y+1)-f(x,y)]\\&=f(x+2,y+2)+f(x,y)-2f(x+1,y+1)\end{aligned}$$

这是对 $(x+1,y+1)$ 点的二阶导数。将上式中的 $x$ 与 $y$ 分别减1，得到对 $(x,y)$ 点的二阶导数

$$\frac{\partial^2 f}{\partial x^2}=f(x+1,y+1)+f(x-1,y-1)-2f(x,y) \tag{7-35}$$

类似地，对 $\partial f(x,y)/\partial y$ 再求导一次，得到

$$\begin{aligned}\frac{\partial^2 f}{\partial y^2}&=\frac{\partial f(x+1,y)}{\partial y}-\frac{\partial f(x,y+1)}{\partial y}\\&=f(x+2,y)-f(x+1,y+1)-[f(x+1,y+1)-f(x,y+2)]\\&=f(x+2,y)+f(x,y+2)-2f(x+1,y+1)\end{aligned}$$

这是对 $(x+1,y+1)$ 点的二阶导数。将上式中的 $x$ 与 $y$ 分别减1，得到对 $(x,y)$ 点的二阶导数

$$\frac{\partial^2 f}{\partial y^2}=f(x+1,y-1)+f(x-1,y+1)-2f(x,y) \tag{7-36}$$

将式（7-35）与式（7-36）相加，得到的正是 $\nabla^2$ 中的对角线项：

$$\frac{\partial^2 f}{\partial x^2}+\frac{\partial^2 f}{\partial y^2}=f(x+1,y+1)+f(x-1,y-1)+f(x+1,y-1)+f(x-1,y+1)-4f(x,y) \tag{7-37}$$

式（7-34）中的拉普拉斯算子 $\nabla^2$ 对应图7-9（b）的模板。由于算子 $\nabla^2$ 对噪声非常敏感，所以在用算子 $\nabla^2$ 进行图像分割前，要先对图像进行平滑处理，尽量去掉噪声。

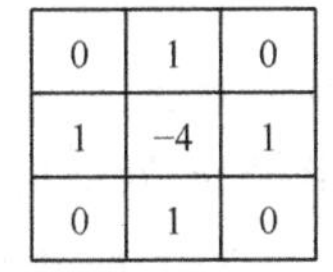

| 0 | 1 | 0 |
|---|---|---|
| 1 | −4 | 1 |
| 0 | 1 | 0 |

（a）拉普拉斯模板（1）

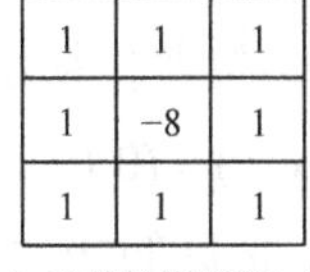

| 1 | 1 | 1 |
|---|---|---|
| 1 | −8 | 1 |
| 1 | 1 | 1 |

（b）拉普拉斯模板（2）

图7-9 两种常用的拉普拉斯模板

### 7.2.3 高斯-拉普拉斯算子

高斯-拉普拉斯算子（Laplacian Of Gaussian，LOG）边缘检测器就是先用高斯函数平滑图像，再用拉普拉斯算子 $\nabla^2$ 来分割图像，它也叫作马尔算子。高斯函数为

$$G(x,y)=\mathrm{e}^{-(x^2+y^2)/2\sigma^2} \tag{7-38}$$

式中，$\sigma$ 为标准差。用高斯函数平滑图像对去除服从正态分布的噪声非常有效。高斯函数 $G(x,y)$ 对大小为 $M\times N$ 的图像 $f(x,y)$ 的平滑作用可以表示为 $G(x,y)$ 同 $f(x,y)$ 的卷积：

$$G(x,y)*f(x,y)=\sum_{\alpha=0}^{M-1}\sum_{\beta=0}^{N-1}G(x-\alpha,y-\beta)f(\alpha,\beta) \tag{7-39}$$

将平滑后的图像 $G(x,y)*f(x,y)$ 作拉普拉斯算子 $\nabla^2$ 的运算，得到分割图像 $g(x,y)$：

$$g(x,y)=\nabla^2[G(x,y)*f(x,y)]=\nabla^2\sum_{\alpha=0}^{M-1}\sum_{\beta=0}^{N-1}G(x-\alpha,y-\beta)f(\alpha,\beta)$$

$$=\sum_{\alpha=0}^{M-1}\sum_{\beta=0}^{N-1}\nabla^2G(x-\alpha,y-\beta)f(\alpha,\beta)$$

$$=\nabla^2G(x,y)*f(x,y) \tag{7-40}$$

式中，

$$\nabla^2G(x,y)=\frac{\partial^2G(x,y)}{\partial x^2}+\frac{\partial^2G(x,y)}{\partial y^2}$$

$$=\frac{\partial^2}{\partial x^2}\mathrm{e}^{-(x^2+y^2)/2\sigma^2}+\frac{\partial^2}{\partial y^2}\mathrm{e}^{-(x^2+y^2)/2\sigma^2}$$

$$=\frac{\partial}{\partial x}\left[\frac{-x}{\sigma^2}\mathrm{e}^{-(x^2+y^2)/2\sigma^2}\right]+\frac{\partial}{\partial y}\left[\frac{-y}{\sigma^2}\mathrm{e}^{-(x^2+y^2)/2\sigma^2}\right]$$

$$=\left[\frac{x^2}{\sigma^4}-\frac{1}{\sigma^2}\right]\mathrm{e}^{-(x^2+y^2)/2\sigma^2}+\left[\frac{y^2}{\sigma^4}-\frac{1}{\sigma^2}\right]\mathrm{e}^{-(x^2+y^2)/2\sigma^2}$$

$$=\frac{x^2+y^2-2\sigma^2}{\sigma^4}\mathrm{e}^{-(x^2+y^2)/2\sigma^2} \tag{7-41}$$

式（7-41）叫作高斯–拉普拉斯函数，它在$x^2+y^2=2\sigma^2$处取零值。这个取零值的区域是一个以原点$(x,y)=(0,0)$为中心，半径 $r$ 为$\sqrt{2}\sigma$的圆。高斯–拉普拉斯函数在原点$(x,y)=(0,0)$取负的极大值$-2/\sigma^2$。为了取正值，考虑$-\nabla^2G(x,y)=\dfrac{2\sigma^2-x^2-y^2}{\sigma^4}\mathrm{e}^{-(x^2+y^2)/2\sigma^2}$。它在原点取正的极大值$2/\sigma^2$，在$0\leqslant r<\sqrt{2}\sigma$处取正值，在$r>\sqrt{2}\sigma$处取负值。或者说，$-\nabla^2G(x,y)$在以原点$(x,y)=(0,0)$为中心，半径为$\sqrt{2}\sigma$的圆内取正值，而在紧邻的环形区内取负值。

在LOG算子中，参数$\sigma$的选择很重要。$\sigma$值大，平滑作用大，对噪声抑制强，但边缘的细节损失大；$\sigma$值小，结果正相反。因此要合理选择$\sigma$，使之既能有效削弱噪声，又能较好地保持边缘的细节。

用如图7-10（a）所示的$5\times5$模板来近似表示$-\nabla^2G(x,y)$。在LOG算子的模板中，所有系数之和必须为零。因为只有这样，才能保证在恒定的灰度区，模板对图像$f(x,y)$的作用结果为零。图7-10（b）给出一个$7\times7$的LOG算子模板。对比上述两个模板，前者中心正值区的宽度只有一个像素，后者中心正值区的宽度有3个像素。可见前者表示的LOG算子中的参数$\sigma$比后者的要小。

| 0 | 0 | −1 | 0 | 0 |
|---|---|---|---|---|
| 0 | −1 | −2 | −1 | 0 |
| −1 | −2 | 16 | −2 | −1 |
| 0 | −1 | −2 | −1 | 0 |
| 0 | 0 | −1 | 0 | 0 |

（a）5×5模板

| 0 | 0 | 0 | −1 | 0 | 0 | 0 |
|---|---|---|---|---|---|---|
| 0 | 0 | −1 | −2 | −1 | 0 | 0 |
| 0 | −1 | −2 | 1 | −2 | −1 | 0 |
| −1 | −2 | 1 | 24 | 1 | −2 | −1 |
| 0 | −1 | −2 | 1 | −2 | −1 | 0 |
| 0 | 0 | −1 | −2 | −1 | 0 | 0 |
| 0 | 0 | 0 | −1 | 0 | 0 | 0 |

（b）7×7模板

图 7-10　LOG 模板

### 7.2.4　坎尼算子

用坎尼（canny）算子可以构成一个品质优越的边缘检测器。这个检测器有以下特点：

① 检测出的边缘基本上是真实的，错判率很低；

② 边缘点定位准确；

③ 检测出的边缘点是单一的。

坎尼边缘检测器力求在抑制噪声与边缘细化之间找到最佳折中的方案。具体的步骤如下。

（1）利用高斯函数滤波器平滑图像

令 $f(x,y)$ 为输入图像，$G(x,y)$ 为高斯函数：

$$G(x,y)=\mathrm{e}^{-(x^2+y^2)/2\sigma^2}$$

通过用 $G(x,y)$ 与 $f(x,y)$ 的卷积，得到平滑后的图像：

$$f_s(x,y)=G(x,y)*f(x,y) \tag{7-42}$$

（2）计算 $f_s(x,y)$ 的梯度

$$\nabla f_s(x,y)=\begin{pmatrix} g_x \\ g_y \end{pmatrix}=\begin{pmatrix} \dfrac{\partial f_s}{\partial x} \\ \dfrac{\partial f_s}{\partial y} \end{pmatrix} \tag{7-43}$$

$\nabla f_s(x,y)$ 为矢量，它的大小和方向为

$$M(x,y)=\sqrt{g_x^2+g_y^2}\approx|g_x|+|g_y| \tag{7-44}$$

$$\alpha(x,y)=\arctan\left(\frac{g_y}{g_x}\right) \tag{7-45}$$

式中，$g_x=\partial f_s/\partial x, g_y=\partial f_s/\partial y$。式（7-42）中的 $G(x,y)$ 可以用一个大小为 $n\times n$（$n$ 为奇数）的高斯模板来模拟。以 $3\times 3$ 的高斯模板为例，令高斯函数为

$$G(x,y)=\mathrm{e}^{-(x^2+y^2)/2\sigma^2}$$

取定其中的标准差$\sigma$，$x,y$取整数值。以$(x,y)=(0,0)$为中心，对$G(x,y)$取样，得到$3\times3$的高斯模板：

| | | |
|---|---|---|
| $G(-1,-1)$ | $G(-1,0)$ | $G(-1,1)$ |
| $G(0,-1)$ | $G(0,0)$ | $G(0,1)$ |
| $G(1,-1)$ | $G(1,0)$ | $G(1,1)$ |

其中$G(m,n)$用最接近的整数值代替。可以用图 7-7 或图 7-8 中的模板来得到$g_x$与$g_y$。一个像素$(x,y)$如果满足以下条件就认为是边缘点。

① 像素$(x,y)$上的$\nabla f_s(x,y)$的大小$M(x,y)$大于沿梯度方向的两个像素的$M(x,y)$值；

② 与该像素梯度方向上相邻两点的方向差小于45°，即相邻两点的方向$\alpha(x,y)$差别不大；

③ 以该像素为中心的$3\times3$邻域中的$M(x,y)$值小于给定的某个阈值。

MATLAB 采用函数 edge 实现图像的边缘分割。该函数的基本表达式为

```
J=edge(I,'method',peremeter);
```

其中，I 为输入图像，J 为返回图像；method 可以选择以下几种边缘分割方法：Sobel, Prewitt, Roberts, LOG, Canny 等；参数 peremeter 的取值同边缘分割方法有关。例如：

```
J=edge(I,'sobel', T, dir);
J=edge(I,'prewitt',T,dir);
J=edge(I,'roberts',T,dir);
```

其中，T 为阈值，如果 T 未被赋值，或为空[ ]，则 edge 会通过计算自动确定一个阈值；dir 为边缘的方向，可以取：horizontal, vertical 与 both，默认值为 both。

```
J=edge(I, 'log',T,sigma);
```

其中，T 为阈值，如果 T 未被赋值，或为空[ ]，则 edge 会通过计算自动确定一个阈值；sigma 是高斯滤波的标准偏差，默认值为 2。

```
J=edge(I,'canny',T,sigma);
```

其中，T 是含有两个元素的向量，T=[T1,T2]，T1<T2。T1 是低阈值，T2 是高阈值；如果 T 未被赋值，或为空[ ]，则 edge 会通过计算自动确定阈值[T1,T2]。灰度值大于 T2 的脊像素为强边缘像素，灰度值小于 T2 的脊像素为弱边缘像素。edge 会将通过 8 连接的弱边缘像素转换为强边缘像素，标准偏差 sigma 的默认值为 1。

如果采用如下表达式：

```
[J,T] = edge (I,'method',peremeter);
```

则 edge 会将计算的阈值 T 返回。

［示例 7-3］ 利用算子 sobel，prewitt，roberts，LOG 与 canny 对一图像进行边缘分割，函数 edge 表达式中的参数用默认值。

```
I=imread('2-16a.jpg');
I=rgb2gray(I);
J1=edge(I,'sobel') ;
J2=edge(I,'prewitt');
J3=edge(I,'roberts');
J4=edge(I,'log');
J5=edge(I,'canny');
subplot(2,3,1),imshow(I);
subplot(2,3,2),imshow(J1);
subplot(2,3,3),imshow(J2);
subplot(2,3,4),imshow(J3);
subplot(2,3,5),imshow(J4);
subplot(2,3,6),imshow(J5)
```

程序运行后，输出图像如图 7-11 所示。

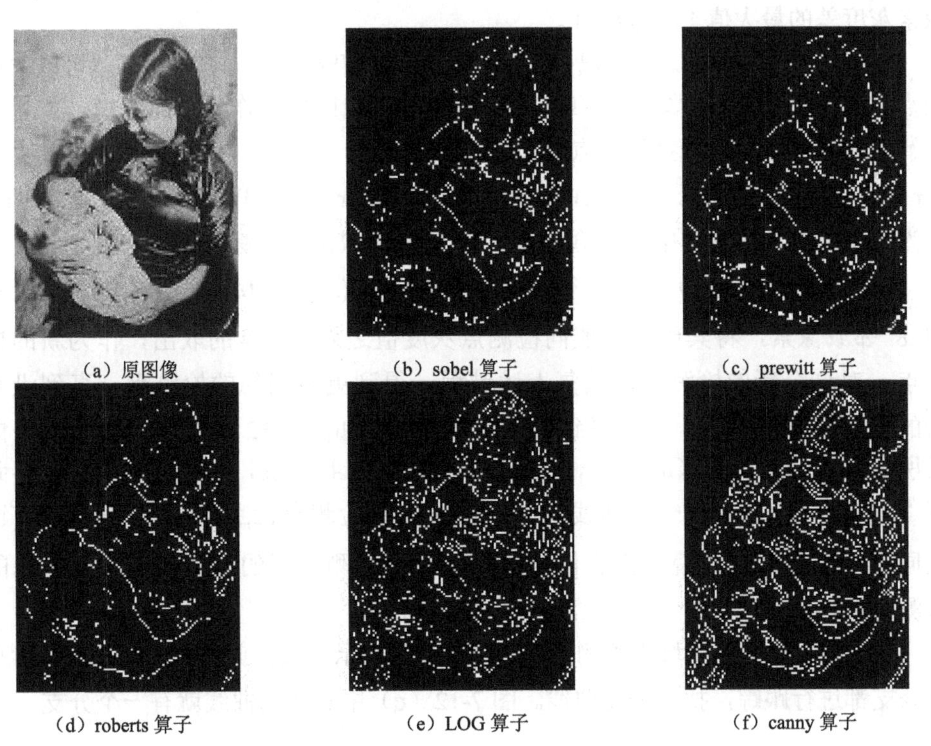

（a）原图像　（b）sobel 算子　（c）prewitt 算子

（d）roberts 算子　（e）LOG 算子　（f）canny 算子

图 7-11　不同算子的边缘检测效果

## 7.3 边缘跟踪

在用前述边缘点检测器检测到边缘点时，由于噪声和光照不均等原因会使得原本连续的边缘出现间断的现象。这时就要用边缘跟踪的方法将间断的边缘点连接起来。光栅扫描跟踪法是一种简单的利用局部信息通过扫描的方式将间断的边缘点连接起来的方法。下面通过一个实例来介绍这种方法。图 7-12（a）是一个含有两条曲线的模糊图像，用光栅扫描跟踪法来找出这两条曲线。具体步骤如下：

（1）选择一个比较高的阈值 $d$，将灰度值 $\geqslant d$ 的像素选出作为检测点。$d$ 称为检测阈值。本例选择 $d=7$。

（2）用检测阈值 $d=7$ 从第一行开始逐行对图 7-12（a）的像素进行检测，将灰度值 $\geqslant 7$ 的像素作为检测点留下，将其余像素去除，检测结果如图 7-12（b）所示。其中检测点用 $1$ 表示，共有 6 个检测点：$(0,0),(0,4),(2,2),(3,6),(4,6),(7,5)$。

（3）选取一个较低的阈值 $t$ 作为跟踪阈值。该阈值可以取图 7-12（a）中相邻像素灰度差的最大值 $4$，即 $t=4$。

（4）确定跟踪邻域。如果已知曲线是由上向下沿不同方向延伸的，就可以取检测点 $(x,y)$ 的下一行的像素 $(x+1,y-1),(x+1,y),(x+1,y+1)$ 作为跟踪邻域。如果不了解曲线的走向，就选择检测点 $(x,y)$ 的 8 邻域：

$$(x-1,y-1),(x-1,y),(x-1,y+1),(x,y-1),(x,y+1),(x+1,y-1),(x+1,y),(x+1,y+1)$$

作为跟踪邻域。在本例中选择检测点 $(x,y)$ 的 8 邻域作为跟踪邻域。

（5）从图 7-12（a）的第一行的第一个检测点 $(x,y)=(0,0)$ 开始检测，检查它的 8 邻域像素，将其中灰度值同检测点灰度值之差 $\leqslant t=4$ 的取出，作为新的检测点。对这个新的检测点，重复上述过程，得到更多相邻的检测点，直到没有新的检测点出现为止。这就得到了第一条曲线，如图 7-12（c）中左边的一条曲线所示。再从图 7-12（a）第一行第二个检测点 $(0,4)$ 出发，重复上述步骤，得到图 7-12（c）中右边的一条曲线。由于另外 4 个检测点 $(2,2),(3,6),(4,6),(7,5)$ 已经同上述两条曲线重叠，由它们出发不可能再检测出新的曲线。因此，曲线的检测到此为止。

（6）如果在跟踪邻域中检测出多个像素，这表示曲线在此处出现分支。要对每个分支都进行跟踪，找出分支曲线。图 7-12（c）中右边的曲线就有一个分支。

| 9 | 0 | 5 | 0 | 8 | 0 | 4 | 5 | 0 | 3 |
|---|---|---|---|---|---|---|---|---|---|
| 0 | 5 | 0 | 0 | 0 | 6 | 0 | 4 | 2 | 0 |
| 0 | 0 | 9 | 0 | 1 | 5 | 0 | 0 | 5 | 0 |
| 6 | 0 | 0 | 5 | 0 | 0 | 7 | 0 | 2 | 0 |
| 0 | 3 | 0 | 6 | 2 | 0 | 9 | 0 | 0 | 4 |
| 4 | 0 | 6 | 0 | 0 | 5 | 0 | 6 | 0 | 5 |
| 0 | 0 | 5 | 0 | 2 | 6 | 0 | 0 | 6 | 0 |
| 6 | 4 | 0 | 3 | 4 | 0 | 0 | 0 | 4 | 2 |

（a）输入图像

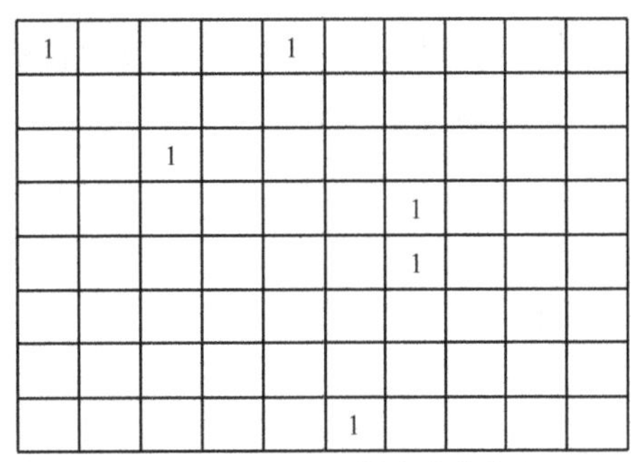

| 1 |  |  |  | 1 |  |  |  |  |  |
|---|---|---|---|---|---|---|---|---|---|
|  |  |  |  |  |  |  |  |  |  |
|  |  | 1 |  |  |  |  |  |  |  |
|  |  |  |  |  |  | 1 |  |  |  |
|  |  |  |  |  |  | 1 |  |  |  |
|  |  |  |  |  |  |  |  |  |  |
|  |  |  |  |  |  |  |  |  |  |
|  |  |  |  |  | 1 |  |  |  |  |

（b）对图（a）进行阈值化处理

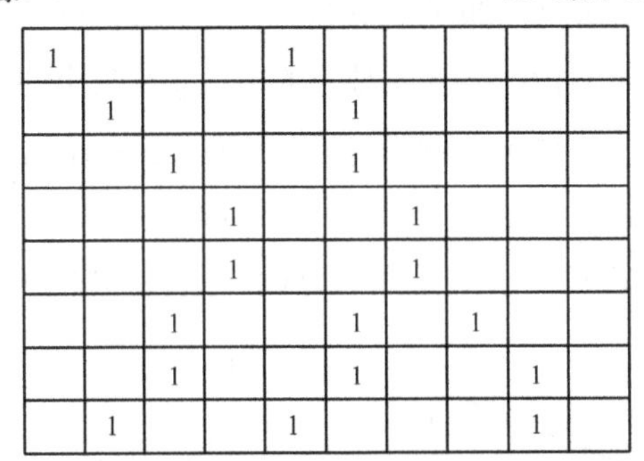

| 1 |  |  |  | 1 |  |  |  |  |  |
|---|---|---|---|---|---|---|---|---|---|
|  | 1 |  |  |  | 1 |  |  |  |  |
|  |  | 1 |  |  | 1 |  |  |  |  |
|  |  |  | 1 |  |  | 1 |  |  |  |
|  |  |  | 1 |  |  | 1 |  |  |  |
|  |  | 1 |  |  | 1 |  | 1 |  |  |
|  |  | 1 |  |  | 1 |  |  | 1 |  |
|  | 1 |  |  | 1 |  |  |  | 1 |  |

（c）根据检测阈值、跟踪阈值进行跟踪的结果

图 7-12　光栅扫描跟踪法

# 7.4　霍夫变换

## 7.4.1　直角坐标系中的霍夫变换

霍夫（Hough）变换是利用点-线的对偶性来检测直线的。点-线的对偶性是指在图像空间中的一条直线上的所有点，对应变换后的参数空间中相交于同一点的所有直线。反之，在参数空间中相交于同一点的所有直线，对应图像空间中的一条直线上的所有点。设在二值图像空间中有一条直线，用直角坐标表示为

$$y = px + q \tag{7-46}$$

式中，$p$ 为直线的斜率，$q$ 为直线在 $y$ 轴上的截距，即当 $x = 0$ 时，$y = q$。上式可以改写为

$$q = -xp + y \tag{7-47}$$

此式叫作直角坐标系中 $(x, y)$ 点的霍夫变换。现在，$x$ 与 $y$ 被看成参数，$p$ 与 $q$ 被看成变量。$p$ 与 $q$ 组成一个新的空间，叫作参数空间。式（7-47）是 $p$、$q$ 参数空

间中的直线方程，其中$-x$是直线的斜率，$y$是直线在$q$轴上的截距，即当$p=0$时，$q=y$。设图像空间中有一条直线$y=px+q$通过两点$(x_i,y_i)$与$(x_j,y_j)$，便有

$$y_i = px_i + q \tag{7-48}$$

$$y_j = px_j + q \tag{7-49}$$

由以上两式，得

$$q = -x_i p + y_i \tag{7-50}$$

$$q = -x_j p + y_j \tag{7-51}$$

图 7-13（a）给出图像空间通过两点$(x_i,y_i)$与$(x_j,y_j)$的直线$y=px+q$；图 7-13（b）给出与上述两点$(x_i,y_i)$和$(x_j,y_j)$对应的$p$、$q$参数空间中的两条直线，这两条直线相交于$(p,q)$点。$p$与$q$是图像空间中直线$y=px+q$的斜率和截距。由于$(x_i,y_i)$与$(x_j,y_j)$是直线$y=px+q$上的任意两点，可见图像空间中同一直线$y=px+q$上的所有点，对应参数空间通过同一点$(p,q)$的所有直线。

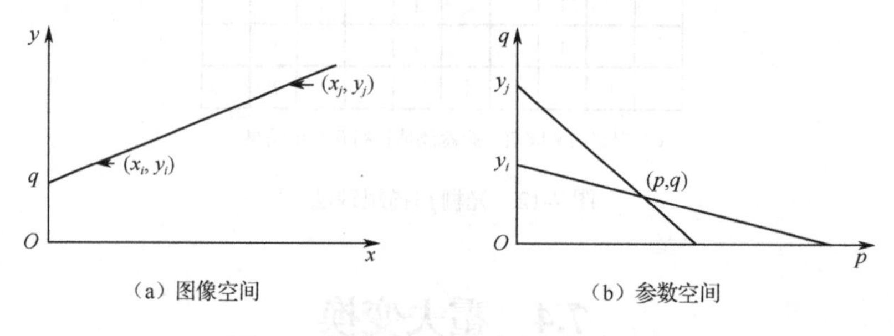


图 7-13　图像空间和参数空间的点和线

在图像空间直线的检测通过霍夫变换后变成了参数空间中点的检测。如果在图像空间检测到的一些边缘点$(x_1,y_1),(x_2,y_2),\cdots$，通过霍夫变换后都变成了参数空间中的同一个点$(p,q)$，则可以断定图像空间中的这些点构成一条斜率为$p$、截距为$q$的直线。具体步骤如下。

（1）在$p$、$q$空间建立一个如图 7-14 所示的二维累加数组$A(p,q)$，其中

$$p = p_0, p_1, \cdots, p_k; q = q_0, q_1, \cdots, q_l$$

$p_0$与$p_k$分别是$p$的最小值与最大值，$q_0$与$q_l$分别是$q$的最小值与最大值。在$(p_i,q_j)$点上的累加数为$A(p_i,q_j)$，所有$A(p,q)$的初始值均为0。

（2）对图像空间检测到的边缘点$(x_1,y_1),(x_2,y_2),\cdots$，进行霍夫变换。将$x_1,y_1$代入霍夫变换公式：

$$q = -x_1 p + y_1 \tag{7-52}$$

| $A(p_0,q_l)$ | $A(p_1,q_l)$ | | | | $A(p_k,q_l)$ |
|---|---|---|---|---|---|
| | | | | | |
| | | | | | |
| | | | $A(p_i,q_j)$ | | |
| | | | | | |
| $A(p_0,q_1)$ | $A(p_1,q_1)$ | | | | $A(p_k,q_1)$ |
| $A(p_0,q_0)$ | $A(p_1,q_0)$ | | | | $A(p_k,q_0)$ |

图 7-14　参数空间中的累加数组

令上式中的 $p=p_0$，算出 $q=-x_1p_0+y_1$ 的值，用 $q=q_0,q_1,\cdots,q_l$ 中与它最接近的一个 $q_f$ 表示。我们得到 $p$、$q$ 空间中的一个点 $(p_0,q_f)$，并将此点上的累加数 $A(p_0,q_f)$ 加1，$A(p_0,q_f)$ 由0变成1。再令 $p=p_1$，代入式(7-52)，算出 $q=-x_1p_1+y_1$ 的值 $q_m$，得 $(p_1,q_m)$，$A(p_1,q_m)$ 加1。在式（7-52）中，令 $p$ 取遍所有可能值，得到一系列相应点 $(p_i,q_j)$，将这些 $A(p_i,q_j)$ 加1。这就完成了图像空间边缘点 $(x_1,y_1)$ 的霍夫变换。下面再依次对图像空间边缘点 $(x_2,y_2),\cdots,(x_m,y_m),\cdots$ 重复以上过程，完成所有边缘点的霍夫变换。如果这些边缘点都是直线 $y=p^*x+q^*$ 上的点，则每个边缘点都会使 $A(p^*,q^*)$ 增加1。假若这些边缘点有 $n$ 个，则 $A(p^*,q^*)=n$，而其他 $A(p,q)$ 的值是比 $n$ 小得多的数。反之，如果通过边缘点的霍夫变换后，我们发现累加数组中有一个 $A(p^*,q^*)$ 取最大值，就可以断定图像空间中的边缘点构成了斜率为 $p^*$ 截距为 $q^*$ 的直线。

不过，这种方法存在一个困难，当图像空间边缘直线同 $x$ 轴接近垂直时，直线的斜率接近无限大。这就无法操作了。解决这种困难的方法是改在极坐标系中进行霍夫变换。

### 7.4.2　极坐标系中的霍夫变换

对于直角坐标系中的一条直线，可以用坐标原点到这条直线的垂直线距离 $\rho$ 和垂直线同 $x$ 轴的交角 $\theta$ 来表示，如图 7-15 所示。垂直线同直线的交点坐标记为 $(x_0,y_0)$。极坐标 $\rho$、$\theta$ 与 $x_0$、$y_0$ 的关系是

$$\rho=x_0\cos\theta+y_0\sin\theta \tag{7-53}$$

当直线平行于 $x$ 轴时，从坐标原点到直线的垂直线为 $y$ 轴，垂直线同直线的交

点为$(0, y_0)$。显然，$\theta = \pi/2, \rho = y_0$。当直线平行于 $y$ 轴时，从坐标原点到直线的垂直线为 $x$ 轴，垂直线同直线的交点为$(x_0, 0)$。显然，$\theta = 0, \rho = x_0$。由图 7-16 可以看出，通过$(x_i, y_i)$点的直线的极坐标 $\rho, \theta$ 满足方程

$$\rho = \sqrt{x_i^2 + y_i^2}\cos\left(\theta - \arctan\frac{x_i}{y_i}\right) \tag{7-54}$$

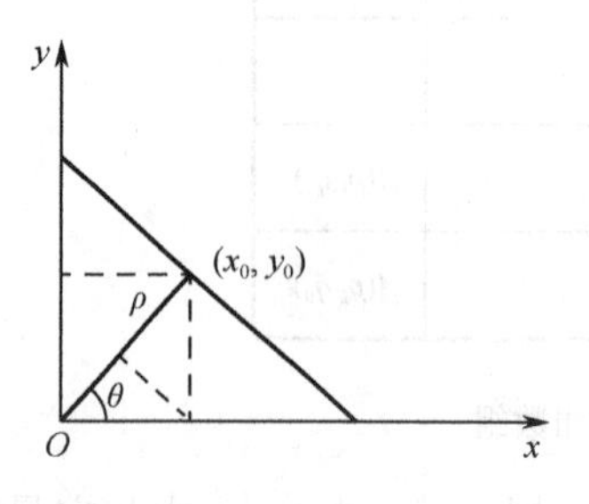


图 7-15　直线的极坐标表示

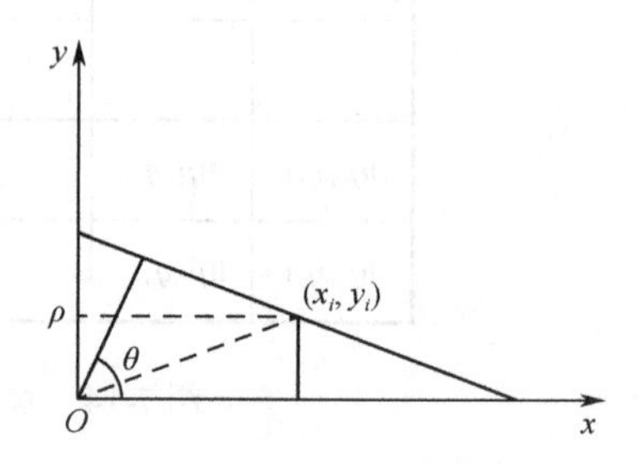


图 7-16　直线的极坐标方程

已知 $\theta$ 是从坐标原点到直线的垂直线同 $x$ 轴的交角，$\rho$ 是垂直线的长度。式（7-53）与式（7-54）是极坐标系中的霍夫变换，它将直角坐标系中的一条直线变换为一对极坐标$(\rho, \theta)$。通过$(x_i, y_i)$点的直线有无限多条，不同直线有不同的极坐标$(\rho, \theta)$。正是式（7-54）给出了这些直线极坐标 $\rho$ 与 $\theta$ 之间的关系。现在把通过$(x_1, y_1)$点的直线极坐标关系曲线记为$\rho_1 \sim \theta$，通过$(x_2, y_2)$点的直线极坐标关系曲线记为$\rho_2 \sim \theta$。如果$(x_1, y_1)$与$(x_2, y_2)$是同一条直线上的两点，则曲线

$$\rho_1 = \sqrt{x_1^2 + y_1^2}\cos\left(\theta - \arctan\frac{y_1}{x_1}\right)$$

与

$$\rho_2 = \sqrt{x_2^2 + y_2^2}\cos\left(\theta - \arctan\frac{y_2}{x_2}\right)$$

必定会有一个交点$(\rho_0, \theta_0)$。这个交点$(\rho_0, \theta_0)$就是这条直线的极坐标。如果在直角坐标系中找到更多属于这条直线的点，则由这些点所作的霍夫变换曲线 $\rho_i \sim \theta$ 也都相交于$(\rho_0, \theta_0)$点。下面通过一个例子来说明上述情况。图 7-17 给出直角坐标系中的一条直线：

$$y = -x + 1 \tag{7-55}$$

从坐标原点到这条直线所作的垂直线同直线的交点$(x_0, y_0) = (0.5, 0.5)$，垂直线同 $x$ 轴的交角 $\theta = \pi/4$，坐标原点到直线的垂直距离 $\rho = 1/\sqrt{2}$。极坐标中的点$(\rho, \theta) = (1/\sqrt{2}, \pi/4)$表示直角坐标系中的直线 $y = -x + 1$。将 $x_i = 0.5, y_i = 0.5$ 代入式（7-54），得

$$\rho=\sqrt{(0.5)^2+(0.5)^2}\cos\left(\theta-\arctan\frac{0.5}{0.5}\right)=\frac{1}{\sqrt{2}}\cos\left(\theta-\frac{\pi}{4}\right) \tag{7-56}$$

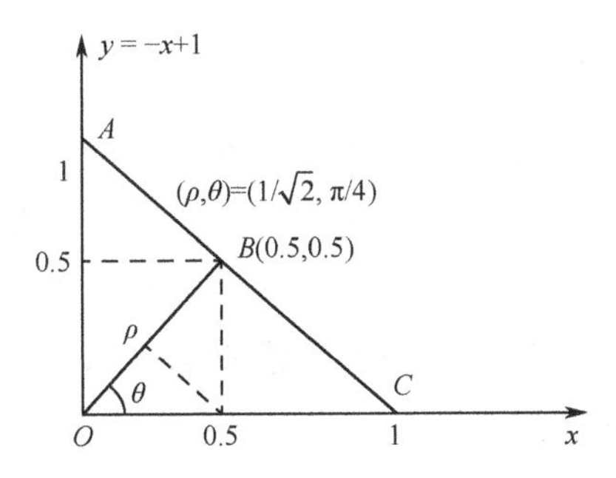


图 7-17　直角坐标系中的 3 个共线点

式（7-56）描述了通过 $B$ (0.5,0.5) 点的所有直线的极坐标 $\rho$ 与 $\theta$ 之间的关系。再选择两条通过 $B$ 点的直线，一条平行于 $x$ 轴，另一条平行于 $y$ 轴。这两条直线的极坐标很容易确定。平行于 $x$ 轴的直线，同 $y$ 轴相交于 $y=0.5$ 处。显然，由坐标原点到此平行线的垂直线就是 $y$ 轴，距离为0.5，垂直线同 $x$ 轴的交角 $\theta=\pi/2$ 。于是平行于 $x$ 轴的直线的极坐标 $\rho=0.5,\theta=\pi/2$ 。平行于 $y$ 轴的直线，同 $x$ 轴垂直相交于 $x=0.5$ 处，显然，这条直线的极坐标 $\rho=0.5,\theta=0$ 。现在有三条直线通过 $B$ (0.5,0.5) 点，它们的极坐标 $(\rho,\theta)$ 是已知的，分别是 $(0.5,\pi/2)$（平行于 $x$ 轴的直线），$(1/\sqrt{2},\pi/4)$（直线 $y=-x+1$），$(0.5,0)$（平行于 $y$ 轴的直线）。再检验式（7-56），看其是否能正确描述通过 $B$ (0.5,0.5) 点的这三条直线。如果将 $\theta=\pi/2,\pi/4,0$ 分别代入式（7-56），能依次算出 $\rho=0.5,1/\sqrt{2},0.5$ ，就表示这个公式是正确的。计算结果如下：

$$\rho=\frac{1}{\sqrt{2}}\cos\left(\frac{\pi}{2}-\frac{\pi}{4}\right)=\frac{1}{\sqrt{2}}\cos\frac{\pi}{4}=\frac{1}{\sqrt{2}}\frac{1}{\sqrt{2}}=0.5$$

$$\rho=\frac{1}{\sqrt{2}}\cos\left(\frac{\pi}{4}-\frac{\pi}{4}\right)=\frac{1}{\sqrt{2}}\cos(0)=\frac{1}{\sqrt{2}}$$

$$\rho=\frac{1}{\sqrt{2}}\cos\left(0-\frac{\pi}{4}\right)=\frac{1}{\sqrt{2}}\cos\left(-\frac{\pi}{4}\right)=\frac{1}{\sqrt{2}}\frac{1}{\sqrt{2}}=0.5$$

这正是需要的结果。

现在，考虑直线 $y=-x+1$ 上的 3 个点，一是直线与 $y$ 轴的交点 (0,1) 记为 $A$，二是直线的中点 (0.5,0.5) 记为 $B$，三是直线与 $x$ 轴的交点 (1,0) 记为 $C$ 。由式（7-54）算出与 $A$、$B$、$C$ 这 3 个点对应的霍夫变换曲线：

$$\rho_A=\sqrt{0^2+1^2}\cos\left(\theta-\arctan\frac{1}{0}\right)=\cos\left(\theta-\frac{\pi}{2}\right)=\sin\theta \tag{7-57}$$

$$\rho_B = \sqrt{0.5^2 + 0.5^2}\cos\left(\theta - \arctan\frac{0.5}{0.5}\right) = \frac{1}{\sqrt{2}}\cos\left(\theta - \frac{\pi}{4}\right) \tag{7-58}$$

$$\rho_C = \sqrt{1^2 + 0^2}\cos\left(\theta - \arctan\frac{0}{1}\right) = \cos\theta \tag{7-59}$$

已知$\rho_A, \rho_B$与$\rho_C$分别描述通过空间$A$点$(0,1)$、$B$点$(0.5,0.5)$和$C$点$(1,0)$的直线系，而$A$、$B$与$C$是同一直线$y=-x+1$上的3个点。可见，$y=-x+1$是这3个直线系共有的一条直线。这表示，$\rho_A, \rho_B$与$\rho_C$ 3条曲线存在一个共同点$(\rho,\theta)=(1/\sqrt{2},\pi/4)$。图7-18给出的三条曲线$\rho_A$、$\rho_B$与$\rho_C$正是相交于点$(\rho,\theta)=(1/\sqrt{2},\pi/4)=(0.707,0.785)$。

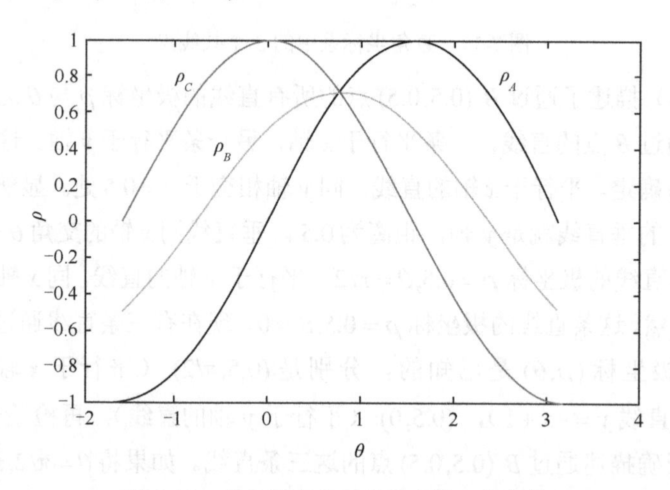


图7-18　极坐标系中有公共点的3条曲线

公式：

$$\rho = \sqrt{x^2 + y^2}\cos\left(\theta - \arctan\frac{x}{y}\right) \tag{7-60}$$

是极坐标系中的霍夫变换。它将直角坐标系中检测到的一系列直线边缘上的点$(x_1,y_1),(x_2,y_2),\cdots$变换成极坐标系中一系列的余弦曲线，并且这些余弦曲线相交于一点$(\theta^*,\rho^*)$，这就是边缘直线的极坐标。找到这一点后，在直角坐标系中由坐标原点沿着同$x$轴成$\theta^*$角的方向引出一条长度为$\rho^*$的直线，在此直线的顶端作此直线的垂直线，这条垂直线就是图像的边缘线。

用极坐标系中的霍夫变换检测边缘直线的具体方法如下。

（1）在极坐标$\rho\theta$空间给出如图7-19所示的二维累加数组$A(\theta_i,\rho_j)$，其中

$$\theta = \theta_0, \theta_1, \cdots, \theta_k; \rho = \rho_0, \rho_1, \cdots, \rho_l$$

$\theta_0$与$\theta_k$分别是$\theta$的最小值$(-\pi/2)$与最大值$(\pi/2)$；$\rho_0$与$\rho_l$分别是$\rho$的最小值与最大

值。在$(\theta_i,\rho_j)$点上的累加数为$A(\theta_i,\rho_j)$，所有$A(\theta_i,\rho_j)$的初始值均为0。

| $A(\rho_l,\theta_0)$ | $A(\rho_l,\theta_1)$ | | | | $A(\rho_l,\theta_k)$ |
|---|---|---|---|---|---|
| | | | | | |
| | | | | | |
| | | | $A(\rho_j,\theta_i)$ | | |
| | | | | | |
| $A(\rho_1,\theta_0)$ | $A(\rho_1,\theta_1)$ | | | | $A(\rho_1,\theta_k)$ |
| $A(\rho_0,\theta_0)$ | $A(\rho_0,\theta_1)$ | | | | $A(\rho_0,\theta_k)$ |

图 7-19　极坐标空间中的二维累加数组

（2）对图像空间检测到的边缘点$(x_1,y_1),(x_2,y_2),\cdots$进行霍夫变换。以$(x_1,y_1)$点的变换为例，在式（7-60）中令$x=x_1,y=y_1$，得

$$\rho=\sqrt{x_1^2+y_1^2}\cos\left(\theta-\arctan\frac{x_1}{y_1}\right) \tag{7-61}$$

在上式中令$\theta=\theta_0$，算出$\rho$值，用$\rho=\rho_0,\rho_1,\cdots,\rho_l$中最接近的$\rho_m$表示，得到$(\theta_0,\rho_m)$点，将$(\theta_0,\rho_m)$点的累加数$A(\theta_0,\rho_m)$加1。再令$\theta=\theta_1$，由式（7-61）算出$\rho=\rho_n$，得到$(\theta_1,\rho_n)$点，将$(\theta_1,\rho_n)$点的累加数$A(\theta_1,\rho_n)$加1。在式（7-61）中令$\theta$取遍所有可能值，将所得到的每个点$(\theta_i,\rho_j)$上的累加数$A(\theta_i,\rho_j)$都加1，这就完成了$(x_1,y_1)$点的变换。继续对$(x_2,y_2),\cdots$所有边缘点进行霍夫变换。最后观察累加数组，从中找出取最大值的$A(\theta^*,\rho^*)$，其中$(\theta^*,\rho^*)$就是图像边缘直线在极坐标中的表示。

## 7.5　区域增长

区域增长是将图像分割成一些小区，每个小区内的像素都具有相似的特性，不同小区的像素具有不同的特性。最简单的区域增长法（即第一种方法），是在图像中选择某个具有代表性的像素作为增长点，比较相邻（4 邻域或 8 邻域）像素的某种特性，如灰度，将灰度值同增长点灰度值相近的像素选出，使之成为新的增长点，将新旧增长点合并组成一个小区。对新的增长点重复以上过程。

具体做法是，先确定一个灰度的阈值$T$，如果增长点灰度同邻域像素灰度之

差的绝对值≤$T$，就认为这些像素与增长点属于同一类，将这些像素的灰度改用增长点的灰度表示，并把它们列为新的增长点。对新的增长点重复以上过程，不断扩大小区，直到增长点的邻域中不再有同增长点灰度相近的像素为止。图 7-20（a）是一个需要分割成一些小区的图像，从中选出灰度分别为1与6的两个像素作为增长点，并用（1）与（6）标记，相邻像素取8邻域。图 7-20（b）是用灰度阈值$T=2$进行分割的结果，图像被分割成灰度值为1与6的两个小区。图 7-20（c）是用灰度阈值$T=1$进行分割的结果，灰度值为1与6的两个小区同前一结果相比变小了。

第二种区域增长法是对第一种方法的改进。先用第一种方法从增长点的邻域得到相近灰度的新增长点像素，并构成最初的小区。之后，不是用初始增长点的灰度代替新增长点的灰度，而是用小区内所有像素的灰度平均值来代替新增长点的灰度。将此灰度平均值同新增长点邻域像素的灰度进行比较，如果它们之差的绝对值≤$T$，就将这些像素变成新增长点，使小区增大。再用扩大后的小区内所有像素灰度的平均值代替新增长点的灰度，重复以上过程，直到不再有新增长点出现为止。用这种方法对图 7-20（a）的图像进行分割，仍选择图中用（1）与（6）标记的像素作为增长点，邻域取 8 邻域，灰度阈值$T=2$。比较（1）与（6）的 8 邻域像素的灰度值，选出灰度差的绝对值≤$T=2$ 的像素作为新增长点，得到最初的两个小区，如图 7-20（d）所示。这两个小区内像素灰度平均值分别为 0.67 和 6.11。以这两个灰度平均值作为新增长点灰度值，找出新增长点 8 邻域像素中分别同 0.67 和 6.11 之差的绝对值≤$T=2$ 的像素作为新增长点，得到扩大后的两个小区，如图 7-20（e）所示。这两个小区内像素灰度平均值分别为 0.79 和 6.15。用这两个灰度平均值得到再次扩大的两个小区，以及这两个小区内像素灰度的平均值，如图 7-20（f）所示。重复以上过程，得到图 7-20（g）。这是最后的结果。这个结果同使用第一种方法得到的结果图 7-20（b）是不一样的。

| 3 | 1 | 0 | 4 | 5 | 8 |
|---|---|---|---|---|---|
| 1 | 0 | 1 | 4 | 7 | 6 |
| 0 | 1 | (1) | 5 | (6) | 7 |
| 2 | 0 | 1 | 7 | 6 | 7 |
| 2 | 1 | 0 | 7 | 5 | 6 |
| 3 | 3 | 2 | 8 | 7 | 4 |

（a）原始图像

| 1 | 1 | 1 | 6 | 6 | 6 |
|---|---|---|---|---|---|
| 1 | 1 | 1 | 6 | 6 | 6 |
| 1 | 1 | 1 | 6 | 6 | 6 |
| 1 | 1 | 1 | 6 | 6 | 6 |
| 1 | 1 | 1 | 6 | 6 | 6 |
| 1 | 1 | 1 | 6 | 6 | 6 |

（b）$T$=2的增长结果

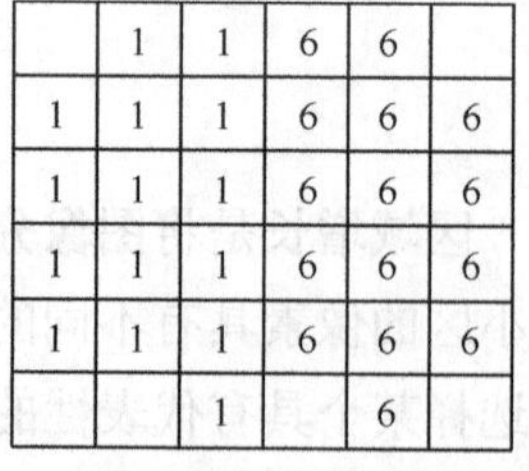

|  | 1 | 1 | 6 | 6 |  |
|---|---|---|---|---|---|
| 1 | 1 | 1 | 6 | 6 | 6 |
| 1 | 1 | 1 | 6 | 6 | 6 |
| 1 | 1 | 1 | 6 | 6 | 6 |
| 1 | 1 | 1 | 6 | 6 | 6 |
|  |  | 1 |  | 6 |  |

（c）$T$=1的增长结果

图 7-20　区域增长示例

|  |  |  |  |  |  |
|---|---|---|---|---|---|
|  | 0 | 1 | 4 | 7 | 6 |
|  | 1 | (1) | 5 | (6) | 7 |
|  | 0 | 1 | 7 | 6 | 7 |
|  |  |  |  |  |  |
|  |  |  |  |  |  |

（d）灰度差的绝对值≤$T$=2的像素

| 1 | 0 |  | 5 |  |  |
|---|---|---|---|---|---|
| 1 | 0.67 | 0.67 | 6.11 | 6.11 | 6.11 |
| 0 | 0.67 | 0.67 | 6.11 | 6.11 | 6.11 |
| 2 | 0.67 | 0.67 | 6.11 | 6.11 | 6.11 |
| 2 | 1 | 0 | 7 | 7 | 6 |
|  |  |  |  |  |  |

（e）扩大的两小区

|  | 0.79 | 0.79 |  | 6.15 | 8 |
|---|---|---|---|---|---|
| 0.79 | 0.70 | 0.79 | 6.15 | 6.15 | 6.15 |
| 0.79 | 0.79 | 0.79 | 6.15 | 6.15 | 6.15 |
| 0.79 | 0.79 | 0.79 | 6.15 | 6.15 | 6.15 |
| 0.79 | 0.79 | 0.79 | 6.15 | 6.15 | 6.15 |
|  |  | 2 | 8 |  |  |

（f）再次扩大的两小区

|  |  | 0.87 | 0.87 |  |  |
|---|---|---|---|---|---|
| 0.87 | 0.87 | 0.87 | 6.40 | 6.40 | 6.40 |
| 0.87 | 0.87 | 0.87 | 6.40 | 6.40 | 6.40 |
| 0.87 | 0.87 | 0.87 | 6.40 | 6.40 | 6.40 |
| 0.87 | 0.87 | 0.87 | 6.40 | 6.40 | 6.40 |
|  |  | 0.87 | 6.40 |  |  |

（g）最后结果

图 7-20　区域增长示例（续）

第三种区域增长法叫作分裂合并法。这种方法也叫作 4 叉树分裂合并法，它把图像看成一棵树，在它的主干上有 4 个分叉（分支）。具体做法是将图像分裂成 4 个相等的方块，沿顺时针方向将这 4 个方块标记为 1，2，3，4，它们分别相应于树的 4 个分叉（分支），如图 7-21 所示。这 4 个分支叫作第一层次。如果某一方块，如标记为 4 的方块，其中所有像素的性质十分相似，将这个方块记为 40，并将它放置一边，而将其他不具有这个性质的方块再依次分裂成 4 个相等的方块，并分别沿顺时针方向记为 11，12，13，14，21，22，…，33，34。这表示第一层次中的每个分支，又分出 4 个分支。这就构成了第二层次，见图 7-22（a）与（b）。对第二层次中的方块重复以上过程，直到所有分支不再分叉为止。这就结束了分裂过程，见图 7-22（c）。下面开始合并过程：对比图 7-22（c）中相邻子块中的像素，如果两个子块中的像素相似，就将它们合并成一个子块。图 7-22（d）给出将上述子块合并的最后结果。这个结果表示，图像最后形成了 3 个小区。第一小区包含 111，114，140，131，134，40，340，330，323，322，233，232 等小方块。第二小区包含 112，113，120，132，133，211，214，241，244，311，314 等小方块。第三小区包含 212，213，220，242，231，243，234，312，321，313，324 等小方块。

MATLAB 利用函数 qtdecomp 来实现 4 叉树分裂合并法对图像进行分割。这个函数的具体表达式为

J = qtdecomp(I, threshold);

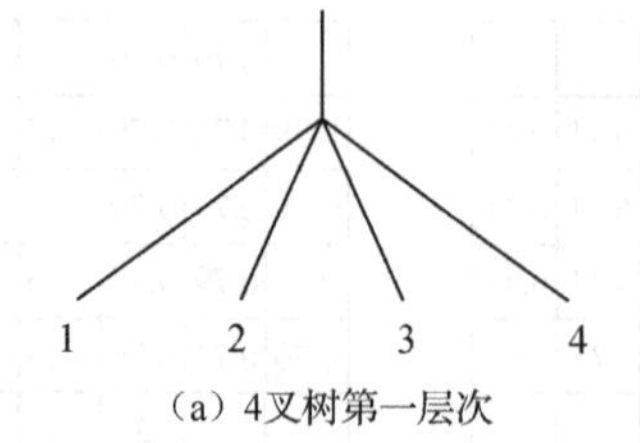

（a）4叉树第一层次

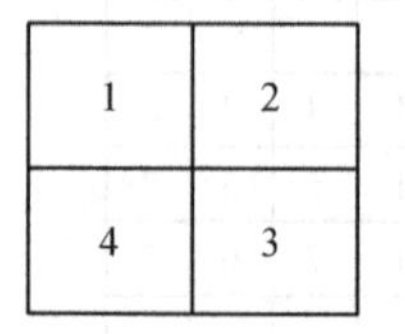

（b）第一层次分裂图像

图 7-21　4 叉树分裂

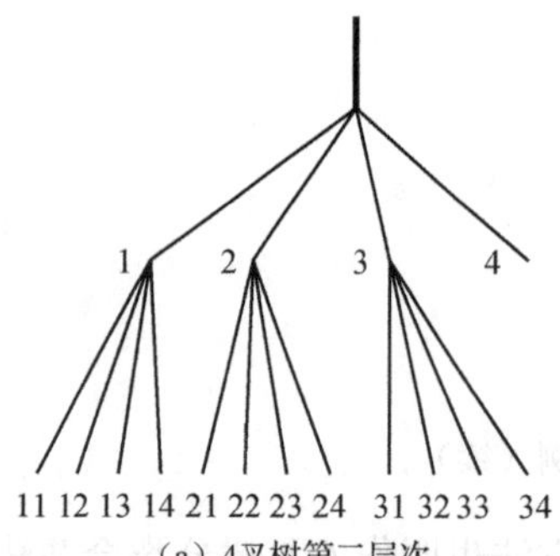

（a）4叉树第二层次

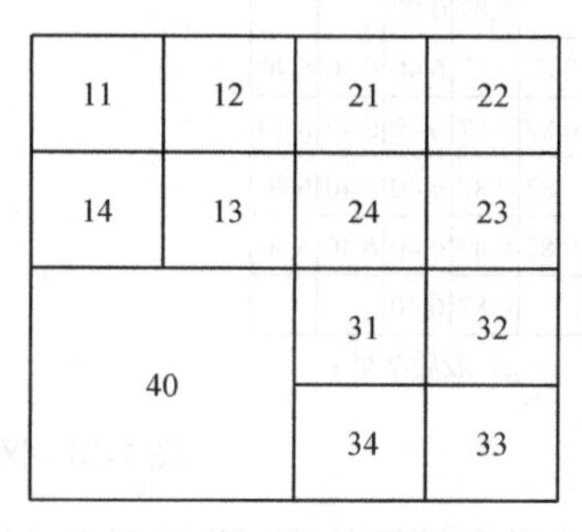

（b）第二层次分裂图像

（c）最终分裂结果

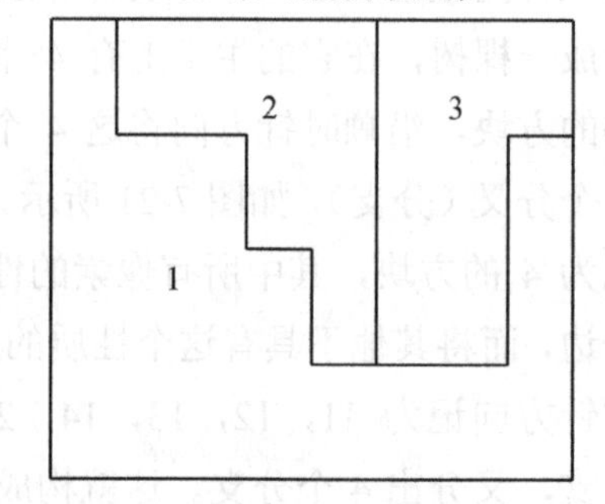

（d）最终合并结果

图 7-22　4 叉树分裂合并法示例

其中 I 为输入图像，threshold 是一个可以选择的阈值参数，如果子区域中最大像素灰度值减去最小像素灰度值大于 threshold 设定的阈值，则继续分解，否则停止分解并返回。J 为返回图像。如果输入的是一个矩阵，返回的矩阵 J 由许多小的 0 矩阵组成，每个小矩阵的左上角给出一个非 0 元素，它表示小矩阵的大小，如非 0 元素为 2，则表示 2×2 矩阵。

［示例 7-4］　用 4 叉树分裂合并法对如下矩阵进行分解。

```
I =
     1     1     2     2     1     2     3     4
     2     2     1     1     5     6     7     8
     1     2     2     1     9    10    11    12
```

```
    2     1     3     2    13    14    15    16
   20    21    22    23     2     3     6     6
   22    23    24    21     4     5     6     8
   20    22    21    20    10    15     8     7
   22    24    23    21    20    25     6     5
J=qtdecomp(I,6);
full(J)
ans =
    4     0     0     0     2     0     2     0
    0     0     0     0     0     0     0     0
    0     0     0     0     2     0     2     0
    0     0     0     0     0     0     0     0
    4     0     0     0     2     0     2     0
    0     0     0     0     0     0     0     0
    0     0     0     0     1     1     2     0
    0     0     0     0     1     1     0     0
```

［示例 7-5］ 用 4 叉树分裂合并法对一图像进行分割。

```
I=imread('7-20a.jpg');
I=rgb2gray(I);
A=qtdecomp(I,0.5);
B=full(A);
subplot(1,2,1),imshow(I);
subplot(1,2,2),imshow(B)
```

程序运行后，输出图像如图 7-23 所示。

原始图像

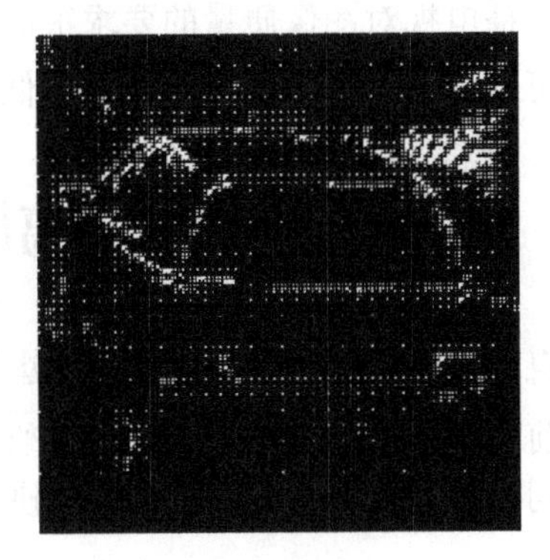

图像分割结果

图 7-23　4 叉树分裂合并法分割图像

# 第 8 章　图像的编码与压缩

数字图像的一个特点是它的数据量非常大，被称为海量。当图像存储与传输时，要对图像的数据进行编码。在保证图像具有一定质量的条件下，必须对图像的数据进行压缩，这可以采用最优的编码方法实现。以一幅 512×512 像素、256 灰度级的黑白图像为例。按二进制自然编码方法对 $256=2^8$ 个灰度值编码，需要用 $\log_2 2^8=8$ 个码字（0 或1），即用 $00000000, 00000001, 00000010, \cdots, 11111111$ 来表示灰度值 $0,1,2,\cdots,255$。1 个码字叫作 1 比特（bit），8 比特为 1 字节，记为B。对于 256 灰度级的图像来说，8 比特是一像素的灰度值编码所需要的码字数目。这幅图像有 512×512 像素，它所需要的码字数目为 $512\times512\times8=2097152$（bit），或 $2097152\text{bit}\times(1/8)\text{B/bit}=262144\text{B}$。这个数目叫作图像的数据量，也是这幅图像所需要的存储空间。如果这一幅图像是一部电影中的一帧，播放电影时以每秒 30 帧的速率显示这些图像，计算 2 小时的电影包含的字节数：

（30 帧/秒）×（512×512）（像素/帧）×（1 字节/像素）×（60×60）（秒/小时）× 2 小时=$5.66\times10^{10}$ 字节（B）=56.6 千兆字节（GB）

如果用 8.5GB 的双面 DVD 盘来存储这 2 小时的电影，则需要 7 张。可见图像的压缩是十分必要的。由于图像中存在一些多余的数据（冗余），图像的压缩是有可能的。图像的压缩比除取决于图像数据所含冗余量多少，还取决于对图像质量的要求。广播电视对图像质量的要求很高，压缩比不能太高，一般达到 2 : 1 就很难了。而可视电话对图像质量的要求很低，压缩比可达 1500 : 1。

## 8.1　离散信源的熵

信息论是图像编码的理论基础。离散信源有两类：一类是无记忆信源，这类信号的当前输出同以前的输出无关，是独立信源；另一类是有记忆信源，它的当前输出信号同以前输出的信号有关。对于独立信源 $X$ 的符号集 $\{x_1,x_2,\cdots,x_N\}$，设这些符号出现的概率为 $p_1,p_2,\cdots,p_N$，并满足归一化条件 $\sum_{i=1}^{N}p_i=1$。根据信息论，符号 $x_i$ 所含信息量 $I(x_i)$ 同它出现的概率 $p_i$ 有如下关系：

$$I(x_i)=\log\frac{1}{p_i}=-\log p_i \tag{8-1}$$

$I(x_i)$ 也叫作自信息量。由式（8-1）可以看出，概率小的符号所含信息量大。式中对数的底确定了信息量的单位。如果以 2 为底，则自信息量的单位是比特。对于 $N=2$，且符号 $x_1$ 与 $x_2$ 的概率 $p_1=p_2=1/2$，则

$$I(x_i)=\log_2\frac{1}{1/2}=\log_2 2=1 \text{（比特）}（i=1,2）$$

对于由 $N$ 个符号构成的离散信源 $X=\{x_1,x_2,\cdots,x_N\}$，每个符号的平均自信息量均为

$$H(X)=\sum_{i=1}^{N}p_i I(x_i)=-\sum_{i=1}^{N}p_i\log_2 p_i \tag{8-2}$$

$H(X)$ 叫作信源熵，单位是比特/符号，表示每个符号平均含有的自信息量。

以含有 4 个符号的信源 $X=\{x_1,x_2,x_3,x_4\}$ 为例，如果这 4 个符号出现的概率相等，$p_i=1/4$，则每个符号的自信息量 $I(x_i)$ 与信源熵 $H(X)$ 为

$$I(x_i)=\log_2 4=2$$

$$H(X)=\sum_{i=1}^{4}p_i I(x_i)=2$$

可以按每个符号的自信息量 $I(x_i)=2$ 比特，给每个符号 2 个码字（0 或 1）来编码。$x_1,x_2,x_3,x_4$ 的编码可以是 $00,01,10,11$。每个符号的编码码长均为 2 比特，平均码长也是 2 比特。如果这 4 个符号出现的概率不相等，$p_1=1/2,p_2=1/4,p_3=p_4=1/8$，则每个符号的自信息量 $I(x_i)$ 与信源熵 $H(X)$ 为

$$I(x_1)=\log_2\frac{1}{1/2}=\log_2 2=1$$

$$I(x_2)=\log_2\frac{1}{1/4}=\log_2 4=2$$

$$I(x_3)=I(x_4)=\log_2\frac{1}{1/8}=\log_2 8=3$$

$$H(X)=\frac{1}{2}\times1+\frac{1}{4}\times2+\frac{1}{8}\times3+\frac{1}{8}\times3=1.75$$

仍按符号的自信息量 $I(x_i)$ 来给符号编码，即 $x_i$ 的编码用 $I(x_i)$ 个码字（0 或 1）。$x_1,x_2\ x_3,x_4$ 的编码可以是 $0,10,110,111$，码长分别是 1,2,3,3 比特。平均码长为

$$l=\frac{1}{2}\times1+\frac{1}{4}\times2+\frac{1}{8}\times3+\frac{1}{8}\times3=1.75$$

平均码长 $l$ 等于信源熵 $H(X)$。我们也可以按等概率的编码方法来编码，$x_1,x_2,x_3,x_4$ 的编码可以是 $00,01,10,11$，这时平均码长 $l=2>H(X)$。

在以上例子中，信源符号的自信息量$I(x_i)$都是整数，以$I(x_i)$的值作为$x_i$编码的码长，平均码长等于信源熵。实际上，在一般情况下自信息量$I(x_i)$不会都是整数。这时用最接近$I(x_i)$的整数作为$x_i$编码的码长，平均码长就不再等于信源熵了。将上述例子中的概率改为$p_1 = 0.48, p_2 = 0.22, p_3 = p_4 = 0.15$，于是有

$$I(x_1) = \log_2 \frac{1}{0.48} = 1.059$$

$$I(x_2) = \log_2 \frac{1}{0.22} = 2.184$$

$$I(x_3) = I(x_4) = \log_2 \frac{1}{0.15} = 2.737$$

$$H(X) = 0.48 \times 1.059 + 0.22 \times 2.184 + 0.15 \times 2.737 + 0.15 \times 2.737 = 1.8099$$

给$x_i$编码时，按照同自信息量$I(x_i)$最接近的整数作为码长，$x_1, x_2, x_3, x_4$编码码长分别为1,2,3,3，平均码长为

$$l = 0.48 \times 1 + 0.22 \times 2 + 0.15 \times 3 + 0.15 \times 3 = 1.82 > H(X) = 1.8099$$

可以证明，信源平均码长$l \geqslant H(X)$。信源熵$H(X)$是无失真编码平均码长$l$的下限。所谓无失真编码是指，在解码后的信源同原信源相同，没有失真。当所有信源符号$x_i$的自信息量$I(x_i)$都是整数，并且当每个符号$x_i$编码的码长取$I(x_i)$时，$l = H(X)$。

对于非等概率分布的信源符号，应该采用变长编码，即概率大的符号给予短的码长，概率小的符号给予长的码长。变长编码的平均码长一定小于等长编码的平均码长，变长编码是最佳编码。

最大离散信源熵定理指出，如果信源中各符号出现的概率相等，则信源熵取最大值。对于有$N$个符号的信源，由于信源熵$H(X)$的最大值出现在所有符号的概率相等时，这时$p_i = 1/N, H(X) = Np_i \log_2(1/p_i) = \log_2 N$。当$N = 2,4,8,16,\cdots$时，$H(X)$的最大值为$1,2,3,4,\cdots$。

现在考虑数字图像的编码。对于有$M \times N$像素、灰度级为$L$的图像，由它的直方图求出灰度值为$S_k$的概率为

$$p(s_k) = \frac{n_k}{M \times N}, \quad k = 0,1,\cdots,L-1$$

式中，$n_k$是灰度值为$S_k$的像素数目。图像的熵为

$$H = -\sum_{k=0}^{L-1} p(s_k) \log_2 p(s_k) \tag{8-3}$$

当灰度级$L = 2^8 = 256$时，在灰度值取等概率分布时，$H$的最大值为$\log_2 2^8 = 8$。实际上，图像的灰度值不可能是等概率分布的，所以$H < 8$。特别是，

当大多数灰度值出现的概率为 0，只有少数灰度值出现的概率不为 0 时，$H$ 可以取较小的值。这时用变长编码可以使图像数据大大压缩。

## 8.2　霍夫曼编码与香农–范诺编码

霍夫曼编码是霍夫曼按照最佳变长编码方法给出的无失真编码。设信源符号 $x_1, x_2, \cdots, x_N$ 出现的概率分别为 $p_1, p_2, \cdots, p_N$，且 $\sum_{i=1}^{N} p_i = 1$。霍夫曼编码的步骤如下。

（1）将信源符号 $x_i$ 按其出现的概率，由大到小从上到下排列。

（2）将排在最后的两个概率最小的符号组合成一个新的成员，将这两个符号的概率相加当作这新成员的概率。然后将这个新成员同所有原来的成员，按概率由大到小从上到下排列。

（3）重复（2）的过程，直到最后只剩下两个成员为止。

（4）对于最后的两个成员，将排在上面的成员赋予码字 0，将排在下面的成员赋予码字 1。如果这两个成员中有一个是非组合的成员，即是单一的符号 $x_i$，则这个 $x_i$ 的编码就是赋予它的码字 0 或 1。如果这两个成员中有一个或两个是组合的成员，要记住赋予它的码字 0 或 1，假定是 0，我们追寻到组成它的两个原来的成员。

（5）重复过程（4），将排在上面的成员赋予码字 0，将排在下面的成员赋予码字 1。如果这两个成员中有一个是单一的符号 $x_k$，则当其位于上方时，$x_k$ 的编码就是 00，当其位于下方时，$x_k$ 的编码就是 01。如果这两个成员中有一个或两个是组合的成员，要记住赋予它的码字 0 或 1，假定是 1，如果这个组合成员是来自前一个被赋予码字 0 的组合成员，则要记住的码字是 01。我们追寻到组成它的两个原来的成员，将排在上面的成员赋予码字 0，将排在下面的成员赋予码字 1。如果这两个成员中有一个是单一的符号 $x_l$，则当其位于上方时，$x_l$ 的编码就是 010，当其位于下方时，$x_l$ 的编码就是 011。这样一直做下去，就可以得到所有符号的编码。

［示例 8-1］　已知符号 $x_1, x_2, x_3, x_4, x_5, x_6$ 的概率为

$$p_1 = 0.35, p_2 = 0.25, p_3 = 0.16, p_4 = 0.13, p_5 = 0.07, p_6 = 0.04$$

给出这 6 个符号的霍夫曼编码，并计算信源熵与平均码长。

由于这 6 个符号的排列次序正好是按概率由大到小排的，将它们由上到下排列，如图 8-1 所示。将 $x_5$ 与 $x_6$ 的概率相加：$p_5 + p_6 = 0.07 + 0.04 = 0.11$ 作为一个新成员的概率。这个概率同其他 4 个成员的概率相比是最小的，排在最后，见图中第 3 列。将排在最后的两个成员概率相加，得 $0.11 + 0.13 = 0.24$。这个概率同其他 3 个成员的概率相比，处于第 3 位，见图中第 4 列。将排在最后的两个成员概率相加，

得$0.16+0.24=0.40$。这个概率同其他 2 个成员的概率相比处于第 1 位，见图中第 5 列。将排在最后的两个成员概率相加，得$0.35+0.25=0.60$。这个概率同另一个成员的概率相比，处于第 1 位，见图中第 6 列。这是最后的两个成员，对概率为 0.6 的成员赋予码字 0，对概率为 0.4 的成员赋予码字 1。这两个成员都是组合成员，都要追寻组成它们的两个原来的成员。

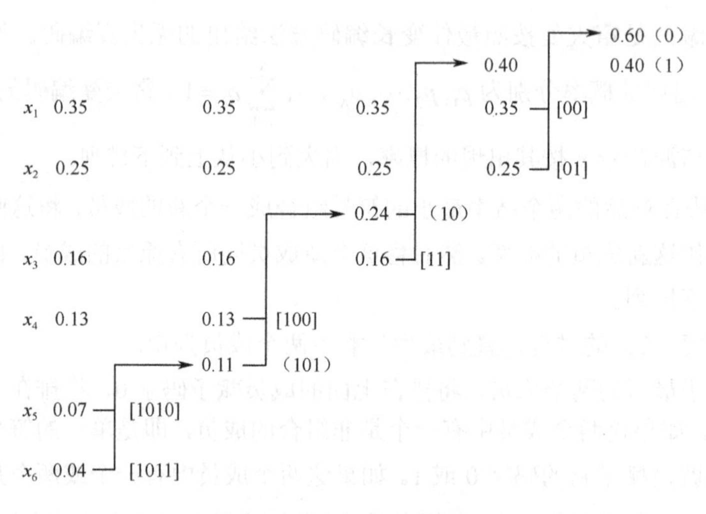


图 8-1　霍夫曼编码过程

先追寻组成码字为 0、概率为 0.6 的原来两个成员，它们是$x_1$与$x_2$。$x_1$的概率大（0.35），码字为 0，加上原来的码字 0，合计为 00；$x_2$的概率小（0.25），码字为 1 加上原来的码字 0，合计为 01。由于$x_1$与$x_2$是单一符号，$x_1$的编码是 00，$x_2$的编码是 01。再追寻组成码字为 1、概率为 0.4 的原来两个成员，其中一个是概率为 0.24 的组合成员，另一个是概率为 0.16 符号$x_3$。前者赋予码字 0，加上原来的码字 1，合计为 10；后者赋予码字 1，加上原来的码字 1，合计为 11。由于$x_3$已是单一的符号，故$x_3$的编码为 11。再追寻组成码字为 10、概率为 0.24 的两个原来的成员，其中一个是概率为 0.13 的符号$x_4$，另一个是概率为 0.11 组合成员。前者赋予码字 0，加上原来的码字 10，合计为 100，这也是$x_4$的编码；后者赋予码字 1，加上原来的码字 10，合计为 101。再追寻组成码字 101、概率为 0.11 的两个原来的成员，其中一个是概率为 0.07 的符号$x_5$，另一个是概率为 0.04 符号$x_6$。$x_5$赋予码字 0，加上原来的码字 101，合计为 1010，这也是$x_5$的编码；$x_6$赋予码字 1，加上原来的码字 101，合计为 1011，这也是$x_6$的编码。这样我们就得到了所有符号的编码，正如图中方括号内表示的。这 6 个符号的信源熵$H$与平均码长$l$为

$$H = 0.35\log_2\frac{1}{0.35} + 0.25\log_2\frac{1}{0.25} + 0.16\log_2\frac{1}{0.16} + 0.13\log_2\frac{1}{0.13} +$$
$$0.07\log_2\frac{1}{0.07} + 0.04\log_2\frac{1}{0.04} = 2.29$$

$$l = 0.35\times2 + 0.25\times2 + 0.16\times2 + 0.13\times3 + 0.07\times4 + 0.04\times4 = 2.35$$

霍夫曼编码也可以按二叉树方式操作，仍以上例来说明操作步骤。将 6 个元素（符号）按概率由大到小自左向右排列，如图 8-2 所示。设想有一个倒立的树杈，它由一个上主支和两个下分支组成。用两个分支代表排在最后概率最小的元素 $x_5$ 与 $x_6$，左下支为 $x_5$，右下支为 $x_6$；用上主支代表由 $x_5$ 与 $x_6$ 相加得到的组合元素 $x_{56}$，它的概率为 $p_{56} = p_5 + p_6 = 0.11$。比较 $x_1, x_2, x_3, x_4, x_{56}$ 的概率，找出概率最小的两个元素：$x_4(p_4 = 0.13)$ 与 $x_{56}(p_{56} = 0.11)$。再引入一个新的倒立树杈，左下支代表 $x_4$，右下支代表 $x_{56}$（这个右下支也是前一个树叉的上支），上支代表 $x_4$ 与 $x_{56}$ 的组合元素 $x_{456}$，它的概率为 $p_{456} = p_4 + p_{56} = 0.24$。比较 $x_1, x_2, x_3, x_{456}$ 的概率，找出概率最小的两个元素：$x_3(p_5 = 0.16)$ 与 $x_{456}(p_{456} = 0.24)$。引入一个倒立树杈，左下支代表 $x_3$，右下支代表 $x_{456}$，上支代表 $x_3$ 与 $x_{456}$ 的组合元素 $x_{3456}$，它的概率为 $p_{3456} = p_3 + p_{456} = 0.40$。比较 $x_1, x_2, x_{3456}$ 的概率，找出概率最小的两个元素：$x_1(p_1 = 0.35)$ 与 $x_2(p_2 = 0.25)$。引入一个倒立树杈，左下支代表 $x_1$，右下支代表 $x_2$，上支代表 $x_1$ 与 $x_2$ 的组合元素 $x_{12}$，它的概率为 $p_{12} = p_1 + p_2 = 0.60$。引入最后一个倒立树杈，左下支代表 $x_{12}$，右下支代表 $x_{3456}$。到此一个完整的二叉树已建成。现在要给每对分支赋予码字，概率大的赋予码字 0，概率小的赋予码字 1。从最上面的树杈主上支出发，沿任一路径最终可以到达任一个元素（符号）$x_i$。只要记下沿途经过的分支的码字，就得到 $x_i$ 的编码。例如先经过 0 的分支，再经过 1 的分支到达 $x_2$，$x_2$ 的编码为 01。又如先经过 1 的分支，又经过分别为 0，1 与 0 的 3 个分支到达 $x_5$，$x_5$ 的编码为 1010。通过两种步骤得到的霍夫曼编码相同。

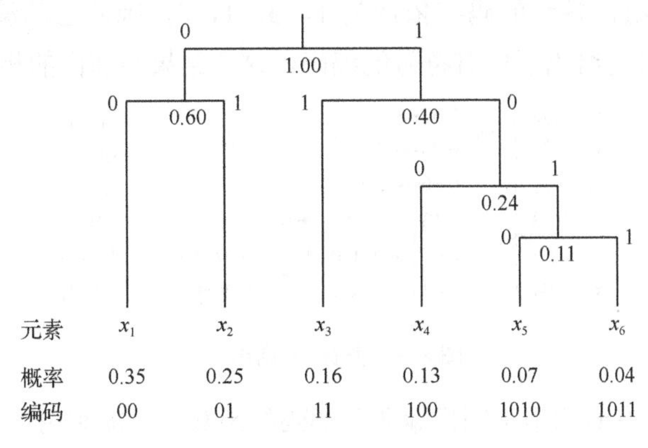


图 8-2　霍夫曼编码的二叉树操作方式

霍夫曼编码的最终结果不是唯一的。这是因为①不一定非要将概率大的赋予码字 0，概率小的赋予码字 1，也可以反过来；②当两个概率相等时，给哪个赋予码字 0 就是任意的了。

霍夫曼编码在图像灰度值的概率分布很不均匀时，效率很高，而在图像灰度值的概率分布均匀时，效率不高。

霍夫曼编码必须先计算出图像灰度的概率分布，才能进行编码，并且通过列表建立信源符号与编码之间的对应关系。当信源符号很多时，这个表就很大。这对数据的存储与传输不利。但是，霍夫曼编码由于简单有效，得到了广泛应用。

当信源符号很多时，霍夫曼编码很不方便。香农与范诺分别独立进行了改进，使编码更加简单。他们的编码方法如下。

将信源符号 $x_1, x_2, \cdots, x_N$ 按概率由大到小从上到下排列，并将 $x_1, x_2, \cdots, x_k$ 划分为一组，$x_{k+1}, x_{k+2}, \cdots, x_N$ 划分为另一组，要求这两组符号的概率之和最接近。给总概率较大的一组赋予码字 0，总概率较小的一组赋予码字 1。再对每组符号从上到下各分成两组，重复以上过程，直到最后每组只剩下一符号为止。对任一符号 $x_i$，从第一次分组到最后单独成组，依次记下它在每组的码字，这些码字就是 $x_i$ 的编码。仍以示例 8-1 来进行香农-范诺编码，将 $x_1$～$x_6$ 排成一列，并分成两组，$x_1, x_2$ 为第一组；$x_3, x_4, x_5, x_6$ 为第二组，如图 8-3 所示。第一组的总概率大（0.60），赋予码字 0；第二组的总概率小（0.40），赋予码字 1。第一组两个符号一分为二，$x_1$ 赋予码字 0；$x_2$ 赋予码字 1。第二组符号又分为二组，$x_3$ 自成一组，因概率小（0.16），赋予码字 1；$x_4, x_5, x_6$ 为另一组，因总概率大（0.24）赋予码字 0。将 $x_4, x_5, x_6$ 分成二组，$x_4$ 自成一组，因概率大（0.13），赋予码字 0；$x_5, x_6$ 为另一组，因总概率小（0.11）赋予码字 1。最后将 $x_5$ 与 $x_6$ 一分为二，$x_5$ 赋予码字 0，$x_6$ 赋予码字 1。$x_1$ 第一次分组得到码字 0，第二次独立成组得到码字 0。因此 $x_1$ 的编码为 00。$x_5$ 经过 4 次分组才独立成组，各组的码字依次为 1，0，1，0，因此它的编码是 1010。在图 8-3 中的方括号内给出了所有符号的编码，这个结果与前面的相同。

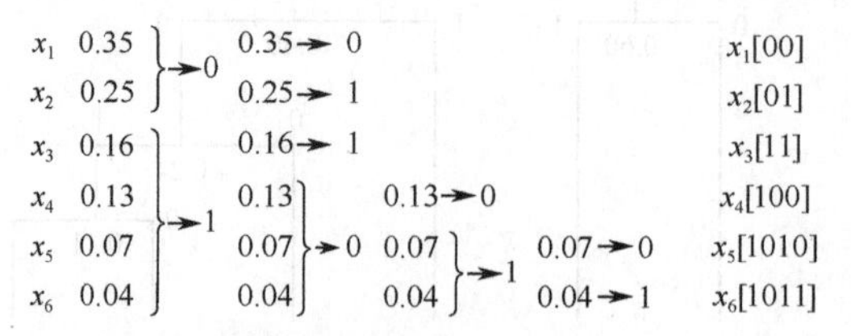

图 8-3　香农-范诺编码

MATLAB 没有专门用于图像编码与解码的函数，只能利用现有函数对特定的编码与解码方法进行程序设计。

［示例 8-2］ 对一幅灰度图像进行霍夫曼编码与解码。

```
I=imread('8-4a.jpg');       % 读入图像
I=rgb2gray(I);
I=im2double(I)*255;         % 将图像数据类型转换为双精度型并归一化
[m,n]=size(I);              % 计算图像的大小
M1=zeros(m,n);              % 建立大小与原图像大小相同的矩阵 M1 和 M2，矩阵元素为 0
M2=zeros(m,n);
M1(1,1)=I(1,1);             % 图像第一像素值 I(1,1)传给 M1(1,1)
for i=2:m                   % 以下将图像像素值传递给矩阵 M2
M2(i,1)=I(i-1,1);
end
for j=2:n
M2(1,j)=I(1,j-1);
end
for i=2:m                   % 以下建立待编码的数组 sb 和每像素出现的概率矩阵 p
for j=2:n
M2(i,j)=I(i,j-1)/2+I(i-1,j)/2;
end
end
M2=floor(M2);M1=I-M2;
SP=zeros(2,1);SN=1;SP(1,1)=M1(1,1);SE=0;
for i=1:m
for j=1:n
SE=0;
for k=1:SN
if SP(1,k)==M1(i,j)
SP(2,k)=SP(2,k)+1;
SE=1;
break;
end
end
if SE==0
SN=SN+1;
SP(1,SN)=M1(i,j);
SP(2,SN)=1;
end
end
end
for i=1:SN
```

```
SP(3,i)=SP(2,i)/(m*n);
end
sb=SP(1,:);p=SP(3,:);
[dict,avglen] = huffmandict(sb,p);    % 产生霍夫曼编码词典，返回编码词典 dict 和平均
码长
                                      % avglen
as=reshape(M1',1,[]);
cp=huffmanenco(as,dict);              % 利用 dict 对 as 编码，其结果存放在 cp 中
UN=ceil(size(cp,2)/8);
Cpd=zeros(1,UN,'uint8');
for i=1:UN
for j=1:8
if ((i-1)*8+j)<=size(cp,2)
Cpd(i)=bitset(Cpd(i),j,cp((i-1)*8+j));
end
end
end
NH=ceil(UN/512);Cpd(n*NH)=0;
RCpd=reshape(Cpd,NH,n);
imwrite(RCpd,'Cpd Image.bmp','bmp');
Rt=zeros(1,size(cp,2));
for i=1:UN
for j=1:8
if ((i-1)*8+j)<=size(cp,2)
Rt((i-1)*8+j)=bitget(Cpd(i),j);
end
end
end
dcp=huffmandeco(Rt,dict);              % 利用 dict 对 Rt 来解码，其结果存放在 dcp 中
RI=reshape(dcp,512,512);
RIGS=uint8(RI'+M2);
imwrite(RIGS,'RI.bmp','bmp');
subplot(1,3,1);imshow(I,[0,255]);      % 显示原图像
subplot(1,3,2);imshow(RCpd);           % 显示压缩后的图像
subplot(1,3,3);imshow('RI.bmp');       % 显示解压后的图像
```

程序运行后，输出图像如图 8-4 所示。

（a）原始图像

（b）压缩后的图像

（c）解压后的图像

图 8-4　霍夫曼编码与解码示例

# 8.3　算术编码与行程编码

## 8.3.1　算术编码

算术编码不是用一组码字表示一个符号的编码方法，而是用实数域区间[0,1]中的一个小区间内的一个数来表示一序列符号的编码方法。显然，这可以大大压缩数据。通过一个实例来说明算术编码与解码的过程。

［示例 8-3］　设信源符号集 $X=\{x_1,x_2,x_3,x_4\}$ 中符号 $x_1,x_2,x_3,x_4$ 出现的概率为

$$p_1=0.1, p_2=0.4, p_3=0.2, p_4=0.3$$

用算术编码方法对输入符号序列 $x_3,x_1,x_4,x_2,x_3,x_4,x_2$ 进行编码并解码。

在实数域取一区间[0,1]，按照符号的概率将此区间全部划分给信源符号集的 4 个符号。$x_i$ 分得的区间长度正比于 $x_i$ 的概率。$x_i$ 的区间叫作 $x_i$ 的初始区间，如表 8-1 所示。在没有符号输入时，我们把区间[0,1]叫作当前区间。每当有一个符号输入时，当前区间就要由原来的区间变为新的区间 $[A_1,A_2)$：

$$A_1=B+C\times L,\quad A_2=B+D\times L \tag{8-4}$$

式中，$B$ 与 $L$ 是前一区间起始值与区间长度，$C$ 与 $D$ 是输入符号的初始区间的起始值与终止值，见表 8-1。

表 8-1　信源符号、概率和初始区间划分

| 符号 | $x_1$ | $x_2$ | $x_3$ | $x_4$ |
|---|---|---|---|---|
| 概率 | 0.1 | 0.4 | 0.2 | 0.3 |
| 初始区间 | [0, 0.1) | [0.1, 0.5) | [0.5, 0.7) | [0.7,1.0] |

在本示例中，当第 1 个符号 $x_3$ 输入时，前一个区间为[0.1]，$B=0, L=1-0=1$；$x_3$ 的初始区间为 $[0.5,0.7)$，$C=0.5, D=0.7$。将 $B,L,C,D$ 的值代入式（8-4）得

$$A_1 = B + C \times L = 0 + 0.5 \times 1 = 0.5, \quad A_2 = B + D \times L = 0 + 0.7 \times 1 = 0.7$$

当前区间由$[0.1]$变为$[A_1, A_2) = [0.5, 0.7)$。可见，当第 1 个符号输入后，当前区间就是第 1 个输入符号的初始区间。

当第 2 个符号$x_1$输入时，前一个区间为$[0.5, 0.7)$，$B = 0.5$，$L = 0.7 - 0.5 = 0.2$；$x_1$的初始区间为$[0, 0.1)$，$C = 0, D = 0.1$。代入式（8-4）得

$$A_1 = B + C \times L = 0.5 + 0 \times 0.2 = 0.5, \quad A_2 = B + D \times L = 0.5 + 0.1 \times 0.2 = 0.52$$

当前区间由$[0.5, 0.7)$变为$[0.50, 0.52)$。

当第 3 个符号$x_4$输入时，前一个区间为$[0.50, 0.52)$，$B = 0.50, L = 0.52 - 0.5 = 0.02$；$x_4$的初始区间为$[0.7, 1.0]$，$C = 0.7, D = 1.0$。代入式（8-4）得

$$A_1 = 0.50 + 0.7 \times 0.02 = 0.514, \quad A_2 = 0.50 + 1.0 \times 0.02 = 0.520$$

当前区间由$[0.50, 0.52)$变为$[0.514, 0.520)$。

当第 4 个符号$x_2$输入时，前一个区间为$[0.514, 0.520)$，$B = 0.514$，$L = 0.520 - 0.514 = 0.006$；$x_2$的初始区间为$[0.1, 0.5)$，$C = 0.1, D = 0.5$。代入式（8-4）得

$$A_1 = 0.514 + 0.1 \times 0.006 = 0.5146, \quad A_2 = 0.514 + 0.5 \times 0.006 = 0.5170$$

当前区间由$[0.514, 0.520)$变为$[0.5146, 0.5170)$。

当第 5 个符号$x_3$输入时，前一个区间为$[0.5146, 0.5170)$，$B = 0.5146$，$L = 0.5170 - 0.5146 = 0.0024$；$x_3$的初始区间为$[0.5, 0.7)$，$C = 0.5, D = 0.7$。代入式（8-4）得

$$A_1 = 0.5146 + 0.5 \times 0.0024 = 0.51580, \quad A_2 = 0.5146 + 0.7 \times 0.0024 = 0.51628$$

当前区间由$[0.5146, 0.5170)$变为$[0.51580, 0.51628)$。

当第 6 个符号$x_4$输入时，前一个区间为$[0.51580, 0.51628)$，$B = 0.51580$，$L = 0.51628 - 0.51580 = 0.00048$；$x_4$的初始区间为$[0.7, 1.0]$，$C = 0.7, D = 1.0$。代入式（8-4）得

$$A_1 = 0.51580 + 0.7 \times 0.00048 = 0.516136, \quad A_2 = 0.51580 + 1.0 \times 0.00048 = 0.51628$$

当前区间由$[0.51580, 0.51628)$变为$[0.516136, 0.516280)$。

当最后一个符号$x_2$输入时，前一个区间为$[0.516136, 0.516280)$，$B = 0.516136$，$L = 0.516280 - 0.516136 = 0.000144$；$x_2$的初始区间为$[0.1, 0.5)$，$C = 0.1, D = 0.5$。代入式（8-4）得

$$A_1 = 0.516136 + 0.1 \times 0.000144 = 0.5161504$$

$$A_2 = 0.516136 + 0.5 \times 0.000144 = 0.5162080$$

当前区间由$[0.516136, 0.516280)$变为$[0.5161504, 0.5162080)$。

根据算术编码的规则，在最后得到的当前区间内任取一个值，作为输入序列符号的编码，通常取这个区间的起始值。因此，输入序列符号$\{x_3, x_1, x_4, x_2, x_3, x_4, x_2\}$的

编码是0.5161504。

下面介绍算术编码的解码步骤。从上述编码过程可以看出，由最初的区间[0,1]开始，每输入一个符号，区间就缩小一次。区间的缩小都是区间的下限向上移动，上限向下移动形成的。因此，后一个区间总是被包含在前一个区间内的。无论输入符号有多少个，最后的区间总是被包含在第一个输入符号的区间内的。因此输入序列符号的编码0.5161504一定是第1个输入符号区间内的一个数。对于第1个输入符号来说，这个区间既是当前区间，也是初始区间。于是，根据编码值0.5161504，由表8-1得知，第1个输入符号是$x_3$。回想在编码时，当第2个符号输入后，通过式（8-4），即：

$$A_1 = B + C \times L,\quad A_2 = B + D \times L$$

得到第2个输入符号的当前区间$[A_1, A_2)$。上式中的$C$与$D$分别是第2个输入符号的初始区间$[C, D)$的下限与上限。由上式可得：

$$C = \frac{A_1 - B}{L},\quad D = \frac{A_2 - B}{L} \tag{8-5}$$

如果已知第2个输入符号的当前区间$[A_1, A_2)$，将$A_1, A_2$代入上式，可以算出第二个输入符号的初始区间$[C, D)$。这样就可以由表8-1看出它是什么符号的初始区间，从而得知第2个输入符号是什么。但是，$A_1, A_2$是未知的，无法由上述方法求出第2个输入符号。不过，既然将$A_1, A_2$代入式（8-5）可以算出第2个输入符号初始区间的下限$C$与上限$D$，那么将位于$A_1$与$A_2$之间的一个数$A_k$代入式（8-5）得到的数

$$E_k = \frac{A_k - B}{L} \tag{8-6}$$

必定是位于输入符号初始区间的下限$C$与上限$D$之间的一个数。如果已知$A_k$，则由式（8-6）算出的$E_k$，就可以从表8-1查出它属于什么符号的初始区间，从而知道第2个输入符号是什么。显然，输入序列符号的编码0.5161504就是第2个输入符号当前区间$[A_1, A_2)$中的一个数，令$A_k = 0.5161504$，并代入式（8-6），得

$$E_k = \frac{0.5161504 - 0.5}{0.2} = 0.080752$$

这是$x_1$的初始区间[0,0.1)中的一个数。因此，第2个输入符号是$x_1$。注意到，式(8-6)中的$A_k$不仅是第2个输入符号当前区间$[A_1, A_2)$中的一个数，而且也是第一个输入符号初始区间中的一个数。式（8-6）表示，用第1个输入符号初始区间中的一个数$A_k$减去该区间的起始值$B$，再除以该区间长度$L$，就得到第2个输入符号初始区间中的一个数$E_k$。这个公式具有普遍意义。这就是说，任一个输入符号初始区间中的一个数$A_k$减去该区间的起始值$B$，再除以该区间长度$L$，就得到下一个输

入符号初始区间中的一个数$E_k$。下面用式（8-6）来求第3,4,⋯,7个输入符号初始区间的数，并给出相应的输入符号。已知第2个输入符号$x_1$的初始区间[0,0.1)中的一个数$A_k = 0.080752$，将它代入式（8-6），得

$$E_k = \frac{0.080752 - 0}{0.1} = 0.80752 \to x_4[0.7,1.0]$$

0.80752正是$x_4$初始区间[0.7,1.0]中的个数。第3个输入符号是$x_4$。

$$E_k = \frac{0.80752 - 0.7}{0.3} = 0.3584 \to x_2[0.1,0.5)$$

$$E_k = \frac{0.3584 - 0.1}{0.4} = 0.646 \to x_3[0.5,0.7)$$

$$E_k = \frac{0.646 - 0.5}{0.2} = 0.73 \to x_4[0.7,1.0]$$

$$E_k = \frac{0.73 - 0.7}{0.3} = 0.1 \to x_2[0.1,0.5)$$

$$E_k = \frac{0.1 - 0.1}{0.4} = 0$$

上面前4式表示，第4、5、6、7个输入符号为$x_2, x_3, x_4, x_2$。最后一个给出$E_k = 0$的式子表示计算结束。对编码0.5161504进行解码的最后结果是输入序列符号为$\{x_3, x_1, x_4, x_2, x_3, x_4, x_2\}$。

### 8.3.2 行程编码

行程编码是利用信号的重复性来压缩图像的方法。对于具有成片相同灰度区的图像，这是一个非常有效的编码方法，特别是二值图像，效果更好。

设$\{x_1, x_2, \cdots, x_N\}$是图像中某一行的像素。这一行图像由$k$个长度为$l_i$、灰度值为$g_i$的片段组成，$i = 1,2,\cdots,k$。$l_i$是灰度值为$g_i$的片段中像素数目，叫作行程。该行图像可用

$$(g_1, l_1), (g_2, l_2), \cdots, (g_k, l_k) \tag{8-7}$$

表示。$(g_i, l_i)$表示灰度为$g_i$的行程为$l_i$。如果行程$l_i$大，则图像压缩效果好。对于二值图像，用0与1表示黑与白，式（8-7）变为

$$(0, l_1), (1, l_2), (0, l_3), (1, l_4), \cdots, (1, l_k) \text{或} (0, l_k) \tag{8-8}$$

由于0与1是交替出现的，上式可以简化为$l_1, l_2, l_3, l_4, \cdots, l_k$。它们依次为黑、白、黑、白⋯的行程。显然，对$l_1, l_2, l_3, l_4, \cdots, l_k$编码，图像压缩的效果会很好。因此，行程编码常用于二值图像，如公用电话、网上传真中的二值图像。

大小为$M \times N$的二值图像中每个像素的灰度只有黑(0)与白 (1) 两个态。一位二进制码可以存入0或1两个数字，它们正好表示灰度的黑(0)与白 (1) 两个态。

$M\times N$ 像素需要 $M\times N$ 位码，即大小为 $M\times N$ 的二值图像需要 $M\times N$ 比特存储空间。如果二值图像中灰度的重复度很高，则采用行程编码可以大大减小存储空间。先考虑二值图像中的某一行，直接对这一行的 $N$ 像素的灰度值编码，所需的存储空间为 $N$ 比特。设这一行 $N$ 像素的灰度值构成如式（8-8）所示的 $k$ 个数组，其中第一个数组也可能是 $(1,l_1)$，其后是 $(0,l_2),(1,l_3),\cdots,(1,l_k)$ 或 $(0,l_k)$。式（8-8）中有一些数组可能相同，如 $l_1=l_3$，则 $(0,l_1)$ 与 $(0,l_3)$ 两个数组相同。假定式（8-8）中不同的数组有 $p$ 个。选择一个整数 $q$，$q$ 是满足条件 $2^q\geqslant p$ 的最小整数。用 $q$ 位二进制码来给 $p$ 个不同的数组编码，并列表。最后，按照这个表给出这一行中所有 $k$ 个数组的编码，这就是这一行图像的行程编码。这个行程编码所需的存储空间为 $k\times q$ 比特。只要这一行像素灰度值的重复度高，$k\times q$ 就会比 $N$ 小很多。

现在将一行图像的行程编码推广到全图像。假定全图像有 $K$ 个如式（8-8）所示的数组，其中不同的数组有 $P$ 个。选择一个整数 $Q$，$Q$ 是满足条件 $2^Q\geqslant P$ 的最小整数。用 $Q$ 位二进制码来给 $P$ 个不同的数组编码并列表。最后，按照这个表给出这一图像的所有 $K$ 个数组的编码，这就是这个二值图像的行程编码。这个行程编码所需的存储空间为 $K\times Q$ 比特。只要这个图像像素灰度值的重复度高，$K\times Q$ 就会比 $M\times N$ 小很多，图像会得到很大的压缩。

［示例 8-4］ 一幅大小为 $256\times256$ 的二值图像中某一行像素的灰度构成如下数组：

（0,20），（1,6），（0,18），（1,8），（0,22），（1,8），（0,16），（1,6），（0,20），（1,10），（0,24），（1,8），（0,14），（1,12），（0,25），（1,12），（0,27）

给出这一行图像的行程编码，并比较行程编码与原编码所需的存储空间。

在上述 17 个数组中有 12 个不同的数组。行程编码所需的码字个数 $q$ 是满足条件 $2^q\geqslant12$ 的最小整数 4。用 4 位二进制码对这 12 个不同数组的编码如表 8-2 所示。

**表 8-2　像素行程编码表**

| | | | |
|---|---|---|---|
| （0,14） | 0000 | （0,25） | 0110 |
| （0,16） | 0001 | （0,27） | 0111 |
| （0,18） | 0010 | （1,6） | 1000 |
| （0,20） | 0011 | （1,8） | 1001 |
| （0,22） | 0100 | （1,10） | 1010 |
| （0,24） | 0101 | （1,12） | 1011 |

按照表 8-2 所示的编码可以给出 17 个数组的编码为

0011,1000,0010,1001,0100,1001,0001,1000,0011,1010,0101,1001,0000,1011,0110,1011,0111

这是一行图像的行程编码。它所需的存储空间为$17\times4=68$（比特），而原编码所需的存储空间是256比特。显然，行程编码使图像的存储空间大大缩小了。

［示例8-5］ 对一幅二值图像进行行程编码与解码。

```
I1=imread('8-4a.jpg');              % 读入图像I1
I2=I1(:);                           % 将I1写成一维数据，记为I2
I2L=length(I2);                     % 计算I2的长度
I3=im2bw(I1,0.3);                   % 将原始图像I1转换为二值图像，阈值取0.3
% 以下对图像进行行程编码与解码
X=I3(:);                            % 令x为新建二值图像的一维数据组
XL=length(X);                       % 计算x的长度
j=1;
I4(1)=1;
for z=1:1:(XL-1)                    % 行程编码程序段
if  X(z)==X(z+1)
I4(j)=I4(j)+1;
else
data(j)=X(z);                       % data(j)代表相应的像素数据
j=j+1;
I4(j)=1;
end
end
data(j)=X(XL);                      % 将最后一个像素数据赋予data
I4L=length(I4);                     % 计算行程编码后所占字节数，记为I4L
CR=I2L/I4L;                         % 比较压缩前后的大小
l=1;
for m=1:I4L
for n=1:1:I4(m);
di1(l)=data(m);
l=l+1;
end
end
di=reshape(di1,512,512);            % 重建二维图像数组
figure,
x=1:1:XL;
subplot(2,3,4),plot(x,X(x));
y=1:1:I4L ;
```

```
subplot(2,3,5),plot(y,I4(y));
u=1:1:length(di1);
subplot(2,3,6),plot(u,di1(u));
subplot(2,3,1);imshow(I3);
subplot(2,3,2),imshow(di);
disp('压缩比：')
disp(CR);
disp('原图像数据的长度：')
disp(XL);
disp('压缩后图像数据的长度：')
disp(I4L);
disp('解压后图像数据的长度：')
disp(length(di1));
```

程序运行后，给出的有关数据如下：

压缩比：

60.4343

原图像数据的长度：

262144

压缩后图像数据的长度：

13013

解压后图像数据的长度：

262144

输出图像始图 8-5 所示。可以看出，解压后图像同原始图像是一样的。对比原始图像，压缩后图像与解压后图像的直方图看出，压缩后图像中的数据比原始图像少多了，解压后又恢复原样。可见，这是一种无损压缩。

（a）原始图像

（b）解压后图像

图 8-5　二值图像行程编解码示例

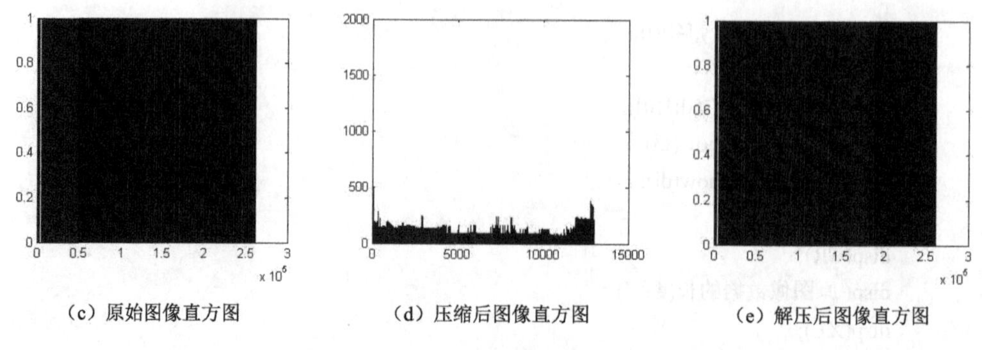


（c）原始图像直方图　　（d）压缩后图像直方图　　（e）解压后图像直方图

图 8-5　二值图像行程编解码示例（续）

# 8.4　预测编码

由于图像像素灰度的变化是连续的，相邻像素的灰度值十分接近。$t_n$ 时刻输入的像素 $x_n$ 的灰度 $f_n$ 可以用 $t_n$ 之前的 $m$ 像素灰度值 $f_{n-m},\cdots,f_{n-2},f_{n-1}$ 通过一定的数学公式来预测。当然，预测的灰度值不会正好与 $f_n$ 相同，而且也不会正好是整数。可以用 4 舍 5 入的方法将灰度预测值变成整数，并记为 $\hat{f}_n$。$t_n$ 时刻像素 $x_n$ 灰度预测值的误差为

$$e_n = f_n - \hat{f}_n \tag{8-9}$$

从 $t_n = t_m$ 开始，对 $e_n$ 编码。而在 $t_m$ 之前，仍然对 $m$ 个灰度值 $f_0, f_1, \cdots, f_{m-1}$ 进行编码，例如用霍夫曼编码方法编码。假定 $t_m$ 时刻的灰度值为 252，预测值为 250，误差 $e_m = 252 - 250 = 2$。按照二进制自然编码，“252”的编码是“11111100”，“2”的编码是“10”。前者用了 8 个码字，后者只用了 2 个码字。可见，预测编码可以使图像大大压缩。

利用 $t_n$ 前 $m$ 个灰度值预测 $t_n$ 时刻灰度值的数学公式叫作预测器。一个完整的预测编码过程和它的逆过程——解码过程，如图 8-6 所示。预测编码过程如下：将输入图像分成两支，一支通过预测器后给出 $t_n$ 时刻灰度 $f_n$ 的预测值，并按 4 舍 5 入将这个预测值变成整数，记为 $\hat{f}_n$。预测器输出的 $\hat{f}_n$ 与输入图像的另一支 $f_n$ 一起送到一个组合器（Σ）。组合器将 $f_n$ 与 $\hat{f}_n$ 相减得到 $e_n = f_n - \hat{f}_n$，经过编码后就成为最后输出的压缩图像。解码过程如下：压缩图像通过解码器将 $e_n = f_n - \hat{f}_n$ 的编码解码为 $e_n = f_n - \hat{f}_n$，并将它送入到一个组合器（Σ）中。组合器的一个输出端连接到预测器的输入端，另一个输出端就是解码的输出。这里的预测器与编码过程中用到的预测器完全相同，预测器的输出端与组合器的输入端相连。于是，组合器将来自解码器输出的 $e_n = f_n - \hat{f}_n$ 与来自预测器输出的 $f_n$ 预测值 $\hat{f}_n$ 相加，得到 $e_n + \hat{f}_n = f_n - \hat{f}_n + \hat{f}_n = f_n$。

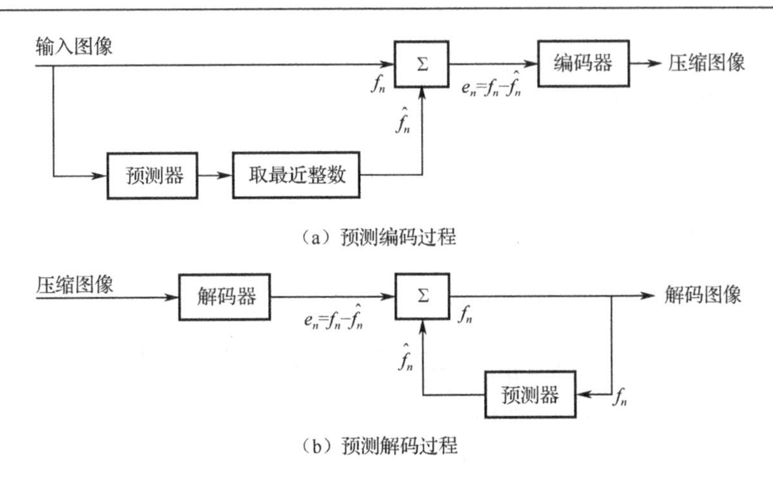


（a）预测编码过程

（b）预测解码过程

图 8-6　预测编码与解码

为什么预测器能给出 $f_n$ 预测值 $\hat{f}_n$？原来，解码器一开始输出的并不是 $e_n = f_n - \hat{f}_n$，而是 $f_0, f_1 \cdots, f_{m-1}$，当这些灰度值依次通过组合器输入到预测器时，预测器开始并不工作，只是在最后一个 $f_{m-1}$ 到达后，预测器才给出预测值 $\hat{f}_m$，它正好与解码器输出的 $e_m = f_m - \hat{f}_m$ 同时进入组合器，二者相加得到 $f_m$。这个 $f_m$ 连同前面 $m-1$ 个灰度值 $f_1, f_2, \cdots, f_{m-1}$，在预测器中再给出 $\hat{f}_{m+1}$，它与解码器输出的 $e_{m+1} = f_{m+1} - \hat{f}_{m+1}$ 在组合器中相加得到 $f_{m+1}$。以后重复以上过程，得到所有的 $f_n$。

预测编码有线性预测编码和非线性预测编码。利用图像像素 $x_n$ 的前 $m$ 像素的灰度值 $f_{n-m}, f_{n-m+1}, \cdots, f_{n-1}$，对像素 $x_n$ 的灰度值 $f_n$ 进行预测时，如果预测值 $\hat{f}_n$ 可以通过这 $m$ 个灰度值的线性组合

$$\hat{f}_n = \sum_{i=1}^{m} a_i f_{n-i} \tag{8-10}$$

得到，就称对 $f_n$ 的预测为线性预测，相应的编码为线性预测编码。上式中的叠加系数 $a_i$ 叫作预测系数。常用的线性预测有以下几种。

（1）前值预测：只用 $f_n$ 的前一个 $f_{n-1}$ 来预测：

$$\hat{f}_n = af_{n-1} \tag{8-11}$$

（2）一维预测：用 $f_n$ 同一扫描行的前面 $m$ 个灰度值来预测，正如式（8-10）所示：

$$\hat{f}_n = \sum_{i=1}^{m} a_i f_{n-i}$$

（3）二维预测：不仅用 $f_n$ 同一扫描行的前面几个灰度值，而且还用到前几行中的灰度值来预测。

一个好的预测器要选择合适的预测系数 $a_i$，使预测值的均方误差

$$E\{e_n^2\}=E\{(f_n-\hat{f}_n)^2\} \tag{8-12}$$

取最小值，上式中$E$是求统计平均值的运算符号。将

$$f_n=f(x,n),\quad \hat{f}_n=\sum_{i=1}^{m}a_i f(x,n-i),\quad n\geqslant m \tag{8-13}$$

代入式（8-12）中得到

$$\begin{aligned}E\{e_n^2\}&=E\{(f_n-\hat{f}_n)^2\}\\&=\frac{1}{M(N-m)}\sum_{x=0}^{M-1}\sum_{n=m}^{N-1}\left[f(x,n)-\sum_{i=1}^{m}a_i f(x,n-i)\right]^2\end{aligned} \tag{8-14}$$

用最小二乘法求预测系数$a_i$，即由

$$\frac{\partial E\{e_n^2\}}{\partial a_i}=0,\quad i=1,2,\cdots,m \tag{8-15}$$

求出$m$个$a_i$满足的方程，再解方程得到$a_i$。具体运算如下：

$$\begin{aligned}\frac{\partial E\{e_n^2\}}{\partial a_i}&=E\left\{-2(f_n-\hat{f}_n)\frac{\partial \hat{f}_n}{\partial a_i}\right\}=E\{-2(f_n-\hat{f}_n)f_{n-i}\}\\&=-2E\{(f_n-\hat{f}_n)f_{n-i}\}=-2E\{f_n f_{n-i}-\hat{f}_n f_{n-i}\}=0\end{aligned}$$

$$E\{f_n f_{n-i}\}=E\{\hat{f}_n f_{n-i}\},\quad i=1,2,\cdots,m \tag{8-16}$$

将$\hat{f}_n=\sum_{k=1}^{m}a_k f_{n-k}$代入式（8-16），得到

$$E\{f_n f_{n-i}\}=\sum_{k=1}^{m}a_k E\{f_{n-i}f_{n-k}\},\quad i=1,2,\cdots,m \tag{8-17}$$

式中，

$$E\{f_n f_{n-i}\}=\frac{1}{M(N-m)}\sum_{x=0}^{M-1}\sum_{n=m}^{N-1}f(x,n)f(x,n-i) \tag{8-18}$$

$$E\{f_{n-i}f_{n-k}\}=\frac{1}{M(N-m)}\sum_{x=0}^{M-1}\sum_{n=m}^{N-1}f(x,n-i)f(x,n-k) \tag{8-19}$$

是已知量，叫作自相关系数。为了简单，将自相关系数记为

$$E\{f_{n-i}f_{n-k}\}\equiv c_{ik},\quad E\{f_n f_{n-i}\}\equiv b_i$$

式（8-17）可以表示为

$$\begin{pmatrix}c_{11} & c_{12} & \cdots & c_{1m}\\ c_{21} & c_{22} & \cdots & c_{2m}\\ \vdots & \vdots & \vdots & \vdots\\ c_{m1} & c_{m2} & \cdots & c_{mm}\end{pmatrix}\begin{pmatrix}a_1\\ a_2\\ \vdots\\ a_m\end{pmatrix}=\begin{pmatrix}b_1\\ b_2\\ \vdots\\ b_m\end{pmatrix} \tag{8-20}$$

这正是预测系数$a_k$满足的矩阵方程，由此方程可以求出预测系数$a_k$。

如果图像的灰度在全部空间域都是平稳变化的，则经线性预测编码后的图像质

量是比较好的。可是图像中总是有灰度突变与缓变的地方。在灰度突变处，灰度的预测值变小，误差 $e_n$ 偏大，导致重建图像中此处出现模糊。在图像灰度缓变处，灰度的预测值偏大，误差 $e_n$ 偏大，导致重建图像中此处出现粒状噪声。一个改进的方法是在线性预测公式中引入自适应系数 $k$：

$$\hat{f}_n = k\sum_{i=1}^{m} a_i f_{n-i} \tag{8-21}$$

$k$ 值随 $f_n$ 之前灰度变化 $\Delta f = \left|f_{n-1} - f_{n-2}\right|$ 不同而取不同的值。当 $\Delta f$ 很大，达到预定值 $b$ 时，表明 $f_n$ 会有很大的变化，而预测值会跟不上，这时让 $k$ 取大于 1 的数，如 $k = 1.2$，这就使预测的 $\left|\hat{f}_n\right|$ 变大，误差 $\left|e_n\right|$ 变小。当 $\Delta f$ 很小，达到预定值 $c$ 时，表明 $f_n$ 的变化会很小，而预测值 $\left|\hat{f}_n\right|$ 会偏大，这时让 $k$ 取小于 1 的数，如 $k = 0.8$，这就使预测的 $\left|\hat{f}_n\right|$ 变小，误差 $\left|e_n\right|$ 变小。当 $\Delta f$ 处于 $c$ 与 $b$ 之间时，令 $k = 1$，这是非线性预测的一个实例。

［示例 8-6］ 对一幅灰度图像进行预测编码与解码。

```
J=imread('8-7a.bmp');                        % 装入图像，用 Yucebianma 进行线性预测编码，用 Yucejiema 解码
X=double(J);
Y=Yucebianma(X);
XX=Yucejiema(Y);
e=double(X)-double(XX);[m,n]=size(e);
erm=sqrt(sum(e(:).^2)/(m*n));
figure,
subplot(121);imshow(J);
subplot(122),imshow(mat2gray(255-Y));        % 为方便显示，对预测误差图取反后再进行显示
figure;
[h,x]=hist(X(:));                            % 显示原图直方图
subplot(121);bar(x,h,'k');
[h,x]=hist(Y(:));
subplot(122);bar(x,h,'k');

建立 Yucebianma.m 文件
function y=Yucebianma(x,f)    % Yucebianma 函数用一维预测编码压缩图像 x,f 为预测系数
                              % 如果 f 取默认值，则默认 f=1，就是前值预测
error(nargchk(1,2,nargin))
if nargin<2
   f=1;
end
x=double(x);
```

```
[m,n]=size(x);
p=zeros(m,n);                    % 存放预测值
xs=x;
zc=zeros(m,1);
for j=1:length(f) xs=[zc xs(:,1:end-1)];
p=p+f(j)*xs;
end
y=x-round(p);

建立 Yucejiema.m 文件
function x=Yucejiema(y,f)       % Yucejiema 是解码程序，与编码程序用的是同一个预测器
%建立 Yucejiema.m 文件
error(nargchk(1,2,nargin));
if nargin<2
f=1;
end
f=f(end:-1:1);
[m,n]=size(y);
order=length(f);
f=repmat(f,m,1);
x=zeros(m,n+order);
for j=1:n
jj=j+order;
x(:,jj)=y(:,j)+round(sum(f(:,order:-1:1).*x(:,(jj-1):-1:(jj-order)),2));
end
x=x(:,order+1:end);
```

程序运行后，输出图像如图 8-7 所示。从预测误差图像直方图可以看出，图像的数据比原图像的数据减少了。

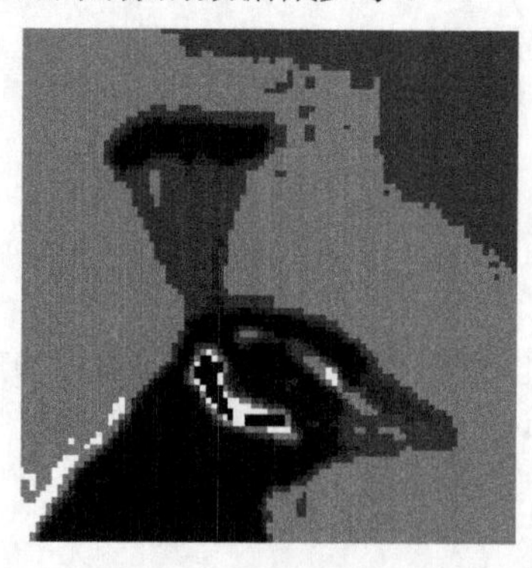
（a）原始图像

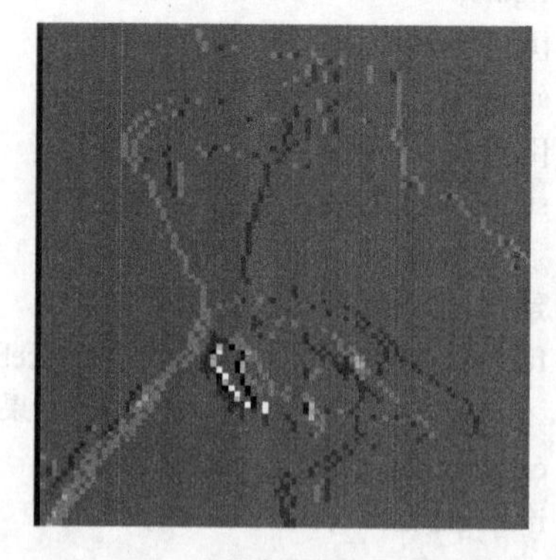
（b）对预测误差图像取反

图 8-7　灰度图像预测编解码示例

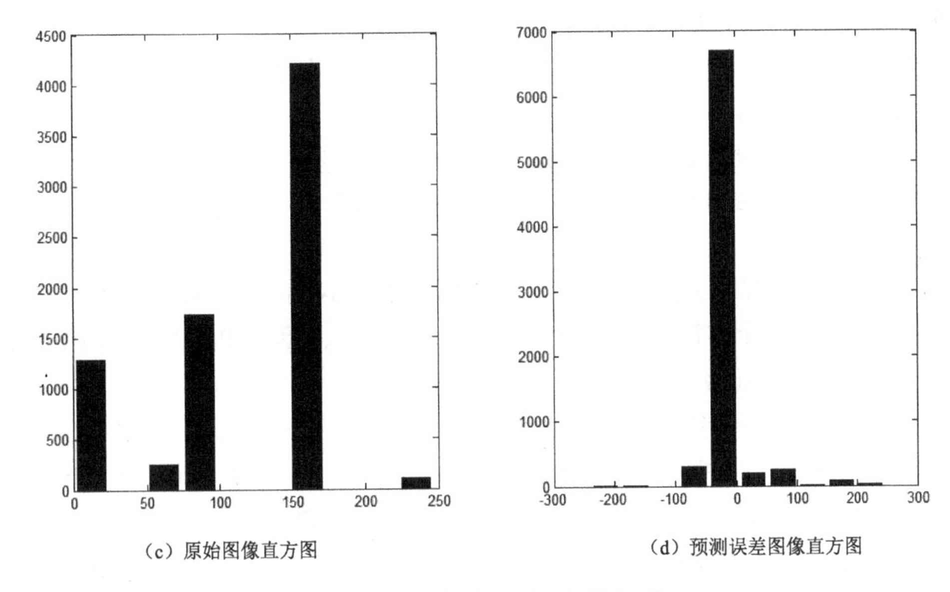


（c）原始图像直方图　　（d）预测误差图像直方图

图 8-7　灰度图像预测编解码示例（续）

# 8.5　LZW 编码

LZW 编码是将由一定数目的单个字符 $\{x_1,x_2,\cdots,x_n\}$ 组成的字符串 $x_ix_k\cdots x_l$ 进行编码，它的具体步骤如下。

（1）先将单个字符串 $x_1,x_2,\cdots,x_n$ 分别赋于码字值 $1,2,\cdots,n$，并列于字符串表中。令 $P$ 表示输入字符串的前缀。在没有输入字符的情况下，当前前缀 $P$ 为“空”。

（2）令 $C$ 表示输入的字符。当输入第一个字符 $C=x_i$ 时，建立字符串 $P+C$。由于 $P$ 为“空”，故 $P+C=x_i$。显然，$x_i$ 在字符串表中已存在。只要字符串 $P+C$ 在表中已经存在，就要将它变成新的前缀。于是，在输入第一个字符 $x_i$ 后，当前前缀 $P=x_i$。

（3）输入第二个字符 $C=x_k$，字符串 $P+C=x_ix_k$。由于目前表中只有单个字符，没有字符串 $x_ix_k$，要做以下三件事：①在表中加入 $x_ix_k$，并赋于其码字值 $n+1$；②将字符串 $x_ix_k$ 的前缀 $x_i$ 码字值 $i$ 输出，并在表中标出；③将 $x_ix_k$ 的扩展字符 $x_k$ 变成新的当前前缀，即 $P=x_k$。

（4）输入第三个字符 $C=x_j$，字符串 $P+C=x_kx_j$。查看表中是否有这个字符串。如果有，则令当前前缀 $P=x_kx_j$，进入步骤（5）；如果没有，则重复步骤（3）中的三件事，即在表中加入 $x_kx_j$，并赋于其码字值 $n+2$；将 $x_k$ 的码字值 $k$ 输出，

再将 $x_j$ 变成新的当前前缀 $P=x_j$，进入步骤（5）。

（5）继续输入字符，重复以上过程，直到输入完所有字符。将最后给出的一个当前前缀字符的码字值输出。

（6）依次记下所有输出的码字值，这些码字值就是输入字符串的编码。

［示例 8-7］ 对由单个字符 $x_1,x_2,x_3$ 组成的字符串 $x_2x_1x_1x_2x_3x_1x_2x_3x_1$ 进行 LZW 编码。

（1）给单个字符 $x_1,x_2,x_3$ 赋于码字值 $1,2,3$，列于表 8-3 中。令当前前缀 $P$ 为“空”。

（2）输入第 1 个字符 $C=x_2$，建立字符串 $P+C=x_2$（因为 $P$ 为“空”）。因 $x_2$ 在表中存在，令当前前缀 $P=x_2$。

（3）输入第 2 个字符 $C=x_1$，建立字符串 $P+C=x_2x_1$，$x_2x_1$ 在表中不存在。①在表中加入 $x_2x_1$，并赋于它码字值 4；②将字符串 $x_2x_1$ 的前缀 $x_2$ 码字值 2 输出，并在表中标出；③将 $x_2x_1$ 的扩展字符 $x_1$ 变成新的当前前缀 $P=x_1$。

（4）输入第 3 个字符 $C=x_1$，建立字符串 $P+C=x_1x_1$，$x_1x_1$ 在表中不存在。①在表中加入 $x_1x_1$，并赋于它码字值 5；②将字符串 $x_1x_1$ 的前缀 $x_1$ 码字值 1 输出，并在表中标出；③将 $x_1x_1$ 的扩展字符 $x_1$ 变成当前前缀 $P=x_1$。

（5）输入第 4 个字符 $C=x_2$，建立字符串 $P+C=x_1x_2$，$x_1x_2$ 在表中不存在。①在表中加入 $x_1x_2$，并赋于它码字值 6；②将字符串 $x_1x_2$ 的前缀 $x_1$ 码字值 1 输出，并在表中标出；③将 $x_1x_2$ 的扩展字符 $x_2$ 变成当前前缀 $P=x_2$。

（6）输入第 5 个字符 $C=x_3$，建立字符串 $P+C=x_2x_3$，$x_2x_3$ 在表中不存在。①在表中加入 $x_2x_3$，并赋于它码字值 7；②将字符串 $x_2x_3$ 的前缀 $x_2$ 码字值 2 输出，并在表中标出；③将 $x_2x_3$ 的扩展字符 $x_3$ 变成当前前缀 $P=x_3$。

（7）输入第 6 个字符 $C=x_1$，建立字符串 $P+C=x_3x_1$，$x_3x_1$ 在表中不存在。①在表中加入 $x_3x_1$，并赋于它码字值 8；②将字符串 $x_3x_1$ 的前缀 $x_3$ 码字值 3 输出，并在表中标出；③将 $x_3x_1$ 的扩展字符 $x_1$ 变成当前前缀 $P=x_1$。

（8）输入第 7 个字符 $C=x_2$，建立字符串 $P+C=x_1x_2$。$x_1x_2$ 在表中存在，将它变为当前前缀 $P=x_1x_2$。

（9）输入第 8 个字符 $C=x_3$，建立字符串 $P+C=x_1x_2x_3$，$x_1x_2x_3$ 在表中不存在。①在表中加入 $x_1x_2x_3$，并赋于它码字值 9；②将字符串 $x_1x_2x_3$ 的前缀 $x_1x_2$ 码字值 6 输出，并在表中标出；③将 $x_1x_2x_3$ 的扩展字符 $x_3$ 变成当前前缀 $P=x_3$。

（10）输入最后一个字符 $C=x_1$，建立字符串 $P+C=x_3x_1$。$x_3x_1$ 在表中存在，将它变为当前前缀 $P=x_3x_1$。由于不再有字符输入，故将这个前缀的码字值 8 输出。

将表中所有输出的码字值依次记下：“$2\cdot1\cdot1\cdot2\cdot3\cdot6\cdot8$”，这就是“$x_2x_1x_1x_2x_3x_1x_2x_3x_1$”字符串的 LZW 编码。

表 8-3　LZW 编码

| 字符串 | $x_1$ | $x_2$ | $x_3$ | $x_2x_1$ | $x_1x_1$ | $x_1x_2$ | $x_2x_3$ | $x_3x_1$ | $x_1x_2x_3$ | |
|---|---|---|---|---|---|---|---|---|---|---|
| 码字值 | 1 | 2 | 3 | 4 | 5 | 6 | 7 | 8 | 9 | |
| 输出 | | | | 2 | 1 | 1 | 2 | 3 | 6 | 8 |

LZW 编码的解码非常简单，只需在字符串表中查出编码中每个码字值所对应的字符串，再将它们排列起来就行了。在表 8-4 中列出了编码“2·1·1·2·3·6·8”中每个码字值所对应的字符串，将它们排列起来得到“$x_2x_1x_1x_2x_3x_1x_2x_3x_1$”，这就是输入的字符串。

表 8-4　LZW 解码

| LZW 编码 | 2 | 1 | 1 | 2 | 3 | 6 | 8 |
|---|---|---|---|---|---|---|---|
| 字符串 | $x_2$ | $x_1$ | $x_1$ | $x_2$ | $x_3$ | $x_1x_2$ | $x_3x_1$ |

## 8.6　变换编码

前面介绍的图像编码都是在图像的空间域内进行的。下面介绍的变换编码是将图像由空间域变换到其他正交矢量空间内进行的。图像数据在原空间域是大致均匀分布在全空间的，当变换到一个新的空间时，图像的数据有可能比较集中分布在一个窄小的空间内，并且这部分数据代表图像的核心内容。只需要对这一部分数据编码，忽略其他范围内无关紧要的数据，这样做不会对图像造成明显的失真，却可以大大压缩图像。

正交变换编码包含以下四个内容：①将图像分割成几个子图像；②进行正交变换；③将变换系数量化；④对量化后的系数编码。相反的解码过程包含以下三个内容：①解码；②进行正交变换的逆变换；③合并子图像。由于量化是不可逆的，所以在解码过程中没有与量化相应的反过程。

正交变换编码首先要将大小为 $N\times N$ 的图像分割成 $(N/n)^2$ 个大小为 $n\times n$ 的子图像。通常 $n$ 取 8 或 16，然后再将子图像进行正交变换。显然对一个小的图像进行变换要容易得多，并且距离较远的像素之间的相关性比距离近的像素之间的相关性要小。对子图像进行变换就消除了子图像像素之间的相关性。于是，少量的变换系数就可以包含比较多的图像信息。

常用的正交变换有傅里叶变换，余弦变换和哈达玛变换等。对 $n\times n$ 的子图像 $f(x,y)$，离散傅里叶变换及其逆变换公式为

$$F(u,v)=\sum_{x=0}^{n-1}\sum_{y=0}^{n-1}f(x,y)\mathrm{e}^{-\mathrm{j}2\pi(ux+vy)/n},u,v=0,1,\cdots,n-1 \tag{8-22}$$

$$f(x,y)=\frac{1}{n}\sum_{u=0}^{n-1}\sum_{v=0}^{n-1}F(u,v)\mathrm{e}^{\mathrm{j}2\pi(ux+vy)/n},x,y=0,1,\cdots,n-1 \tag{8-23}$$

离散余弦变换及其逆变换公式为

$$F(u,v)=\frac{2}{n}c(u,v)\sum_{x=0}^{n-1}\sum_{y=0}^{n-1}f(x,y)\cos\frac{(2x+1)u\pi}{2n}\cos\frac{(2y+1)v\pi}{2n} \tag{8-24}$$

$$u,v=0,1,\cdots,n-1$$

$$f(x,y)=\frac{2}{n}\sum_{u=0}^{n-1}\sum_{v=0}^{n-1}c(u,v)F(u,v)\cos\frac{(2x+1)u\pi}{2n}\cos\frac{(2y+1)v\pi}{2n} \tag{8-25}$$

$$x,y=0,1,\cdots,n-1$$

$$c(u,v)=\begin{cases}1/2, & u=v=0\\ 1/\sqrt{2}, & uv=0,u\neq v\\ 1, & uv>0\end{cases}$$

离散哈达玛变换及其逆变换公式为

$$F(u,v)=\frac{1}{n}\sum_{x=0}^{n-1}\sum_{y=0}^{n-1}f(x,y)(-1)\sum_{i=0}^{k-1}[b_i(x)b_i(u)+b_i(y)b_i(v)] \tag{8-26}$$

$$u,v=0,1,\cdots,n-1$$

$$f(x,y)=\frac{1}{n}\sum_{u=0}^{n-1}\sum_{v=0}^{n-1}F(u,v)(-1)\sum_{i=0}^{k-1}[b_i(x)b_i(u)+b_i(y)b_i(v)] \tag{8-27}$$

$$x,y=0,1,\cdots,n-1$$

式中，$n=2^k$，$b_i(z)$ 是 $z$ 的二进制表示的第 $i$ 位值（从右向左第 $i$ 位）。如 $k=3$，$n=2^k=8$，$z=6$ 的二进制表示为 $110$，$b_0(6)=0,b_1(6)=1,b_2(6)=1$。

图像经过上述三种变换后的共同特点是：能量 $|F(u,v)|^2$ 主要集中在 $u,v$ 取值小的区域。对变换系数 $F(u,v)$ 处理的方法是：将显示图像信息强的 $F(u,v)$ 保留，将显示图像信息弱的 $F(u,v)$ 去掉。这可以通过下式来表示：

$$\tilde{F}(u,v)=F(u,v)\chi(u,v) \tag{8-28}$$

式中，$\chi(u,v)$ 在 $F(u,v)$ 满足保留条件时取值为 1，不满足时取值为 0。用 $\tilde{F}(u,v)$ 代替 $F(u,v)$，并经量化后记为 $\hat{F}(u,v)$。最后对 $\hat{F}(u,v)$ 编码，这就完成了变换编码的全过程。

下面讨论如何确定保留变换系数 $F(u,v)$ 的条件。通常有两种方法：

（1）区域法，给定一个值 $a$，如果 $u,v$ 满足条件 $\sqrt{u^2+v^2}\leqslant a$，则在此区域 $(u,v)$ 内所有的 $F(u,v)$ 保留，$\chi(u,v)=1$，而在此区域外所有的 $F(u,v)$ 去掉，$\chi(u,v)=0$。

（2）幅值法，给定一个值$b$，凡是幅值$\sqrt{|F(u,v)|^2} \geqslant b$的$F(u,v)$保留，$\chi(u,v)=1$；$\sqrt{|F(u,v)|^2} < b$的$F(u,v)$去掉，$\chi(u,v)=0$。

有一个改进的幅值法，其既考虑了区域的影响，又同量化相结合，它将$\tilde{F}(u,v)=F(u,v)\chi(u,v)$及量化的$\hat{F}(u,v)$统一表示为

$$\hat{F}(u,v)=\text{round}\left[\frac{F(u,v)}{Z(u,v)}\right] \tag{8-29}$$

式中， round 表示按 4 舍 5 入取整数，$Z(u,v)$是矩阵$\boldsymbol{Z}$的元素：

$$\boldsymbol{Z}=\begin{pmatrix} Z(0,0) & Z(0,1) & \cdots & Z(0,n-1) \\ Z(1,0) & Z(1,1) & \cdots & Z(1,n-1) \\ \vdots & \vdots & \vdots & \vdots \\ Z(n-1,0) & Z(n-1,1) & \cdots & Z(n-1,n-1) \end{pmatrix}$$

$Z(u,v)$的值与$u,v$的关系大致是随$u,v$的增大而增大，并且$Z(u,v)$的取值对大多数$F(u,v)$来说，比值$F(u,v)/Z(u,v)<0.5$，因而

$$\hat{F}(u,v)=\text{round}\left[\frac{F(u,v)}{Z(u,v)}\right]=0$$

这表示图像可以得到比较大的压缩。一个典型的$8\times8$ $\boldsymbol{Z}$矩阵为

$$\boldsymbol{Z}=\begin{pmatrix} 16 & 11 & 10 & 16 & 24 & 40 & 51 & 61 \\ 12 & 12 & 14 & 19 & 26 & 58 & 60 & 55 \\ 14 & 13 & 16 & 24 & 40 & 57 & 69 & 56 \\ 14 & 17 & 22 & 29 & 51 & 87 & 80 & 62 \\ 18 & 22 & 37 & 56 & 68 & 109 & 103 & 77 \\ 24 & 35 & 55 & 64 & 81 & 104 & 113 & 92 \\ 49 & 64 & 78 & 87 & 103 & 121 & 120 & 101 \\ 72 & 92 & 95 & 98 & 112 & 100 & 103 & 99 \end{pmatrix} \tag{8-30}$$

在对$\hat{F}(u,v)$进行编码前，要将二维矩阵元素按$Z$字形排列方式重新排列成一维序列。设$\hat{F}(u,v)$是$8\times8$的矩阵，$Z$字形排列方式如式（8-31）所示，式中给出的数字 0123…表示数字所在位置的元素排列的次序。这种排列方式可以将大量 0 元素统一排在序列的后部，而序列的前部主要是非 0 元素，其中只含有少量 0 元素。于是，序列后部的 0 元素可以用行程编码，序列前部的元素可以用变长编码，如霍夫曼编码。

在对所有子图像从左到右，从上到下完成上述变换，量化和编码过程后，就完成了图像压缩的全部过程。

$$\begin{pmatrix} 0 & 1 & 5 & 6 & 14 & 15 & 27 & 28 \\ 2 & 4 & 7 & 13 & 16 & 26 & 29 & 42 \\ 3 & 8 & 12 & 17 & 25 & 30 & 41 & 43 \\ 9 & 11 & 18 & 24 & 31 & 40 & 44 & 53 \\ 10 & 19 & 23 & 32 & 39 & 45 & 52 & 54 \\ 20 & 22 & 33 & 38 & 46 & 51 & 55 & 60 \\ 21 & 34 & 37 & 47 & 50 & 56 & 59 & 61 \\ 35 & 36 & 48 & 49 & 57 & 58 & 62 & 63 \end{pmatrix} \tag{8-31}$$

下面介绍子图像的重建过程，这个过程包括以下 3 个步骤。

（1）对一维序列编码的解码

由变长编码的解码得到序列的前部的非 0 元素，由行程编码的解码得到序列后部的 0 元素。将全部一维序列元素按式（8-31）所示的 $Z$ 字形排列方式，重新恢复成二维矩阵 $\hat{F}(u,v)$。

（2）逆量化

已知 $\hat{F}(u,v)$ 是原图像 $f(x,y)$ 先变换成 $F(u,v)$，再通过量化公式（8-29）

$$\hat{F}(u,v) = \text{round}\left[\frac{F(u,v)}{Z(u,v)}\right]$$

得到的，而上述量化过程是不可逆的。由于不存在式（8-29）的逆过程，所以，不可能由 $\hat{F}(u,v)$ 得到 $F(u,v)$。这里所说的逆量化，是指 $\hat{F}(u,v)$ 乘以 $Z(u,v)$ 得到 $F(u,v)$ 的近似值 $F'(u,v)$。例如，$F(0,1)=48, Z(0,1)=11$，将它们代入式（8-29）得

$$\hat{F}(0,1) = \text{round}\left[\frac{F(0,1)}{Z(0,1)}\right] = \text{round}\left[\frac{48}{11}\right] = \text{round}\,[4.36] = 4$$

由上式的逆量化，得 $F(0,1)=48$ 的近似值：$F'(0,1)=\hat{F}(0,1)\times Z(0,1)=4\times 11=44$。如 $\hat{F}(u,v)=0$，则 $\hat{F}(u,v)$ 乘 $Z(u,v)$ 总是 0。这表示在量化过程中，所有不重要的变换系数 $F(u,v)$ 都已近似地用 0 代替了。

（3）逆变换

对 $F(u,v)$ 的近似值 $F'(u,v)$ 进行逆变换，得到重建的子图像 $f'(x,y)$。

下面通过一个实例来介绍子图像的压缩编码和重建过程。设一个大小为 $8\times 8$ 的子图像 $f(x,y)$ 的矩阵 $\boldsymbol{f}$ 表示为

$$f=\begin{pmatrix}52&55&61&66&70&61&64&73\\63&59&66&90&109&85&69&72\\62&59&68&113&144&104&66&73\\63&58&71&122&154&106&70&69\\67&61&68&104&126&88&68&70\\79&65&60&70&77&68&58&75\\85&71&64&59&55&61&65&83\\87&79&69&68&65&76&78&94\end{pmatrix}$$

该图像的灰度级为$L=8$，为了在变换计算中减少大数值的计算，可以将每个$f(x,y)$都减去同一个数$2^{L-1}=2^7=128$。这样做不改变图像的基本特性。在重建子图像的逆变换计算后，再对矩阵的每个元素都加上128，恢复它应有的面目。每个元素都减去128后的$\boldsymbol{f}$矩阵为

$$f=\begin{pmatrix}-76&-73&-67&-62&-58&-67&-64&-55\\-65&-69&-62&-38&-19&-43&-59&-56\\-66&-69&-60&-15&16&-24&-62&-55\\-65&-70&-57&-6&26&-22&-58&-59\\-61&-67&-60&-24&-2&-40&-60&-58\\-49&-63&-68&-58&-51&-60&-70&-53\\-43&-57&-64&-69&-73&-67&-63&-45\\-41&-49&-59&-60&-63&-52&-50&-34\end{pmatrix}$$

对上式所示$8\times8$的子图像$f(x,y)$进行离散余弦变换。根据变换公式（8-24）：

$$F(u,v)=\frac{2}{n}c(u,v)\sum_{x=0}^{n-1}\sum_{y=0}^{n-1}f(x,y)\cos\frac{(2x+1)u\pi}{2n}\cos\frac{(2y+1)v\pi}{2n}$$

$$u,v=0,1,\cdots,n-1$$

$$c(u,v)=\begin{cases}1/2, & u=v=0\\1/\sqrt{2}, & uv=0,u\neq v\\1, & uv>0\end{cases}$$

$$F(0,0)=\frac{2}{8}\times\frac{1}{2}\sum_{x=0}^{7}\sum_{y=0}^{7}f(x,y)\cos\frac{(2x+1)0\pi}{16}\cos\frac{(2y+1)0\pi}{16}=\frac{1}{8}\sum_{x=0}^{7}\sum_{y=0}^{7}f(x,y)$$

$$=\frac{1}{8}\Bigg[\sum_{x=0}^{7}f(x,0)+\sum_{x=0}^{7}f(x,1)+\sum_{x=0}^{7}f(x,2)+\sum_{x=0}^{7}f(x,3)+$$

$$\sum_{x=0}^{7}f(x,4)+\sum_{x=0}^{7}f(x,5)+\sum_{x=0}^{7}f(x,6)+\sum_{x=0}^{7}f(x,7)\Bigg]$$

$$=\frac{1}{8}[-466-517-497-332-224-375-486-415]=-414$$

$$F(0,1)=\frac{2}{8}\times\frac{1}{\sqrt{2}}\sum_{x=0}^{7}\sum_{y=0}^{7}f(x,y)\cos\frac{(2x+1)0\pi}{16}\cos\frac{(2y+1)\pi}{16}$$

$$=\frac{1}{4\sqrt{2}}\sum_{x=0}^{7}\sum_{y=0}^{7}f(x,y)\cos\frac{(2y+1)\pi}{16}$$

$$=\frac{1}{4\sqrt{2}}\left[\cos\frac{\pi}{16}\sum_{x=0}^{7}f(x,0)+\cos\frac{3\pi}{16}\sum_{x=0}^{7}f(x,1)+\cos\frac{5\pi}{16}\sum_{x=0}^{7}f(x,2)+\right.$$

$$\cos\frac{7\pi}{16}\sum_{x=0}^{7}f(x,3)+\cos\frac{9\pi}{16}\sum_{x=0}^{7}f(0,4)+\cos\frac{11\pi}{16}\sum_{x=0}^{7}f(0,5)+$$

$$\left.\cos\frac{13\pi}{16}\sum_{x=0}^{7}f(0,6)+\cos\frac{15\pi}{16}\sum_{x=0}^{7}f(0,7)\right]$$

$$=\frac{1}{4\sqrt{2}}[0.98078(-466)+0.83107(-517)+0.55557(-497)+0.19509(-332)-$$

$$0.19504(-224)-0.55557(-375)-0.83147(-486)-0.98078(-415)]$$

$$=\frac{1}{4\sqrt{2}}(-164.64)=-29.11$$

计算出所有 64 个变换系数 $F(u,v)$ 后，得到如下所示的 $\boldsymbol{F}$ 矩阵：

$$\boldsymbol{F}=\begin{pmatrix}
-414 & -29.11 & -61.94 & 25.33 & 54.75 & -19.72 & -0.59 & 2.08\\
6.08 & -20.59 & -61.63 & 8.01 & 11.53 & -6.64 & -6.42 & 6.78\\
-46.09 & 7.96 & 76.73 & -25.59 & -29.66 & 10.14 & 6.39 & -4.77\\
-48.91 & 11.77 & 34.31 & -14.23 & -9.86 & 6.19 & 1.34 & 1.50\\
10.75 & -7.63 & -12.45 & -2.04 & -0.50 & 1.37 & -4.58 & 1.52\\
-9.64 & 1.41 & 3.41 & -3.29 & -0.47 & 0.42 & 1.81 & -0.39\\
-2.83 & -1.23 & 1.39 & 0.08 & 0.92 & -3.51 & 1.77 & -2.77\\
-1.25 & -0.71 & -0.49 & -2.69 & -0.09 & -0.40 & -0.91 & 0.41
\end{pmatrix}$$

由上式可以看出，在矩阵的左上角区内的 $F(u,v)$ 取值较大，右下角区内的 $F(u,v)$ 取值较小。利用式（8-29）与式（8-30）对 $F(u,v)$ 量化，可以将数值小的 $F(u,v)$ 变成 0 。例如对 $F(0,0)$ 与 $F(3,4)$ 量化的结果是：

$$\hat{F}(0,0)=\text{round}\left[\frac{F(0,0)}{Z(0,0)}\right]=\text{round}\left[\frac{-414}{16}\right]=\text{round}\,[-25.875]=-26$$

$$\hat{F}(3,4)=\text{round}\left[\frac{F(3,4)}{Z(3,4)}\right]=\text{round}\left[\frac{-9.86}{51}\right]=\text{round}\,[-0.19]=0$$

对所有 $F(u,v)$ 量化后得

$$\widehat{\boldsymbol{F}}=\begin{pmatrix} -26 & -3 & -6 & 2 & 2 & 0 & 0 & 0 \\ 1 & -2 & -4 & 0 & 0 & 0 & 0 & 0 \\ -3 & 1 & 5 & -1 & -1 & 0 & 0 & 0 \\ -3 & 1 & 2 & 0 & 0 & 0 & 0 & 0 \\ 1 & 0 & 0 & 0 & 0 & 0 & 0 & 0 \\ 0 & 0 & 0 & 0 & 0 & 0 & 0 & 0 \\ 0 & 0 & 0 & 0 & 0 & 0 & 0 & 0 \\ 0 & 0 & 0 & 0 & 0 & 0 & 0 & 0 \end{pmatrix}$$

由上式可以看出，经量化后得到大量零值系数。根据零值系数分布情况，如果用式（8-31）的 $Z$ 字形排列方式，将 $\widehat{\boldsymbol{F}}$ 的二维矩阵序列排列成一维系数 $\hat{F}(u,v)$ 序列，则大量的零值系数将统一排在一维序列的后部，而非零系数则排在一维序列的前部，其间只含有少量零值系数。这样做的目的是为了便于编码。经过 $Z$ 字形排列后，变换系数一维序列的前面部分为

$$-26,-3,1,-3,-2,-6,2,-4,1,-3,1,1,5,0,2,0,0,-1,2,0,0,0,0,0,0,-1\text{EOB}$$

其中 EOB 表示序列的前面部分结束。这部分变换系数有 26 个，其中不重复的独立值有10个，用霍夫曼编码对这 26 个值编码。先将10 个独立的元素及它们出现的概率在表 8-5 中列出，并在最后一行给出每个元素的霍夫曼编码。

表 8-5　霍夫曼编码

| 元素 | 0 | −3 | −2 | 1 | −1 | 2 | −26 | −6 | −4 | 5 |
|---|---|---|---|---|---|---|---|---|---|---|
| 概率 | 0.346 | 0.115 | 0.115 | 0.115 | 0.077 | 0.077 | 0.039 | 0.039 | 0.039 | 0.039 |
| 编码 | 00 | 011 | 100 | 101 | 0100 | 0101 | 1100 | 1101 | 1110 | 1111 |

于是

$$-26,-3,1,-3,-2,-6,2,-4,1,-3,1,1,5,0,2,0,0,-1,2,0,0,0,0,0,0,-1$$

的霍夫曼编码是

$$1100,011,101,011,100,1101,0101,1110,101,011,101,101$$
$$1111,00,0101,00,00,0100,0101,00,00,00,00,00,00,0100$$

一维序列的后面部分是38 个0，可以采用行程编码(0,38)。

下面对编码后的子图像进行重建，这包括解码、逆量化和逆变换三个过程。

（1）解码

对霍夫曼编码与行程编码的解码非常简单，由表8-5查出每个编码对应的元素，得到：

$$-26,-3,1,-3,-2,-6,2,-4,1,-3,1,1,5,0,2,0,0,-1,2,0,0,0,0,0,0,-1$$

再在其后加上38个0，就给出了一维变换系数序列。将这个一维序列按照式（8-31）所示的$Z$字形排列方式，重新恢复成二维矩阵$\hat{F}(u,v)$：

$$\hat{\boldsymbol{F}}=\begin{pmatrix}-26 & -3 & -6 & 2 & 2 & 0 & 0 & 0\\ 1 & -2 & -4 & 0 & 0 & 0 & 0 & 0\\ -3 & 1 & 5 & -1 & -1 & 0 & 0 & 0\\ -3 & 1 & 2 & 0 & 0 & 0 & 0 & 0\\ 1 & 0 & 0 & 0 & 0 & 0 & 0 & 0\\ 0 & 0 & 0 & 0 & 0 & 0 & 0 & 0\\ 0 & 0 & 0 & 0 & 0 & 0 & 0 & 0\\ 0 & 0 & 0 & 0 & 0 & 0 & 0 & 0\end{pmatrix}$$

（2）逆量化

$\hat{F}(u,v)$是子图像$f(x,y)$经离散余弦变换成$F(u,v)$后，又通过量化公式

$$\hat{F}(u,v)=\text{round}\left[\frac{F(u,v)}{Z(u,v)}\right]$$

计算后得到的。虽然不能通过上式的逆过程由$\hat{F}(u,v)$求出$F(u,v)$，但是却可以用$\hat{F}(u,v)$乘以$Z(u,v)$得到$\hat{F}(u,v)$的近似值$F'(u,v)$，这就是逆量化过程。例如$\hat{F}(0,0)$与$\hat{F}(0,1)$的逆量化结果是：

$$F'(0,0)=\hat{F}(0,0)Z(0,0)=(-26)(16)=-416\,,\ F'(0,1)=\hat{F}(0,1)Z(0,1)=(-3)(11)=-33$$

对所有$\hat{F}(u,v)$逆量化后，得到$F(u,v)$近似值$F'(u,v)$的矩阵表示：

$$\boldsymbol{F}'=\begin{pmatrix}-416 & -33 & -60 & 22 & 48 & 0 & 0 & 0\\ 22 & -24 & -56 & 0 & 0 & 0 & 0 & 0\\ -42 & 13 & 80 & -24 & -40 & 0 & 0 & 0\\ -42 & 17 & 44 & 0 & 0 & 0 & 0 & 0\\ 18 & 0 & 0 & 0 & 0 & 0 & 0 & 0\\ 0 & 0 & 0 & 0 & 0 & 0 & 0 & 0\\ 0 & 0 & 0 & 0 & 0 & 0 & 0 & 0\\ 0 & 0 & 0 & 0 & 0 & 0 & 0 & 0\end{pmatrix}$$

（3）逆变换

对$F'(u,v)$进行离散余弦逆变换，得到重建的子图像$f'(x,y)$。根据离散余弦逆变换的计算公式（8-25）：

$$f'(x,y)=\frac{2}{n}\sum_{u=0}^{n-1}\sum_{v=0}^{n-1}c(u,v)F'(u,v)\cos\frac{(2x+1)u\pi}{2n}\cos\frac{(2y+1)v\pi}{2n}$$

$$x,y=0,1,\cdots,n-1$$

$$c(u,v)=\begin{cases}1/2, & u=v=0\\ 1/\sqrt{2}, & uv=0,u\neq v\\ 1, & uv>0\end{cases}$$

$$\begin{aligned}
f'(0,0)&=\frac{2}{8}\sum_{u=0}^{7}\sum_{v=0}^{7}c(u,v)F'(u,v)\cos\frac{u\pi}{16}\cos\frac{v\pi}{16}\\
&=\frac{1}{4}\Bigg[c(0,0)F'(0,0)+c(0,1)F'(0,1)\cos\frac{\pi}{16}+c(0,2)F'(0,2)\cos\frac{2\pi}{16}+\\
&\quad c(0,3)F'(0,3)\cos\frac{3\pi}{16}+c(0,1)F'(0,4)\cos\frac{4\pi}{16}+c(1,0)F'(1,0)\cos\frac{\pi}{16}+\\
&\quad c(1,1)F'(1,1)\left(\cos\frac{\pi}{16}\right)^2+c(1,2)F'(1,2)\cos\frac{\pi}{16}\cos\frac{2\pi}{16}+c(2,0)F'(2,0)\cos\frac{2\pi}{16}+\\
&\quad c(2,1)F'(2,1)\cos\frac{2\pi}{16}\cos\frac{\pi}{16}+c(2,2)F'(2,2)\left(\cos\frac{2\pi}{16}\right)^2+\\
&\quad c(2,3)F'(2,3)\cos\frac{2\pi}{16}\cos\frac{3\pi}{16}+c(2,4)F'(2,4)\cos\frac{2\pi}{16}\cos\frac{4\pi}{16}+\\
&\quad c(3,0)F'(3,0)\cos\frac{3\pi}{16}+c(3,1)F'(3,1)\cos\frac{3\pi}{16}\cos\frac{\pi}{16}+\\
&\quad c(3,2)F'(3,2)\cos\frac{3\pi}{16}\cos\frac{2\pi}{16}+c(4,0)F'(4,0)\cos\frac{4\pi}{16}\Bigg]\\
&=\frac{1}{4}\Bigg[\frac{1}{2}(-416)+\frac{1}{\sqrt{2}}(-33)(0.98078)+\frac{1}{\sqrt{2}}(-60)(0.92388)+\frac{1}{\sqrt{2}}(32)(0.83147)+\\
&\quad \frac{1}{\sqrt{2}}(48)(0.7071)+\frac{1}{\sqrt{2}}(12)(0.98078)+(-24)(0.98078)^2+\\
&\quad (-56)(0.98078)(0.92388)+\frac{1}{\sqrt{2}}(-42)(0.92388)+(13)(0.92388)(0.98078)+\\
&\quad (80)(0.92388)^2+(-24)(0.92388)(0.83147)+(-40)(0.92388)(0.7071)+\\
&\quad \frac{1}{\sqrt{2}}(-42)(0.83147)+(17)(0.83147)(0.98078)+(44)(0.83147)(0.92388)+\\
&\quad \frac{1}{\sqrt{2}}(18)(0.7071)\Bigg]\\
&=\frac{1}{4}[-252.75]=-63.19
\end{aligned}$$

上式求和项应该有 $8\times8=64$ 个，这里只给出了17个。这是因为 $F'(u,v)=0$ 的项对计算没有贡献，而 $F'(u,v)\neq0$ 的项有17个。

$$f'(0,1)=\frac{1}{4}\sum_{u=0}^{7}\sum_{v=0}^{7}c(u,v)F'(u,v)\cos\frac{u\pi}{16}\cos\frac{3v\pi}{16}$$

$$=\frac{1}{4}\left[c(0,0)F'(0,0)+c(0,1)F'(0,1)\cos\frac{3\pi}{16}+c(0,2)F'(0,2)\cos\frac{6\pi}{16}+\right.$$

$$c(0,3)F'(0,3)\cos\frac{9\pi}{16}+c(0,4)F'(0,4)\cos\frac{12\pi}{16}+c(1,0)F'(1,0)\cos\frac{\pi}{16}+$$

$$c(1,1)F'(1,1)\cos\frac{\pi}{16}\cos\frac{3\pi}{16}+c(1,2)F'(1,2)\cos\frac{\pi}{16}\cos\frac{6\pi}{16}+c(2,0)F'(2,0)\cos\frac{2\pi}{16}+$$

$$c(2,1)F'(2,1)\cos\frac{2\pi}{16}\cos\frac{3\pi}{16}+c(2,2)F'(2,2)\cos\frac{2\pi}{16}\cos\frac{6\pi}{16}+$$

$$c(2,3)F'(2,3)\cos\frac{2\pi}{16}\cos\frac{9\pi}{16}+c(2,4)F'(2,4)\cos\frac{2\pi}{16}\cos\frac{12\pi}{16}+$$

$$c(3,0)F'(3,0)\cos\frac{3\pi}{16}+c(3,1)F'(3,1)\left(\cos\frac{3\pi}{16}\right)^2+c(3,2)F'(3,2)\cos\frac{3\pi}{16}\cos\frac{6\pi}{16}+$$

$$\left.c(4,0)F'(4,0)\cos\frac{4\pi}{16}\right]$$

$$=\frac{1}{4}\left[\frac{1}{2}(-416)+\frac{1}{\sqrt{2}}(-33)(0.83147)+\frac{1}{\sqrt{2}}(-60)(0.38263)+\frac{1}{\sqrt{2}}(32)(-0.19509)+\right.$$

$$\frac{1}{\sqrt{2}}(48)(-0.7071)+\frac{1}{\sqrt{2}}(12)(0.98078)+(-24)(0.98078)(0.83147)+$$

$$(-56)(0.98078)(0.38268)+\frac{1}{\sqrt{2}}(-42)(0.92388)+(13)(0.92388)(0.83147)+$$

$$(80)(0.92388)(0.38268)+(-24)(0.92388)(-0.19509)+$$

$$(-40)(0.92388)(-0.7071)+\frac{1}{\sqrt{2}}(-42)(0.83147)+(17)(0.83147)^2+$$

$$\left.(44)(0.83147)(0.38268)+\frac{1}{\sqrt{2}}(18)(0.7071)\right]$$

$$=\frac{1}{4}[-252.97]=-63.24$$

对所有 $F'(u,v)$ 都进行离散余弦逆变换后，得到 $f'(x,y)$ 的如下矩阵表示：

$$f=\begin{pmatrix}
-63.19 & -63.24 & -64.42 & -65.35 & -63.20 & -58.44 & -54.58 & -53.21\\
-73.46 & -72.89 & -59.85 & -39.02 & -31.22 & -41.69 & -54.27 & -58.64\\
-75.95 & -79.42 & -53.46 & -7.48 & 7.04 & -21.66 & -52.07 & -60.58\\
-63.68 & -77.87 & -54.23 & 0.59 & 17.86 & -18.51 & -52.93 & -58.04\\
-49.49 & -74.30 & -66.15 & -23.45 & -8.94 & -38.28 & -61.11 & -57.71\\
-43.85 & -69.66 & -76.26 & -55.78 & -47.11 & -61.13 & -67.26 & -57.91\\
-43.00 & -59.09 & -70.36 & -68.65 & -65.39 & -65.13 & -59.82 & -51.00\\
-41.92 & -47.64 & -57.13 & -64.71 & -64.40 & -56.37 & -46.80 & -41.17
\end{pmatrix}$$

这里给出的 $f'(x,y)$ 还不是重建的子图像。因为在原始图像进行离散余弦变换之前，

每个元素 $f(x,y)$ 都减去了一个常数128。现在，在完成离散余弦逆变换之后，必须让每个元素 $f'(x,y)$ 再加上常数128，这样才能使 $f'(x,y)$ 恢复它应有的面目。于是，在加上常数128并取整数后，$\boldsymbol{f}'$ 变为

$$\boldsymbol{f}' = \begin{pmatrix} 65 & 65 & 64 & 63 & 65 & 70 & 73 & 75 \\ 55 & 55 & 68 & 89 & 97 & 86 & 74 & 69 \\ 52 & 49 & 75 & 121 & 135 & 106 & 76 & 67 \\ 64 & 50 & 74 & 129 & 146 & 109 & 75 & 70 \\ 79 & 54 & 62 & 105 & 119 & 90 & 67 & 70 \\ 84 & 58 & 52 & 72 & 81 & 67 & 61 & 70 \\ 85 & 69 & 58 & 59 & 63 & 63 & 68 & 77 \\ 86 & 80 & 71 & 63 & 64 & 72 & 81 & 87 \end{pmatrix}$$

这就是重建的子图像。这同原始的子图像：

$$\boldsymbol{f} = \begin{pmatrix} 52 & 55 & 61 & 66 & 70 & 61 & 64 & 73 \\ 63 & 59 & 66 & 90 & 109 & 85 & 69 & 72 \\ 62 & 59 & 68 & 113 & 144 & 104 & 66 & 73 \\ 63 & 58 & 71 & 122 & 154 & 106 & 70 & 69 \\ 67 & 61 & 68 & 104 & 126 & 88 & 68 & 70 \\ 79 & 65 & 60 & 70 & 77 & 68 & 58 & 75 \\ 85 & 71 & 64 & 59 & 55 & 61 & 65 & 83 \\ 87 & 79 & 69 & 68 & 65 & 76 & 78 & 94 \end{pmatrix}$$

是有差别的。令 $f'(x,y)$ 与 $f(x,y)$ 之差为 $\Delta f = f'(x,y) - f(x,y)$，便有：

$$\Delta\boldsymbol{f} = \begin{pmatrix} 13 & 10 & 3 & -3 & -5 & 9 & 9 & 2 \\ -8 & -4 & 2 & -1 & -12 & 1 & 5 & -5 \\ -10 & -10 & 7 & 8 & -9 & 2 & 10 & -6 \\ 1 & -8 & 3 & 7 & -8 & 3 & 5 & 1 \\ 12 & -7 & -6 & 1 & -7 & 2 & -1 & 0 \\ 5 & -7 & -8 & 2 & 4 & -1 & 3 & -5 \\ 0 & -2 & -6 & 0 & 8 & 2 & 3 & -6 \\ -1 & 1 & 2 & -5 & -1 & -4 & 3 & -7 \end{pmatrix}$$

由上式可以看出，误差范围为−10～13 灰度级，均方根误差为5.93 灰度级。

在变换编码与解码的程序中，要用到以下几个特殊的块操作函数。

（1）blkproc 函数

这个函数将每个显示块从图像中提取出来，并将它作为参数传递给用户函数。另外，这个函数还将用户函数返回的显示块进行组合，生成最后的输出图像。这个

函数的表达式为

B=blkproc(A,[m,n],fun);

它将大小为$m \times n$的子图像块A应用函数fun进行处理。fun函数的具体形式为

y=fun(x);

它可以是包含函数名的字符串，也可以是带表达式的字符串。

（2）im2col 函数

这个函数的功能是将子图像块排列成向量。它的表达式为

B=im2col(A,[m,n],'block-type');

它将图像的每个大小为$m \times n$的子图像块 A 转换为一列重新组合成的矩阵 B。block-type 指定排列方式。当 block-type 指定为 distinct 时，子图像块不重叠。当 block-type 指定为 sliding 时，子图像块滑动。

（3）col2im 函数

这个函数的功能是将向量重新排列成子图像块。它的表达式为

B=col2im(A,[m,n],[M,N], 'block-type');

它将向量A重新排列成$m \times n$的子图像块B。[M,N]为原始图像的大小。当block-type指定为distinct时，子图像块不重叠。当block-type指定为sliding时，子图像块滑动。

［示例 8-8］对一幅大小为$600 \times 600$像素的灰度图像通过傅里叶变换实现图像数据的压缩。首先将图像分割成$(600/8)^2 = 5625$个$8 \times 8$的子图像。然后对每个子图像进行 FFT（快速傅里叶变换）。于是，每个子图像得到$8 \times 8 = 64$个傅里叶变换系数。按照每个系数的方差大小来排序。舍弃小的系数以实现图像数据的压缩。在以下程序中，先保留 32 个系数，实现2:1的数据压缩（压缩比 cr=0.5）。然后再分别保留 16 个系数与 8 个系数（cr=0.25 与 0.125），观察这三种情况下的压缩图像。

```
I1=imread('8-8a.tif');
I1=rgb2gray(I1);
cr=0.5;                                    % 确定压缩比 cr=0.5
I1=double(I1)/255;                         % 将 I1 转换为双精度类型并归一化
fftcod=blkproc(I1,[8,8],'fft2(x)');        % 将图像分割成 8×8 的子图像并进行 FFT
coevar=im2col(fftcod,[8,8],'distinct');
coe=coevar;
[y,ind]=sort(coevar);
[m,n]=size(coevar);
snum=64-64*cr;                             % 根据压缩比确定要变 0 的系数的个数
for i=1:n
```

```
coe(ind(1:snum),i)=0;                          % 将最小的 snum 个变换系数变成 0
end
B2=col2im(coe,[8,8],[600,600],'distinct');     % 重新排列系数矩阵
I2=blkproc(B2,[8,8],'ifft2(x)');               % 对留下的变换系数进行 FFT 逆变换
subplot(1,2,1),imshow(I1);                     % 显示原始图像
subplot(1,2,2),imshow(I2);                     % 显示压缩图像
e=double(I1)-double(I2);                       % 计算均方根误差 erms
[m,n]=size(e);
erms=sqrt(sum(e(:).^2)/(m*n))
```

程序运行后，输出图像如图 8-8 所示。图中显示了压缩比 cr 分别为 0.5、0.25 与 0.125 时的 3 幅压缩图像。可以看出，即使压缩比大到 8∶1（cr=0.125，只保留 $64\times0.125=8$ 个系数），压缩图像同原始图像的差别也不大。上述程序算出 cr=0.5、0.25 与 0.125 时的 3 幅压缩图像的均方根误差分别为 0.0111、0.0231 与 0.0381。

（a）原始图像

（b）压缩图像（压缩比 cr=0.5）

（c）压缩图像（压缩比 cr=0.25）

（d）压缩图像（压缩比 cr=0.125）

图 8-8　FFT 编码压缩图像

[示例 8-9] 对一幅大小为$512\times512$像素的灰度图像通过离散余弦变换(DCT)实现图像数据的压缩。首先将图像分割成$(512/8)^2=4096$个$8\times8$的子图像，然后对每个子图像进行离散余弦变换。于是，每个子图像得到$8\times8=64$个变换系数。按照每个系数的方差大小来排序，舍弃小的系数以实现图像数据的压缩。在以下程序中，先保留 32 个系数，实现 2∶1 的数据压缩（压缩比 cr=0.5）。然后再分别保留 16 个系数与 8 个系数（cr=0.25 与 0,125），观察这三种情况下的压缩图像。

```
I=imread('8-9a.tif');
I=rgb2gray(I);
cr=0.125;                                   % 确定压缩比 cr=0.125
I=double(I)/255;                            % 将 I 转换为双精度类型并归一化
dctcod=blkproc(I,[8,8],'dct2(x)');          % 将图像分割成 8×8 的子图像并进行 DCT
coevar=im2col(dctcod,[8,8],'distinct');
coe=coevar;
[y,ind]=sort(coevar);
[m,n]=size(coevar);
snum=64-64*cr;                              % 根据压缩比确定要变 0 的系数的个数
for i=1: n
coe(ind(1:snum),i)=0;                       % 将最小的 snum 个变换系数变成 0
end
B2=col2im(coe,[8,8],[512,512],'distinct');  % 重新排列系数矩阵
I2=blkproc(B2,[8,8],'idct2(x)');            % 对留下的变换系数进行 DCT 逆变换
subplot(1,2,1),imshow(I);                   % 显示原始图像
subplot(1,2,2),imshow(I2);                  % 显示压缩图像
e=double(I)-double(I2);                     % 计算均方根误差（erms）
[m,n]=size(e);
erms=sqrt(sum(e(:).^2)/(m*n))
```

程序运行后，输出图像如图 8-9 所示。图中显示了压缩比 cr 分别为 0.5、0.25 与 0.125 时的 3 幅压缩图像。可以看出，即使压缩比大到 8∶1（cr=0.125，只保留$64\times0.125=8$个系数），压缩图像同原始图像的差别也不大。上述程序算出 cr=0.5、0.25 与 0.125 时的 3 幅压缩图像的均方根误差分别为 0.0343、0.0409 与 0.0436。

（a）原始图像

（b）压缩图像（压缩比 cr=0.5）

（c）压缩图像（压缩比 cr=0.25）

（d）压缩图像（压缩比 cr=0.125）

图 8-9　DCT 编码压缩图像

# 第 9 章　小波变换

一个随时间 $x$ 变化的电信号 $f(x)$ 经傅里叶变换后得到一个频率的概率分布——频谱，而时间 $x$ 的信息却丢失了。小波变换则不同，$f(x)$ 经小波变换后得到一系列用整数 $j$ 与整数 $k$ 标记的系数，$j$ 同频率有关，$k$ 同时间有关。$j$ 取相同值，$k$ 取不同值的系数的绝对值平方，显示某一频率分布随时间变化的规律。小波变换在图像压缩与传输方面获得了重要应用，是近期发展起来的一种新方法，目前越来越受到人们的重视。

## 9.1　尺度函数

考虑一个平方可积的实函数 $\varphi(x)$：

$$\int_{-\infty}^{\infty}|\varphi(x)|^2\,\mathrm{d}x < C \text{（常数）}$$

要求它只在 $x$ 的一个小区间内不为 0，而在其他范围内全为 0。一个符合上述要求的最简单的 $\varphi(x)$ 是如图 9-1 所示的哈尔函数：

$$\varphi(x)=\begin{cases}1, & 0\leqslant x<1\\ 0, & x<0, x\geqslant 1\end{cases} \tag{9-1}$$

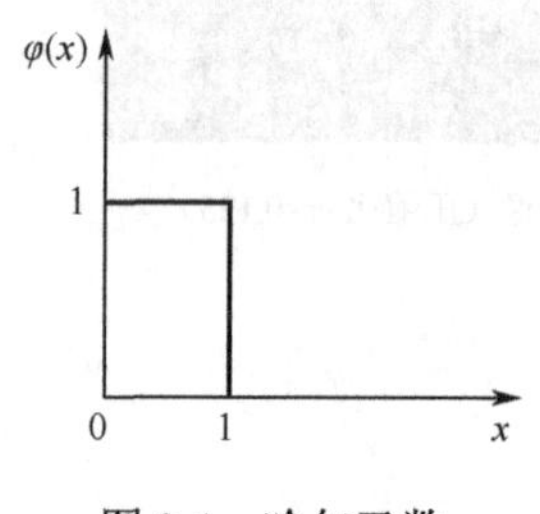

图 9-1　哈尔函数

$\varphi(x)$ 还可以是其他的函数。利用给定的 $\varphi(x)$，可以构造出如下一系列函数：

$$\varphi_{j,k}(x)=2^{j/2}\varphi(2^j x-k) \tag{9-2}$$

式中 $j,k$ 取任意整数。这一系列函数 $\{\varphi_{j,k}(x)\}$ 叫作尺度函数，$\varphi(x)$ 叫作尺度函数的基函数。图 9-2 给出了由哈尔函数(9-1)构造出的 9 个尺度函数 $\varphi_{j,k}(x)$ $(j,k=0,1,2)$，它们是：

$$\varphi_{0,0}(x)=\varphi(x)，\quad \varphi_{0,1}(x)=\varphi(x-1)，\quad \varphi_{0,2}(x)=\varphi(x-2)$$

$$\varphi_{1,0}(x)=\sqrt{2}\varphi(2x)，\quad \varphi_{1,1}(x)=\sqrt{2}\varphi(2x-1)，\quad \varphi_{1,2}(x)=\sqrt{2}\varphi(2x-2)$$

$$\varphi_{2,0}(x)=2\varphi(4x)，\quad \varphi_{2,1}(x)=2\varphi(4x-1)，\quad \varphi_{2,2}(x)=\varphi(4x-2)$$

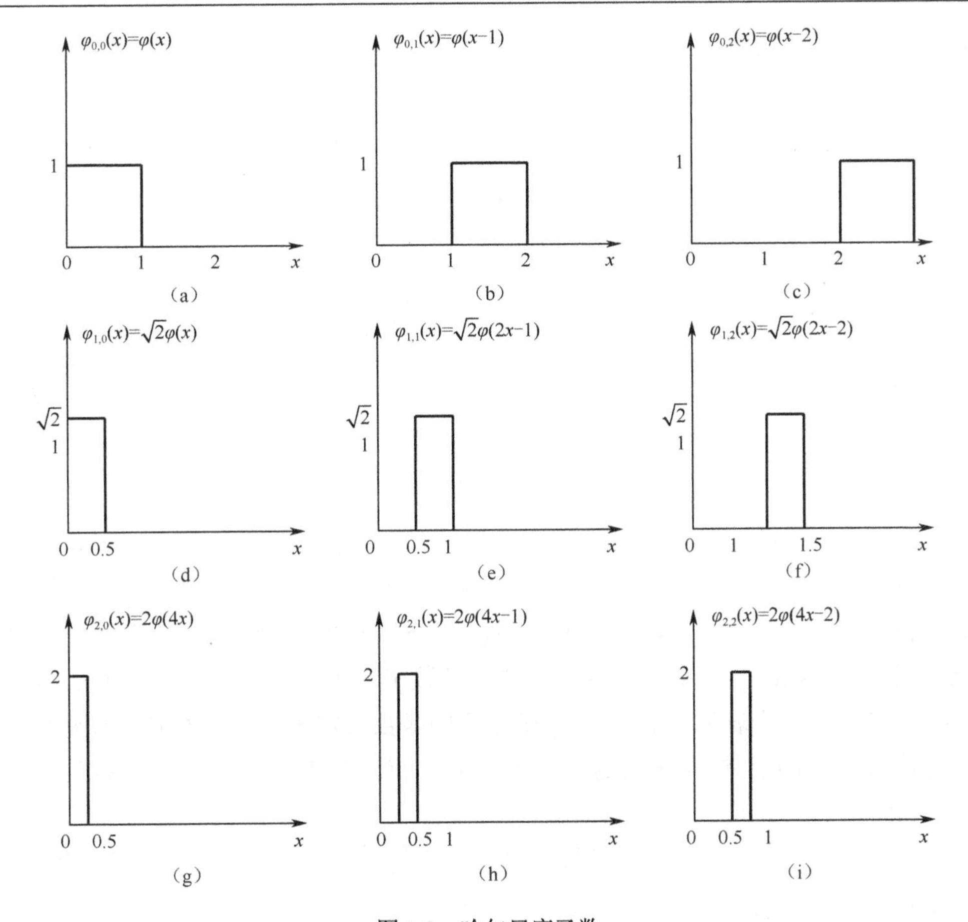


图 9-2　哈尔尺度函数

由图 9-2 可以看出，$j$ 值决定 $\varphi_{j,k}(x)$ 的形状和幅值，$j$ 值愈大，$\varphi_{j,k}(x)$ 的分布宽度愈小，幅值愈大；$k$ 值决定 $\varphi_{j,k}(x)$ 在 $x$ 轴上的位置。由

$$\varphi_{j,k}(x)=2^{j/2}\varphi(2^j x-k)=2^{j/2}\varphi\left(2^j\left(x-\frac{k}{2^j}\right)\right) \tag{9-3}$$

可以看出，$\varphi_{j,0}(x)$ 沿 $x$ 轴正方向移动 $k/2^j$ 距离就成为 $\varphi_{j,k}(x)$。

令 $L^2(R)$ 表示所有平方可积实函数的集合——平方可积函数空间。如果 $j$ 取确定值 $j_0$，不同 $k$ 的 $\varphi_{j_0,k}(x)$ 集合构成 $L^2(R)$ 的一个子空间：

$$V_{j_0}\equiv\overline{\{\varphi_{j_0,k}(x),k=\cdots\}} \tag{9-4}$$

式中，$k=\cdots$ 表示 $k$ 取遍所有可能整数值，上标横线表示 $\{\varphi_{j_0,k}(x),k=\cdots\}$ 所张的空间。对于 $f(x)\in V_{j_0}$，便有

$$f(x)=\sum_k a(j_0,k)\varphi_{j_0,k}(x) \tag{9-5}$$

式中，$a(j_0,k)$为常数。上式表示，子空间$V_{j_0}$中的任一函数$f(x)$都可以表示为不同$k$的$\varphi_{j_0,k}(x)$的线性组合。$\{\varphi_{j_0,k}(x),k=\cdots\}$是子空间$V_{j_0}$的基。

由图 9-2 可以看出，$j$值小的尺度函数可以用$j$值大的尺度函数表示为

$$\varphi_{j,k}(x)=\sum_{n}\alpha(k,n)\varphi_{j+1,n}(x) \tag{9-6}$$

如

$$\begin{aligned}\varphi_{0,0}(x)&=\frac{1}{\sqrt{2}}\varphi_{1,0}(x)+\frac{1}{\sqrt{2}}\varphi_{1,1}(x)\\ \varphi_{1,0}(x)&=\frac{1}{\sqrt{2}}\varphi_{2,0}(x)+\frac{1}{\sqrt{2}}\varphi_{2,1}(x)\\ \varphi_{1,1}(x)&=\frac{1}{\sqrt{2}}\varphi_{2,1}(x)+\frac{1}{\sqrt{2}}\varphi_{2,2}(x)\end{aligned} \tag{9-7}$$

$\varphi_{j,k}(x)$可以用不同$n$的$\varphi_{j+1,n}(x)$的线性组合表示，反之则不能。这是显然的，因为一个粗糙的函数可以用几个精细的函数组合来表示，精细的函数是不可能用粗糙函数来表示的。既然$\varphi_{j_0,k}(x)$可以用不同$n$的$\varphi_{j_0+1,n}(x)$的线性组合表示，则子空间$V_{j_0}$中原本用$V_{j_0}$的基$\{\varphi_{j_0,k}(x),k=\cdots\}$表示的任一函数$f(x)$也都可以用子空间$V_{j_0+1}$的基$\{\varphi_{j_0+1,k}(x),k=\cdots\}$来表示。这说明$V_{j_0}$子空间的函数必定也是$V_{j_0+1}$子空间的函数。$V_{j_0+1}$是比$V_{j_0}$大的子空间，$V_{j_0+1}$包含了$V_{j_0}$，$V_{j_0}$被嵌套在$V_{j_0+1}$中。对于$L^2(R)$的一系列子空间$V_0,V_1,\cdots$，$V_{j_0},V_{j_0+1},\cdots$，便有

$$V_0\subset V_1\subset\cdots\subset V_{j_0}\subset V_{j_0+1}\subset\cdots \tag{9-8}$$

图 9-3 表示了上述关系。

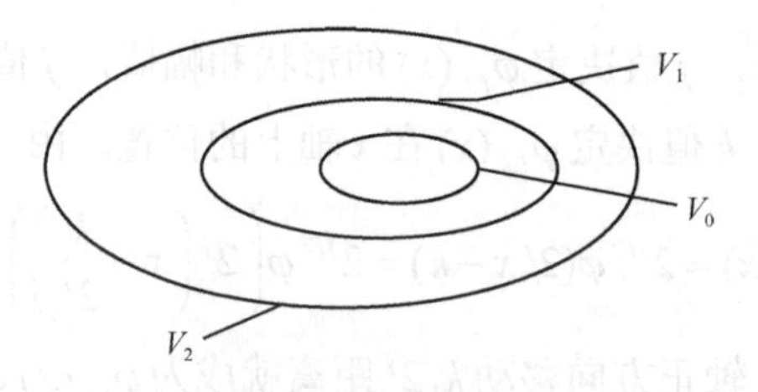


图 9-3　尺度函数跨越的嵌套函数空间

当$j\to\infty$时，$\varphi_{j,k}(x)$是非常精细的函数，它可以用来描述$L^2(R)$中的任意函数。因此$V_\infty$就是$L^2(R)$空间。

尺度函数$\varphi_{j,k}(x)$有以下性质。

（1）归一性

$\varphi_{j,k}(x)$满足归一化条件

$$\int_{-\infty}^{\infty}\left|\varphi_{j,k}(x)\right|^{2}\mathrm{d}x=\int_{-\infty}^{\infty}\varphi_{j,k}^{2}(x)\mathrm{d}x=1 \tag{9-9}$$

由于$\varphi_{j,k}(x)$是实函数，$\left|\varphi_{j,k}(x)\right|^{2}=\varphi_{j,k}^{*}(x)\varphi_{j,k}(x)=\varphi_{j,k}^{2}(x)$。式（9-2）中的常数$2^{j/2}$就是为$\varphi_{j,k}(x)$满足归一化条件而设置的。

（2）正交性

$j$值相同，$k$值不同的$\varphi_{j,k}(x)$满足正交条件：

$$\left\langle\varphi_{j,k}(x),\varphi_{j,l}(x)\right\rangle\equiv\int_{-\infty}^{\infty}\varphi_{j,k}^{*}(x)\varphi_{j,l}(x)\mathrm{d}x=\int_{-\infty}^{\infty}\varphi_{j,k}(x)\varphi_{j,l}(x)\mathrm{d}x=0 \tag{9-10}$$

上式左边的定义式表示函数$\varphi_{j,k}(x)$与$\varphi_{j,l}(x)$的内积，由于$\varphi_{j,k}(x)$是实函数，故有$\varphi_{j,k}^{*}(x)=\varphi_{j,k}(x)$。当两个函数的内积为 0 时，就称这两个函数正交。当$k\neq l$时，$\varphi_{j,k}(x)$与$\varphi_{j,l}(x)$一定正交，这个结果可以从图 9-2 看出。$j$值相同$k$值不同的$\varphi_{j,k}(x)$是相互分离的，它们不存在不为 0 的共同$x$区间，这样的两个函数相乘的积分自然为 0。利用$\varphi_{j,k}(x)$与$\varphi_{j,l}(x)$内积的公式（9-10），可以将以上两个性质统一表示为如下的正交归一公式：

$$\left\langle\varphi_{j,k}(x),\varphi_{j,l}(x)\right\rangle=\int_{-\infty}^{\infty}\varphi_{j,k}(x)\varphi_{j,l}(x)\mathrm{d}x=\delta_{kl}=\begin{cases}1,k=l\\0,k\neq l\end{cases} \tag{9-11}$$

（3）$j$值不同的$\varphi_{j,k}(x)$不一定具有正交性

由图 9-2 可以看出，$\varphi_{0,0}(x)$与$\varphi_{1,0}(x)$与$\varphi_{1,1}(x)$存在取值$\geqslant 0$的共同$x$区间，因此

$$\left\langle\varphi_{0,0}(x),\varphi_{1,0}(x)\right\rangle\neq 0\text{，}\left\langle\varphi_{0,0}(x),\varphi_{1,1}(x)\right\rangle\neq 0$$

$\varphi_{0,0}(x)$同$\varphi_{1,2}(x)$是分离的，它们是正交的

$$\left\langle\varphi_{0,0}(x),\varphi_{1,2}(x)\right\rangle=0$$

（4）$j$值小的$\varphi_{j,k}(x)$可以用$j$值大的$\varphi_{j,k}(x)$表示

这正如式（9-6）所示：

$$\varphi_{j,k}(x)=\sum_{n}\alpha(k,n)\varphi_{j+1,n}(x)$$

将

$$\varphi_{j+1,n}(x)=2^{(j+1)/2}\varphi(2^{j+1}x-n)$$

代入上式，

$$\varphi_{j,k}(x)=\sum_{n}\alpha(k,n)2^{(j+1)/2}\varphi(2^{j+1}x-n) \tag{9-12}$$

在上式中令$j=0,k=0$，

$$\varphi_{0,0}(x)=\sum_{n}\alpha(0,n)\sqrt{2}\varphi(2x-n) \tag{9-13}$$

以哈尔函数为例，

$$\begin{aligned}\varphi_{0,0}(x)=\varphi(x)&=\frac{1}{\sqrt{2}}\varphi_{1,0}(x)+\frac{1}{\sqrt{2}}\varphi_{1,1}(x)=\frac{1}{\sqrt{2}}\sqrt{2}\varphi(2x)+\frac{1}{\sqrt{2}}\sqrt{2}\varphi(2x-1)\\&=\varphi(2x)+\varphi(2x-1)\end{aligned} \tag{9-14}$$

在式（9-13）中，令 $\alpha(0,0)=1/\sqrt{2}$，$\alpha(0,1)=1/\sqrt{2}$，其他 $\alpha(0,n)=0$ 就得到式（9-14）。

## 9.2 小波函数

考虑 $L^2(R)$ 的一系列子空间

$$\begin{aligned}V_0&=\overline{\{\varphi_{0,k}(x),k=\cdots\}}\\V_1&=\overline{\{\varphi_{1,k}(x),k=\cdots\}}\\V_2&=\overline{\{\varphi_{2,k}(x),k=\cdots\}}\\&\vdots\end{aligned} \tag{9-15}$$

$$V_0\subset V_1\subset V_2\subset\cdots \tag{9-16}$$

已知 $V_0$ 被嵌套在 $V_1$ 中，$V_0$ 是 $V_1$ 的一部分，我们把 $V_1$ 中去除 $V_0$ 后的剩余子空间记为 $W_0$，便有

$$V_1=V_0\oplus W_0 \tag{9-17}$$

式中，$\oplus$ 表示空间的并集。类似地，依次将 $V_2$ 中去除 $V_1$ 后的剩余子空间记为 $W_1$，$V_3$ 中去除 $V_2$ 后的剩余子空间记为 $W_2,\cdots$，便有

$$V_2=V_1\oplus W_1=V_0\oplus W_0\oplus W_1 \tag{9-18}$$

$$V_3=V_2\oplus W_2=V_0\oplus W_0\oplus W_1\oplus W_2 \tag{9-19}$$

$$\vdots$$

$$V_{j+1}=V_j\oplus W_j=V_0\oplus W_0\oplus W_1\oplus W_2\oplus\cdots\oplus W_j \tag{9-20}$$

其中 $W_j$ 是将 $V_{j+1}$ 中去除 $V_j$ 后的剩余子空间。图 9-4 给出了上述情况。

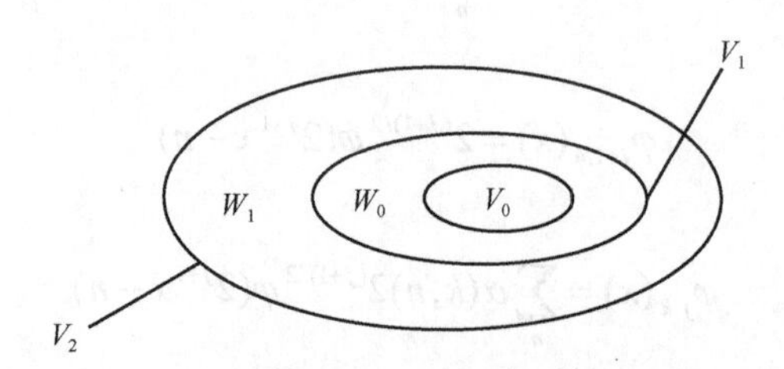


图 9-4　尺度函数与小波函数空间之间的关系

已知 $V_j$ 的基为 $\{\varphi_{j,k}(x),k=\cdots\}$，设 $W_j$ 的基为 $\{\psi_{j,k}(x),k=\cdots\}$。对于 $f(x)\in V_{j+1}$，便有：

$$f(x)=\sum_{k}a_k\varphi_{j,k}(x)+\sum_{k}b_k\psi_{j,k}(x) \tag{9-21}$$

式中，$a_k$ 与 $b_k$ 为叠加系数。$V_j$ 与 $W_j$ 是 $V_{j+1}$ 的两个组成部分，它们的基 $\varphi_{j,k}(x)$ 与 $\psi_{j,k}(x)$ 都可以用 $V_{j+1}$ 的基 $\varphi_{j+1,n}(x)$ 表示为

$$\varphi_{j,k}(x)=\sum_{n}\alpha(k,n)\varphi_{j+1,n}(x) \tag{9-22}$$

$$\psi_{j,k}(x)=\sum_{n}\beta(k,n)\varphi_{j+1,n}(x) \tag{9-23}$$

已知尺度函数 $\varphi_{j,k}(x)$ 是由它的基函数 $\varphi(x)$ 按如下方式构造出来的：

$$\varphi_{j,k}(x)=2^{j/2}\varphi(2^j x-k) \tag{9-24}$$

与 $\varphi_{j,k}(x)$ 处于相同地位的 $\psi_{j,k}(x)$ 也应该由它的基函数 $\psi(x)$ 按同样的方式构造出来：

$$\psi_{j,k}(x)=2^{j/2}\psi(2^j x-k) \tag{9-25}$$

并且 $\psi_{j,k}(x)$ 同 $\varphi_{j,k}(x)$ 一样，都满足正交归一条件：

$$\left\langle\varphi_{j,k}(x),\varphi_{j,l}(x)\right\rangle=\int_{-\infty}^{\infty}\varphi_{j,k}(x)\varphi_{j,l}(x)\mathrm{d}x=\delta_{kl} \tag{9-26}$$

$$\left\langle\psi_{j,k}(x),\psi_{j,l}(x)\right\rangle=\int_{-\infty}^{\infty}\psi_{j,k}(x)\psi_{j,l}(x)\mathrm{d}x=\delta_{kl} \tag{9-27}$$

现在，进一步要求 $\psi_{j,k}(x)$ 同 $\varphi_{j,k}(x)$ 满足正交条件：

$$\left\langle\psi_{j,k}(x),\varphi_{j,l}(x)\right\rangle=\int_{-\infty}^{\infty}\psi_{j,k}(x),\varphi_{j,l}(x)\mathrm{d}x=0 \tag{9-28}$$

其中 $j,k,l$ 取任意整数。把按上述要求引入的函数 $\psi_{j,k}(x)$ 叫作小波函数。在已知尺度函数 $\varphi_{j,k}(x)$ 的基函数 $\varphi(x)$ 条件下，可以利用正交条件式（9-28）与小波函数 $\psi_{j,k}(x)$ 的归一化条件求出它的基函数 $\psi(x)$。在式（9-22）与式（9-23）中，令 $j=0$ 与 $k=0$，得

$$\varphi_{0,0}(x)=\varphi(x)=\sum_{n}\alpha(0,n)\varphi_{1,n}(x) \tag{9-29}$$

$$\psi_{0,0}(x)=\psi(x)=\sum_{n}\beta(0,n)\varphi_{1,n}(x) \tag{6-30}$$

现在取尺度函数 $\varphi_{j,k}(x)$ 的基函数 $\varphi(x)$ 为哈尔函数：

$$\varphi(x)=\begin{cases}1, & 0\leqslant x<1\\ 0, & x<0,x\geqslant 1\end{cases} \tag{9-31}$$

这时式（9-29）就是已知的式（9-7）：

$$\varphi_{0,0}(x)=\varphi(x)=\frac{1}{\sqrt{2}}\varphi_{1,0}(x)+\frac{1}{\sqrt{2}}\varphi_{1,1}(x) \tag{9-32}$$

在式（9-29）中令 $\alpha(0,0)=1/\sqrt{2}$，$\alpha(0,1)=1/\sqrt{2}$，其他 $\alpha(0,n)=0$ 就得到上式。假定在式（9-30）中，$\psi_{0,0}(x)$ 也是由 $\varphi_{1,0}(x)$ 与 $\varphi_{1,1}(x)$ 两个函数组成的，只是它们的系数是未知的。为了简化，将这两个系数改用 $a$ 与 $b$ 表示：

$$\psi_{0,0}(x)=\psi(x)=a\varphi_{1,0}(x)+b\varphi_{1,1}(x) \tag{9-33}$$

将式（9-32）与式（9-33）代入正交公式（9-28）

$$\left\langle \psi_{0,0}(x),\varphi_{0,0}(x)\right\rangle=\int_{-\infty}^{\infty}\psi_{0,0}(x)\varphi_{0,0}(x)\mathrm{d}x=0$$

中，

$$\int_{-\infty}^{\infty}[a\varphi_{1,0}(x)+b\varphi_{1,1}(x)]\left[\frac{1}{\sqrt{2}}\varphi_{1,0}(x)+\frac{1}{\sqrt{2}}\varphi_{1,1}(x)\right]\mathrm{d}x$$

$$=\frac{a}{\sqrt{2}}\int_{-\infty}^{\infty}\varphi_{1,0}^2(x)\mathrm{d}x+\frac{b}{\sqrt{2}}\int_{-\infty}^{\infty}\varphi_{1,1}^2(x)\mathrm{d}x+\frac{a+b}{\sqrt{2}}\int_{-\infty}^{\infty}\varphi_{1,0}(x)\varphi_{1,1}(x)\mathrm{d}x=0 \tag{9-34}$$

已知 $\varphi_{j,k}(x)$ 满足正交归一条件：

$$\int_{-\infty}^{\infty}\varphi_{1,0}^2(x)\mathrm{d}x=1,\int_{-\infty}^{\infty}\varphi_{1,1}^2(x)\mathrm{d}x=1,\int_{-\infty}^{\infty}\varphi_{1,0}(x)\varphi_{1,1}(x)\mathrm{d}x=0 \tag{9-35}$$

将式（9-35）代入式（9-34），得

$$a+b=0 \tag{9-36}$$

再由 $\psi_{0,0}(x)$ 的归一化条件，得

$$1=\int_{-\infty}^{\infty}\psi_{0,0}^2(x)\mathrm{d}x=\int_{-\infty}^{\infty}[a\varphi_{1,0}(x)+b\varphi_{1,1}(x)]^2\mathrm{d}x$$

$$=a^2\int_{-\infty}^{\infty}\varphi_{1,0}^2(x)\mathrm{d}x+b^2\int_{-\infty}^{\infty}\varphi_{1,1}^2(x)\mathrm{d}x+ab\int_{-\infty}^{\infty}\varphi_{1,0}(x)\varphi_{1,1}(x)\mathrm{d}x$$

将式（9-35）代入，得

$$a^2+b^2=1 \tag{9-37}$$

由式（9-36）与式（9-38）解得 $a=1/\sqrt{2},b=-1/\sqrt{2}$ 。于是

$$\psi(x)=\frac{1}{\sqrt{2}}\varphi_{1,0}(x)-\frac{1}{\sqrt{2}}\varphi_{1,1}(x)$$

$$=\frac{1}{\sqrt{2}}\times\sqrt{2}\varphi(2x)-\frac{1}{\sqrt{2}}\times\sqrt{2}\varphi(2x-1)$$

$$=\varphi(2x)-\varphi(2x-1) \tag{9-38}$$

将 $\varphi(x)$ 的表示式（9-31）代入，得

$$\psi(x)=\begin{cases}1, & 0\leqslant x<0.5\\ -1, & 0.5\leqslant x<1\\ 0, & x<0,x\geqslant 1\end{cases} \tag{9-39}$$

这就是哈尔小波函数的基函数。由 $\psi(x)$ 可以按下式

$$\psi_{j,k}(x)=2^{j/2}\psi(2^j x-k)$$

构造出一系列哈尔小波函数。图 9-5 给出了由式（9-39）构造出的 6 个哈尔小波函数：

$$\psi_{0,0}(x)=\psi(x)\text{，}\ \psi_{0,1}(x)=\psi(x-1)$$

$$\psi_{1,0}(x)=\sqrt{2}\psi(2x)\,,\quad \psi_{1,1}(x)=\sqrt{2}\psi(2x-1) \tag{9-40}$$
$$\psi_{2,0}(x)=2\psi(4x)\,,\quad \psi_{2,1}(x)=2\psi(4x-1)$$

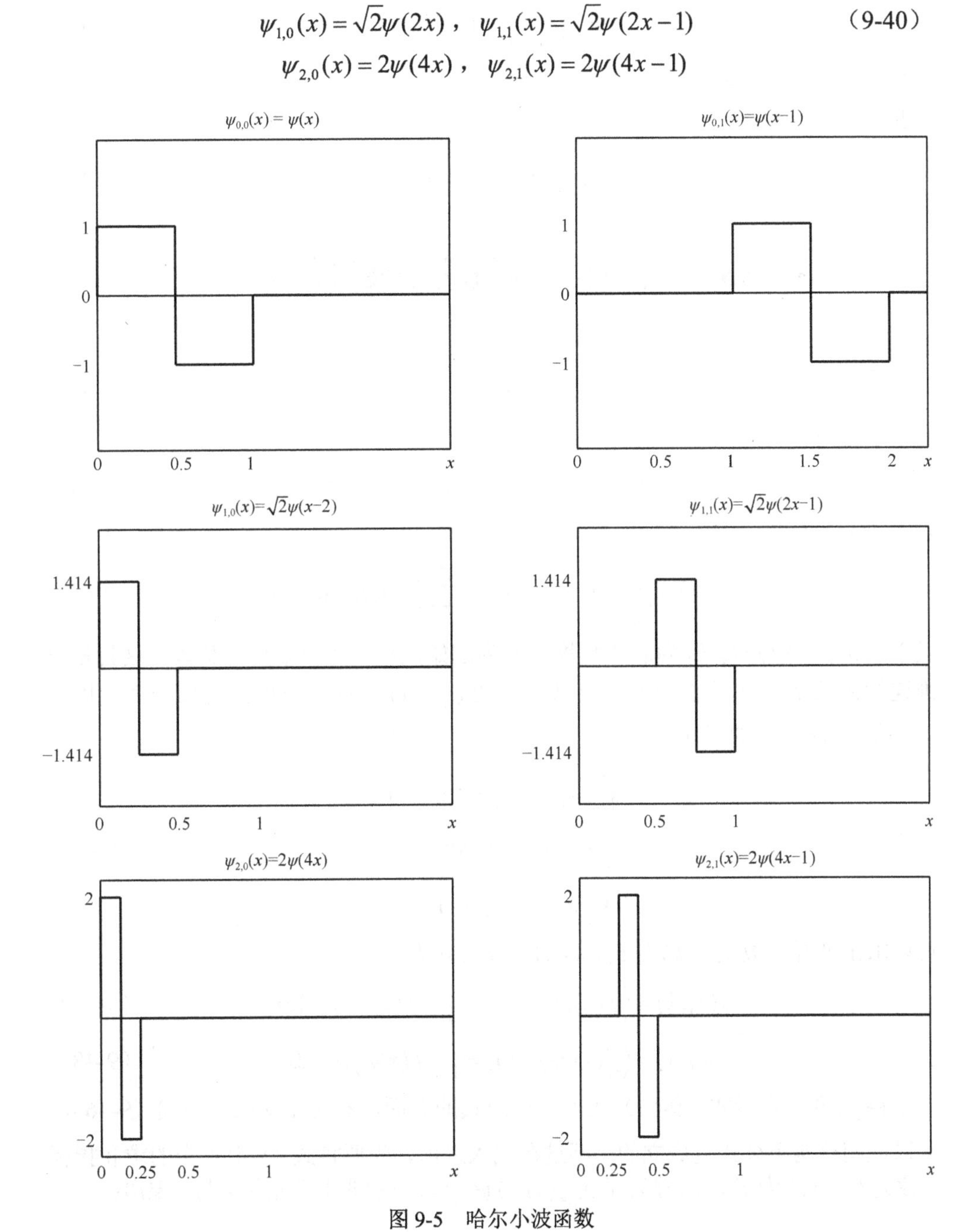


图 9-5　哈尔小波函数

由图 9-5 可以看出，不仅 $j$ 相同 $k$ 不同的 $\psi_{j,k}(x)$ 是正交的，而且 $j$ 不同的所有 $\psi_{j,k}(x)$ 也是正交的，这个结果是显然的。因为 $\psi_{j-1,n}(x)$ 作为 $W_{j-1}$ 子空间的基，可以用 $\varphi_{j,k}(x)$ 的线性组合表示为

$$\psi_{j-1,n}=\sum_{k}\beta(n,k)\varphi_{j,k}(x) \tag{9-41}$$

既然$\psi_{j,n}(x)$同$\varphi_{j,k}(x)$正交，由式（9-41）可以看出，$\psi_{j,n}(x)$必定也同$\psi_{j-1,n}(x)$正交。因此，不同$j$的$\psi_{j,k}(x)$是正交的，于是便有

$$\int_{-\infty}^{\infty}\psi_{j',k}(x)\psi_{j,l}(x)\mathrm{d}x=\delta_{j'j}\delta_{kl} \tag{9-42}$$

## 9.3　一维连续函数的小波级数展开

已知

$$V_j=V_{j-1}\oplus W_{j-1}=V_0\oplus W_0\oplus W_1\oplus\cdots\oplus W_{j-1} \tag{9-43}$$

当$j\to\infty$时，

$$V_{\infty}=L^2(R)=V_0\oplus W_0\oplus W_1\oplus\cdots\oplus W_{j-1}\oplus W_j\oplus\cdots \tag{9-44}$$

对于$f(x)\in L^2(R)$，有

$$f(x)=\sum_{k}a(j_0,k)\varphi_{j_0,k}(x)+\sum_{j=j_0}^{\infty}\sum_{k}b(j,k)\psi_{j,k}(x) \tag{9-45}$$

式中，$a(j_0,k)$与$b(j,k)$为展开系数，$j_0$为起始尺度，可以取任意整数。这就是一维连续函数$f(x)$的小波级数展开式。利用$\varphi_{j_0,k}(x)$，$\psi_{j,k}(x)$的正交归一性，以及$\varphi_{j_0,k}(x)$同$\psi_{j,k}(x)$的正交性：

$$\begin{gathered}\int_{-\infty}^{\infty}\varphi_{j_0,l}(x)\varphi_{j_0,k}(x)\mathrm{d}x=\delta_{lk}\\ \int_{-\infty}^{\infty}\psi_{j',l}(x)\psi_{j,k}(x)\mathrm{d}x=\delta_{j'j}\delta_{lk}\\ \int_{-\infty}^{\infty}\varphi_{j_0,l}(x)\psi_{j,k}(x)\mathrm{d}x=0\end{gathered} \tag{9-46}$$

可以求出展开系数$a(j_0,k)$与$b(j,k)$的计算公式为

$$a(j_0,k)=\left\langle f(x),\varphi_{j_0,k}(x)\right\rangle=\int_{-\infty}^{\infty}f(x)\varphi_{j_0,k}(x)\mathrm{d}x \tag{9-47}$$

$$b(j,k)=\left\langle f(x),\psi_{j,k}(x)\right\rangle=\int_{-\infty}^{\infty}f(x)\psi_{j,k}(x)\mathrm{d}x \tag{9-48}$$

将$f(x)$的表示式（9-45）代入上述两式的右面，利用正交归一公式（9-46），可以证明这两个公式是成立的。不过在代入之前，先要将式（9-45）中的求和指标$k$改为$l$，$j$改为$j'$，以避免同$\varphi_{j_0,k}(x)$与$\psi_{j,k}(x)$中的非求各指标$k$与$j$混淆：

$$f(x)=\sum_{l}a(j_0,l)\varphi_{j_0,l}(x)+\sum_{j'=j_0}^{\infty}\sum_{l}b(j',l)\psi_{j',l}(x) \tag{9-49}$$

先将式（9-49）代入式（9-47）的右面，并利用式（9-46），计算积分

$$\int_{-\infty}^{\infty} f(x)\varphi_{j_0,k}(x)\mathrm{d}x = \sum_l a(j_0,l)\int_{-\infty}^{\infty}\varphi_{j_0,l}(x)\varphi_{j_0,k}(x)\mathrm{d}x +$$

$$\sum_{j'=j_0}^{\infty}\sum_l b(j',l)\int_{-\infty}^{\infty}\psi_{j',l}(x)\varphi_{j_0,k}(x)\mathrm{d}x$$

$$=\sum_l a(j_0,l)\delta_{lk} + \sum_{j'=j_0}^{\infty}\sum_l b(j',l)\times 0 = a(j_0,k)$$

再将式（9-49）代入式（9-48）的右面，并利用式（9-46），计算积分

$$\int_{-\infty}^{\infty} f(x)\psi_{j,k}(x)\mathrm{d}x = \sum_l a(j_0,l)\int_{-\infty}^{\infty}\varphi_{j_0,l}(x)\psi_{j,k}(x)\mathrm{d}x +$$

$$\sum_{j'=j_0}^{\infty}\sum_l b(j',l)\int_{-\infty}^{\infty}\psi_{j',l}(x)\psi_{j,k}(x)\mathrm{d}x$$

$$=\sum_l a(j_0,l)\times 0 + +\sum_{j'=j_0}^{\infty}\sum_l b(j',l)\delta_{j'j}\delta_{lk} = b(j,k)$$

下面通过一个实例来了解一维连续函数的小波级数展开过程与它的逆过程。

［示例 9-1］　已知一维连续函数

$$f(x)=\begin{cases} x^2, 0 \leqslant x < 1 \\ 0, x<0, x \geqslant 1 \end{cases} \tag{9-50}$$

计算小波展开式中 $j_0=0$ 的系数 $\varphi_{j_0,k}(x)$ 与 $j=0,1$ 的系数 $\psi_{j,k}(x)$，并由这些系数构造 $f(x)$ 的近似式。再令 $j_0=2, j=2$，重复以上过程。

当 $j_0=0$，$j=0$ 时，$k$ 只能取 0 值。因为 $k \geqslant 1$ 的 $\varphi_{0,k}(x)$ 与 $\psi_{0,k}(x)$ 存在的 $x$ 区间超出了 $f(x)$ 存在的 $x$ 区间 $[0,1]$，它们对 $f(x)$ 的展开式没有贡献。当 $j=1$ 时，$k=0,1$。$k \geqslant 2$ 的 $\psi_{1,k}(x)$ 存在的 $x$ 区间超出了 $[0,1]$。因此，要计算的系数是 $a(0,0), b(0,0), b(1,0)$ 与 $b(1,1)$。

先计算 $a(0,0)$，将 $f(x)$ 的表示式（6-50）代入式（6-47），得

$$a(0,0)=\int_{-\infty}^{\infty} f(x)\varphi_{0,0}(x)\mathrm{d}x = \int_0^1 x^2\mathrm{d}x = \frac{1}{3}x^3\Big|_0^1 = \frac{1}{3}$$

再计算 $b(0,0), b(1,0)$ 与 $b(1,1)$。将式（6-50）代入式（6-48），得

$$b(0,0)=\int_{-\infty}^{\infty} f(x)\psi_{0,0}(x)\mathrm{d}x = \int_0^{0.5} x^2\mathrm{d}x - \int_{0.5}^{1} x^2\mathrm{d}x = -\frac{1}{4}$$

$$b(1,0)=\int_{-\infty}^{\infty} f(x)\psi_{1,0}(x)\mathrm{d}x = \sqrt{2}\int_0^{0.25} x^2\mathrm{d}x - \sqrt{2}\int_{0.25}^{0.5} x^2\mathrm{d}x = -\frac{\sqrt{2}}{32}$$

$$b(1,1)=\int_{-\infty}^{\infty} f(x)\psi_{1,1}(x)\mathrm{d}x = \sqrt{2}\int_{0.5}^{0.75} x^2\mathrm{d}x - \sqrt{2}\int_{0.75}^{1} x^2\mathrm{d}x = -\frac{3\sqrt{2}}{32}$$

将这 4 个系数代入式（9-45），得到 $f(x)$ 的近似式

$$f_1(x)=\frac{1}{3}\varphi_{0,0}(x)+\left[-\frac{1}{4}\psi_{0,0}(x)\right]+\left[-\frac{\sqrt{2}}{32}\psi_{1,0}(x)-\frac{3\sqrt{2}}{32}\psi_{1,1}(x)\right]$$

其中第一项是属于子空间$V_0$的函数，第二项属于子空间$W_0$，第三项属于子空间$W_1$。上式对应

$$V_2=V_0\oplus W_0\oplus W_1$$

由$\varphi_{0,0}(x)$，$\psi_{0,0}(x)$，$\psi_{1,0}(x)$与$\psi_{1,1}(x)$的函数值，可以算出$f_1(x)$的函数值为

$$f_1(x)=\begin{cases}0.021, & 0\leqslant x<1/4\\ 0.146, & 1/4\leqslant x<2/4\\ 0.396, & 2/4\leqslant x<3/4\\ 0.771, & 3/4\leqslant x<1\end{cases}$$

对比$f(x)=x^2$的值：

$$f(x)=x^2=\begin{cases}0.016, & x=0.125\\ 0.141, & x=0.375\\ 0.391, & x=0.625\\ 0.766, & x=0.875\end{cases}$$

可以看出，$f(x)$的近似值$f_1(x)$同$f(x)$已经很接近了。如果再计算更多的系数，由它们构造的$f_1(x)$会更加接近$f(x)$。

再计算$j_0=2, j=2$的展开系数：

$$a(2,0)=2\int_0^{1/4}x^2\mathrm{d}x=\frac{2}{3}x^3\bigg|_0^{1/4}=\frac{1}{96}$$

$$a(2,1)=2\int_{1/4}^{2/4}x^2\mathrm{d}x=\frac{2}{3}x^3\bigg|_{1/4}^{2/4}=\frac{7}{96}$$

$$a(2,2)=2\int_{2/4}^{3/4}x^2\mathrm{d}x=\frac{2}{3}x^3\bigg|_{2/4}^{3/4}=\frac{19}{96}$$

$$a(2,3)=2\int_{3/4}^{1}x^2\mathrm{d}x=\frac{2}{3}x^3\bigg|_{3/4}^{1}=\frac{37}{96}$$

$$b(2,0)=2\left[\int_0^{1/8}x^2\mathrm{d}x-\int_{1/8}^{2/8}x^2\mathrm{d}x\right]=\frac{2}{3}\left[x^3\Big|_0^{1/8}-x^3\Big|_{1/8}^{2/8}\right]=-\frac{1}{128}$$

$$b(2,1)=2\left[\int_{2/8}^{3/8}x^2\mathrm{d}x-\int_{3/8}^{4/8}x^2\mathrm{d}x\right]=\frac{2}{3}\left[x^3\Big|_{2/8}^{3/8}-x^3\Big|_{3/8}^{4/8}\right]=-\frac{3}{128}$$

$$b(2,2)=2\left[\int_{4/8}^{5/8}x^2\mathrm{d}x-\int_{5/8}^{6/8}x^2\mathrm{d}x\right]=\frac{2}{3}\left[x^3\Big|_{4/8}^{5/8}-x^3\Big|_{5/8}^{6/8}\right]=-\frac{5}{128}$$

$$b(2,3)=2\left[\int_{6/8}^{7/8}x^2\mathrm{d}x-\int_{7/8}^{1}x^2\mathrm{d}x\right]=\frac{2}{3}\left[x^3\Big|_{6/8}^{7/8}-x^3\Big|_{7/8}^{1}\right]=-\frac{7}{128}$$

利用以上系数计算$f(x)$的近似式$f_2(x)$，得

$$f_2(x)=\frac{1}{96}[\varphi_{2,0}(x)+7\varphi_{2,1}(x)+19\varphi_{2,2}(x)+37\varphi_{2,3}(x)]-\frac{1}{128}[\psi_{2,0}(x)+3\psi_{2,1}(x)+5\psi_{2,2}(x)+7\psi_{2,3}(x)]=f_{21}(x)+f_{22}(x)$$

$$f_{21}(x)=\frac{1}{96}[\varphi_{2,0}(x)+7\varphi_{2,1}(x)+19\varphi_{2,2}(x)+37\varphi_{2,3}(x)]$$

$$f_{22}(x)=-\frac{1}{128}[\psi_{2,0}(x)+3\psi_{2,1}(x)+5\psi_{2,2}(x)+7\psi_{2,3}(x)]$$

将以上两式中 $\varphi_{j_0,k}(x)$ 与 $\psi_{j,k}(x)$ 的函数值代入，得到 $f_{21}(x)$， $f_{22}(x)$ 与 $f_2(x)$ 的函数值，列于表 9-1 中。从表 9-1 可以看出，由 $\varphi_{2,0}(x),\varphi_{2,1}(x),\varphi_{2,2}(x),\varphi_{2,3}(x)$ 构造出的 $f_{21}(x)$ 同本例题前半部由 $\varphi_{0,0}(x),\psi_{0,0}(x),\psi_{1,0}(x),\psi_{1,1}(x)$ 构造出的 $f(x)$ 的近似式 $f_1(x)$ 完全相同。这是可以理解的，因为它们都属于子空间 $V_2$。$f_{21}(x)$ 已经同 $f(x)=x^2$ 比较接近了，而由属于子空间 $W_2$ 的 $\psi_{2,0}(x),\psi_{2,1}(x),\psi_{2,2}(x),\psi_{2,3}(x)$ 构造出的 $f_{22}(x)$ 则是对 $f_{21}(x)$ 的进一步修正。于是，$f_2(x)=f_{21}(x)+f_{22}(x)$ 就成为 $f(x)=x^2$ 的更加准确的近似式，对比表 9-1 中 $f_2(x)$ 的值与 $f(x)=x^2$ 的值就很清楚了。表中 $f(x)$ 的值是相应 $x$ 区间中心点的值。

**表 9-1　小波级数展开示例**

| $x$ 区间 | $f_{21}(x)$ | $f_{22}(x)$ | $f_2(x)$ | $f(x)$ | $\Delta f(x)=f(x)-f_2(x)$ |
|---|---|---|---|---|---|
| $0\leqslant x<1/8$ | 0.021 | −0.016 | 0.005 | 0.004 | −0.001 |
| $1/8\leqslant x<2/8$ | 0.021 | +0.016 | 0.037 | 0.035 | −0.002 |
| $2/8\leqslant x<3/8$ | 0.146 | −0.047 | 0.099 | 0.098 | −0.001 |
| $3/8\leqslant x<4/8$ | 0.146 | +0.047 | 0.193 | 0.191 | −0.002 |
| $4/8\leqslant x<5/8$ | 0.369 | −0.078 | 0.318 | 0.316 | −0.002 |
| $5/8\leqslant x<6/8$ | 0.369 | +0.078 | 0.474 | 0.473 | −0.001 |
| $6/8\leqslant x<7/8$ | 0.771 | −0.109 | 0.662 | 0.660 | −0.002 |
| $7/8\leqslant x<1$ | 0.771 | +0.109 | 0.880 | 0.879 | −0.001 |

在 $f(x)$ 的展开式（9-45）中，展开系数的绝对值平方 $|a(j_0,k)|^2$ 与 $|b(j,k)|^2$ 分别表示 $\varphi_{j_0,k}(x)$ 与 $\psi_{j,k}(x)$ 在 $f(x)$ 中出现的概率，也是同 $\varphi_{j_0,k}(x)$ 与 $\psi_{j,k}(x)$ 相应的频谱分别在 $x=k/2^{j_0}$ 与 $x=k/2^j$ 处出现的概率。如果 $x$ 是时间，$f(x)$ 是随时间变化的电信号，通过计算 $|a(j_0,k)|^2$ 与 $|b(j,k)|^2$，就得到同 $\varphi_{j_0,k}(x)$ 与 $\psi_{j,k}(x)$ 相应的频谱分别在时间 $x=k/2^{j_0}$ 与 $x=k/2^j$ 上出现的概率。现在来计算同 $\varphi_{j_0,k}(x)$ 与 $\psi_{j,k}(x)$ 相应的频谱。由于相同 $j_0$ 不同 $k$ 的 $\varphi_{j_0,k}(x)$ 具有相同的波形，它们的频谱是一样的，只需计

算 $\varphi_{j_0,0}(x)$ 的频谱。对于 $\psi_{j,k}(x)$ 也一样，只需计算 $\psi_{j,0}(x)$ 的频谱。先计算 $\varphi_{j_0,0}(x)$ 的频谱。已知

$$\varphi_{j_0,0}(x)=2^{j_0/2}\varphi(2^{j_0}x)$$

以哈尔尺度函数为例，

$$\varphi(x)=\begin{cases}1, & 0\leqslant x<1\\ 0, & x<0,x\geqslant 1\end{cases}$$

$$\varphi_{j_0,0}(x)=\begin{cases}2^{j_0/2},0\leqslant x<Z\equiv 2^{-j_0}\\ 0,x<0,x\geqslant Z\end{cases}$$

将 $\varphi_{j_0,0}(x)$ 的上述值代入傅里叶变换公式（3-1），得

$$\begin{aligned}F(u)&=\int_{-\infty}^{\infty}\varphi_{j_0,0}(x)\mathrm{e}^{-\mathrm{j}2\pi ux}\mathrm{d}x=2^{j_0/2}\int_0^Z\mathrm{e}^{-\mathrm{j}2\pi ux}\mathrm{d}x=\frac{2^{j_0/2}}{-\mathrm{j}2\pi u}\mathrm{e}^{-\mathrm{j}2\pi ux}\Big|_0^Z\\&=\frac{2^{j_0/2}}{-\mathrm{j}2\pi u}(\mathrm{e}^{-\mathrm{j}2\pi uZ}-1)=\frac{2^{j_0/2}\mathrm{e}^{-\mathrm{j}\pi uZ}}{-\mathrm{j}2\pi u}(\mathrm{e}^{-\mathrm{j}\pi uZ}-\mathrm{e}^{\mathrm{j}\pi uZ})\\&=2^{j_0/2}\mathrm{e}^{-\mathrm{j}\pi uZ}\frac{\sin(\pi uZ)}{\pi u}\end{aligned}$$

$$|F(u)|=2^{j_0/2}Z\left|\frac{\sin(\pi uZ)}{\pi uZ}\right|$$

因为

$$\lim_{u\to 0}\frac{\sin(\pi uZ)}{\pi uZ}=1$$

故 $|F(u)|$ 在 $u=0$ 处取最大值 $2^{j_0/2}Z=2^{j_0/2}2^{-j_0}=2^{-j_0/2}$，在 $u=1/Z=2^{j_0},2\times 2^{j_0}$，$3\times 2^{j_0}\cdots$ 处出现第一个、第二个、第三个……零值。$|F(u)|\sim u$ 的曲线（即 $\varphi_{j_0,k}(x)$ 的频谱）如图 9-6 所示，它近似地分布在 $u=0\sim 2^{j_0}$ 区间，主要集中在 $u=0$ 附近，显示为低频频谱。$j_0$ 愈大，$|F(u)|$ 在 $u=0$ 处的最大值 $2^{-j_0/2}$ 愈小，频谱分布的范围愈宽。

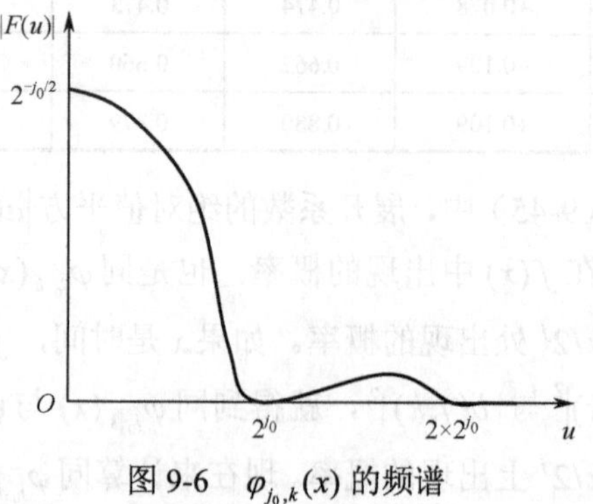


图 9-6　$\varphi_{j_0,k}(x)$ 的频谱

再计算哈尔小波函数 $\psi_{j,0}(x)$ 的频谱。已知

$$\psi(x)=\begin{cases}1,0\leqslant x<0.5\\-1,0.5\leqslant x<1\\0,x<0,x\geqslant 1\end{cases}$$

令 $Z=2^{-j}$，得

$$\psi_{j,0}(x)=\begin{cases}2^{j/2},0\leqslant x<Z/2\\-2^{j/2},Z/2<x\leqslant Z\\0,x<0,x\geqslant Z\end{cases}$$

将 $\psi_{j,0}(x)$ 的上述值代入傅里叶变换公式（3-1），为避免 $\psi_{j,0}(x)$ 中的 $j$ 同虚数 j 混淆，将虚数 j 改用 i 表示。

$$\begin{aligned}F(u)&=\int_{-\infty}^{\infty}\psi_{j,0}(x)\mathrm{e}^{-\mathrm{i}2\pi ux}\mathrm{d}x=2^{j/2}\left[\int_{0}^{Z/2}\mathrm{e}^{-\mathrm{i}2\pi ux}\mathrm{d}x-\int_{Z/2}^{Z}\mathrm{e}^{-\mathrm{i}2\pi ux}\mathrm{d}x\right]\\&=\frac{2^{j_0/2}}{-\mathrm{i}2\pi u}\left[\mathrm{e}^{-\mathrm{i}2\pi ux}\Big|_0^{z/2}-\mathrm{e}^{-\mathrm{i}2\pi ux}\Big|_{z/2}^{z}\right]=\frac{2^{j/2}}{-\mathrm{i}2\pi u}[(\mathrm{e}^{-\mathrm{i}\pi uZ}-1)-(\mathrm{e}^{-2\mathrm{i}\pi uZ}-\mathrm{e}^{-\mathrm{i}\pi uZ})]\\&=\frac{2^{j/2}}{-\mathrm{i}2\pi u}[(\mathrm{e}^{-\mathrm{i}\pi uZ}-1)-\mathrm{e}^{-\mathrm{i}\pi uZ}(\mathrm{e}^{-\mathrm{i}\pi uZ}-1)]=\frac{2^{j/2}}{-\mathrm{i}2\pi u}(\mathrm{e}^{-\mathrm{i}\pi uZ}-1)-(1-\mathrm{e}^{-\mathrm{i}\pi uZ})\\&=\frac{2^{j/2}}{\mathrm{i}2\pi u}(\mathrm{e}^{-\mathrm{i}\pi uZ}-1)^2=\frac{2^{j/2}\mathrm{e}^{-\mathrm{i}\pi uZ}}{\mathrm{i}2\pi u}(\mathrm{e}^{\mathrm{i}\pi uZ/2}-\mathrm{e}^{-\mathrm{i}\pi uZ/2})^2\\&=\frac{2\mathrm{i}2^{j/2}\mathrm{e}^{-\mathrm{i}\pi uZ}}{\pi u}\sin^2\frac{\pi uZ}{2}=\frac{\mathrm{i}2^{j/2}\pi uZ^2\mathrm{e}^{-\mathrm{i}\pi uZ}}{2}\left[\frac{\sin(\pi uZ/2)}{\pi uZ/2}\right]^2\end{aligned}$$

$$|F(u)|=\frac{2^{j/2}\pi uZ^2}{2}\left[\frac{\sin(\pi uZ/2)}{\pi uZ/2}\right]^2$$

因为

$$\lim_{u\to 0}\frac{\sin(\pi uZ/2)}{\pi uZ/2}=1$$

故 $|F(u)|$ 在 $u=0$ 处为 0 。另外，$|F(u)|$ 在 $u=2/Z=2^{j+1},2\times 2^{j+1},3\times 2^{j+1},\cdots$ 处也为 0 。$|F(u)|\sim u$ 的曲线（即 $\psi_{j,k}(x)$ 的频谱）如图 9-7 所示。$|F(u)|$ 主要分布在 $u=0\sim 2^{j+1}$ 区间，最大值大约在 $u=2^j$ 处。$|F(u)|$ 显示为高频频谱。$j$ 值愈大，频谱分布的范围愈宽，平均频率愈大。

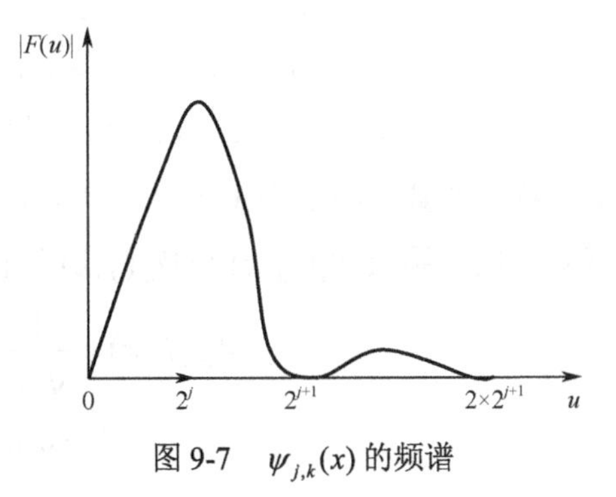

图 9-7　$\psi_{j,k}(x)$ 的频谱

## 9.4　一维离散函数的小波变换

在 9.3 节中，将一维连续函数 $f(x)$ 用一系列尺度函数 $\varphi_{j_0,k}(x)$ 与小波函数

$\psi_{j,k}(x)$进行级数展开，并给出展开系数$a(j_0,k)$与$b(j,k)$的计算公式：

$$a(j_0,k)=\int_{-\infty}^{\infty}f(x)\varphi_{j_0,k}(x)\mathrm{d}x \tag{9-51}$$

$$b(j,k)=\int_{-\infty}^{\infty}f(x)\psi_{j,k}(x)\mathrm{d}x \tag{9-52}$$

现在，将$f(x)$在$x$的一个区间$[x_0,x_f]$内，按取样间隔$\Delta x$取样，得到$M$个离散数值

$$f(n)\equiv f\left(x_0+n\Delta x\right),n=0,1,2,\cdots,M-1 \tag{9-53}$$

然后，对$f(n)$进行离散小波级数展开。为此，必须将连续尺度函数$\varphi_{j_0,k}(x)$与小波函数$\psi_{j,k}(x)$在它们的基函数$\varphi(x)$与$\psi(x)$取值不为0的支撑区间$[x_s,x_d]$内进行等间隔$\Delta x_s$取样，分别给出$M$个离散数值

$$\varphi_{j_0,k}(n)\equiv\varphi_{j_0,k}(x_s+n\Delta x_s),\quad \psi_{j,k}(n)\equiv\psi_{j,k}(x_s+n\Delta x_s) \tag{9-54}$$

$$n=0,1,2,\cdots,M-1$$

以哈尔尺度函数与哈尔小波函数的基函数$\varphi(x)$与$\psi(x)$为例，它们的支撑区间都是$0\leqslant x<1$，即$x_s=0,x_d=1$。如$M=4$，则令$\Delta x_s=1/M=1/4=0.25$。例如对以下两个函数：

$$\varphi_{1,0}(x)=\begin{cases}\sqrt{2}, & 0\leqslant x<0.5\\ 0, & x<0,x\geqslant 0.5\end{cases},\quad \psi_{1,1}(x)=\begin{cases}\sqrt{2}, & 0.5\leqslant x<0.75\\ -\sqrt{2}, & 0.75\leqslant x<1\\ 0, & x<0.5,x\geqslant 1\end{cases}$$

取样，得到

$$\varphi_{1,0}(0)=\varphi(x=0)=\sqrt{2}\text{，}\quad \varphi_{1,0}(1)=\varphi(x=1\times 0.25)=\sqrt{2}$$

$$\varphi_{1,0}(2)=\varphi(x=2\times 0.25)=0\text{，}\quad \varphi_{1,0}(3)=\varphi(x=3\times 0.25)=0$$

$$\psi_{1,1}(0)=\psi(x=0)=0\text{，}\quad \psi_{1,1}(1)=\psi(x=1\times 0.25)=0$$

$$\psi_{1,1}(2)=\psi(x=2\times 0.25)=\sqrt{2}\text{，}\quad \psi_{1,1}(3)=\psi(x=3\times 0.25)=-\sqrt{2}$$

对取样点的数目限定为$M=2^J$，$J$为正整数。将$f(n)$用$\varphi_{j_0,k}(n)$与$\psi_{j,k}(n)$进行级数展开，展开系数$W_\varphi(j_0,k)$与$W_\psi(j,k)$的计算公式为

$$W_\varphi(j_0,k)=\frac{1}{\sqrt{M}}\sum_{n=0}^{M-1}f(n)\varphi_{j_0,k}(n) \tag{9-55}$$

$$k=0,1,2,\cdots,2^{j_0}-1$$

$$W_\psi(j,k)=\frac{1}{\sqrt{M}}\sum_{n=0}^{M-1}f(n)\psi_{j,k}(n) \tag{9-56}$$

$$j=j_0,j_0+1,j_0+2,\cdots,J-1\quad k=0,1,2,\cdots,2^j-1$$

式（9-55）与式（9-56）叫作$f(n)$的离散小波变换。这个变换的逆变换就是$f(n)$的级数展开式：

$$f(n)=\frac{1}{\sqrt{M}}\sum_{k=0}^{2^{j_0}-1}W_\varphi(j_0,k)\varphi_{j_0,k}(n)+\frac{1}{\sqrt{M}}\sum_{j=j_0}^{J-1}\sum_{k=0}^{2^j-1}W_\psi(j,k)\psi_{j,k}(n) \tag{9-57}$$

$$n=0,1,2,\cdots,M-1$$

在小波变换中要计算的系数 $W_\varphi(j_0,k)$ 与 $W_\psi(j,k)$ 共有 $M$ 个。这些系数对应一维连续函数 $f(x)$ 小波级数展开公式（9-45）中的系数 $a(j_0,k)$ 与 $b(j,k)$。式（9-55）中的 $j_0$ 叫作起始尺度，它可以取 $0,1,2,\cdots,J-1$ 中的任一个值。

［示例 9-2］ 计算 4 点离散数列

$$f(0)=2,f(1)=4,f(2)=-2,f(3)=1$$

的哈尔小波变换与逆变换。先取 $j_0=0$，再取 $j_0=1$。

由 $M=4=2^J$ 得 $J=2$。当 $j_0=0$ 时，由 $k=0,1,\cdots,2^{j_0}-1$ 知，$k=0$。要计算的 $W_\varphi(j_0,k)$ 只有一个 $W_\varphi(0,0)$。利用式（9-55）

$$W_\varphi(j_0,k)=\frac{1}{\sqrt{M}}\sum_{n=0}^{M-1}f(n)\varphi_{j_0,k}(n)$$

算出

$$\begin{aligned}W_\varphi(0,0)&=\frac{1}{\sqrt{4}}\sum_{n=0}^{3}f(n)\varphi_{0,0}(n)\\&=\frac{1}{2}[f(0)\varphi_{0,0}(0)+f(1)\varphi_{0,0}(1)+f(2)\varphi_{0,0}(2)+f(3)\varphi_{0,0}(3)]\\&=\frac{1}{2}[2\times1+4\times1+(-2)\times1+1\times1]=\frac{5}{2}\end{aligned}$$

其中

$$\varphi_{0,0}(0)=\varphi_{0,0}(1)=\varphi_{0,0}(2)=\varphi_{0,0}(3)=1$$

再计算 $W_\psi(j,k)$。当 $j=j_0=0$ 时，$k=0$。当 $j=1$ 时，$k=0,1$。要计算的 $W_\psi(j,k)$ 有 3 个：$W_\psi(0,0),W_\psi(1,0),W_\psi(1,1)$。利用式（9-56）

$$W_\psi(j,k)=\frac{1}{\sqrt{M}}\sum_{n=0}^{M-1}f(n)\psi_{j,k}(n)$$

算出

$$\begin{aligned}W_\psi(0,0)&=\frac{1}{\sqrt{4}}\sum_{n=0}^{3}f(n)\psi_{0,0}(n)\\&=\frac{1}{2}[f(0)\psi_{0,0}(0)+f(1)\psi_{0,0}(1)+f(2)\psi_{0,0}(2)+f(3)\psi_{0,0}(3)]\\&=\frac{1}{2}[2\times1+4\times1+(-2)\times(-1)+1\times(-1)]=\frac{7}{2}\end{aligned}$$

其中

$$\psi_{0,0}(0)=1,\psi_{0,0}(1)=1,\psi_{0,0}(2)=-1,\psi_{0,0}(3)=-1$$

$$W_\psi(1,0)=\frac{1}{\sqrt{4}}\sum_{n=0}^{3}f(n)\psi_{1,0}(n)$$
$$=\frac{1}{2}[f(0)\psi_{1.0}(0)+f(1)\psi_{1.0}(1)+f(2)\psi_{1.0}(2)+f(3)\psi_{1.0}(3)]$$
$$=\frac{1}{2}[2\times\sqrt{2}+4\times(-\sqrt{2})+(-2)\times 0+1\times 0]=-\sqrt{2}$$

其中

$$\psi_{1,0}(0)=\sqrt{2},\psi_{1,0}(1)=-\sqrt{2},\psi_{1,0}(2)=0,\psi_{1,0}(3)=0$$

$$W_\psi(1,1)=\frac{1}{\sqrt{4}}\sum_{n=0}^{3}f(n)\psi_{1,1}(n)$$
$$=\frac{1}{2}[f(0)\psi_{1.1}(0)+f(1)\psi_{1.1}(1)+f(2)\psi_{1.1}(2)+f(3)\psi_{1.1}(3)]$$
$$=\frac{1}{2}[2\times 0+4\times 0+(-2)\times\sqrt{2}+1\times(-\sqrt{2})]=-\frac{3\sqrt{2}}{2}$$

其中

$$\psi_{1,1}(0)=0,\psi_{1,1}(1)=0,\psi_{1,1}(2)=\sqrt{2},\psi_{1,1}(3)=-\sqrt{2}$$

离散数列$[2,4,-2,1]$的小波变换为$[5/2,7/2,-\sqrt{2},-3\sqrt{2}/2]$。由于此变换中出现了$j=0$与1两个尺度，所以此变换叫作$f(n)$的二尺度分解，也叫二层分解。

利用逆变换公式（9-57）

$$f(n)=\frac{1}{\sqrt{M}}\sum_{k=0}^{2^{j_0}-1}W_\varphi(j_0,k)\varphi_{j_0,k}(n)+\frac{1}{\sqrt{M}}\sum_{j=j_0}^{J-1}\sum_{k=0}^{2^j-1}W_\psi(j,k)\psi_{j,k}(n)$$
$$n=0,1,2,\cdots,M-1$$

得

$$f(n)=\frac{1}{2}[W_\varphi(0,0)\varphi_{0,0}(n)+W_\psi(0,0)\psi_{0,0}(n)+W_\psi(1,0)\psi_{1,0}(n)+W_\psi(1,1)\psi_{1,1}(n)]$$
$$n=0,1,2,3$$

$$f(0)=\frac{1}{2}[W_\varphi(0,0)\varphi_{0,0}(0)+W_\psi(0,0)\psi_{0,0}(0)+W_\psi(1,0)\psi_{1,0}(0)+W_\psi(1,1)\psi_{1,1}(0)]$$
$$=\frac{1}{2}\left[\frac{5}{2}\times 1+\frac{7}{2}\times 1+(-\sqrt{2})\times\sqrt{2}+\left(-\frac{3\sqrt{2}}{2}\right)\times 0\right]=2$$

$$f(1)=\frac{1}{2}[W_\varphi(0,0)\varphi_{0,0}(1)+W_\psi(0,0)\psi_{0,0}(1)+W_\psi(1,0)\psi_{1,0}(1)+W_\psi(1,1)\psi_{1,1}(1)]$$
$$=\frac{1}{2}\left[\frac{5}{2}\times 1+\frac{7}{2}\times 1+(-\sqrt{2})\times(-\sqrt{2})+\left(-\frac{3\sqrt{2}}{2}\right)\times 0\right]=4$$

$$f(2)=\frac{1}{2}[W_{\varphi}(0,0)\varphi_{0,0}(2)+W_{\psi}(0,0)\psi_{0,0}(2)+W_{\psi}(1,0)\psi_{1,0}(2)+W_{\psi}(1,1)\psi_{1,1}(2)]$$

$$=\frac{1}{2}\left[\frac{5}{2}\times1+\frac{7}{2}\times(-1)+(-\sqrt{2})\times0+\left(-\frac{3\sqrt{2}}{2}\right)\times\sqrt{2}\right]=-2$$

$$f(3)=\frac{1}{2}[W_{\varphi}(0,0)\varphi_{0,0}(3)+W_{\psi}(0,0)\psi_{0,0}(3)+W_{\psi}(1,0)\psi_{1,0}(3)+W_{\psi}(1,1)\psi_{1,1}(3)]$$

$$=\frac{1}{2}\left[\frac{5}{2}\times1+\frac{7}{2}\times(-1)+(-\sqrt{2})\times0+\left(-\frac{3\sqrt{2}}{2}\right)\times(-\sqrt{2})\right]=1$$

再计算 $j_0=1$ 的小波变换与它的逆变换。当 $j_0=1$ 时，由 $k=0,1,\cdots,2^{j_0}-1$ 知，$k$ 的最大值为 $2^1-1=1$，故 $k=0,1$。由 $j=j_0,j_0+1,\cdots,J-1$ 知，$j=j_0=1$ 已是 $j$ 的最大值 $J-1=1$，故 $j$ 只有一个值 $j=1$，与它相应的 $k=0,1$。我们要计算的系数是 $W_{\varphi}(1,0)$，$W_{\varphi}(1,1)$，$W_{\psi}(1,0)$ 与 $W_{\psi}(1,1)$。

$$W_{\varphi}(1,0)=\frac{1}{\sqrt{4}}\sum_{n=0}^{3}f(n)\varphi_{1,0}(n)$$

$$=\frac{1}{2}[f(0)\varphi_{1,0}(0)+f(1)\varphi_{1,0}(1)+f(2)\varphi_{1,0}(2)+f(3)\varphi_{1,0}(3)]$$

$$=\frac{1}{2}[2\times\sqrt{2}+4\times\sqrt{2}+(-2)\times0+1\times0]=3\sqrt{2}$$

其中

$$\varphi_{1,0}(0)=\sqrt{2},\varphi_{1,0}(1)=\sqrt{2},\varphi_{1,0}(2)=0,\varphi_{1,0}(3)=0$$

$$W_{\varphi}(1,1)=\frac{1}{\sqrt{4}}\sum_{n=0}^{3}f(n)\varphi_{1,1}(n)$$

$$=\frac{1}{2}[f(0)\varphi_{1,1}(0)+f(1)\varphi_{1,1}(1)+f(2)\varphi_{1,1}(2)+f(3)\varphi_{1,1}(3)]$$

$$=\frac{1}{2}[2\times0+4\times0+(-2)\times\sqrt{2}+1\times\sqrt{2}]=-\frac{\sqrt{2}}{2}$$

其中

$$\varphi_{1,1}(0)=0,\varphi_{1,1}(1)=0,\varphi_{1,1}(2)=\sqrt{2},\varphi_{1,1}(3)=\sqrt{2}$$

$W_{\psi}(1,0)$ 与 $W_{\psi}(1,1)$ 在前面已经算出，$W_{\psi}(1,0)=-\sqrt{2}$，$W_{\psi}(1,1)=-3\sqrt{2}/2$。离散数列 $[2,4,-2,1]$ 的小波变换为 $[3\sqrt{2},-\sqrt{2}/2,-\sqrt{2},-3\sqrt{2}/2]$。由于在此变换中，只出现一个 $j=1$ 的尺度，所以这个变换叫作 $f(n)$ 的单尺度分解，也叫单层分解。

逆变换公式为

$$f(n)=\frac{1}{2}[W_{\varphi}(1,0)\varphi_{1,0}(n)+W_{\varphi}(1,1)\varphi_{1,1}(n)+W_{\psi}(1,0)\psi_{1,0}(n)+W_{\psi}(1,1)\psi_{1,1}(n)]$$

$$n=0,1,2,3$$

$$f(0)=\frac{1}{2}[W_{\varphi}(1,0)\varphi_{1,0}(0)+W_{\varphi}(1,1)\varphi_{1,1}(0)+W_{\psi}(1,0)\psi_{1,0}(0)+W_{\psi}(1,1)\psi_{1,1}(0)]$$

$$=\frac{1}{2}\left[3\sqrt{2}\times\sqrt{2}+\left(-\frac{\sqrt{2}}{2}\right)\times 0+(-\sqrt{2})\times\sqrt{2}+\left(-\frac{3\sqrt{2}}{2}\right)\times 0\right]=2$$

$$f(1)=\frac{1}{2}[W_{\varphi}(1,0)\varphi_{1,0}(1)+W_{\varphi}(1,1)\varphi_{1,1}(1)+W_{\psi}(1,0)\psi_{1,0}(1)+W_{\psi}(1,1)\psi_{1,1}(1)]$$

$$=\frac{1}{2}\left[3\sqrt{2}\times\sqrt{2}+\left(-\frac{\sqrt{2}}{2}\right)\times 0+(-\sqrt{2})\times(-\sqrt{2})+\left(-\frac{3\sqrt{2}}{2}\right)\times 0\right]=4$$

$$f(2)=\frac{1}{2}[W_{\varphi}(1,0)\varphi_{1,0}(2)+W_{\varphi}(1,1)\varphi_{1,1}(2)+W_{\psi}(1,0)\psi_{1,0}(2)+W_{\psi}(1,1)\psi_{1,1}(2)]$$

$$=\frac{1}{2}\left[3\sqrt{2}\times 0+\left(-\frac{\sqrt{2}}{2}\right)\times\sqrt{2}+(-\sqrt{2})\times 0+\left(-\frac{3\sqrt{2}}{2}\right)\times\sqrt{2}\right]=-2$$

$$f(3)=\frac{1}{2}[W_{\varphi}(1,0)\varphi_{1,0}(3)+W_{\varphi}(1,1)\varphi_{1,1}(3)+W_{\psi}(1,0)\psi_{1,0}(3)+W_{\psi}(1,1)\psi_{1,1}(3)]$$

$$=\frac{1}{2}\left[3\sqrt{2}\times 0+\left(-\frac{\sqrt{2}}{2}\right)\times\sqrt{2}+(-\sqrt{2})\times 0+\left(-\frac{3\sqrt{2}}{2}\right)\times(-\sqrt{2})\right]=1$$

由此例看出，作为正交变换的小波变换

$$W_{\varphi}(j_0,k)=\frac{1}{\sqrt{M}}\sum_{n=0}^{M-1}f(n)\varphi_{j_0,k}(n)\quad(k=0,1,2,\cdots,2^{j_0}-1)$$

$$W_{\psi}(j,k)=\frac{1}{\sqrt{M}}\sum_{n=0}^{M-1}f(n)\psi_{j,k}(n)\quad(j=j_0,j_0+1,,\cdots,J-1,k=0,1,2,\cdots,2^{j}-1)$$

满足能量守恒的条件：

$$\sum_{n=0}^{M-1}|f(n)|^2=\sum_{k=0}^{2^{j_0}-1}\left|W_{\varphi}(j_0,k)\right|^2+\sum_{j=j_0}^{J-1}\sum_{k=0}^{2^{j}-1}\left|W_{\psi}(j,k)\right|^2 \tag{9-58}$$

在本例中，

$$\sum_{n=0}^{M-1}|f(n)|^2=|f(0)|^2+|f(1)|^2+|f(2)|^2+|f(3)|^2$$

$$=(2)^2+(4)^2+(-2)^2+(1)^2=25$$

对于 $j_0=0$，共有 4 个系数：

$$W_{\varphi}(0,0)=\frac{5}{2},W_{\psi}(0,0)=\frac{7}{2},W_{\psi}(1,0)=-\sqrt{2},W_{\psi}(1,1)=-\frac{3\sqrt{2}}{2}$$

将它们代入式（9-58）的右边，得

$$\sum_{k=0}^{2^{j_0}-1}\left|W_\varphi(j_0,k)\right|^2+\sum_{j=j_0}^{J-1}\sum_{k=0}^{2^j-1}\left|W_\psi(j,k)\right|^2=\left|W_\varphi(0,0)\right|^2+\left|W_\psi(0,0)\right|^2+\left|W_\psi(1,0)\right|^2+\left|W_\psi(1,1)\right|^2$$

$$=\left(\frac{5}{2}\right)^2+\left(\frac{7}{2}\right)^2+(-\sqrt{2})^2+\left(-\frac{3\sqrt{2}}{2}\right)=25$$

对于 $j_0=1$，共有4个系数：

$$W_\varphi(1,0)=3\sqrt{2},W_\varphi(1,1)=\left(-\frac{\sqrt{2}}{2}\right),W_\psi(1,0)=-\sqrt{2},W_\psi(1,1)=-\frac{3\sqrt{2}}{2}$$

将它们代入式（9-58）的右边，得

$$\sum_{k=0}^{2^{j_0}-1}\left|W_\varphi(j_0,k)\right|^2+\sum_{j=j_0}^{J-1}\sum_{k=0}^{2^j-1}\left|W_\psi(j,k)\right|^2=\left|W_\varphi(1,0)\right|^2+\left|W_\varphi(1,1)\right|^2+\left|W_\psi(1,0)\right|^2+\left|W_\psi(1,1)\right|^2$$

$$=(3\sqrt{2})^2+\left(-\frac{\sqrt{2}}{2}\right)^2+(-\sqrt{2})^2+\left(-\frac{3\sqrt{2}}{2}\right)=25$$

可见，在上述小波变换下能量是守恒的。

## 9.5 二维离散函数的小波变换

考虑大小为 $M\times N$ 的二维离散图像 $f(x,y),x=0,1,\cdots,M-1,y=0,1,\cdots,N-1$。已知在一维函数 $f(x)$ 的小波变换中，有显示为低频的尺度函数 $\varphi_{j_0,k}(x)$ 和显示为高频的小波函数 $\psi_{j,k}(x)$。同样，在 $y$ 空间，也有显示为低频的尺度函数 $\varphi_{j_0,k}(y)$ 和显示为高频的小波函数 $\psi_{j,k}(y)$。将 $x$ 空间的两个函数 $\varphi(x)$ 与 $\psi(x)$ 与 $y$ 空间的两个函数 $\varphi(y)$ 和 $\psi(y)$ 组合成二维 $x,y$ 空间的函数时，会有以下4种组合方式：

① $x$ 方向低频与 $y$ 方向低频：$\varphi(x,y)=\varphi(x)\varphi(y)$；

② $x$ 方向高频与 $y$ 方向低频：$\psi^{\mathrm{H}}(x,y)=\psi(x)\varphi(y)$；

③ $x$ 方向低频与 $y$ 方向高频：$\psi^{\mathrm{V}}(x,y)=\varphi(x)\psi(y)$；

④ $x$ 方向高频与 $y$ 方向高频：$\psi^{\mathrm{D}}(x,y)=\psi(x)\psi(y)$。

$\varphi(x,y)$ 在 $x$ 与 $y$ 方向上均显示为低频，它描述图像灰度在 $x$ 与 $y$ 方向上的均匀变化，给出图像的基本面貌。$\psi^{\mathrm{H}}(x,y)$ 在 $x$ 方向上显示为高频，它描述图像灰度在垂直方向的急剧变化，给出物体在水平方向的边缘。$\psi^{\mathrm{V}}(x,y)$ 在 $y$ 方向上显示为高频，它描述图像灰度在水平方向的急剧变化，给出物体在垂直方向的边缘。$\psi^{\mathrm{D}}(x,y)$ 在 $x$ 与 $y$ 方向上均显示为高频，它描述图像灰度在对角线方向的急剧变化，给出物体在对角线方向的边缘。

对于大小为 $M\times N$ 的图像，如果 $M\neq N$，且 $M,N$ 取任意整数，则计算 $f(x,y)$

的小波变换就比较困难。为了便于计算，我们限定$M=N=2^J$，$J$为正整数。在给出$f(x,y)$的小波变换公式之前，我们先根据一维尺度函数与小波函数的构造方法，给出二维尺度函数的定义式。已知一维尺度函数$\varphi_{j,k}(x)$与一维小波函数$\psi_{j,k}(x)$是由它们的基函数$\varphi(x)$与$\psi(x)$按如下方式构造的：

$$\varphi_{j,k}(x)=2^{j/2}\varphi(2^j x-k) \tag{9-59}$$

$$\psi_{j,k}(x)=2^{j/2}\psi(2^j x-k) \tag{9-60}$$

对于以$y$为变量的函数，相应地有

$$\varphi_{j,k}(y)=2^{j/2}\varphi(2^j y-k) \tag{9-61}$$

$$\psi_{j,k}(y)=2^{j/2}\psi(2^j y-k) \tag{9-62}$$

定义二维尺度函数$\varphi_{j,m,n}(x,y)$与二维小波函数$\psi^i_{j,m,n}(x,y), i=\mathrm{H,V,D}$：

$$\varphi_{j,m,n}(x,y)=\varphi_{j,m}(x)\varphi_{j,n}(y)=2^{j/2}\varphi(2^j x-m)2^{j/2}\varphi(2^j y-n) \tag{9-63}$$

$$\psi^{\mathrm{H}}_{j,m,n}(x,y)=\psi_{j,m}(x)\varphi_{j,n}(y)=2^{j/2}\psi(2^j x-m)2^{j/2}\varphi(2^j y-n) \tag{9-64}$$

$$\psi^{\mathrm{V}}_{j,m,n}(x,y)=\varphi_{j,m}(x)\psi_{j,n}(y)=2^{j/2}\varphi(2^j x-m)2^{j/2}\psi(2^j y-n) \tag{9-65}$$

$$\psi^{\mathrm{D}}_{j,m,n}(x,y)=\psi_{j,m}(x)\psi_{j,n}(y)=2^{j/2}\psi(2^j x-m)2^{j/2}\psi(2^j y-n) \tag{9-66}$$

二维离散函数$f(x,y)$的小波变换为

$$W_\varphi(j_0,m,n)=\frac{1}{M}\sum_{x=0}^{M-1}\sum_{y=0}^{M-1}f(x,y)\varphi_{j_0,m,n}(x,y) \tag{9-67}$$

$$m,n=0,1,2,\cdots,2^{j_0}-1$$

$$W^i_\psi(j,m,n)=\frac{1}{M}\sum_{x=0}^{M-1}\sum_{y=0}^{M-1}f(x,y)\psi^i_{j,m,n}(x,y) \tag{9-68}$$

$$i=\mathrm{H,V,D}; j=j_0,j_0+1,j_0+2,\cdots,J-1; m,n=0,1,2,\cdots,2^j-1$$

小波变换的逆变换为

$$f(x,y)=\frac{1}{M}\sum_{m=0}^{2^{j_0}-1}\sum_{n=0}^{2^{j_0}-1}W_\varphi(j_0,m,n)\varphi_{j_0,m,n}(x,y)+$$

$$\frac{1}{M}\sum_{i=\mathrm{H,V,D}}\sum_{j=j_0}^{J-1}\sum_{m=0}^{2^j-1}\sum_{n=0}^{2^j-1}W^i_\psi(j,m,n)\psi^i_{j,m,n}(x,y) \tag{9-69}$$

$$x,y=0,1,2,\cdots,M-1$$

小波变换式（9-67）中的$j_0$为起始尺度，它可以取$0,1,\cdots,J-1$中的任一个值。当$j_0$取最大值$J-1$时，$j$只能取$J-1$这一个值。于是在小波变换中只出现一个尺度值$J-1$。这个变换就是$f(x,y)$的单尺度（单层）分解。如果$j_0$取值$J-2$，则$j$有$J-2$与$J-1$两个取值。这个变换就是$f(x,y)$的二尺度（二层）分解。$j_0$取值$J-P$的小波变换为$f(x,y)$的$P$尺度（$P$层）分解。

对于 $j_0 = J-1$ 的单尺度分解，$W_\varphi(J-1,m,n)$ 描述图像灰度在 $x$ 与 $y$ 方向的均匀变化，给出图像的基本面貌，是 $f(x,y)$ 近似图像。由于 $m,n = 0,1,\cdots,2^{J-1}-1$，$W_\varphi(J-1,m,n)$ 的大小为

$$2^{J-1}\times 2^{J-1} = (2^J/2)\times(2^J/2) = (M/2)\times(M/2)$$

它描绘的图像比原图像小，大小是原图像大小的 $1/4$。我们将 $W_\varphi(J-1,m,n)$ 描绘的图像记为 LL1。另外 3 个大小也是 $(M/2)\times(M/2)$ 的 $W_\psi^{\mathrm{H}}(J-1,m,n)$，$W_\psi^{\mathrm{V}}(J-1,m,n)$ 与 $W_\psi^{\mathrm{D}}(J-1,m,n)$ 分别描述图像在 $x$ 方向、$y$ 方向与对角线方向的细节，是对 $W_\varphi(J-1,m,n)$ 描绘的近似图像的修正，分别记为 HL1,LH1 与 HH1。图 9-8 给出图像 $f(x,y)$ 的一、二、三尺度分解。二尺度分解是在一尺度分解的 $W_\psi(J-1,m,n)$ 基础上，又给出了 $W_\varphi(J-2,m,n)$，$W_\psi^{\mathrm{H}}(J-2,m,n)$，$W_\psi^{\mathrm{V}}(J-2,m,n)$ 与 $W_\psi^{\mathrm{D}}(J-2,m,n)$ 4 个子图像。这 4 个子图像的大小是原图像大小的 $1/16$。三尺度分解是在二尺度分解的 $W_\varphi(J-2,m,n)$ 基础上所做的进一步分解，给出更加小的子图像：$W_\varphi(J-3,m,n)$，$W_\psi^{\mathrm{H}}(J-3,m,n)$，$W_\psi^{\mathrm{V}}(J-3,m,n)$ 与 $W_\psi^{\mathrm{D}}(J-3,m,n)$。

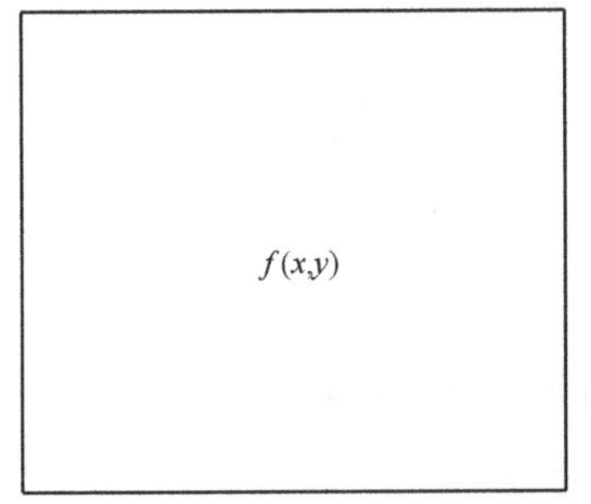

（a）图像f(x,y)

$W_\varphi(J-1,m,n)$ LL1　$W_\psi^{\mathrm{H}}(J-1,m,n)$ HL1

$W_\psi^{\mathrm{V}}(J-1,m,n)$ LH1　$W_\psi^{\mathrm{D}}(J-1,m,n)$ HH1

（b）图像f(x,y)的一尺度分解

LL2　HL2　LH2　HH2　HL1　LH1　HH1

（c）图像f(x,y)的二尺度分解

LL3　HL3　LH3　HH3　HL2　LH2　HH2　HL1　LH1　HH1

（d）图像f(x,y)的三尺度分解

图 9-8　图像 $f(x,y)$ 的多尺度分解

$j_0 = J-P$ 的 $P$ 尺度分解包含有 $(3\times P)+1$ 个子图像。这些子图像分成 $P$ 层。第 1 层子图像为 $j = J-1$（最大尺度）的 HH1、LH1 与 HL1；第 2 层子图像为 $j = J-2$ 的 HH2、LH2 与 HL2；…；最后第 $P$ 层子图像为 $j = J-P$ 与 $j_0 = J-P$ 的

HHP、LHP、HLP 与 LLP。第 1 层子图像的频率最高，第 2 层次之，最后第 $P$ 层的频率最低，特别是其中 LLP 是这一层 4 个子图像中频率最低的。LLP 是由 $W_\varphi(J-P,m,n)$ 描述的平滑图像，是原图像的近似。所有其他子图像都是对 LLP 近似图像的修正。

## 9.6 MATLAB 提供的小波变换函数

MATLAB 提供了很多用于小波分解和重构的函数。在对图像进行小波分解和重构时，首先要确定采用的小波基函数是什么？目前常用的小波有以下几种。

① haar 小波，haar 小波的表示式见式（9-39）。

② db$N$ 小波系列，$N$ 是小波的阶数。小波 $\psi$ 和尺度函数 $\varphi$ 的撑区为 $2N-1$。$N$ 取正整数。

③ biorNr.Nd 小波系列。Nr=1,Nd=1,3,5；Nr=2，Nd=2,4,6,8；Nr=3,Nd=1,3,5,7,9；Nr=4,Nd=4；Nr=5,Nd=5；Nr=6,Nd=6。

④ coif$N$ 小波系列，$N$=1,2,3,4,5。

⑤ sym$N$ 小波系列，$N$=2,3,…,8。

⑥ morl 小波。

⑦ mexh 小波。

MATLAB 提供的用于小波分解和重构的函数有以下几种。

（1）dwt2 函数（单尺度二维离散小波分解函数）

该函数用于二维离散小波变换（单尺度分解）。它的表达式为

```
[ca,ch,cv,cd]=dwt2(A, 'wname');
```

其中，A 是要进行小波变换的图像，wname 指定小波变换基函数。ca,ch,cv,cd 分别是图像经小波变换后得到的近似分量、水平分量、垂直分量和对角分量。

（2）idwt2 函数（单尺度二维离散小波重构函数）

该函数用于二维离散小波逆变换（单尺度重构），重构原始图像。它的表达式为

```
A= idwt2(ca,ch,cv,cd, 'wname');
```

它的作用是将图像经小波变换后所得到的 4 个分量 ca,ch,cv,cd 仍用原来的小波变换函数进行逆变换，构建原来的图像 A。

（3）wavedec2 函数（多尺度二维离散小波分解函数）

该函数用于二维离散小波变换（多尺度分解）。它的表达式为

```
[c,s]= wavedec2（A, n, 'wname');
```

它的作用是用 wname 指定的小波函数对图像 A 进行 n 尺度分解。n 取正整数。返回结果为分解系数矩阵 c 和相应的分解系数的长度矩阵 s。

（4）waverec2 函数（多尺度二维离散小波重构函数）

该函数用于二维离散小波逆变换（多尺度重构），重构原始图像。它的表达式为

A=waverec2(c,s, 'wname');

它的作用是将图像经小波变换后所得到的 c 与 s，仍用原来的变换小波函数进行逆变换，构建原来的图像 A。

（5）appcoef2 函数

该函数用于提取二维小波变换的近似分量。它的表达式为

B= appcoef2(c,s, 'wname');

B= appcoef2(c,s,'wname',n);

它的作用是利用二维小波分解函数 wavedec2 产生的多层小波分解结构 c 与 s，提取图像第 n 尺度的近似分量。wname 为指定的小波名称。n 的默认值为 n=size(s(1,:))−2，即长度 s 的行数减 2。

（6）detcoef2 函数

该函数用于提取二维小波变换的细节分量。它的表达式为

B=detcoef2(o,c,s,n);

它的作用是利用二维小波分解函数 wavedec2 产生的多层小波分解结构 c 与 s，提取图像第 n 尺度的细节分量。o 为指定细节的类型，当 o 分别取'h','v'与'd'时，提取图像第 n 尺度的水平分量、垂直分量和对角分量。

（7）upcoef2 函数

该函数用于对多尺度分解的近似分量或细节分量进行逆变换（重构）。它的表达式为

B=upcoef2(o,x,'wname');

B=upcoef2(o,x,'wname',n);

B=upcoef2(o,x,'wname',n,s);

其中 o 为指定细节的类型。当 o 取'a'时，对图像第 n 尺度的近似分量 x 进行逆变换（重构）。当 o 分别取'h','v'与'd'时，对图像第 n 尺度的水平分量，垂直分量和对角分量进行逆变换（重构），x 取相应的分量。

［示例 9-3］ 利用 dwt2 函数对图像进行单尺度小波分解，再用 idwt2 函数对已分解的图像进行重构。

```
A=imread('2-16a.jpg');
A=rgb2gray(A);
```

```
[ca1,chd1,cvd1,cdd1]=dwt2(A,'bior3.7');          % 利用小波函数 bior3.7 对图像 A 进行单尺度小波分解
A1=idwt2(ca1,chd1,cvd1,cdd1,'bior3.7');          % 利用分解后的 4 个分量重构原图像
subplot(2,3,1),imshow(A);                        % 显示原始图像
subplot(2,3,2),imshow(uint8(ca1));               % 显示近似系数分量
subplot(2,3,3),imshow(uint8(chd1)*14);           % 显示水平细节分量，*14 是为了能显示清楚
subplot(2,3,4),imshow(uint8(cvd1)*14);           % 显示垂直细节分量
subplot(2,3,5),imshow(uint8(cdd1)*14);           % 显示对角细节分量
subplot(2,3,6),imshow(uint8(A1))                 % 显示重构图像
```

程序运行后，输出图像如图 9-9 所示。

（a）原始图像

（b）近似系数分量

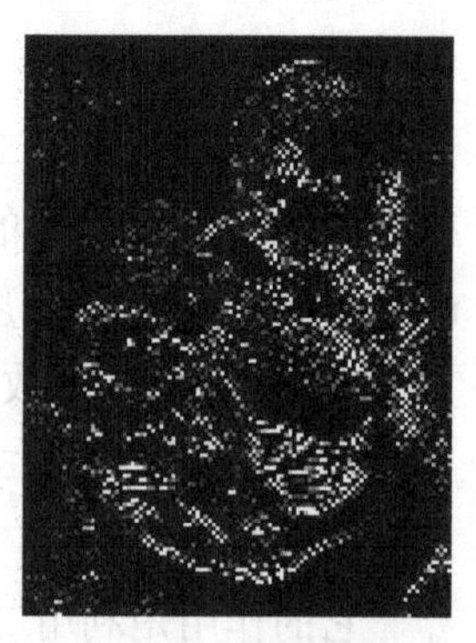

（c）水平细节分量

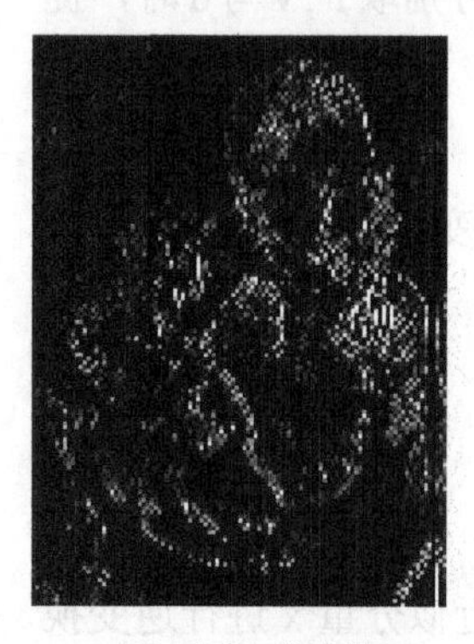

（d）垂直细节分量

（e）对角细节分量

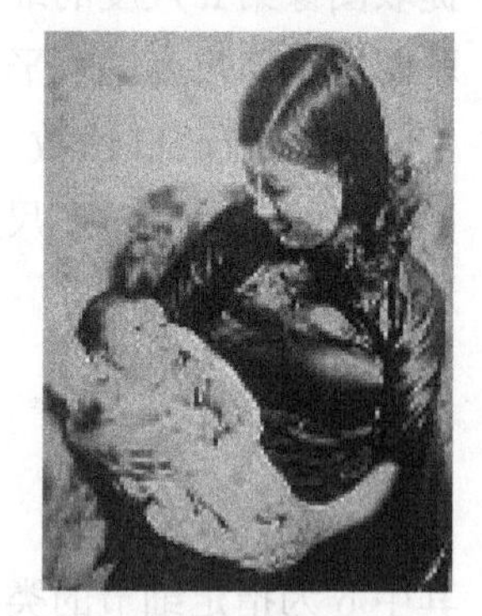

（f）重构图像

图 9-9　dwt2 与 idwt2 函数应用示例

［示例 9-4］利用 wavedec2 函数对图像进行二尺度小波分解，并利用 appcoef2 函数提取图像分解后的第二尺度近似系数分量，利用 detcoef2 函数提取第二尺度和第一尺度的细节分量，最后利用 waverec2 函数重构原图像。

```
A=imread('2-16a.jpg');
A=rgb2gray(A);
[c,s]=wavedec2(A,2,'db2');              % 利用小波函数 db2 对图像 A 进行二尺度小波分解
ca2=appcoef2(c,s,'db2',2);              % 提取二尺度变换的近似分量
ch2=detcoef2('h',c,s,2);                % 提取二尺度变换的第二层水平细节分量
cv2=detcoef2('v',c,s,2);                % 提取二尺度变换的第二层垂直细节分量
cd2=detcoef2('d',c,s,2);                % 提取二尺度变换的第二层对角细节分量
ch1=detcoef2('h',c,s,1);                % 提取二尺度变换的第一层水平细节分量
cv1=detcoef2('v',c,s,1);                % 提取二尺度变换的第一层垂直细节分量
cd1=detcoef2('d',c,s,1);                % 提取二尺度变换的第一层对角细节分量
A1=waverec2(c,s,'db2');                 % 对已分解的图像进行重构
subplot(3,3,1),imshow(A);               % 以下显示各种图像
subplot(3,3,2),imshow(uint8(ca2));
subplot(3,3,3),imshow(uint8(ch2)*8);         % 细节分量*8 是为了能显示清楚
subplot(3,3,4),imshow(uint8(cv2) *8);
subplot(3,3,5),imshow(uint8(cd2) *8);
subplot(3,3,6),imshow(uint8(ch1) *8);
subplot(3,3,7),imshow(uint8(cv1) *8);
subplot(3,3,8),imshow(uint8(cd1) *8);
subplot(3,3,9),imshow(uint8(A1))
```

程序运行后输出图像如图 9-10 所示。

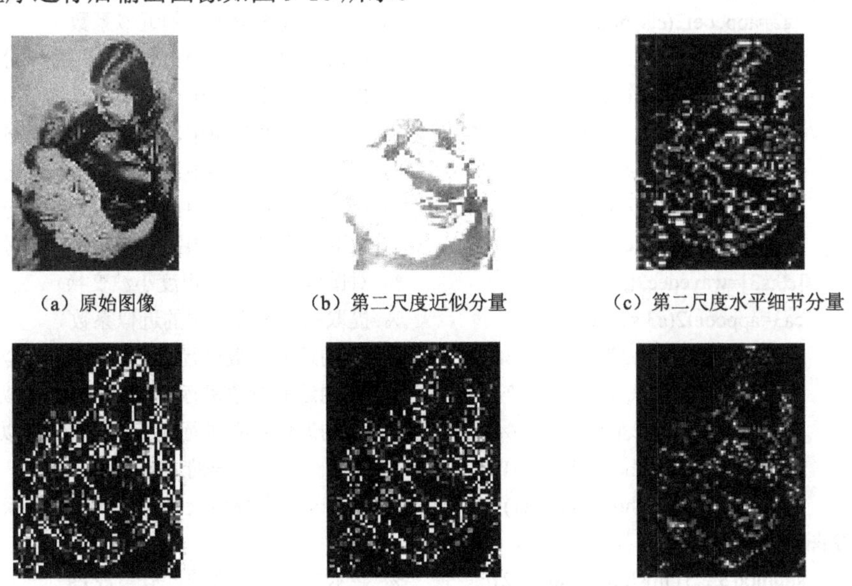

（a）原始图像　（b）第二尺度近似分量　（c）第二尺度水平细节分量

（d）第二尺度垂直细节分量　（e）第二尺度对角细节分量　（f）第一尺度水平细节分量

图 9-10　wavedec2、appcoef2、detcoef2 与 waverec2 函数应用示例

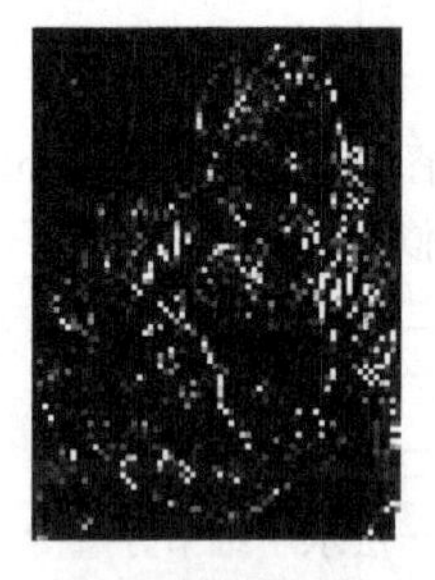

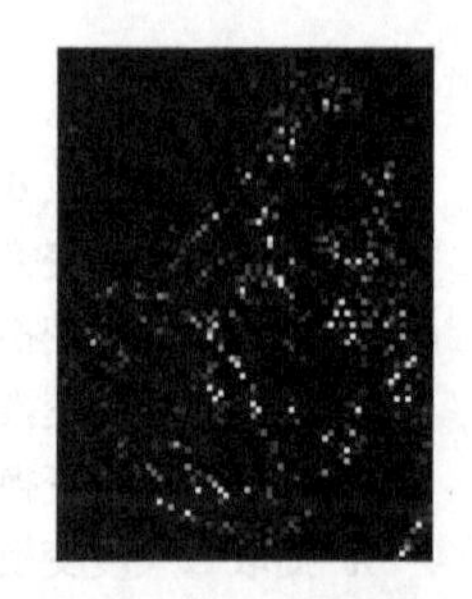

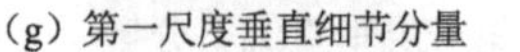

（g）第一尺度垂直细节分量　　（h）第一尺度对角细节分量　　（i）重构图像

图 9-10　wavedec2、appcoef2、detcoef2 与 waverec2 函数应用示例（续）

［示例 9-5］ 利用函数 upcoef2 对图像一、二、三尺度小波变换的近似系数进行逆变换，重构近似原始图像。对二尺度小波变换中第二层水平细节分量，垂直细节分量和对角细节分量进行逆变换，重构相应图像。最后利用函数 idwt2 对一尺度小波变换进行逆变换，重构原始图像。利用函数 waverec2 对二、三尺度小波变换进行逆变换，重构原始图像。

```
A=imread('2-16a.jpg');
A=rgb2gray(A);
[ca1,ch1,cv1,cd1]=dwt2(A,'db2');            % 对图像 A 进行一尺度小波变换
[c,s]=wavedec2(A,2,'db2');                  % 对图像 A 进行二尺度小波变换
ca2=appcoef2(c,s,'db2',2);                  % 提取二尺度变换中的近似系数
ch22=detcoef2('h',c,s,2);                   % 提取二尺度变换中第二层水平细节分量
cv22=detcoef2('v',c,s,2);                   % 提取二尺度变换中第二层垂直细节分量
cd22=detcoef2('d',c,s,2);                   % 提取二尺度变换中第二层对角细节分量
ch21=detcoef2('h',c,s,1);                   % 提取二尺度变换中第一层水平细节分量
cv21=detcoef2('v',c,s,1);                   % 提取二尺度变换中第一层垂直细节分量
cd21=detcoef2('d',c,s,1);                   % 提取二尺度变换中第一层对角细节分量
[c3,s3]=wavedec2(A,3,'db2');                % 对图像 A 进行三尺度小波变换
ca3=appcoef2(c3,s3,'db2',3);                % 提取三尺度变换中的近似系数
a1=upcoef2('a',ca1,'db2',1);      % 对一尺度变换的近似系数进行逆变换，重构近似原图像
a2=upcoef2('a',ca2,'db2',2);      % 对二尺度变换的近似系数进行逆变换，重构近似原图像
a3=upcoef2('a',ca2,'db2',3);      % 对三尺度变换的近似系数进行逆变换，重构近似原图像
subplot(3,2,1),imshow(uint8(ca1));          % 显示一尺度变换的近似系数 ca1
subplot(3,2,2),imshow(uint8(a1));           % 显示一尺度变换近似系数 ca1 逆变换重构的
近似原图像
subplot(3,2,3),imshow(uint8(ca2));          % 显示二尺度变换的近似系数 ca2
subplot(3,2,4),imshow(uint8(a2));           % 显示二尺度变换近似系数 ca2 逆变换重构的
近似原图像
```

```
        subplot(3,2,5),imshow(uint8(ca3));              % 显示三尺度变换的近似系数 ca3
        subplot(3,2,6),imshow(uint8(a3));               % 显示三尺度变换近似系数 ca3 逆变换重构的
近似原图像
        h22= upcoef2('h',ch22,'db2',2);         % 对二尺度变换中第二层水平细节分量进行逆变换
        v22= upcoef2('v',cv22,'db2',2);         % 对二尺度变换中第二层垂直细节分量进行逆变换
        d22= upcoef2('d',cd22,'db2',2);         % 对二尺度变换中第二层对角细节分量进行逆变换
        figure;
        subplot(2,3,1),imshow(uint8(ch22)*8); subplot(2,3,2),imshow(uint8(cv22)*8);
        subplot(2,3,3),imshow(uint8(cd22)*8); subplot(2,3,4),imshow(uint8(h22)*8);
        subplot(2,3,5),imshow(uint8(v22)*8); subplot(2,3,6),imshow(uint8(d22)*8);
        B=idwt2(ca1,ch1,cv1,cd1,'db2');                 % 对一尺度变换进行逆变换，重构原图像
        C=waverec2(c,s,'db2');                          % 对二尺度变换进行逆变换，重构原图像
        D= waverec2(c3,s3,'db2');                       % 对三尺度变换进行逆变换，重构原图像
        Figure;
        subplot(2,2,1),imshow(A); subplot(2,2,2),imshow(uint8(B));
        subplot(2,2,3),imshow(uint8(C)); subplot(2,2,4),imshow(uint8(D));
```

程序运行后，由近似系数逆变换重构的近似原始图像，如图 9-11 所示。

（a）一尺度近似系数

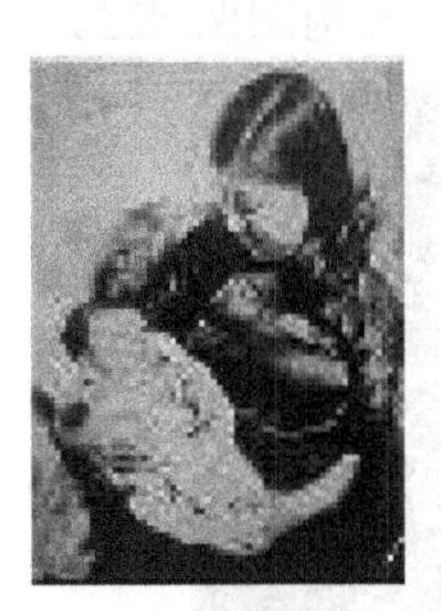

（b）由一尺度近似系数重构的近似原始图像

（c）二尺度近似系数

（d）由二尺度近似系数重构的近似原始图像

图 9-11　upcoef2、idwt2 与 waverec2 函数应用示例

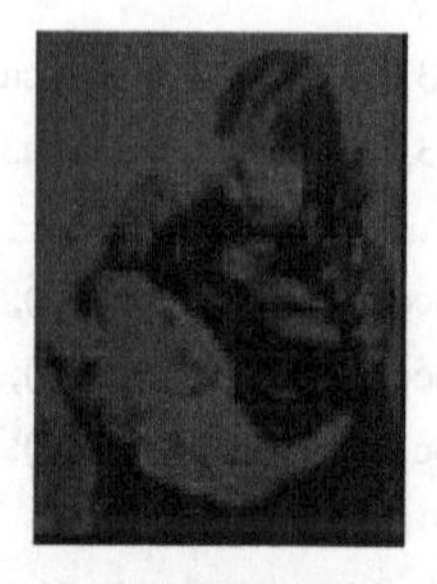

（e）三尺度近似系数　　（f）由三尺度近似系数重构的近似原始图像

图 9-11　upcoef2、idwt2 与 waverec2 函数应用示例（续）

可以看出，由三种尺度变换的近似系数重构的近似原始图像都基本上保持了原图像的面貌。尺度越大，重构的近似图像质量越差。

由三种细节分量逆变换重构的图像，如图 9-12 所示。其中图（a）为二尺度变换中第二层水平细节分量 ch22；图（b）为二尺度变换中第二层垂直细节分量 cv22；图（c）为二尺度变换中第二层对角细节分量 cd22；图（d）为水平细节分量 ch22 的重构图像 h22；图（e）为垂直细节分量 cv22 的重构图像 v22；图（f）为对角细节分量 cd22 的重构图像 d22。

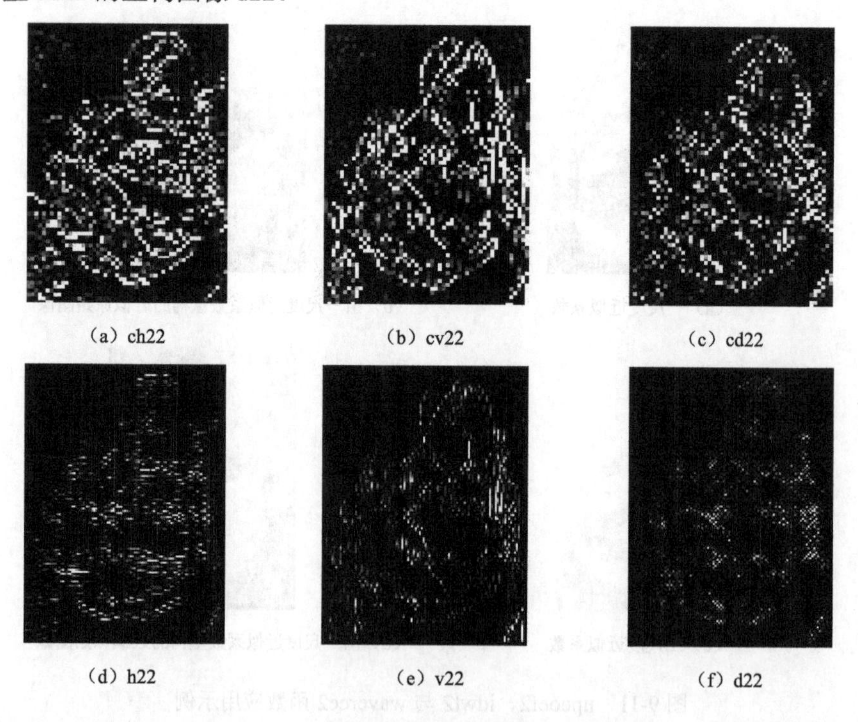

（a）ch22　（b）cv22　（c）cd22

（d）h22　（e）v22　（f）d22

图 9-12　由三种细节分量逆变换重构的图像

由三种尺度小波变换的逆变换重构的原始图像，如图 9-13 所示。可以看出，这三种重构的原始图像，都同原始图像相同。

（a）原始图像

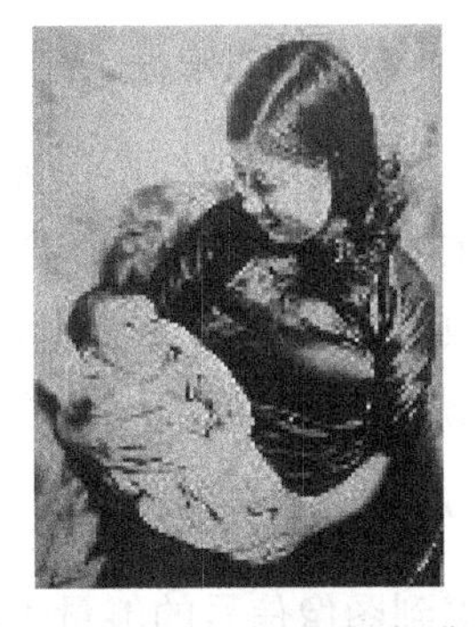

（b）一尺度逆变换重构的原图像

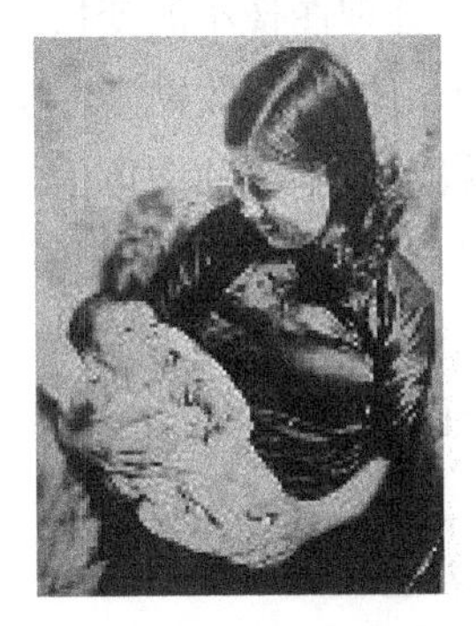

（c）二尺度逆变换重构的原图像

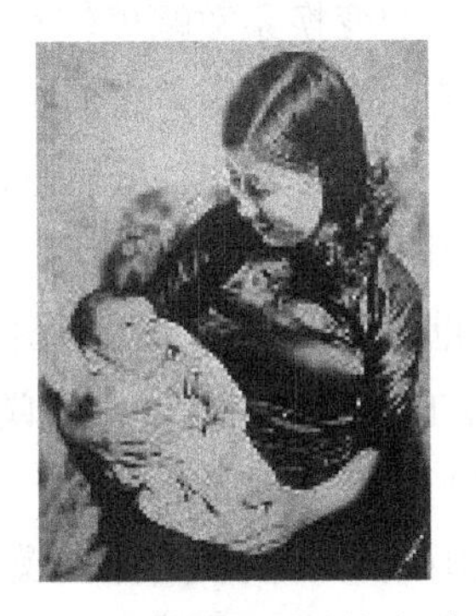

（d）三尺度逆变换重构的原图像

图 9-13　由三种尺度小波变换的逆变换重构的图像

# 9.7　小波变换的应用

## 9.7.1　图像去噪

带有噪声的图像，可以利用图像信号与噪声信号在小波变换时具有不同的特性，削弱和消除噪声。

图像信号在小波变换后，少量变换系数集中了图像信号的绝大部分能量，即这些系数具有很大的幅值，并且这些系数集中分布在尺度小的低频区。多数图像信号的变换系数幅值很小，接近于 0。

噪声信号的小波变换系数则不同，它们均匀地分布在整个尺度空间，幅值也相差不大。

利用图像信号与噪声信号小波变换系数的上述不同特性来削弱和消除噪声，有以下两种常用的方法。

### 1. 小波分解去噪法

含有噪声的图像经两层（二尺度）小波分解后，位于第二层的近似系数保存了图像的主要信息，基本上不含有噪声信息。噪声信息主要分布在第一层和第二层的细节系数上。如果只保留近似系数，抛弃所有细节系数，就可以大大削弱噪声。利用函数 waverec2 对近似系数进行逆变换，得到的重构图像就基本上不含有噪声了。

### 2. 小波阈值去噪法

考虑到图像信号的能量大部分集中少数变换系数上，这些系数的幅值很大，而噪声信息的变换系数幅值较小。可以选择一定的阈值来处理图像小波变换系数，将大于阈值的系数保留，它们被认为是图像信号；将小于阈值的系数抛弃，大部分噪声信息一定包含其中。虽然被抛弃的系数中有很多是属于小幅值的图像信号的，但它们对图像的质量影响不大。最后将经过阈值处理过的系数进行小波逆变换，这样得到的重构图像是已去噪的图像。

MATLAB 为图像的小波阈值去噪提供了以下几个函数。

（1）函数 ddencmp

该函数用于获取图像去噪或压缩阈值选取。它的表达式为

```
[thr, sorh, keepapp] = ddencmp (IN1,IN2,X);
```

其中 X 为输入图像；IN1 是去噪与压缩的选择，IN1 取值'den'为去噪，IN1 取值'cmp'为压缩；IN2 是进行分解的方式，小波分解取值'wv'，小波包分解取值'wp'。输出参数 thr 是该函数选择的阈值。sorh 是该函数对选择的阈值使用的方式，取值'h'为硬阈值方式，取值's'为软阈值方式。硬阈值方式与软阈值方式都是抛弃幅值小于阈值的系数，保留幅值大于阈值的系数，只是硬阈值方式保留的系数是原来的系数，而软阈值方式保留的是将原来的系数经过一定数学运算后的系数。keepapp 决定是否对近似系数进行阈值处理。keepapp 取 1 表示不对近似系数进行阈值处理。

（2）函数 wdencmp

该函数用于图像的去噪或压缩。它的表达式为

```
[xc,cxc,lxc,perf0,perfl2]=wdencmp('type', x,'wname',n,thr,sorh,keepapp);
```

在图像 x 经过'wname'指定的小波进行 n 层分解并通过函数 ddencmp 获取阈值后，该函数对小波系数进行去噪阈值处理，并输出去噪后的图像 xc。type 取值'gbl'表示各层都用同一个阈值处理。type 取值'lvd'表示各层用不同的阈值处理。thr 为阈值向量。sorh 为硬阈值方式（取值'h'）与软阈值方式（取值's'）的选择。keepapp 取 1 表示不对近似系数进行阈值处理。[cxc,lxc]是 xc 的小波分解结构。Perf0 是小

波系数设置为 0 的百分比。perfl2 是压缩后图像能量的百分比。

（3）函数 wthcorf2

该函数用于小波系数的阈值去噪。它的表达式为

nc=wthcoef2 ('type',c,s,n,p,sorh)

其中 type 表示选取什么样的系数进行阈值处理，如 type 取值't'表示对高频系数进行阈值处理；取值'd'表示对对角细节系数进行阈值处理。[c,s]是图像经小波分解后的结构参数。n 为要消除的细节尺度向量，p 是阈值向量，sorh 取值'h'为硬阈值方式，取值's'为软阈值方式。输出参数 nc 同[c,s]中的 s 组合构成新的结构参数[nc, s]。这是经过阈值处理后的小波分解结构。通过函数 waverec2 对[nc, s]重构的图像

X1=waverec2(nc,s,'wname')

为已消除了噪声的图像。

［示例 9-6］ 用小波分解去噪法对含有噪声的图像去噪。

```
A=imread('5-20a.jpg');                    % 输入含有噪声的彩色图像 A
A=rgb2gray(A);                            % 将 A 转化为灰度图像
[ca1,ch1,cv1,cd1]=dwt2(A,'db2');          % 对 A 进行一尺度分解
[c,s]=wavedec2(A,2,'db2');                % 对 A 进行二尺度分解
ca2=appcoef2(c,s,'db2',2);                % 提取二尺度分解的近似系数
a1=upcoef2('a',ca1,'db2',1);              % 将一尺度分解的近似系数重构图像
a2=upcoef2('a',ca2,'db2',2);              % 将二尺度分解的近似系数重构图像
subplot(1,3,1),imshow(A);                 % 显示含有噪声的图像
subplot(1,3,2),imshow(uint8(a1));         % 显示一尺度近似系数重构的图像
subplot(1,3,3),imshow(uint8(a2))          % 显示二尺度近似系数重构的图像
```

程序运行后，输出图像如图 9-14 所示。比较一尺度分解近似系数重构图像与二尺度分解近似系数重构图像看出，二尺度比一尺度去噪能力更强。

（a）含有噪声的图像

（b）由一尺度近似系数重构的图像

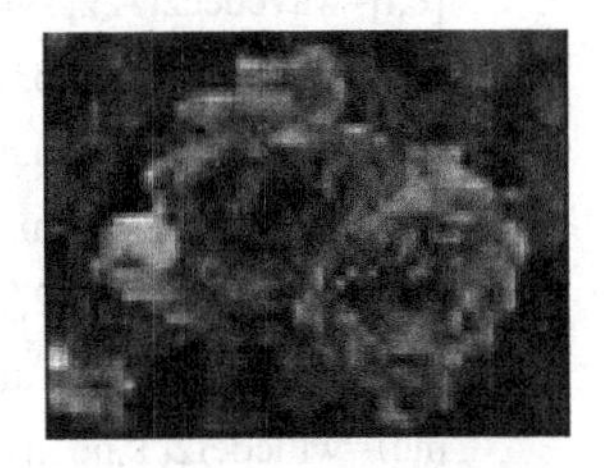

（c）由二尺度近似系数重构的图像

图 9-14 小波分解去噪法应用示例

［示例 9-7］ 利用小波阈值去噪函数 ddencmp 与 wdencmp 对含有噪声的图像去噪。

```
A=imread('5-20a.jpg');
A=rgb2gray(A);
A=rgb2gray(A);                                       % 将 A 转化为灰度图像
[c,s]=wavedec2(A,2,'sym5');                          % 对 A 进行二尺度分解
[thr, sorh, keepapp] = ddencmp('den','wv',A);        % 计算去噪的默认阈值 thr
xc =wdencmp('gbl', c, s, 'sym5', 2, thr, sorh, keepapp); % 对小波系数进行阈值处理后输出
去噪图像 xc
subplot(1,2,1),imshow(A);
subplot(1,2,2),imshow(uint8(xc ))
```

程序运行后，输出图像如图 9-15 所示。

（a）含有噪声的图像

（b）去噪后的图像

图 9-15　小波阈值去噪函数 ddencmp 与 wdencmp 应用示例

［示例 9-8］ 利用函数 wthcoef2 对含有噪声的图像去噪。对比两种小波的去噪效果。

```
A=imread('5-20a.jpg');                  % 输入含有噪声的彩色图像 A
A=rgb2gray(A);                          % 将 A 转化为灰度图像
n=[1,2];                                % 设置尺度向量
p=[10.28,24.08];                        % 设置阈值向量
[c,l]=wavedec2(A,2,'sym5');             % 对 A 用小波 sym5 进行二尺度分解
nc=wthcoef2('t',c,l,n,p,'s');           % 对高频系数进行阈值处理
mc=wthcoef2('t',nc,l,n,p,'s');          % 再次对高频系数进行阈值处理
B=waverec2(mc,l,'sym5');                % 对处理后的系数进行重构
[c1,l1]=wavedec2(A,2,'db2');            % 对 A 用小波 db2 进行二尺度分解
nc1=wthcoef2('t',c1,l1,n,p,'s');        % 对高频系数进行阈值处理
mc1=wthcoef2('t',nc1,l1,n,p,'s');       % 再次对高频系数进行阈值处理
B1=waverec2(mc1,l1,'db2');              % 对处理后的系数进行重构
subplot(1,3,1),imshow(A);               % 显示含有噪声的图像
subplot(1,3,2),imshow(uint8(B));        % 显示用小波 sym5 的去噪图像
subplot(1,3,3),imshow(uint8(B1))        % 显示用小波 db2 的去噪图像
```

程序运行后，输出图像如图 9-16 所示。可以看出，用两种小波进行阈值去噪的效果差别不大。

（a）含有噪声的图像

（b）用小波 sym5 的去噪图像

（c）用小波 db2 的去噪图像

图 9-16　小波阈值去噪函数 wthcoef2 应用示例

## 9.7.2　图像增强与锐化

图像经小波分解后的低尺度（低频）系数包含了图像的大部分能量，是构成图像的基础，而高频系数则构成图像的轮廓。图像增强就是要加强低频成分，抑制高频成分。图像锐化正好相反，要增强高频成分，抑制低频成分。

［示例 9-9］　通过小波变换，对图像进行增强处理。

```
A=imread('2-16a.jpg');
A=rgb2gray(A);
[c,s]=wavedec2(A,2,'sym4');              % 用小波 sym4 对 A 进行二尺度分解
sizec=size(c);                           % 计算 c 的大小
for i=1:sizec(2)                         % 增强低频成分，抑制高频成分
if c(i)>350
c(i)=1.5*c(i);
else
c(i)=0.5*c(i);
end
end
B=waverec2(c,s,'sym4');                  % 将处理后的成分重构，得到增强图像
subplot(1,2,1),imshow(A);
subplot(1,2,2),imshow(uint8(B))
```

程序运行后，输出图像如图 9-17 所示。

（a）原始图像

（b）增强后的图像

图 9-17　小波变换增强图像

［示例 9-10］ 通过小波变换，对图像进行锐化处理。

```
A=imread('2-16a.jpg');
A=rgb2gray(A);
[c,s]=wavedec2(A,2,'sym4');                % 用小波 sym4 对 A 进行二尺度分解
sizec=size(c);                             % 计算 c 的大小
for i=1:sizec(2)                           % 增强高频成分，抑制低频成分
if c(i)<350
c(i)=1.2*c(i);
else
c(i)=0.8*c(i);
end
end
B=waverec2(c,s,'sym4');                    % 将处理后的成分重构，得到锐化图像
subplot(1,2,1),imshow(A);
subplot(1,2,2),imshow(uint8(B))
```

程序运行后，输出图像如图 9-18 所示。

（a）原始图像

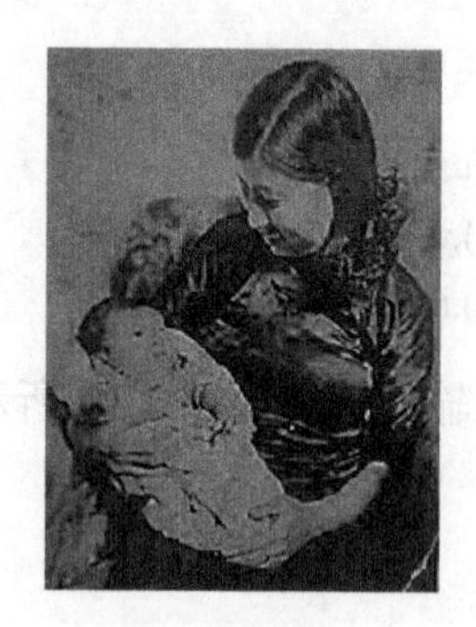
（b）锐化图像

图 9-18　小波变换锐化图像

### 9.7.3　图像压缩编码

二维离散图像 $f(x,y)$ 经小波变换后，得到一系列系数 $W_{\varphi}(j_0,m,n)$ 与 $W_{\psi}^{i}(j,m,n)$ $(i=\mathrm{H,V,D})$。这些系数通过小波变换的逆变换，又可以重建原图像。实践表明，小波变换能将图像的能量集中到少数系数上，并且分解后的小波系数在三个方向上的细节分量有高度的局部相关性。这为进一步量化提供了有利的条件。因此，用小波变换编码可以获得较高的压缩比，而且压缩的速度较快。

一幅图像经小波变换后得到不同尺度 $j$ 的子图像，$j$ 值愈大的子图像对应的频率愈高。如式（9-67）与式（9-68）所示的小波变换保持图像在变换前后能量守恒：

$$\sum_{x=0}^{M-1}\sum_{y=0}^{M-1}|f(x,y)|^2=\sum_{m=0}^{2^{j_0}-1}\sum_{n=0}^{2^{j_0}-1}\left|W_{\varphi}(j_0,m,n)\right|^2+\sum_{i=H,V,D}\sum_{j=j_0}^{J-1}\sum_{m=0}^{2^j-1}\sum_{n=0}^{2^j-1}\left|W_{\psi}^{i}(j,m,n)\right|^2 \quad (9\text{-}70)$$

小波变换具有将能量集中到低频率子图像的特性，高频率子图像只获得很小比例的能量。这表示低频系数的绝对值很大，高频系数的绝对值很小。在对图像编码时，我们可以对高频部分的大多数系数分配较少的比特，或甚至于可以将它们量化为0。这就可以达到图像压缩的目的。对一幅 $512\times512$ 像素、灰度级为258的图像进行4尺度分解，得到4个层次的子图像。对每一个子图像，可以计算它的能量占总能量的比例。例如，HH1与LL4子图像的能量占总能量的比例分别为

$$\sum_{m=0}^{2^{J-1}-1}\sum_{n=0}^{2^{J}-1}\left|W_{\psi}^{\mathrm{D}}(J-1,m,n)\right|^2 / \sum_{x=0}^{M-1}\sum_{y=0}^{M-1}|f(x,y)|^2$$

$$\sum_{m=0}^{2^{J-4}-1}\sum_{n=0}^{2^{J-4}-1}\left|W_{\varphi}(J-4,m,n)\right|^2 / \sum_{x=0}^{M-1}\sum_{y=0}^{M-1}|f(x,y)|^2$$

在表9-2中列出了所有子图像能量占总能量的百分比，各子图像能量的百分比有以下规律：

（1）HH1,2,3,4的子图像能量百分比由0.21逐渐增大到0.79；

（2）LH1,2,3,4的子图像能量百分比由0.43逐渐增大到2.81；

（3）HL1,2,3,4的子图像能量百分比由0.43逐渐增大到2.10；

（4）最低频率的LL4子图像能量百分比特别大，为86.31。

如果将第一、第二层子图像系数全部置于0，这就将15/16的系数抛弃了，只保留了1/16的系数，图像的压缩比为16:1。虽然少了15/16的系数，丢失的能量却只占总能量的百分之3.63。用1/16的系数重建的图像，从视觉上看，几乎同原始图像没有什么区别。这种量化过于简单，为了取得更加理想的压缩效果，可以采用更好的量化方法，如阈值量化方法。

表 9-2 子图像能量在总能量中的占比

| 层次 | 第一层 | | | 第二层 | | | 第三层 | | | 第四层 | | | |
|---|---|---|---|---|---|---|---|---|---|---|---|---|---|
| 子图像 | HH1 | LH1 | HL1 | HH2 | LH2 | HL2 | HH3 | LH3 | HL3 | HH4 | LH4 | HL4 | LL4 |
| 能量/% | 0.21 | 0.43 | 0.43 | 0.38 | 1.04 | 1.14 | 0.55 | 1.86 | 1.95 | 0.79 | 2.81 | 2.10 | 86.31 |
| 能量/% | 1.07 | | | 2.56 | | | 4.36 | | | 92.01 | | | |

阈值量化方法就是将系数绝对值大于等于阈值 $g$ 的系数保留，将不满足这个条件的系数抛弃。将小波展开系数统一记为 $C(i,j)$ ，阈值量化的公式为

$$C(i,j)=\begin{cases}C(i,j), & |C(i,j)|\geqslant g\\0, & |C(i,j)|<g\end{cases} \tag{9-71}$$

阈值 $g$ 的确定方法有两种，一种是对所有系数统一采用一个阈值，另一种是对不同子图像的系数采用不同的阈值。由于人眼对低频图像信号比较敏感，对高频图像信号不太敏感，我们在确定阈值时，对于反映低频图像信号的系数给予较低的阈值，保留更多的低频系数；对于反映高频图像信号的系数给予较高的阈值，抛弃更多的高频系数。

小波系数经过量化后，大部分系数被删除了，只留下了少量重要的系数。对这些少量的系数可以用变长编码，如霍夫曼编码、行程编码与算术编码等来进行编码。对上述编码进行解码可以重新得到这些系数，将这些系数代入小波逆变换公式（9-69），得到的是 $f(x,y)$ 的近似式。由 $f(x,y)$ 的近似式显示的图像在视觉上同原图像是难以区别的。

MATLAB 对小波变换图像去噪采用的函数 ddencmp 与 wdencmp 也是用于图像压缩的函数。现在对这两个函数再重复介绍一次。函数 ddencmp 用于获取小波变换图像压缩的阈值 thr 等参数时，它的表达式为

```
[thr, sorh, keepapp]=ddencmp('cmp','wv', x);
```

其中 x 为输入图像，thr 为阈值，sorh 采用阈值的方式：硬阈值还是软阈值。在图像压缩中一般采用硬阈值方式，即 sorh 取值'h'。通常对近似系数不进行阈值处理，keepapp=1。

函数 wdencmp 用于图像压缩时的表达式为

```
[xc,cxc,lxc,perf0,perfl2]=wdencmp('type', x,'wname', n, thr, sorh, keepapp);
```

在图像 x 经过'wname'指定的小波进行 n 层分解并通过函数 ddencmp 获取阈值后，该函数对小波系数进行图像压缩的阈值处理，并输出压缩后的图像 xc。type 取值'gbl'表示各层都用同一个阈值处理。type 取值'lvd'表示各层用不同的阈值处理。thr 为阈值。sorh 为硬阈值方式（取值'h'）与软阈值方式（取值's'）的选择。keepapp 取 1

表示不对近似系数进行阈值处理。[cxc,lxc]是 xc 的小波分解结构。Perf0 是小波系数设置为 0 的百分比。perfl2 是压缩后图像能量的百分比。

MATLAB 为小波图像去噪或压缩的分层阈值处理计算各层阈值提供了函数 wdcbm2，这个函数的表达式为

[thr, nkeep] = wdcbm2(c, s, alpha, m);

其中，[c, s]是小波的 n 层分解结构，alpha 与 m 取大于 1 的实数。在一般情况下，alpha 取值 1.5。m 的默认值为 prod(s(1, :))，m 的推荐值为 6* prod(s(1, :))。输出参数 thr 为图像去噪或压缩的阈值。thr 是一个 3×j 的矩阵。thr(:, i)是包含水平，垂直与对角 3 个方向的第 i 层独立的阈值。nkeep 是一个长度为 j 的矢量，nkeep(i)是第 i 层保留的系数。

［示例 9-11］ 利用函数 ddencmp 与 wdencmp 对图像进行压缩处理。

```
x=imread('2-16a.jpg');
x=rgb2gray(x);
[c,s]=wavedec2(x,2,'sym5');                           % 用小波 sym5 对 A 进行二尺度分解
[thr, sorh, keepapp] = ddencmp('cmp','wv',x);         % 计算阈值 thr
[xc, cxc, lxc, perf0, perfl2] = wdencmp('gbl',x,'sym5',2,thr,sorh,keepapp);  % 对图像 x 进行
全局阈值处理
subplot(1,2,1),imshow(x);
subplot(1,2,2),imshow(uint8(xc))
thr                                                   % 显示阈值 thr,
perf0                                                 % 显示置 0 系数百分比 perf0
perfl2                                                % 显示压缩图像能量百分比 perfl2
```

程序运行后，输出图像如图 9-19 所示。输出参数显示，阈值 thr=2.0000，置 0 系数百分比：perf0 =47.4087，压缩图像能量百分比：perfl2 =99.9983。

（a）原始图像

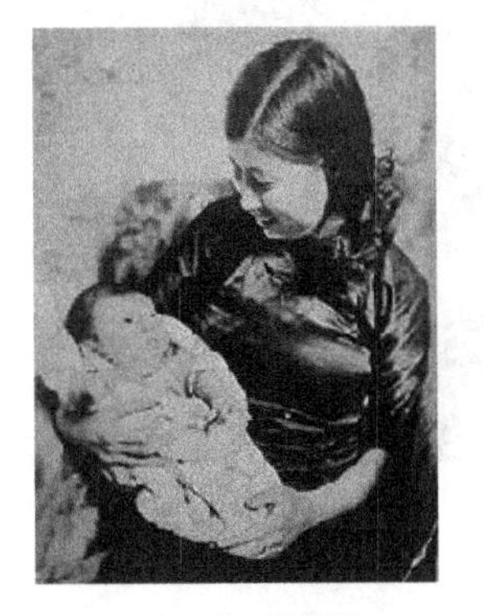

（b）压缩后的图像

图 9-19　全局阈值压缩

［示例 9-12］ 自行设置阈值 thr = 10, 40, 100, 利用函数 wdencmp 对图像进行压缩处理。

```
X=imread('2-16a.jpg');
X=rgb2gray(X);
[c,s]=wavedec2(X,2,'sym5');                                        % 用小波 sym5 对 X 进行二尺度分解
thr =10; sorh='h'; keepapp=1;                                      % 设置阈值等参数
[xc, cxc, lxc, perf0, perfl2] = wdencmp('gbl', X, 'sym5', 2, thr, sorh, keepapp);   % 对图像X 进行全局阈值处理
subplot(2,2,1),imshow(X);                                          % 显示原图像
subplot(2,2,2),imshow(uint8(xc));                                  % 显示阈值为 10 的压缩图像
perf0                                                              % 显示置 0 系数百分比 perf0
perfl2                                                             % 显示压缩图像能量百分比 perfl2
thr =40;                                                           % 设置阈值
[xc, cxc, lxc, perf0, perfl2] = wdencmp('gbl', X, 'sym5', 2, thr, sorh, keepapp);   % 对图像X 进行全局阈值处理
thr1 =100;                                                         % 设置阈值
[xc1, cxc1, lxc1, perf01, perfl21] = wdencmp('gbl', X, 'sym5', 2, thr1, sorh, keepapp);   % 对图像 X 进行全局阈值处理
figure;
subplot(2,2,1),imshow(uint8(xc));                                  % 显示阈值为 40 的压缩图像
subplot(2,2,2),imshow(uint8(xc1));                                 % 显示阈值为 100 的压缩图像
perf0, perfl2
perf01, perfl21
```

程序运行后，输出图像如图 9-20 所示。

（a）原始图像

（b）阈值=10，置 0 系数百分比 76.3889%、压缩图像能量百分比 99.9695%

图 9-20 不同阈值压缩比对

（c）阈值=40，置 0 系数百分比 89.5166%、压缩图像能量百分比 99.7402%

（d）阈值=100，置 0 系数百分比 92.6070%、压缩图像能量百分比 99.2954%

图 9-20　不同阈值压缩比对（续）

［示例 9-13］ 利用函数 wdcbm2 计算分层阈值，对图像进行分层阈值压缩处理。

```
x=imread('2-16a.jpg');
x=rgb2gray(x);
[c,s]=wavedec2(x, 3, 'bior3.5' );                 % 用小波 bior3.5 对 A 进行二尺度分解
alpha=1.5;                                         % 设置函数 wdcbm2 中的参数
m=prod(s(1,:));
[thr, nkeep]=wdcbm2(c, s, alpha, m);               % 计算分层阈值
[xc, cxc, lxc, perf0, perfl2] = wdencmp ( 'lvd', c, s,' bior3.5', 3, thr, 'h'); % 对图像x进行分层阈值处理
subplot(1,2,1),imshow(x);                          % 显示原始图像
subplot(1,2,2),imshow(uint8(xc))                   % 显示压缩图像
thr                                                % 显示阈值 thr
perf0                                              % 显示置 0 系数百分比 perf0
perfl2                                             % 显示压缩图像能量百分比 perfl2
```

程序运行后，

显示阈值 thr =

```
53.6787   177.3233   196.0751
53.6787   177.3233   196.0751
53.6787   177.3233   196.0751
```

置 0 系数百分比 perf0 =96.1872

压缩图像能量百分比 perfl2 =98.5162

输出图像如图 9-21 所示。

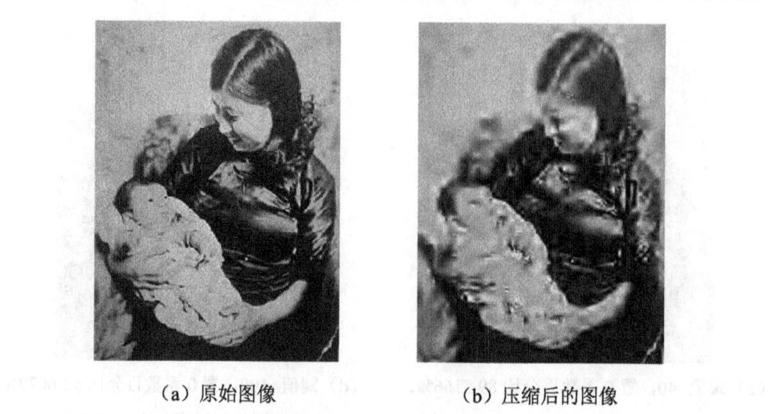

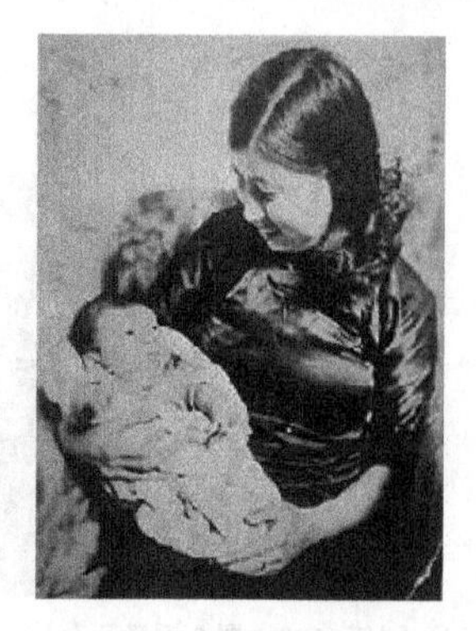

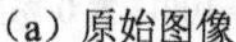

（a）原始图像　　（b）压缩后的图像

图 9-21　分层阈值压缩

# 第 10 章　图像识别

这里提到的图像识别是指计算机对图像的识别，数字图像处理的一个重要任务是要让计算机能像人的视觉一样对图像进行识别。这样，计算机就可以代替人对医疗检查中的 X 光片、脑电图与心电图进行诊断，对天气预报的卫星云图进行分析判断，以及对指纹、人脸、汽车牌照、签名与钱币等进行识别。目前，图像识别技术已在工农业、国防与公安等领域得到广泛应用。

怎样让计算机能识别图像？目前采用的方法有以下 4 种：统计识别法、结构识别法、模糊识别法与人工神经网络识别法。本章仅对常用的统计识别法与结构识别法进行简要的介绍。

## 10.1　统计识别法

人们无法识别从未见过的陌生人，因为不知道他/她叫什名字，也不知道他/她的任何情况。人们只能识别以前交往过的熟人，如同事与亲友。计算机也一样，你无法让它识别它从见过的图像。如果想要计算机识别一幅图像中是否有我们感兴趣的、特定的物景，就必须事先让它熟悉这个特定的物景。对任何一种方法来说，这都是必需的。统计识别法就是先让计算机接触许多将要让它去识别的特定物景，测量能表示这些物景性质的特征参数，通过计算来确定物景的类别。先通过一个简单的例子来形象地说明统计识别法。假定有 4 种已经成熟的水果：苹果、柠檬、大枣和黄梨，将它们一个一个地通过传送带，由计算机控制传送到各自的水果筐内。为此，先用彩色摄像机拍摄进入传送带的每一个水果的彩色图像，并由计算机测量它的直径（单位：厘米）和表示颜色的参数。将红色定为最大值，黄色定为最小值，其他颜色取相应值。这个表示颜色的参数叫作红色程度。将水果的直径和红色程度分别表示为 $x_1$ 与 $x_2$。它们是矢量 $\boldsymbol{X}$ 的两个分量：

$$\boldsymbol{X}=\begin{pmatrix} x_1 \\ x_2 \end{pmatrix} \tag{10-1}$$

由于 $\boldsymbol{X}$ 的两个分量表示水果的特征，$\boldsymbol{X}$ 叫作特征矢量。$x_1$ 与 $x_2$ 取遍所有值的 $\boldsymbol{X}$ 构成特征空间。对任何一个水果测量得到的特征矢量 $\boldsymbol{X}$ 对应特征空间中的一个点。当计算机获得这个正在传送带上水果的特征矢量 $\boldsymbol{X}$ 后，就可以判断它是 4 种水果中的哪一种。假如是苹果，当苹果传送到苹果筐前时，这里的一推板会将它推进苹果筐内。计算机为什么能根据特征矢量判定水果的类别呢？是由于事先对这 4 种水果进行了大量的测量，并进行了统计计算。以苹果为例，取 $N$ 个苹果（$N$ 足够大），测量每一个苹果的特征矢量 $\boldsymbol{X}$。每一个苹果的特征矢量 $\boldsymbol{X}$ 不会相同，但由于它们同属一类，差别不会太大。它们在特征空间中对应点分布相近，构成了一个子空间。在图 10-1 中，这个子空间用一个椭圆表示。类似地，对另外 3 种水果也进行同样的测量，得到如图 10-1 所示的另外 3 个子空间。上述 4 个子空间相互不重叠，这对识别水果的类别是十分重要的。下面来计算每个子空间中特征矢量 $\boldsymbol{X}$ 的平均值：

$$\boldsymbol{m}(j)=\frac{1}{N_j}\sum_{x\in\omega_j}\boldsymbol{X}=\begin{pmatrix}m_1(j)\\m_2(j)\end{pmatrix},\quad j=1,2,3,4 \tag{10-2}$$

其中，$j=1,2,3,4$ 表示苹果、柠檬、大枣和黄梨，$\omega_j$ 表示 $j$ 类子空间，$N_j$ 是 $j$ 类子空间中特征矢量 $\boldsymbol{X}$ 的数目，这 4 个 $\boldsymbol{m}(j)$ 对应 4 个子空间的中心点。

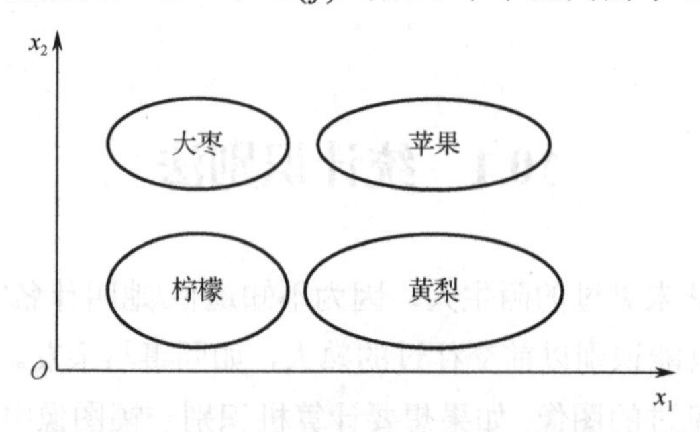


图 10-1　特征空间划分示意图

对于一个未知类别的水果，先测出它的特征矢量 $\boldsymbol{X}$，再测出 $\boldsymbol{X}$ 在特征空间对应点到 4 个子空间的中心点的距离：

$$\begin{aligned}D_j(X)&=\{[\boldsymbol{X}-\boldsymbol{m}(j)]^{\mathrm{T}}[\boldsymbol{X}-\boldsymbol{m}(j)]\}^{1/2}\\&=\{[x_1-m_1(j)]^2+[x_2-m_2(j)]^2\}^{1/2}\end{aligned} \tag{10-3}$$

比较 4 个 $D_j(X)$ 的大小，如果 $D_i(X)$ 最小，则可以判定这个水果是 $i$ 类型的。

通过上述例子，对统计识别法有了初步的了解。现在回到一幅图像中来，需要让计算机识别图像中是否有我们感兴趣的 $K$ 种特定类型物景。事先要对这 $K$ 种类型物景，找出能反映它们特性的 $n$ 个特征参数：$x_1,x_2,\cdots,x_n$。由这 $n$ 个特征参数构成了 $n$ 维特征矢量：

$$\boldsymbol{X}=\begin{pmatrix}x_1\\x_2\\\vdots\\x_n\end{pmatrix} \tag{10-4}$$

$x_1, x_2, \cdots, x_n$ 取遍所有可能值的 $\boldsymbol{X}$ 形成了 $n$ 维特征空间。就像对上述水果的处理一样，对这 $K$ 种类型物景的特征参数进行大量测量，得到 $K$ 个子空间，假定这 $K$ 个子空间相互不重叠。计算每个子空间中特征矢量 $\boldsymbol{X}$ 的平均值：

$$\boldsymbol{m}(j) = \frac{1}{N_j} \sum_{x \in \omega_j} \boldsymbol{X} = \begin{pmatrix} m_1(j) \\ m_2(j) \\ \vdots \\ m_n(j) \end{pmatrix}, \quad j = 1, 2, \cdots, K \tag{10-5}$$

$\boldsymbol{m}(j)$ 也是 $j$ 类子空间的中心点。对一个未知类型的物景，测出它的 $\boldsymbol{X}$ 值，再计算它在特征空间对应点到每个子空间的中心点的距离：

$$\begin{aligned} D_j(X) &= \{[\boldsymbol{X} - \boldsymbol{m}(j)]^{\mathrm{T}}[\boldsymbol{X} - \boldsymbol{m}(j)]\}^{1/2} \\ &= \left\{\sum_{p=1}^{n}[x_p - m_p(j)]^2\right\}^{1/2}, \quad j = 1, 2, \cdots, K \end{aligned} \tag{10-6}$$

从 $K$ 个 $D_j(X)$ 中找出最小的一个 $D_i(X)$，可以判定这个物景是 $i$ 类型的。

在统计识别法中选择合适的特征参数是十分重要的。参数的数量 $n$ 不宜很多，要求它们能反映不同类型物景的差异，使不同物景的 $\boldsymbol{X}$ 在特征空间中的子空间相互不重叠。如果有重叠，就要重新选择特征参数。没有一种有效的方法指导选择特征参数，只能依靠试验，通过多次试验，直到满意为止。

实际上，图 10-1 所示的 4 个子空间椭圆形边界是不存在的。它只是子空间范围的示意图。希望能在特征空间中给出两个不同子空间的边界，以便确定未知物景类型的归属。假定在二维特征空间中有 $A$ 与 $B$ 两种类型物景特征矢量对应点分布如图 10-2 所示。$A$ 与 $B$ 类型的平均特征矢量为

$$\boldsymbol{m}(A) = \begin{pmatrix} m_1(A) \\ m_2(A) \end{pmatrix}, \quad \boldsymbol{m}(B) = \begin{pmatrix} m_1(B) \\ m_2(B) \end{pmatrix} \tag{10-7}$$

一个简便的确定 $A$ 与 $B$ 子空间边界的方法是用一条直线作为它们的边界。令

$$d_A(\boldsymbol{X}) = \boldsymbol{X}^{\mathrm{T}}\boldsymbol{m}(A) - \frac{1}{2}\boldsymbol{m}^{\mathrm{T}}(A)\boldsymbol{m}(A) \tag{10-8}$$

$$d_B(\boldsymbol{X}) = \boldsymbol{X}^{\mathrm{T}}\boldsymbol{m}(B) - \frac{1}{2}\boldsymbol{m}^{\mathrm{T}}(B)\boldsymbol{m}(B) \tag{10-9}$$

作为 $A$ 与 $B$ 子空间边界的直线方程为

$$d_A(\boldsymbol{X}) - d_B(\boldsymbol{X}) = 0 \tag{10-10}$$

或

$$\boldsymbol{X}^{\mathrm{T}}[\boldsymbol{m}(A) - \boldsymbol{m}(B)] - \frac{1}{2}[\boldsymbol{m}^{\mathrm{T}}(A)\boldsymbol{m}(A) - \boldsymbol{m}^{\mathrm{T}}(B)\boldsymbol{m}(B)] = 0 \tag{10-11}$$

设 $A$ 与 $B$ 类型的平均特征矢量为

$$\boldsymbol{m}(A)=\begin{pmatrix} m_1(A) \\ m_2(A) \end{pmatrix}=\begin{pmatrix} 4.5 \\ 2.0 \end{pmatrix}, \quad \boldsymbol{m}(B)=\begin{pmatrix} m_1(B) \\ m_2(B) \end{pmatrix}=\begin{pmatrix} 2.2 \\ 1.4 \end{pmatrix}$$

将 $\boldsymbol{m}(A)$ 与 $\boldsymbol{m}(B)$ 的值代入直线方程式（10-11），得

$$\begin{pmatrix} x_1 \\ x_2 \end{pmatrix}^{\mathrm{T}}\begin{pmatrix} 4.5-2.2 \\ 2.0-1.4 \end{pmatrix}-\frac{1}{2}\left[\begin{pmatrix} 4.5 \\ 2.0 \end{pmatrix}^{\mathrm{T}}\begin{pmatrix} 4.5 \\ 2.0 \end{pmatrix}-\begin{pmatrix} 2.2 \\ 1.4 \end{pmatrix}^{\mathrm{T}}\begin{pmatrix} 2.2 \\ 1.4 \end{pmatrix}\right]=0$$

由上式算出作为 $A$ 与 $B$ 子空间边界的直线方程为

$$2.3x_1+0.6x_2-8.7=0 \tag{10-12}$$

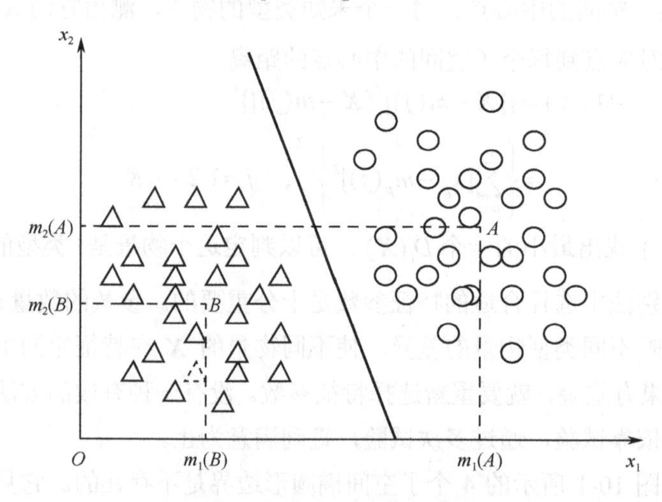


图 10-2　$A$ 与 $B$ 子空间边界直线

图 10-2 给出了这条直线。对于一个未知类型的物景，测量出它的特征矢量 $\boldsymbol{X}=(x_1,x_2)^{\mathrm{T}}$。将 $\boldsymbol{X}$ 值代入直线方程式（10-12）的左边。如果正好等于 0，则表示 $\boldsymbol{X}$ 在特征空间对应点在这条分界线上，这时无法断定物景的类型。如果上述值为正，则表示 $\boldsymbol{X}$ 在特征空间对应点在 $A$ 子空间内，物景是 $A$ 类型的。如果上述值为负，则表示 $\boldsymbol{X}$ 在特征空间对应点在 $B$ 子空间内，物景是 $B$ 类型的。

## 10.2　结构识别法

10.1 节中介绍的统计识别法，是通过一系列定量计算来完成对一个未知类型对象识别的。这些计算包括特征矢量平均值的计算，待测对象特征矢量与子空间平均特征矢量在特征空间对应点之间距离的计算，以及不同子空间边界的计算。

本节介绍的结构识别法，则是根据对待测对象的结构进行定性分析来识别对象的。任何一个类型的物景都有自己特有的结构。这个结构可以表示为一些较为简单

的子结构的组合。子结构又可以表示为更为简单的子结构的组合。最后的子结构可以表示为叫作基元的最简单的成分。以上各种组合是有一定规则的。结构识别法就是利用物景图像的基元与基元组成子结构，子结构组成物景总体结构的规则来识别物景类型的。例如一幅人的头像是由头顶与面部组成的。头顶呈半月形，由头发构成，头发不能再分，它就是基元。面部呈椭圆形，由双眉、双眼、鼻、双耳与口组成。眼又由上下眼皮、眼球与眼珠组成。口又由上下口唇组成。鼻与耳是构成面部的基元。上下眼皮，眼球与眼珠是构成眼的基元。上下口唇是构成口的基元。不一定非要选择最小的成分作为基元，也可以选择眼和口作为构成面部的基元。人的头像组成结构是有一定规则的。头顶在上，面部在下，两者紧相连。眉、眼、鼻与口从上到下依次排列。双耳位于鼻的两边。双眉、双眼与双耳是左右对称的。在一幅图像中，如果探测到有头发、眉、眼等基元，并且它们的排列符合上述规则，就可以断定这幅图像是人的头像。

结构识别法同对一个英文句子的识别方法十分相似。一个句子由主语和谓语或主语、谓语和宾语组成。主语由名词短语构成，名词短语包含冠词、形容词和名词成分。谓语由动词短语构成，动词短语包含动词、副词和介词短语成分。介词短语包含介词、形容词和名词成分。宾语同主语的结构相同。一个句子的组成结构是有一定规则的，这个规则就是文法。掌握了一个句子的结构成分和文法，就能识别这个名字，理解它的含义。因此，结构识别法又叫名字识别法。

如果想要计算机识别一幅图像中是否有感兴趣的特定的物景，就必须事先让它熟悉这个特定的物景。要找出这个物景的基元和由基元组成的子结构，子结构组成物景总体结构的规则，然后将找到的基元和上述组合规则存储在计算机中。基元是以模板 $g(x,y)$ 的形式存储在计算机中的。假定待测图像中有我们感兴趣的物景，看看计算机是如何判定它存在的。首先将这个物景的一个基元模板 $g(x,y)$ 与图像 $f(x,y)$ 匹配。将模板的中心 $g(s,t)=g(0,0)$ 与图像 $f(x,y)$ 中的一个像素重合，如图 10-3 所示。计算

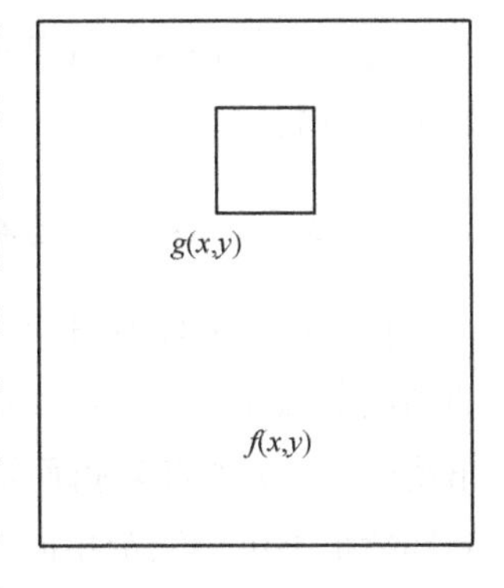

图 10-3　结构识别

$$G(x,y)=\sum_{s=-a}^{a}\sum_{t=-b}^{b}[g(s,t)-f(x+s,y+t)]^2 \tag{10-13}$$

上式中的求和是对在模板与图像重合范围内的所有像素进行的。显然，模板 $g(s,t)$ 是远小于图像 $f(x,y)$ 的。移动模板，让模板中心依次同图像中每一个像素重合并计算出 $G(x,y)$。

由于已假定待测图像中有我们感兴趣的物景，当模板中心逐渐接近图像中相应基元中心时，$G(x,y)$ 的值应该逐渐下降。当模板中心同图像中位于 $(x,y)$ 的相应基元中心完全重合时，$G(x,y)$ 应该为 0，这表示完全匹配。当模板中心离开这一点时，$G(x,y)$ 又开始上升。完全匹配时，$G(x,y)=0$，这是理论上（理想）的情况。实际上完全匹配时，$G(x,y)$ 不可能为 0，而是取最小值。可以设置一个阈值，当 $G(x,y)$ 的最小值低于阈值时，认为模板基元同图像基元完全匹配。在图像中找到了特定物景的基元，并且知道它在图像中的位置。当计算机找到了特定物景的一系列基元和相应的位置后，分析这些基元的相对位置是不是符合该物景结构成分组成规则。如果符合，就可以断定在图像中存在该物景。

事先让计算机熟悉特定物景的过程是计算机试验和学习的过程。计算机从试验样品中取出基元并制成模板。如果待测样品与试验样品相同，则模板基元同待测样品相应基元可以做到完全匹配，表明待测样品中存在该基元。如果待测样品并非试验样品，但它们是同一类型的样品，模板基元与待测样品相应基元有可能因尺寸不同或方向不同，二者不能完全匹配。这时可以改变模板尺寸或方向，以达到完全匹配。

## 10.3 指纹识别

每个人的指纹特征具有不同于他人的唯一性，并且这种特征是终生不变的，人们很早就利用这种特征来进行人的身份认证。

### 10.3.1 指纹的基本特征

指纹的基本特征分全局特征和局部特征两个层次。全局特征是人眼可以观察到的指纹的总体特征；局部特征是指纹纹路上节点的特征，这些节点是由于指纹纹路出现中断、分叉和转折而形成的。两个人相同手指指纹的全局特征有可能相同，但局部特征不可能完全相同。局部特征是最终确定两个指纹是否同属一人的依据。下面介绍这两种特征的具体内容。

#### 1．全局特征

指纹的全局特征包括纹形、模式区、核心点、三角点和纹数 5 个部分。

（1）纹形。纹形是指纹形状的类型。基本的指纹纹形有如图 10-4 所示的 3 种：环形、弓形和螺旋形。其他类型均分别属于这 3 种基本类型。

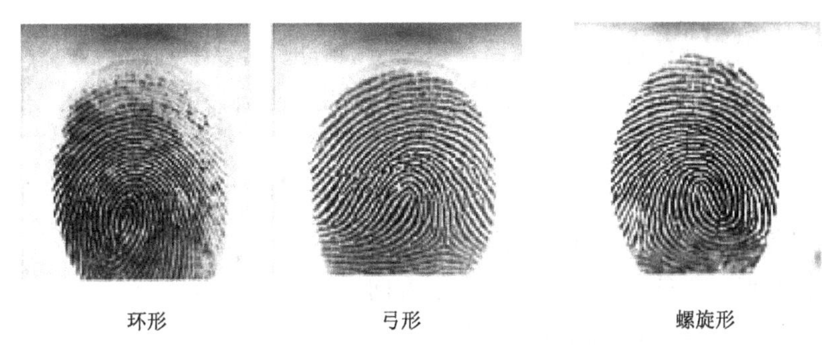


图 10-4　指纹的纹形

（2）模式区（pattern area）。模式区是指纹上包含了指纹总体特征的区域。由模式区可以分辨出指纹属于哪一个类型。图 10-5（a）显示了指纹的模式区。

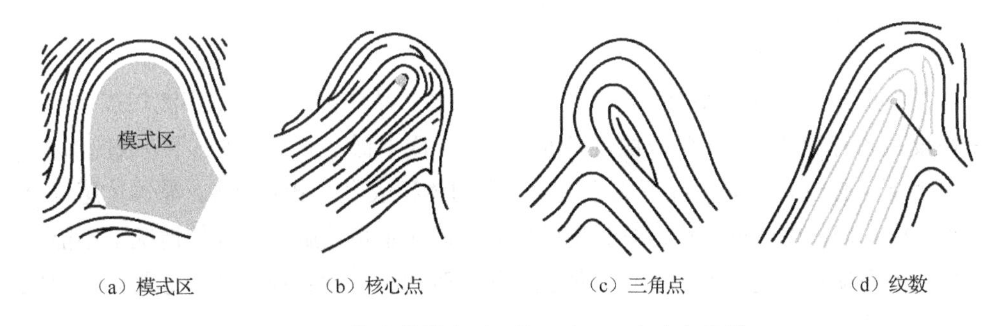


图 10-5　指纹的模式区、核心点、三角点与纹数

（3）核心点（core）。核心点位于指纹的中心，如图 10-5（b）所示。在读取指纹和比对指纹时，要以它作为参考点。

（4）三角点。三角点是距离核心点最近的一个指纹分叉点，或断点，或两条纹路的会合点及孤立点，如图 10-5（c）所示。

（5）纹数。指纹的纹数是模式区内指纹纹路的数量，如图 10-5（d）所示。将核心点和三角点用一条直线相连，这条直线同纹路相交的数目就是指纹的纹数。

### 2. 局部特征

局部特征是指纹纹路上节点的特征，这些特征多达 100 多种。主要的局部特征有以下 10 种。

（1）起始点。一条纹路从这里开始。

（2）终结点。一条纹路到这里终止。

（3）分叉点。一条纹路从这里分成二条。

（4）分歧点。二条靠得很近的平行纹路在这里分开。

（5）孤立点。一条特别短的纹路，以至于被看成是一个点。

（6）环点。一条纹路分开成两条后又立即合并成一条。这样形成的一个小环叫作环点。

（7）短纹。一条很短，但还不至于被看成是一个点的纹路。

（8）结合点。二条纹路在这里合并成一条。

（9）转折点。二条纹路在这里改变了方向。

（10）小桥。连接两条纹路的短纹。

指纹的局部特征还包括节点的位置、纹路的方向和纹路方向改变的速率。

### 10.3.2 指纹图像的预处理

指纹图像的预处理包括以下 6 个方面内容：

（1）指纹图像的采集

指纹图像的采集设备有三种：光学成像设备、晶体传感器和超声波扫描仪。这三种设备各有优缺点。光学成像设备非常耐用，成本低；在正常情况下，成像清楚；但在手指稍脏或有汗的情况下成像模糊；它的体积大，用电量较多。晶体传感器体积小，成本低，用电量较少；干手指成像好，但在手指稍脏或有汗的情况下不能成像；它容易损坏。超声波扫描仪，体积中等，耐用性一般；成像能力非常好，用电量较多，成本很高。

目前应用最多的是光学成像设备。最近，光学成像设备经过改进后体积大大减小，性能有很大提高。

（2）平滑

在有些场合下获得的指纹图像含有噪声，图像质量不高。图像平滑的目的是去除噪声，提高图像质量。平滑可以采用空间低通滤波器。例如，采用 3×3 模板

$$\frac{1}{10}\begin{pmatrix}1 & 1 & 1\\1 & 2 & 1\\1 & 1 & 1\end{pmatrix}$$

也可以采用中值滤波器。

（3）锐化

锐化的目的是强化指纹纹线间的界限，突出边缘，增强脊和谷之间的对比度。可以采用 laplacian 算子进行锐化处理。

（4）二值化

经过锐化处理后的图像，它的直方图有明显的双峰，很容易选择合适的阈值，将它转换成二值图像。

（5）修饰

经过二值化后的图像，纹线边缘会出现凹凸不平，而锐化又会使纹线出现离散点。修饰的目的就是要使纹线边缘圆滑，纹线完整。下图显示纹线边缘的补凹与去凸的过程。

$$\begin{pmatrix}1&1&1\\1&0&1\\0&0&0\end{pmatrix}\rightarrow\begin{pmatrix}1&1&1\\1&1&1\\0&0&0\end{pmatrix},\quad\begin{pmatrix}1&1&1\\0&1&0\\0&0&0\end{pmatrix}\rightarrow\begin{pmatrix}1&1&1\\0&0&0\\0&0&0\end{pmatrix}$$

（6）细化

细化是将二值化的指纹变成单像素宽的纹线。这样可以减少冗余的信息，突出纹线的主要特征，以便纹线特征的提取。

## 10.3.3　指纹特征提取、分类与比对

### 1. 特征提取

对于局部特征，有人认为在比对两个指纹时，只要有 12 个细节特征点匹配，就可以确认这两个指纹是属于同一个人的。实际上，对于不同的情况，要求匹配细节特征点的数目是不一样的。公安刑侦要求的数目就比门锁要求的数目多。指纹的细节特征点多达上百种。但其中最重要的是纹线的端点和分叉点。纹线的端点是纹线结束的位置，纹线的分叉点是纹线一分为二的位置。这两类特征点在指纹中出现的概率最大，也比较容易提取。特别是，它们足以代表指纹的唯一性，在指纹识别中要首先提取这两类特征点。

### 2. 指纹分类

指纹分类是为了便于保存和比对。指纹一般可分为以下九类：弓形、弧形和帐形、箕形、正箕与反箕形、斗形、环形、螺形、囊形与杂形。

### 3. 指纹的比对

通过比对两个指纹来判断它们是否属于同一个人。首先要进行全局特征的比对，如果它们属于同一类型，再进行局部特征的比对。

## 10.3.4　指纹识别的准确度

指纹识别系统对指纹识别的准确度由拒判率和误判率表示。将现场获取的指纹同指纹库中的指纹进行比对时，即使它们同属一人，由于指纹获取的条件不同，图像预处理操作不同，这两个指纹的特征点不可能完全相同，它们必定会出现一些差异。要设定一个允许的差异或误差范围。只要两个指纹特征点的差异超出了这个允

许范围，就会拒绝判定它们属于同一个人。在指纹识别系统确定了允许的差异范围后，可以通过如下试验来测定指纹识别系统拒判率。选取 $N$ 对同属一人在不同条件下获得的指纹，由指纹识别系统判别每一对是否属于同一个人。如果试验发现有 $M$ 对被拒判，则拒判率 $A$ 为

$$A=\frac{M}{N}\times 100\%$$

再通过另一组试验来测定指纹识别系统误判率。选取 $N$ 对分别属两人的指纹，由指纹识别系统判别每一对是否属于同一个人。如果试验发现有 $K$ 对被判定属于同一人。则误判率为

$$B=\frac{K}{N}\times 100\%$$

拒判率 $A$ 与误判率 $B$ 是相互有关的。$A$ 值大 $B$ 值就小，它们呈反比关系，这是显然的。因为 $A$ 值大表示提高了识别门槛（阈值），同属一人的两个指纹特征点的差异允许范围缩小了，指纹识别的准确度提高了，误判率 $B$ 自然就小了。

［示例 10-1］ 对一幅有噪声的指纹图像进行中值滤波与锐化处理。

```
I=imread('10-6a.jpg');                    % 读入指纹图像 I
J=rgb2gray(I);                            % 将彩色图像 I 转换为灰度图像 J
L=imnoise(J,'salt & pepper',0.6);         % 在图像 J 中加入噪声成为图像 L
K=medfilt2(L,[5,5]);                      % 对 L 进行中值滤波，消除噪声
subplot(1,3,1),imshow(L);                 % 显示有噪声的图像
subplot(1,3,2),imshow(K);                 % 显示中值滤波后的图像 K
M=im2double(K) ;                          % 将图像 K 的数据类型转换为双精度型的 M
w=fspecial('laplacian');                  % 建立 laplacian 算子
A=imfilter(M,w,'replicate');              % 对 M 图像 laplacian 锐化
N=M-A;
subplot(1,3,3),imshow(N)                  % 显示锐化后的图像
```

程序运行后，输出图像如图 10-6 所示。

(a) 噪声图像

(b) 中值滤波

(c) 锐化

图 10-6 指纹噪声图像中值滤波与锐化处理

［示例 10-2］ 对一幅指纹图像进行二值化与细化处理。

```
I=imread('10-6a.jpg');
I=rgb2gray(I);
K=graythresh(I);                        % 计算图像的阈值
E=im2bw(I,K);                           % 图像二值化
X=bwmorph(E,'thin',inf);                % 图像细化
subplot(1,3,1),imshow(I);
subplot(1,3,2),imshow(E);
subplot(1,3,3),imshow(X)
```

程序运行后，输出图像如图 10-7 所示。

（a）原始图像

（b）二值图像

（c）细化图像

图 10-7　指纹图像二值化与细化处理

为了获得更好的细化图像，可以在细化之前先将图像骨骼化，结果如图 10-8 所示。骨骼化的程序是：

```
G=bwmorph(E,'skel',inf);
```

再细化的程序是：

```
X=bwmorph(G,'thin',inf);
```

（a）骨骼化图像

（b）先骨骼化后细化图像

图 10-8　指纹图像骨骼化与细化处理

［示例 10-3］ 对一幅指纹图像进行二值化时，发现采用 graythresh 计算的阈值，得到的二值图像效果不好，改用试验方法确定阈值。

```
I=imread('10-6a.jpg');
J=rgb2gray(I);
Q1=im2bw(J,0.28);
Q2=im2bw(J,0.38);
Q3=im2bw(J,0.50);
Q4=im2bw(J,0.58);
Q5=im2bw(J,0.68);
subplot(2,3,1),imshow(J);subplot(2,3,2),imshow(Q1);
subplot(2,3,3),imshow(Q2);subplot(2,3,4),imshow(Q3);
subplot(2,3,5),imshow(Q4);subplot(2,3,6),imshow(Q5)
```

程序运行后，输出图像如图 10-9 所示。由图可以看出，阈值 $T$=0.58 的二值图像最好。因此，该指纹图像进行二值化时，阈值应取 $T$=0.58。

（a）原始图像　（b）$T$=0.28 的二值图像　（c）$T$=0.38 的二值图像

（d）$T$=0.50 的二值图像　（e）$T$=0.58 的二值图像　（f）$T$=0.68 的二值图像

图 10-9　试验法确定阈值

［示例 10-4］ 对示例 10-3 的图像进行二值化、修饰与细化处理。

```
I=imread('10-6a.jpg');
J=rgb2gray(I);
Q1=im2bw(J,0.58);                          % 用阈值 T=0.58 对 J 进行二值化
```

```
se=strel('square',1);                               % 建立结构元素 se
fo=imopen(Q1,se);                                   % 用 se 对二值图像 Q1 进行开运算
foc=imclose(fo,se);                                 % 用 se 对 fo 进行闭运算
Q2=bwmorph(foc,'thin',1);                           % 对 foc 进行细化操作
subplot(2,2,1),imshow(J); subplot(2,2,2),imshow(Q1);
subplot(2,2,3),imshow(foc); subplot(2,2,4),imshow(Q2)
```

程序运行后，输出图像如图 10-10 所示。在例 10-3 中，已经通过试验方法找出了该图像二值化的阈值 $T$=0.58。先用它对图像进行二值化，之后对二值图像进行开与闭的操作，可消除物体边缘的毛刺和物体内的空洞，这正是对二值化图像的修饰。最后对修饰过的图像进行细化。

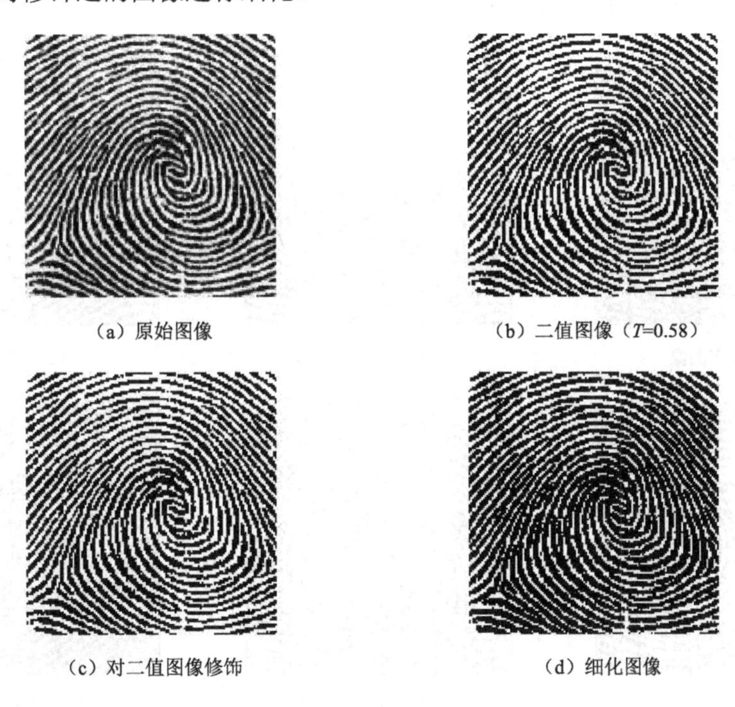

（a）原始图像　　（b）二值图像（$T$=0.58）

（c）对二值图像修饰　　（d）细化图像

图 10-10　指纹图像二值化、修饰与细化

［示例 10-5］ 对一幅有噪声的指纹图像进行预处理，包括去噪、锐化、二值化、修饰与细化等操作。

```
I=imread('10-6a.jpg');                              % 读入指纹图像 I
J=rgb2gray(I);                                      % 将彩色图像 I 转换为灰度图像 J
L=imnoise(J,'salt & pepper',0.6);                   % 在图像 J 中加入噪声成为图像 L
K=medfilt2(L,[5,5]);                                % 中值滤波去噪
M=im2double(K);
w4=fspecial('laplacian');
```

```
A=imfilter(M,w4,'replicate');                    % 锐化
N=M-A;
Q1=im2bw(N,0.38);                                % 二值化
se=strel('square',1);                            % 修饰
fo=imopen(Q1,se);
foc=imclose(fo,se);
Q2=bwmorph(foc,'thin',1);                        % 细化
subplot(2,3,1),imshow(L); subplot(2,3,2),imshow(K);
subplot(2,3,3),imshow(N); subplot(2,3,4),imshow(Q1);
subplot(2,3,5),imshow(foc); subplot(2,3,6),imshow(Q2)
```

程序运行后，输出图像如图 10-11 所示。

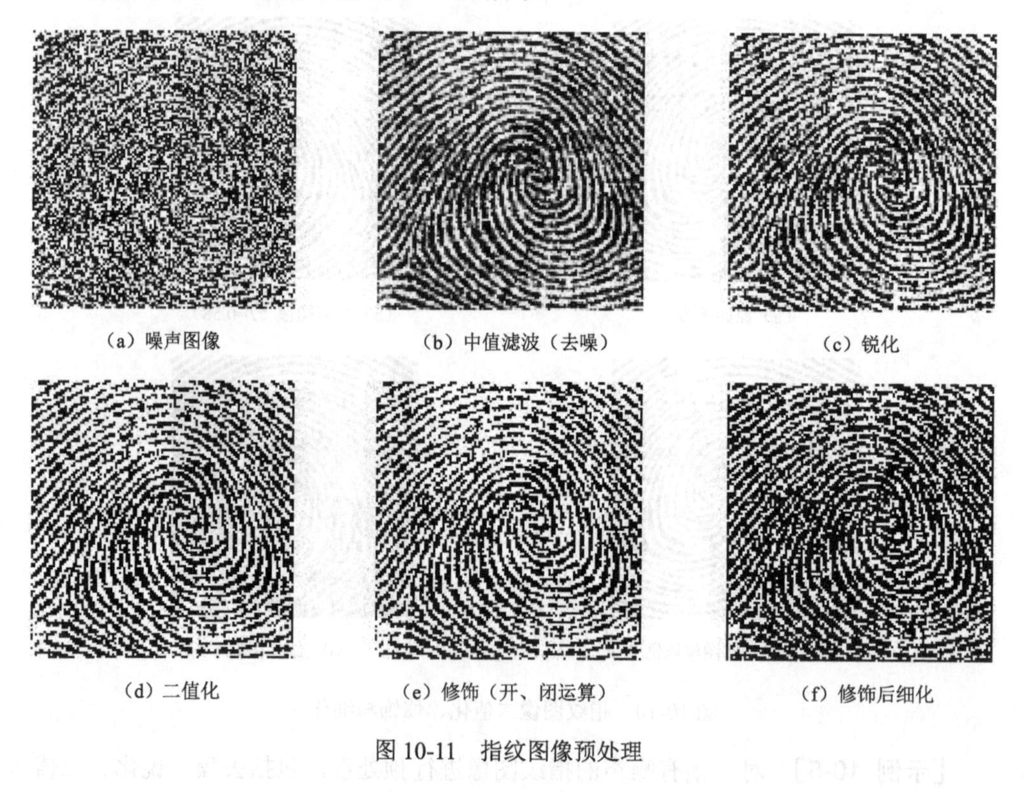

（a）噪声图像　（b）中值滤波（去噪）　（c）锐化

（d）二值化　（e）修饰（开、闭运算）　（f）修饰后细化

图 10-11　指纹图像预处理

## 10.4　汽车牌照识别

汽车牌照识别是将摄像机拍到的汽车图像中的牌照，通过计算机处理，从整体图像中分割出来，并判断出其中第一个表示地区的汉字，第二个英文字母和后面的由数字和英文字母混编的 5 个字符。汽车牌照自动识别系统由图像采集和图像分析

两部分组成。图像采集系统包含摄像头及其控制器。当控制器发出的光束探测到有汽车通过指定区域时，控制器立即发出指令给摄像头，令摄像头拍下汽车的图像并传送给图像分析系统。图像分析系统在收到汽车图像后要进行以下操作。

### 10.4.1　图像预处理

由于摄像头拍摄汽车图像时汽车在运动，这会使图像模糊。有时摄像的光照条件差还会造成图像暗。有的车牌不洁，或摄像机聚焦不好，造成图像质量差，有噪声。图像预处理的任务就是要消除图像模糊与噪声，增强图像。

对汽车运动模糊图像，可以采用维纳滤波复原方法来消除模糊。先确定点扩散函数

```
PSF=fspecial('motion',ln,thela);
```

再用维纳滤波函数 deconvwnr 的如下表达式

```
J=deconvwnr(I,PSF,K);
```

进行处理。上式中的 I 为要处理的图像，J 为处理后的图像，其余参数见 4.5 节。

要增强偏暗的图像，可以采用直方图均衡方法，详见 2.2 节。要消除噪声可以采用均值滤波或中值滤波，详见 2.6 节。

[示例 10-6]　对一幅汽车运动模糊图像用维纳滤波进行复原处理。

首先要确定点扩散函数：

```
PSF=fspecial('motion',len,theta);
```

中的两个参数 len 与 theta。len 是拍摄汽车的相机快门开启时间内，图像像素移动的数目。显然，参数 len 是未知的。len 只能通过试探来确定，即令 len 取不同值，观察复原图像的效果，取复原效果最好的 len 值。theta 的值由汽车运动的方向确定。现在要处理的汽车运动方向正对相机，theta=90。这是因为按规定，运动方向 theta 的取值是由正对相机的水平向右方向沿顺时针方向旋转到运动方向时转过的角度。采用维纳滤波函数 deconvwnr 的表示式为

```
J = deconvwnr(I, PSF, K);
```

其中 I 是要处理的图像，J 是处理后的图像，PSF 是上述点扩散函数，K 是噪信比。由于图像中的噪声是未知的，所以 K 无法通过计算得到，K 也只能通过试探，取不同值，由复原效果来确定。现在有两个试探参数：len 与 K。可以令噪信比 K=0.01，通过试探，先找出 len 的最佳值，然后再通过试探，找出 K 的最佳值。现在要处理的图像中，汽车的车牌已经无法辨认了，见图 10-12（a）。希望通过图像复原，能

够看清车牌。维纳滤波复原的程序如下：

```
I=imread('10-12a.jpg') ;                    % 读入汽车运动模糊图像 I
J=double(I) ;                               % 将 I 的数据类型转换为双精度类型
len=30;
PSF=fspecial('motion',len,225) ;            % 建立点扩散函数
S=edgetaper(J,PSF) ;                        % 抑制振铃现象
L=deconvwnr(J,PSF, 0.01) ;                  % 进行维纳滤波复原
M=uint8(L) ;                                % 将复原后的图像 L 数据类型转换整数型
imshow(I);                                  % 显示原始运动模糊图像
figure;
imshow(M)                                   % 显示复原后图像
```

要执行以上程序，必须给定参数 len。现在分别令 len 取值 10,15,20,25…，观察复原图像。观察的结果是，当 len=30 时，复原图像最好，这时的输出图像如图 10-12（c）所示。

（a）模糊汽车图像

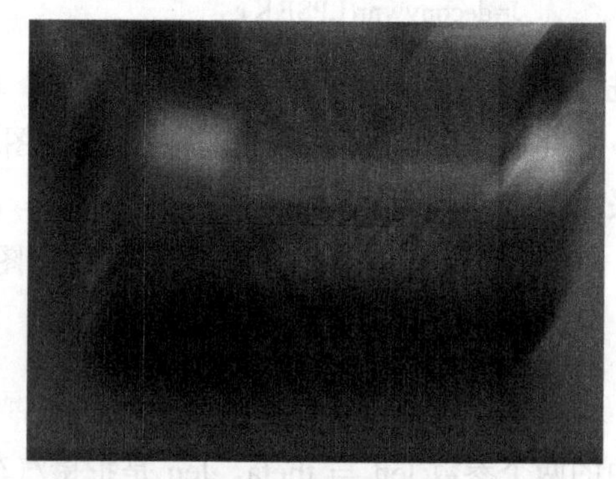

（b）放大的模糊汽车车牌

（c）复原的图像

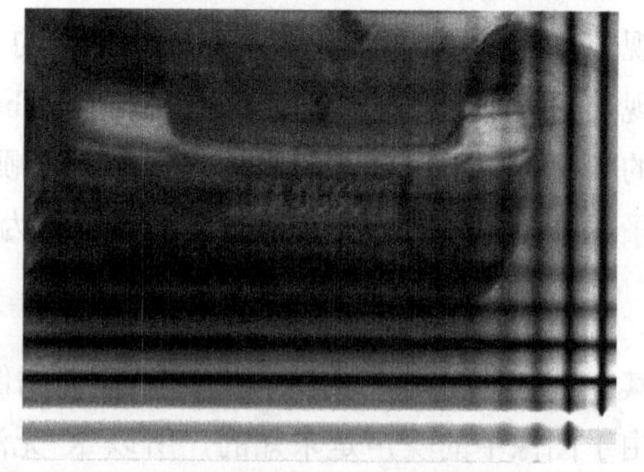

（d）放大复原图像中的汽车车牌

图 10-12　汽车运动模糊图像处理

以上结果是在噪信比 K=0.01 时得到的。现在取定 len=30，改变 K 的值，希望能获得更好的复原图像。在以上程序中，将 PSF 与 L 的表示式改为

```
PSF=fspecial('motion',30,225);
L=deconvwnr(J,PSF,K);
```

其中 K 分别取值 0.01,0.009,0.008⋯，观察每个 K 值的复原图像。结果是，当 K=0.006 时，复原图像很清晰。但是，在图像清晰的同时，出现了严重的振铃现象。为此，在使用函数 deconvwnr 之前，先要使用函数 edgetaper 来抑制振铃现象。下面给出 K=0.006 时的维纳滤波程序：

```
I=imread('10-12a.jpg') ;                % 读入汽车运动模糊图像 I
J=double(I) ;                           % 将 I 的数据类型转换为双精度类型
len=30;
PSF=fspecial('motion',len,225) ;        % 建立点扩散函数
S=edgetaper(J,PSF) ;                    % 抑制振铃现象
L=deconvwnr(S,PSF,0.006) ;              % 进行维纳滤波复原
M=uint8(L) ;                            % 将复原后的图像 L 数据类型转换整数型
imshow(M)                               % 显示复原后的图像
```

输出图像如图 10-13 所示。可以看出，复原图像仍有振铃现象，但振铃现象以及放大的复原图像中汽车车牌清晰度都有所改观。

（a）K=0.006 时的复原图像

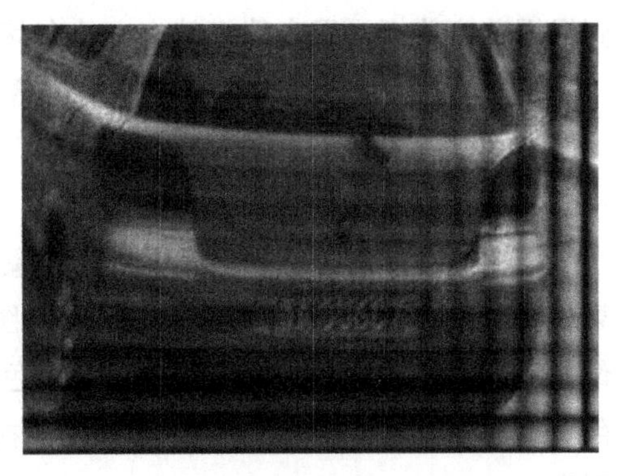

（b）放大复原图像中的汽车车牌

图 10-13　汽车运动模糊图像处理的最后结果

### 10.4.2　车牌定位与分割

对经过预处理后的汽车图像，要确定其中车牌的位置，并将它从整体图像中分割出来。车牌定位的方法有多种。常用的有两种方法。

### 1．根据车牌的边缘定位

通常由摄像头拍得的汽车图像是 RGB 彩色图像。在车牌的边缘定位前，要将 RGB 彩色图像转换为灰度图像。边缘检测算子有很多，如 Roberts、Sobel、Prewitt、Laplacian、LOG 与 canny 算子等。其中 canny 算子对弱边缘检测比较精确。以 canny 算子为例，先用 canny 算子在全图像范围内检测出车牌的边缘区域，再通过 Hough 变换定位车牌的上下边界和左右边界。

### 2．根据车牌的彩色特征定位

通常，大多数车牌是蓝底白字。可以根据蓝底这一特征来定位车牌。在 RGB 彩色图像中，蓝色（B）是基色，白色是由红（R）绿（G）蓝（B）三基色组合而成的混合色。以汽车图像的水平向右方向为 $y$ 方向，以垂直向下方向为 $x$ 方向。先在全图像的 $y$ 方向统计蓝色像素的数目，设置合理的阈值，确定车牌在 $y$ 方向所在的区域。然后在此区域的 $x$ 方向统计蓝色像素的数目，设置合理的阈值，确定车牌在 $x$ 方向所在的区域。从而完成了车牌在 $xy$ 方向的定位。

如果所有的汽车牌照颜色都是蓝底白字的，则通过上述操作，一定可以找到车牌的位置。可是，我国的汽车牌照颜色是按照汽车的类型来设置的。小型汽车牌照是蓝底白字，大型汽车牌照是黄底黑字，还有的是黑底白字和白底黑字。于是，对于不是蓝底白字的车牌，上述操作就找不到车牌了。这时，车牌定位系统要自动转到根据黄底特征、黑底特征等来定位车牌。

车牌定位后，就可以将车牌图像从整体图像中分割出来。

## 10.4.3　车牌图像二值化

在车牌定位与分割后，要将车牌图像二值化，以便于车牌字符分割与识别。如果车牌是通过边缘定位分割的，则车牌图像是灰度图像。这就可以直接将灰度图像转换为二值图像。如果车牌是通过彩色特征定位分割的，则车牌图像是 RGB 彩色图像。这就要先将 RGB 彩色图像转换为灰度图像，再将灰度图像转换为二值图像。

车牌图像在二值化后，车牌字符的边缘可能会出现毛刺，字体内部也有可能出现噪声空洞。这对字符的识别是不利的。通过图像形态学处理，可以解决上述问题。形态学处理包括膨胀、腐蚀、开启和闭合操作。例如，对车牌二值图像进行膨胀操作可以消除字体内部的空洞，但字体的边缘膨胀变形了。这时再对图像进行腐蚀操作，就可以让字体的边缘恢复原状，而字体内部的空洞仍然是消失的。如果车牌二值图像先进行腐蚀操作，再进行膨胀操作，就可以消除字符边缘的毛刺。先膨胀后腐蚀的操作叫作闭合，先腐蚀后膨胀的操作叫作开启。

### 10.4.4　车牌字符分割与识别

#### 1．车牌字符分割

对车牌的二值图像，要将其中的字符一个一个分割出来，以便于一个一个识别。字符的分割可以采用垂直投影法。由于相邻两个字符之间为空白，垂直投影值为 0。可以利用这一特征将字符分割。在车牌的二值图像上，从左到右检测不同坐标点处的垂直投影值，检测到的第一个垂直投影值不为 0 的坐标点处是第一个字符的左边界。由此向右继续检测，检测到的第一个垂直投影值为 0 的坐标点处是第一个字符的右边界。继续向右检测，可得其余字符的左右边界，这就可以将所有字一个一个分割开来。

#### 2．车牌字符识别

车牌字符识别常用的方法有两种：模板匹配法和神经网络法。

模板匹配法是先建立标准化的字符模板库，将待识别的字符归一化为标准化的字符模板大小，然后将归一化的待识别的字符同模板库中的标准化字符进行一一对比，最后将最佳匹配结果输出。

神经网络法有两种，一种是先将待识别的字符进行特征提取，然后将提取到的特征训练神经网络，给出识别结果。另一种是直接将待识别的字符输入到神经网络，由神经网络自动完成特征提取，并给出识别结果。

# 参考文献

【1】刘丹. 实用公安图像处理技术[M]. 北京：国防工业出版社，2010.

【2】Oge Marques. 实用 MATLAB 图像和视频处理[M]. 章毓晋，译. 北京：清华大学出版社，2013.

【3】Maria Petrou, Costas Petrou. 数字图像处理基础（第二版）[M]. 章毓晋，译. 北京：清华大学出版社，2013.

【4】Wilhelm Burger,Mark J.Burge. 数字图像处理基础[M]. 金名，等，译. 北京：清华大学出版社，2015.

【5】赵海滨. MATLAB 应用大全[M]. 北京：清华大学出版社，2012.

【6】周灵. 详解 MATLAB 工程科学计算与典型应用[M]. 北京：电子工业出版社，2010.

【7】周建兴，岂兴明，矫津毅，等. MATLAB 从入门到精通（第 2 版）[M].北京：人民邮电出版社，2015.

【8】杨帆，王志陶，张华. 精通图像处理经典算法：MATLAB 版[M]. 北京：北京航空航天大学出版社，2014.

【9】赵小川. MATLAB 图像处理——能力提高与应用案例[M]. 北京：北京航空航天大学出版社，2014.

【10】赵小川. MATLAB 图像处理——程序实现与模块化仿真[M]. 北京：北京航空航天大学出版社，2014.

【11】拉斐尔 • C • 冈萨雷斯，等. 数字图像处理（MATLAB 版）[M]. 阮秋奇，等，译. 北京：电子工业出版社，2012.

【12】拉斐尔 • C • 冈萨雷斯，查理德 • E • 伍兹. 数字图像处理（第三版）[M]. 阮秋奇，阮宇智，等，译. 北京：电子工业出版社，2013.

【13】Kenneth R.Castleman.Digital Image Processing[M]. 北京：电子工业出版社，2011.

【14】王慧琴. 数字图像处理[M]. 北京：北京邮电大学出版社，2012.

【15】王蓉. 数字图像处理[M]. 北京：中国人民公安大学出版社，2014.

【16】胡学龙. 数字图像处理（第 2 版）[M]. 北京：电子工业出版社，2011.

【17】姚敏. 数字图像处理（第 2 版）[M]. 北京：机械工业出版社，2013.

【18】贾永红. 数字图像处理[M]. 武汉：武汉大学出版社，2012.